高职高专“十三五” 规划教材

动物生理学

（第二版）

滑 静 主编

化学工业出版社

·北京·

《动物生理学》第2版按照职业教育教学改革的要求，从教学实际出发，系统介绍了动物生命活动规律及其调控，重点突出与人类生产和生活密切相关的动物生理学知识。语言简练，条理清楚，图表丰富，通俗易懂，适于学生学习和使用。

全书共十四章，包括绪论、细胞的基本功能、血液、血液循环、呼吸、消化和吸收、能量代谢和体温调节、泌尿、神经生理、肌肉生理、内分泌、生殖、泌乳、家禽的生理特点等内容。在实验部分精心设计了29个典型实验，供各学校依据实际需要开设实验课程。

本书可作为高职高专畜牧兽医类及相关专业和成人教育相关专业教材，也可供相关技术人员参考。

图书在版编目（CIP）数据

动物生理学/滑静主编. —2版. —北京：化学工业出版社，2016.8（2024.1重印）
高职高专“十三五”规划教材
ISBN 978-7-122-27499-1

Ⅰ.①动… Ⅱ.①滑… Ⅲ.①动物学-生理学-高等职业教育-教材 Ⅳ.①Q4

中国版本图书馆CIP数据核字（2016）第148071号

责任编辑：窦　臻　李　瑾　　装帧设计：王晓宇
责任校对：王素芹

出版发行：化学工业出版社（北京市东城区青年湖南街13号　邮政编码100011）
印　　装：三河市延风印装有限公司
787mm×1092mm　1/16　印张17　字数421千字　2024年1月北京第2版第10次印刷

购书咨询：010-64518888　　售后服务：010-64518899
网　　址：http://www.cip.com.cn
凡购买本书，如有缺损质量问题，本社销售中心负责调换。

定　　价：35.00元

编写人员名单

主　　编　滑　静

副 主 编　覃建基　吴礼平　张香斋　吕永智　赵晓萌　张汤杰

参编人员　（按姓名汉语拼音排列）

侯强红（怀化职业技术学院）

滑　静（北京农学院）

李进军（怀化职业技术学院）

吕永智（重庆三峡职业学院）

覃建基（广西农业职业技术学院）

田莉莉（锦州医学院）

王延寿（甘肃职业技术学院）

吴礼平（杨凌农业职业技术学院）

张汤杰（扬州大学）

张香斋（河北科技师范学院）

赵晓萌（北京农学院）

周　娴（湖北生物科技职业学院）

第二版前言

《动物生理学》自2009年出版发行以来，得到了广大读者的鼓励和支持，先后成为多所高职高专院校相关专业的教材。

为了不辜负大家的厚爱，满足学科建设和发展的需要，及时反映当前的科学动态，我们决定对第一版进行修订，以满足高职高专学生培养的需要。经过一年的编写，第二版终于要和读者见面了。

在第一版的编写中，我们充分考虑了高职高专学生的特点，突出知识的实用性，语言表达尽量简洁明了。以应用为目的，达到必需、够用和适用的目的，概念清晰，强化应用，满足高等专业技术应用型人才的培养要求。第二版我们进行了很大的补充、修改和完善，延续第一版的编写风格，在内容上突出农林类院校的特色，充分满足动物科学、动物医学、生物技术、动物药学、水产养殖、动植物检疫等相关专业，对动物生理学的教学要求，为后续专业课程的学习打下坚实的基础。

本教材在每章开篇以学习目标的形式将本章重点，以及需要学生了解、理解和掌握的内容，提示给学生，便于学习和掌握。在每章结束时，通过学习小结，将本章知识进行梳理，再给出复习思考题，便于学生掌握每一章的知识要点。

本教材包括实验内容，可以同时兼任实验教材。本教材还配有电子课件，使用本教材的学校可以和化学工业出版社联系（cipedu@163.com），免费索取。

动物生理学知识博大精深，尽管我们学习和参考了国内外同类教材，但是由于编者本身的知识和学术水平有限，疏漏之处在所难免，敬请各位读者给予批评指正。

编者

2016年6月

第二版前言

2016年6月

第一版前言

本教材在编写的指导思想上，充分考虑到高职高专学生的特点，教材编写重点突出了知识的实用性，以应用为目的，同时参考了国内的动物生理学教材，达到必需、够用和适用的基本要求，讲清概念，强化应用，满足培养高等技术应用型专门人才的需求。

在内容上突出了农林类院校的专业特色，充分体现动物生理学相关专业的教学要求。

在结构体系上，以生理功能及其调控为主线，以系统为基本单元，同时注重各系统的内在联系和协调。

在写作上尽量做到结构合理、逻辑严密、重点突出、特色鲜明、叙述严谨、条理清楚、体例统一。

本书由滑静担任主编，具体编写分工如下。第一章、第四章、第九章、第十一章由滑静、赵晓萌、刘宇博、张永东编写，第二章由覃建基编写，第三章由吴礼平编写，第五章由田莉莉编写，第六章由吕永智编写，第七章由周娴编写，第八章由张香斋、李佩国编写，第十章、第十四章由李进军、侯强红编写，第十二章、第十三章由王延寿编写，实验部分由滑静、张淑萍编写，最后由滑静进行统稿。

参加编写的人员都是一线教师，有丰富的教学经验。但由于编写知识水平和编写能力有限，疏漏在所难免，恳请读者给予批评指正。

本教材配有电子课件，选用本教材的学校可以和化学工业出版社（cipedu@163.com）联系免费索取。

编者

2009 年 7 月

目 录

第一章 绪 论

学习目标

1. 了解动物生理学的概念、动物生理学的研究对象和任务。
2. 了解生命的基本特征，掌握机体功能调节的方式。
3. 理解内环境和稳态的基本概念。

动物生理学是研究动物体的生命活动现象及其规律和机体各个组成部分功能的一门科学，生理学（physiology）是生物科学的一个分支。从单细胞生物进化到多细胞生物体，不同的细胞群构成各个器官和系统，形成不同的功能。动物生理学（animal physiology）的任务就是研究动物机体各个系统、器官和细胞的正常活动过程，以及不同细胞、器官和系统之间的相互联系和相互作用。认识到动物有机体由许多器官、系统组成，而各器官、系统的功能互相联系、配合、制约、依存，作为一个整体进行有规律的活动。生命活动与外界环境有十分密切的联系，动物机体通过一系列的调节过程，以适应外界环境的变化。

动物生理学以家畜、家禽、宠物等为主要研究对象，通过研究机体内部各系统的活动及其互相联系，以及动物机体和外界环境之间的关系，认识动物机体正常的生命活动规律，阐明机体活动的过程、发生的原理，以及内外环境对它们的影响，解释各种生命活动现象。从而利用这些规律，有效地预防和治疗动物的疾病，提高动物的生产性能，更好地为人类的生产活动服务。动物生理学是动物医学、动物科学、生物技术、生物工程、生命科学、动物检疫等专业重要的专业基础课之一，是一门实验性学科，生理学的知识主要是通过实验获得的，生理学的发展也依赖于研究方法的进步和实验设备的改进。同时，生理学的发展，也能为其他新兴学科提供理论支撑。进入21世纪，分子生物学、细胞生物学、基因工程等学科的飞速发展，以及转基因技术、胚胎移植技术、克隆技术等高新技术的快速突破，都需要生理学等众多生命科学学科的基础理论和基础知识作为支撑。

第一节 机体的内环境与稳态

任何生物有机体都生活在一定的环境中，机体的一切生命活动都与生活环境紧密相关。环境是自然选择的重要因子。现代生物学认为，机体的生命活动取决于内因和外因。内因包括基因和直接影响基因表达的各种因子，而外因则涉及营养、食物、温度、光照等因素。因此，动物的生理活动实质上是动物机体与环境相互作用的过程。

一、内环境

动物机体生活的外部环境是多变的，如温度、营养、光照、湿度等，它们作用于机体，可能引起机体功能的变化。但是，机体绝大多数细胞并不直接与外界环境接触，而是在体液的包围之中。动物体内所含的液体统称为体液（body fluid），约占体重的60%，大部分位于细胞内，称为细胞内液（intracellular fluid），约占体重的40%，还有一部分存在于细胞外，称为细胞外液（extracellular fluid），约占体重的20%。约有1/4的细胞外液是血浆，其余3/4分布于全身的组织间隙，称为组织液。机体的绝大多数细胞并不直接与外界环境接触，而是浸浴在细胞外液之中。因此，将细胞外液称为机体的内环境（internal environment），以区别于整个机体所处的外界环境。

机体的内环境即细胞外液与机体周围的水或空气，不仅在成分上不同，而且在外环境成分发生变化时，或者食物等进入体内后，仍然能够保持内环境的相对稳定。但是，身体内的有些液体，例如胃肠道、汗腺管内和肾小管内的液体，都是和外界环境相通的，所以不属于内环境。

二、稳态

稳态（homeostasis）是现代生理学最基本的概念。将内环境化学成分和生理特性保持相对稳定的生理学现象称之为稳态。

内环境稳态是指在神经系统和体液因素的调节下，通过各个器官和系统的协调活动，共同维持内环境的相对稳定状态。因此，稳态的维持是一种动态平衡。一方面稳态的维持是各种细胞、器官的正常生理活动的结果，另一方面内环境的稳态又是体内细胞、器官维持正常生理活动和功能的必要条件。一旦内环境各种理化性质的变动超过一定的范围，就有可能引起疾病；反过来，在疾病状态下，细胞、器官的活动发生异常，内环境稳态就会受到破坏，细胞外液的某些成分就会发生变化，超出正常的变动范围。因此，稳态的生理意义是保障细胞正常的新陈代谢，维持机体正常的生理功能。

第二节　动物机体功能的调节

机体的各种器官和系统分别执行不同的功能，但是它们又密切配合，互相协调，以保持整体性和内环境的稳定，并且使机体与外环境变化相适应。机体对各种功能活动的调节方式主要有三种，神经调节（nervous regulation）、体液调节（humoral regulation）和自身调节（autoregulation）。

一、神经调节

机体许多生理功能是由神经系统的活动来进行调节的。神经调节的基本过程是反射，反射是指在中枢神经系统的参与下，机体对内外环境变化产生的规律性应答。反射活动的结构基础是反射弧。反射弧由以下五个基本部分组成，即：感受器、传入神经纤维、神经中枢、传出神经纤维、效应器。这五个环节联系起来，构成神经调节的结构单位和功能单位。感受器能感受体内某部位和外界环境的变化，并将这种变化转变成一定的神经信号，通过传入神经纤维传至相应的神经中枢，中枢对传入的信号进行分析、综合，并做出反应，通过传出神经纤维改变效应器的活动。举例来说，在正常的生理情况下，动脉血压是保持相对稳定的，当动脉血压高于正常时，分布在主动脉弓和颈动脉窦的压力感受器能感受血压的变化，并将血压的变化转化为神经冲动，后者通过传入神经纤维到达延脑的心血管中枢，心血管中枢对传入的神经信号进行分析，然后通过迷走神经和交感神经的传出纤维，改变心脏和血管的活动，最后使动脉血压下降。人类和其他高等动物的反射可分为非条件反射和条件反射两类。非条件反射是先天遗传的、生来就有的反射，是一种初级神经活动。条件反射是后天获得的，是大脑的高级神经活动。

神经调节的特点是：迅速而准确，但作用范围局限，作用持续时间短暂。

二、体液调节

体液调节是指机体的某些细胞能生成并分泌某些特殊的化学物质，经体液运输到达全身的组织细胞，通过作用于细胞上相应的受体，对这些组织细胞的活动进行调节。体内有许多内分泌细胞，能分泌几十种激素（hormone），专一性地对不同组织器官的活动产生各自特殊的调节性影响。各种激素的调节活动并不是彼此孤立的，它们同时作用于同一组织或器官时，有的发生协同作用，有的发生拮抗作用。正是由于激素之间的这种复杂的相互作用，体液调节就成为神经调节方式以外的另一种比较完善的调节方式。

激素虽然是实现体液调节的主要因素，但体液调节的概念并不仅局限于激素的作用。例如组织细胞的代谢产物 CO_2 在组织中含量增加时，可以引起局部的血管舒张，促进局部的血液循环，使积蓄的 CO_2 较快地清除。

体液调节的特点：作用出现比较缓慢，作用范围比较广泛，作用持续时间比较长。

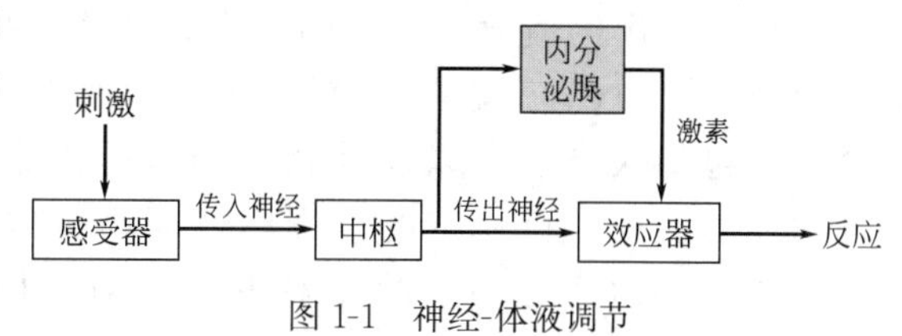

图 1-1　神经-体液调节

神经系统与内分泌系统在功能上关系密切，有相互调节的作用，因此它们的调节又合称为神经-体液调节（图 1-1）。

三、自身调节

许多组织细胞自身也能对周围环境变化发生适应性反应，这种反应是组织、细胞本身的生理特性，并不依赖于外来的神经或体液的作用，所以称为自身调节。例如，血管壁平滑肌在受到牵拉刺激时，会发生收缩性反应，这种自身调节对于维持组织局部血流量的相对恒定起一定的作用。与上两种调节相比，自身调节较为简单，幅度小，但也是全身性神经和体液调节的补充，使有机体的生理活动更完善。

第三节　生命的基本特征

动物生命活动的基本特征包括新陈代谢、兴奋性、适应性和生殖。

一、新陈代谢

新陈代谢是指动物体与其周围环境之间的物质交换和能量交换，以及体内的物质转化和能量转化过程。

动物和其他生物一样，为了自身的生长、发育、繁殖等，都要不断地从外界环境中摄取营养物质，在体内经过改造或转化，合成机体自身成分，同时储存能量；又不断地分解自身的旧成分，并放出能量，供机体生命活动需要，将代谢产物排出体外。新陈代谢从运动形式上可分为物质代谢与能量代谢，两者密切联系，物质的变化必定伴有能量的转移。新陈代谢是生命的基本特征，新陈代谢一旦停止，生命也将随之结束。

二、兴奋性

一切活细胞或组织，当其周围环境条件迅速改变时，有产生动作电位并发生反应的能力或特性，称为兴奋性（excitability）。当生物体所处的环境发生变化时，它都能做出相应的反应，适应变化了的环境。例如，针刺趾尖可立即出现屈腿反应，异物触碰眼角可引起眨眼。这种能引起动物或组织出现反应的各种内外环境因素称为刺激。

活组织在接受刺激发生反应时，其表现形式有两种：一种是由相对静止状态转变为显著的活动状态，或由较弱的活动变为较强的活动，称为兴奋；另一种是由显著活动状态转变为相对静止状态，或由较强的活动变为较弱的活动，称为抑制。兴奋和抑制是相互联系、相互制约的，它们都是活组织具有兴奋性的表现。不同的组织发生反应时外部表现不同，例如肌肉表现为收缩，腺体表现为分泌，神经纤维则表现为传导神经冲动等。虽然外部表现不同，但是它们都有一个共同的变化，就是在接受刺激处的细胞膜两侧首先出现可传导的电位变化，即产生动作电位。因此，兴奋性也可以定义为细胞受刺激时具有产生动作电位的能力。

三、适应性

稳态是现代生理学最基本的概念。动物体生活在一定的外界环境中，包括自然环境和社会环境。自然环境指自然界中的各种因素，如空气、水、食物、光线、温度等，社会环境包括人与动物以及动物的群体等因素。外界环境的变化，都能引起动物机体生理功能的改变。在一定的范围内，动物机体能够随着外界环境的改变，不断调整各种生理功能，达到与环境的相对平衡。动物机体的这种适应环境变化而生存的特性，称为适应性。

四、生殖

生殖（reproduction）是动物体生长发育到一定阶段，雌性和雄性个体发育成熟的生殖细胞相互结合，产生与自己相似的子代个体的功能。从生理学的角度来看，生殖是一切生物体的基本特征之一，一个个体可以没有生殖而生存，但是，一个物种的延续则必须依赖于生殖。生物通过生殖实现亲代与后代个体之间生命的延续。尽管遗传信息决定了后代延承亲代的特征，但是，遗传是通过生殖实现的。亲代遗传信息在传递的过程中会发生变化，从而使物种在维持稳定的基础上不断进化。生命的延续本质上是遗传信息的传递。在生物代代繁衍的过程中，遗传和变异与环境的选择相互作用，导致生物的进化。生殖是动物繁衍后代和种族延续的基本生命过程，每个生命个体都会死亡，但是生命永存。

本 章 小 结

• 动物生理学是研究动物体的生命活动现象和机体各个组成部分功能的一门科学，动物生理学以家畜、家禽、宠物等为主要研究对象，是动物医学、动物科学、生物技术、生物工程、生命科学、动物检疫等专业重要的专业基础课之一。

机体的内环境指细胞外液，即细胞生活的环境，用以区别外界环境。稳态是生理学的基本概念，指内环境的化学成分和理化特性保持相对恒定的生理现象。内环境稳态是维持细胞正常生理功能的必要条件。

• 动物机体的功能调节方式主要有神经调节、体液调节和自身调节。神经调节和体液调节是机体的主要调节方式，神经调节的基本过程是反射，神经调节的特点是快速、准确，但作用时间短、范围局限。体液调节是指激素通过体液循环调节靶细胞活动的过程，体液调节的特点是作用范围广泛、持续时间长，但是作用比较缓慢。

• 生命的基本特征有新陈代谢、兴奋性、适应性和生殖。

复习思考题

1. 动物生理学的研究对象和任务是什么？
2. 生命的基本特征是什么？
3. 动物机体的功能调节方式有哪些？各有何特点？

第二章　细胞的基本功能

学习目标

1. 理解细胞概念；掌握细胞的构造和功能。

2. 掌握细胞膜的物质转运方式和概念、跨膜信息传递的概念及主要方式。

3. 了解细胞的兴奋性和刺激引起兴奋条件，了解细胞生物电和有关现象，理解静息电位的概念及其形成机理、动作电位的概念及其形成机制。

细胞是动物体的形态功能和生长发育的基本结构单位。机体内所有生理功能和生化反应都以细胞及其代谢产物为基础。离开了对细胞及各种细胞器的分子组成和功能的认识，要阐明物种进化、生物遗传、个体的新陈代谢、各种生命活动等生物学现象以及整体和各系统、器官功能活动的机制是不可能的。因此，要阐明动物整体和各系统、器官的功能活动的机制，首先要学习细胞的基本功能。

细胞的基本功能主要包括：细胞膜的基本结构和不同物质分子与离子的跨膜转运功能，作为细胞接受外界影响或细胞间相互影响基础的跨膜信号转导功能，以不同带电粒子跨膜运动为基础的细胞生物电和有关现象。

第一节　细胞膜的基本结构和物质转运功能

一、细胞概述

细胞是动物有机体的基本结构和功能单位。畜、禽等动物有机体都是由细胞和细胞间质构成。细胞的基本化学成分有蛋白质、核酸、脂类、糖类、水、无机盐、维生素和酶等。

（一）细胞的形态和大小

动物体内的细胞形态多种多样，有圆形、卵圆形、立方形、柱形、梭形、扁平形、星形等。细胞的形态与其所处的环境、执行的生理功能相适应。例如在血管内流动的血细胞，多呈圆形；接受刺激、传导冲动的神经细胞多呈星形，具有突起；能收缩和舒张的肌细胞呈梭形（图 2-1）。

细胞的大小不一。家畜体内最小的细胞是小脑的小颗粒细胞，直径只有 4μm，最大的是成熟的卵细胞，直径可达 200μm，最长的细胞是神经细胞，其突起可达 1m 左右。一般动物的细胞直径在 10～30μm。

（二）细胞的组成

1. 细胞膜或质膜

细胞膜（cell membrane）是细胞表面一层连续而封闭的界膜，又称原生质膜或质膜（plasma membrane）。生物膜则指细胞膜、核被膜及构成各种细胞器，例如线粒体、内质网、高尔基体、溶酶体等膜的统称。通常又将细胞内的膜性结构称为单位膜。

细胞膜的基本功能是维持细胞内微环境的相对稳定并与外界环境进行物质交换，细胞膜还是细胞与机体内环境之间进行信息和能量交换的门户和通道。但细胞膜不是一种简单的屏障和支架，生物体内许多代谢过程都与细胞膜上酶的活动有关，如能量转换、物质转运、信号转导、生物电产生等。这些功能的机制是由膜的分子组成和结构决定的。此外，各种抗原、抗体分子也存在于膜中。

2. 细胞质

细胞质中包含有基质、内含物和多种细胞器。细胞器是位于细胞质中具有一定形态、执行一定生理功能的微小器官，如参与细胞内物质氧化、释放能量、有“能量供应站”之称的线粒体；有合成、分泌、运输蛋白质作用的内质网；有合成蛋白质功能的核糖体；参与细胞分裂的中心体；对细胞合成物质进行加工、浓缩、包装的高尔基体；把进入细胞内的异物和衰老死亡细胞进行消化分解的溶酶体等。

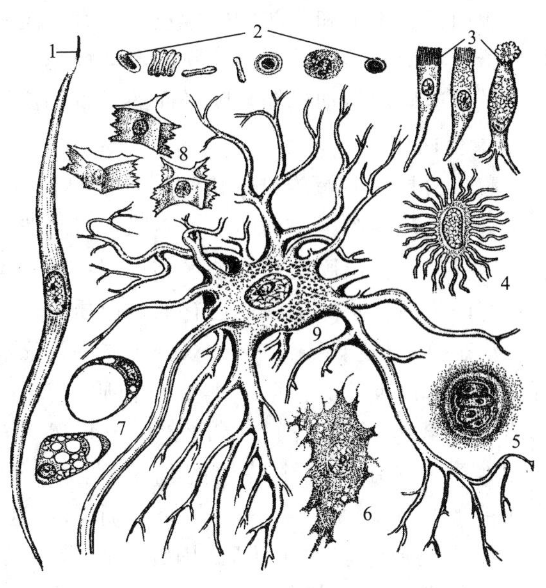

图 2-1　细胞的形态

1—平滑肌细胞；2—血细胞；3—上皮细胞；4—骨细胞；5—软骨细胞；6—成纤维细胞；7—脂肪细胞；8—腱细胞；9—神经细胞

3. 细胞核

细胞核是细胞遗传和代谢活动的控制中心。在畜、禽体内，除家畜成熟的红细胞没有细胞核外，所有的细胞都有细胞核。大多数细胞只有一个细胞核，少数也有两个核或多个核。细胞核由核膜、核基质、核仁和染色质构成。染色质和染色体实际上是同一物质的不同功能状态，由 DNA、蛋白质和少量 RNA 组成，含有大量的遗传信息，可控制细胞的代谢、生长、分化和繁殖，决定着子代细胞的遗传性状。

二、细胞膜的基本结构和功能

关于细胞膜的分子结构形式，20 世纪 70 年代，Singer 和 Nicholson 提出了“液态镶嵌模型”（fluid mosaic model）。该模型的基本内容是：细胞膜呈脂质双分子层结构，其中镶嵌着具有不同生理功能的蛋白质。镶嵌的膜蛋白与磷脂双层分子交替排列。流动的脂质双分子层构成膜的连续主体，蛋白质分子游动在脂质的“海洋”中（图 2-2）。

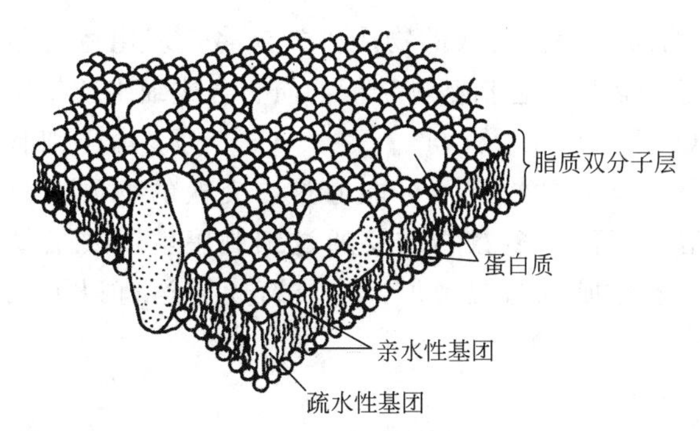

图 2-2　膜的液态镶嵌模型

对各种膜性结构的化学分析表明，膜主要由脂质、蛋白质和糖类物质组成，一般是以脂质、蛋白质为主，只有少量糖类。

1. 脂质双分子层

细胞膜上的脂质主要是磷脂，约占总量的 70%以上，其次为胆固醇，还有少量的糖脂。磷脂是最重要的脂类，主要是磷酸甘油酯和鞘磷脂。磷脂的基本结构是：一分子甘油的两个羟基同两分子的脂肪酸相结合，另一个羟基则同一分子磷酸结合，磷酸又与一个碱基结合。每个磷脂分子中由磷酸和碱基构成的基团为亲水端，都朝向膜的外表面或内表面，而磷脂分子中两条较长的脂肪酸烃链为疏水端，在膜的内部两两相对。由于脂质的熔点较低，所以在一般体温条件下是液态的，具有某种程度的流动性。膜的流动性大小与胆固醇、不饱和脂肪酸的含量大小有一定关系，胆固醇含量增加，膜的流动性降低，脂质分子中不饱和脂肪酸越多，膜的流动性越大。膜的流动性一般只允许脂质分子在同一分子层内做快速侧向运动或绕与膜平面的垂直轴旋转。

2. 蛋白质

膜蛋白是以 α-螺旋或球状结构分散镶嵌在膜的脂质双分子层之中。根据蛋白质与膜脂质结合方式和在膜中排列的位置不同，可将膜蛋白分为三类：一类是表面蛋白质，附着在膜表面，极性端伸出膜表面，被水相包围；另一类是结合蛋白质，有的埋藏在脂质双分子层内部；有的蛋白质贯穿全膜；也有的蛋白质则不对称地分布于膜的一边。

液态镶嵌模型指出：脂质双分子层中镶嵌有不同生理功能的蛋白质。根据膜蛋白的功能可将其分为以下几类：第一类是与物质（离子、营养物质或代谢产物）的转运有关的蛋白质，如载体蛋白、通道蛋白和离子泵等。第二类是受体蛋白，这类蛋白质可“辨认”和“接受”细胞环境中特异的化学刺激或信号，把这些信息传到细胞内，从而引起细胞功能的相应改变。第三类是抗原标志，这些蛋白质起着细胞“标志”的作用，供免疫系统或免疫物质“辨认”。因此，膜蛋白结构和功能的多样性及复杂性将导致细胞膜功能的复杂性及多样性。可以说生物膜所具有的各种功能，很大程度上取决于膜内所含蛋白质的特性。

3. 细胞膜糖类

细胞膜含有一定的糖类，以低聚糖或多聚糖链形式共价结合于膜蛋白，形成糖蛋白，或与膜脂共价结合，形成糖脂。膜糖类约占细胞膜总质量的 2%～10%，多呈树枝状伸向细胞膜的外表面，构成细胞外表面的微环境。由于糖蛋白和糖脂上糖残基的结合方式、排列顺序、分支连接样式千变万化，因而形成了各种细胞表面特异的图像，这是各种细胞具有各自抗原性及血型的分子基础。细胞之间也能借此进行识别和信息交换。另一方面，它们突出在细胞膜的外面，外表刺激往往首先与其接触，因此与细胞免疫、细胞黏附、细胞癌变以及对药物、激素的反应等方面均有密切关系。有些细胞外表的糖链与该细胞分泌出来的糖蛋白等黏附在一起，形成一层厚约 200nm 的外被，称为细胞衣。小肠上皮细胞表面的这层细胞衣对细胞有保护作用，使其不受消化酶的消化作用。

三、细胞膜的物质转运功能

活的细胞和它的环境之间进行着活跃的物质交换。交换的物质种类繁多，理化特性各异，大多数是非脂溶性或者水溶性大于脂溶性的物质，包括基本功能物质、合成细胞新物质的原料、中间代谢产物和终产物、维生素、O_2 和 CO_2 以及 Na^+、K^+、Ca^{2+} 等。由于细胞膜主要是由液态的脂质分子构成，理论上讲只有脂溶性物质才可能通过，交换的物质中只有极少数能够直接通过脂质分子层进出细胞，其他大多数物质要通过细胞膜就需要借助于膜蛋白的帮助或者更为复杂的生物学过程来完成。总的来说，物质跨膜转运有以下几种形式（图 2-3）。

（一）简单扩散

简单扩散（simple diffusion）又称为单纯扩散，是一种最简单的物质转运方式，是指脂溶性物质由膜的高浓度侧向低浓度侧扩散的现象。物质移动的方向取决于物质的浓度梯度。物质分子移动量的大小可用通量来表示，决定物质扩散通量大小的主要因素有两个：①细胞膜两侧物质的浓度梯度。一般条件下，扩散通量与平面两侧溶质分子的浓度差或浓度梯度成正比。如果是混合溶液，那么每一种物质的移动方向和通量都只取决于各物质的浓度梯度，

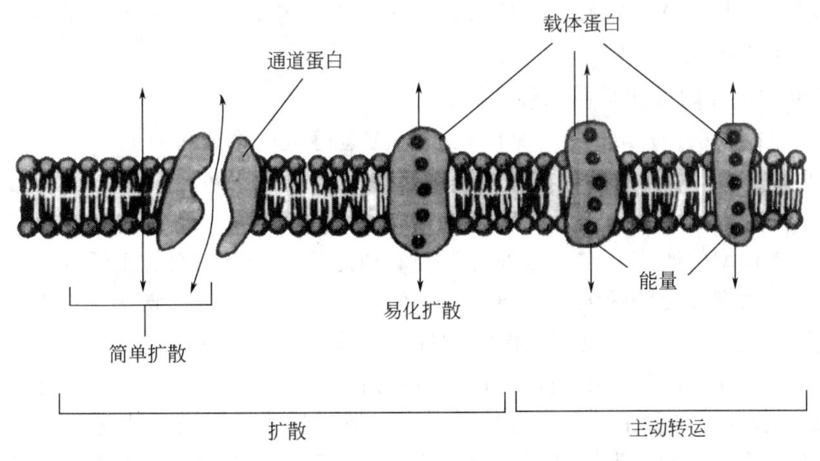

图 2-3 物质跨膜转运的途径和机理

而与其他物质的浓度或移动方向无关。但是，如果是电解质溶液，离子的移动不仅取决于平面两侧的浓度梯度，也取决于离子所受的电场力。②细胞膜对该物质的通透性。所谓通透性是指该物质通过膜的难易程度或阻力大小。机体内脂溶性的物质不多，因而靠单纯扩散通过细胞膜的物质甚少，水溶性物质不易通过，脂肪酸、O_2 和 CO_2 可以比较容易通过细胞膜。机体内甾体类激素虽亦是脂溶性物质，但因其分子质量大，必须借助膜上蛋白质协助方能加速其转运。简单扩散是不消耗细胞本身能量的，扩散时所需能量来自高浓度本身所包含的势能。

（二）易化扩散

非脂溶性物质或脂溶性小的物质，在膜结构中一些特殊膜蛋白的帮助下，由膜高浓度一侧通过细胞膜向低浓度一侧扩散的现象称易化扩散（facilitated diffusion）。易化扩散的特点是：①物质移动的动力来自高浓度的势能，细胞不耗能。②顺浓度差或浓度梯度移动。③需要膜蛋白的参与。

根据参与易化扩散的膜蛋白的不同，易化扩散可分为两类。

1. 以载体为中介的易化扩散或载体运输

细胞膜上的某些蛋白质具有载体功能，即能与某些物质结合，并发生结构改变，将该物质由高浓度一侧运向低浓度一侧，再与该物质分离，所以载体蛋白质在运输中并不消耗。以载体为中介的易化扩散具有以下特点。

（1）高度的结构特异性　即某种载体只选择性地与某种物质特异性结合。例如，在浓度梯度相同的条件下，右旋葡萄糖的跨膜通量明显地超过左旋葡萄糖，这说明作为载体的膜蛋白能有选择地结合右旋葡萄糖，而左旋葡萄糖不能或不易结合。

（2）饱和现象　易化扩散的扩散通量虽然与膜两侧物质的浓度差呈正比，但膜载体蛋白质数量及其结合位点总量是相对固定的。当膜一侧物质浓度增加到使载体蛋白及其结合位点均被“占满”时，扩散通量就不再随浓度差的增加而增大，此时转运量就不能再增加。

（3）竞争性抑制　如果 A 和 B 两种结构相似的物质都能被同一载体蛋白转运，那么增加 A 物质的浓度，将会使该载体对 B 物质的转运量减少。这是因为一定数量的结合位点被 A 物质竞争性地占据所致。人和脊髓动物的细胞膜就是通过易化扩散摄取葡萄糖，在转运过程中葡萄糖分子与载体蛋白特定部位结合，导致载体构象转换，将糖分子由膜一侧转运到另一侧，糖分子脱离载体。

2. 以通道为中介的易化扩散或通道运输

通道运输（channel transport）是由在膜上的通道蛋白帮助完成的。一些离子如 Na^+、K^+、Ca^{2+} 等由膜的高浓度一侧向低浓度一侧的转运就属通道转运（图 2-4）。通道蛋白贯通细胞膜，其中心具有亲水性通道，它对离子具有高度的亲和力，其最重要的特点，是随着蛋白质分子构象或构型的改变，它可以处于不同的功能状态。当它们处于开放状态时，允许适当大小的离子顺浓度梯度瞬间大量的通过。它们处于关闭状态时，膜又对该离子不通透。通道蛋白可迅速开放或关闭，并受通道闸门的控制，这一过程称为门控过程。因此根据通道蛋白开放或关闭所受控制因素的不同，又将通道蛋白分为三类：一是电压门控通道，如神经元上 Na^+、Ca^{2+} 通道，它们在膜去极化时开放。二是化学门控通道，或称配体门控通道，是一种兼具受体和通道功能的蛋白分子。化学信息来自于细胞外液，如激素、递质等。如乙酰胆碱受体含有 Na^+、K^+ 通道，当乙酰胆碱与受体结合时，通道开放，Na^+、K^+ 同时流动，导致膜去极化。三是机械门控通道，又称机械敏感离子通道，它们的开放与关闭由细胞膜表面的牵张刺激所引起。例如血管内皮细胞上有机械门控 Ca^{2+} 通道，当血压升高对内皮细胞牵拉时，通道开放，引起 Ca^{2+} 内流使血管收缩。以通道为中介的易化扩散的扩散通量要依通道的状态而定，当其受到某些因素影响而开放时，允许某种离子迅速顺浓度差移动（可表述为膜对某种离子的通透性增大），其通量增大，否则通量减小。

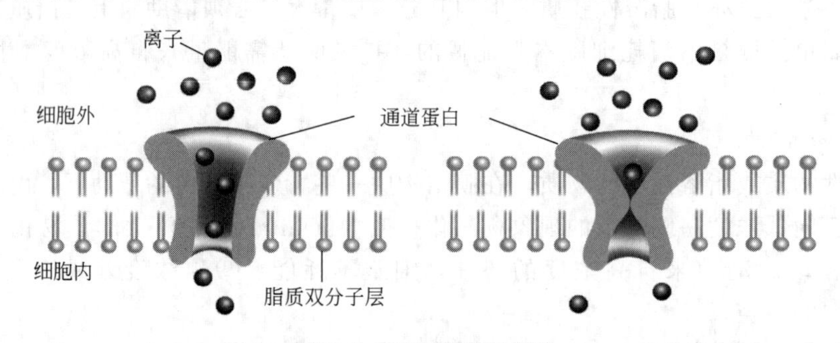

图 2-4　通道转运模式图

3. 水通道

经典的观点认为，水分子是通过单纯扩散直接通过脂质双分子层的。虽然水是极性分子，但是分子直径很小，因此认为水分子可以直接通过脂膜。但是，近 20 年的研究证明，除了直接通过脂膜扩散以外，通过通道蛋白的扩散是水分子透过生物膜更重要和可调节的途径。最初人们发现某些细胞在低渗溶液中对水的通透性很高，很难用单纯扩散来解释。例如将红细胞移入低渗溶液后，很快吸水膨胀而破裂，而水生动物的卵母细胞则在低渗溶液中不膨胀。因此推测水的跨膜转运还存在某种特殊机制，并提出了水通道的概念。

目前已经鉴定出多种水通道，广泛分布于动植物细胞。水通道在肾脏、腺体等处，在与液体吸收、分泌有关的上皮细胞和内皮细胞中发挥作用，参与水的分泌、吸收以及细胞内外的水平衡。

（三）主动转运

主动转运（active transport）是指细胞通过本身的耗能过程，将某些物质的分子或离子由膜的低浓度一侧向高浓度一侧转运的过程。简单扩散和易化扩散的共同点是细胞本身不消耗能量，将物质顺电-化学梯度转运，因此称之为被动转运（passive transport），其特点是在物质转运过程中，所需的能量来自高浓度溶液本身所含的势能，而它们通过的膜当时并无能量消耗。主动转运和被动转运是相对而言的。主动转运与此不同，物质的分子或离子可以逆浓度梯度或逆电-化学梯度而移动，犹如从低处往高处泵水须有“水泵”一样，所以这种主动转运机制喻为“泵”转运，“泵”则是指镶嵌于膜上的特殊蛋白质。

主动转运的特点如下。

① 在物质转运过程中，细胞本身要消耗能量，能量来自细胞的代谢活动。因此，主动转运与细胞代谢有关。

② 逆浓度梯度和电位梯度进行物质转运。例如，小肠上皮细胞对葡萄糖的吸收（图2-5），细胞内外各种离子浓度差的维持等都与细胞膜的主动转运密切相关。

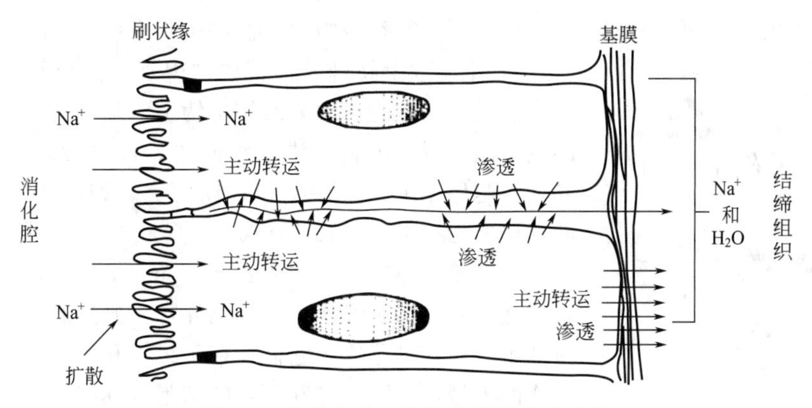

图 2-5　小肠上皮细胞吸收葡萄糖的过程

目前，对主动转运研究最多、最充分的是 Na^+ 和 K^+ 的转运。细胞内液 K^+ 浓度高于细胞外液，细胞外液 Na^+ 浓度高于细胞内液。这种明显的离子浓度差的形成和维持，是靠普遍存在于细胞膜中的特殊蛋白质 Na^+-K^+ 泵来完成的。其作用是逆浓度梯度将 Na^+ 由细胞内液移向细胞外液，同时将细胞外液中的 K^+ 移向细胞内液，形成并维持细胞内、外离子浓度梯度。Na^+-K^+ 泵亦称为钠泵，就是镶嵌在膜上的一种特殊蛋白质，通过构型的改变来转运物质。钠泵还具有酶的功能，当细胞内 Na^+ 浓度增高或细胞外 K^+ 浓度增高时可被激活，被激活的钠泵可分解 ATP，同时释放出能量，用于物质转运。因此，钠泵亦称为 Na^+-K^+ 依赖式 ATP 酶（图 2-6）。钠泵活动时，泵出 Na^+ 和泵入 K^+ 这两个过程是同时进行的，称为“偶联”。一般情况下，每分解 1 分子 ATP，可移出 3 个 Na^+，并换回 2 个 K^+。钠泵的生理意义在于维持细胞内外离子浓度梯度，从而完成正常代谢及功能。维持细胞结构和功能的完整性，最重要的是储备势能，完成其他一些物质的主动跨膜转运。例如，肠上皮细胞和肾小管上皮细胞，可以逆浓度梯度主动地吸收肠腔或肾小管内的葡萄糖、氨基酸，使细胞内两者的浓度大大超过腔（管）内的浓度。除钠泵外，目前了解较多的还有钙泵、氢泵、氯离子泵、碘泵等，它们分别与 Ca^{2+}、H^+、Cl^- 和 I^- 的主动转运有关。

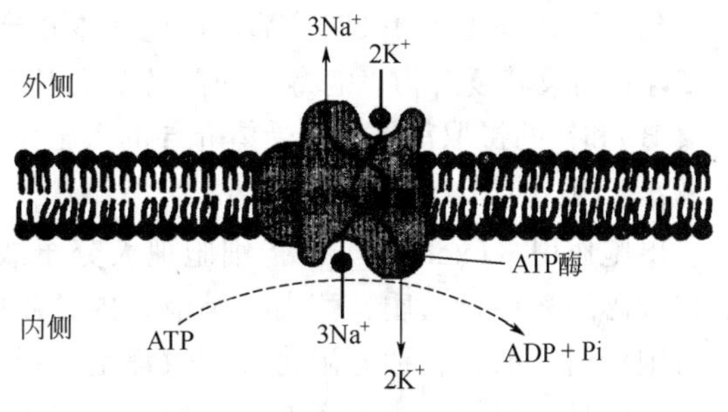

图 2-6　钠泵的作用机理

由于提供能量的方式不同，主动转运可分为原发性主动转运（primary active transport）和继发性主动转运（secondary active transport）两大类。前者是直接利用ATP水解产生的能量进行离子的跨膜转运，如Na^+的转运；后者所需的能量不是直接来自ATP的水解，而是来自膜外的高势能Na^+，而这种情况的出现依赖于钠泵的活动，如葡萄糖的转运，因此是间接利用ATP。

（四）入胞和出胞作用

大分子物质或团块物质不能渗透通过细胞膜，可是细胞却能整批地转运这些物质，这是通过细胞本身的入胞（内吞）作用和出胞（胞吐）作用进行的。

1. 入胞作用

入胞作用（endocytosis）是指细胞外的大分子物质或团块进入细胞内的过程。这些物质主要是侵入体内的细菌、病毒、异物或大分子营养物质（血浆中的脂蛋白颗粒、大分子蛋白质等）。细胞膜上特殊受体首先“识别”并与其接触，然后与异物接触处的细胞膜内陷或伸出伪足包绕异物，把这些物质包围成小泡，脱离细胞膜进入细胞内。根据吞入物质的性状不同，入胞作用可分为吞噬和吞饮两类。如进入的物质是固体的，称之为吞噬（phagocytosis），形成的小泡叫吞噬体；如进入的物质是液体，则称之为吞饮（pinocytosis），形成的小泡叫吞饮泡。吞噬的主要作用是消灭异物，典型的吞噬细胞有中性粒细胞、单核细胞等，它们存在于组织和血液中，共同防御微生物的入侵，消除衰老和死亡的细胞等（图2-7）。吞饮作用与能形成伪足的细胞及具有高度可活动膜的细胞有关，主要有小肠上皮细胞、黏液细胞、毛细血管内皮细胞、肾小管上皮细胞和巨噬细胞等。一些物质的入胞是由受体介导的。其过程是被摄取的大分子物质首先与细胞膜表面的受体结合，形成复合物，接着该处质膜凹陷形成有被小窝；然后，内陷的小窝脱离质膜，形成有被小泡，此过程称为受体介导的内吞作用。受体介导的内吞作用是大多数动物细胞网格蛋白通过有被小泡从胞外摄取特定大分子的有效途径。如动物细胞对胆固醇的摄取、鸟类卵细胞对卵黄蛋白的摄取、肝细胞对转铁蛋白的摄取、胰岛素靶细胞对胰岛素的摄取等都是通过受体介导进入细胞的。此外，巨噬细胞通过表面受体对免疫球蛋白及其复合物、病毒、细菌乃至衰老细胞的识别和摄入，以及其他一些代谢产物如维生素B_{12}和铁的摄取都是通过受体介导的入胞作用进行的（图2-8）。

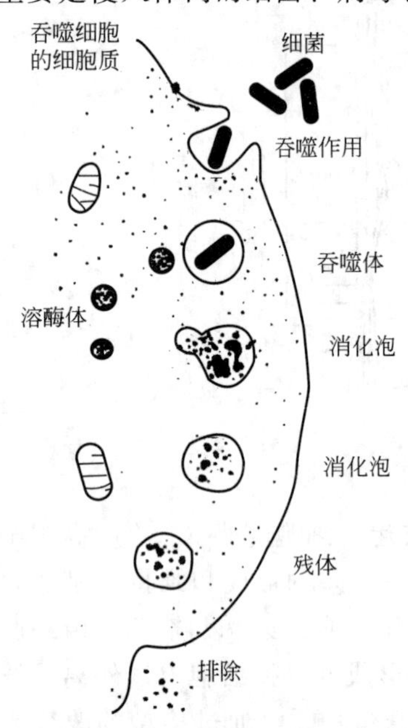

图2-7 中性粒细胞或单核细胞吞噬作用图解

2. 出胞作用

出胞作用（exocytosis）指细胞把大分子或团块物质由细胞内向细胞外排出的过程。腺细胞分泌的某些蛋白质、酶类、黏液、内分泌腺分泌激素、神经递质等物质运出细胞，都属于出胞作用。细胞各种分泌物大多数都是由粗面内质网合成，在向高尔基体转移过程中被包裹上一层膜性结构，成为囊泡，并储存在胞浆中，当细胞分泌时，小泡会被运送到细胞膜的内侧面，与细胞膜融合后向外开口破裂将内容物一次性排出，而囊泡的膜也就变成了细胞膜的组成部分。分泌过程的启动是膜的跨膜电位变化或特殊化学信号引起局部膜中的Ca^{2+}通道开放，Ca^{2+}内流（或通过第二信使物质导致细胞内Ca^{2+}的释放）而诱发的。出膜是一个比较复杂的耗能过程。以腺细胞分泌酶蛋白为例，这些酶蛋白在高尔基体内经过修饰、浓

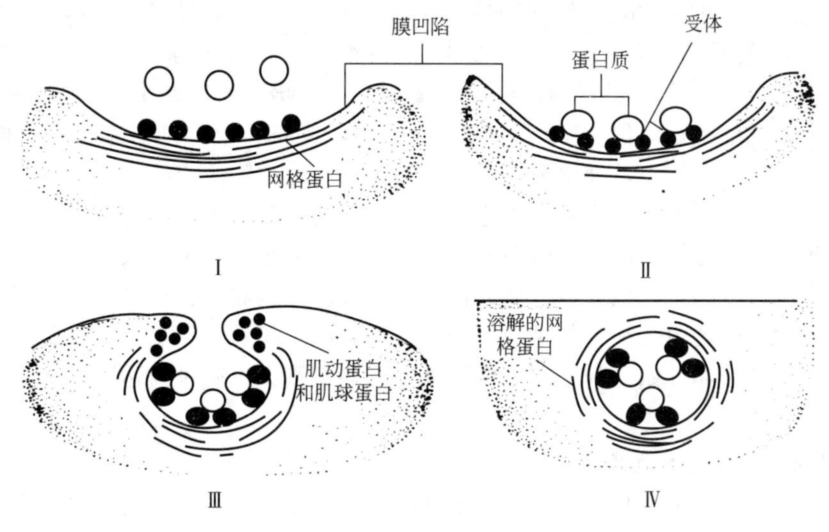

图 2-8　受体介导的入胞过程

缩、分选，最后包装入小泡。小泡逐渐移向细胞膜并与其融合，酶蛋白被释放到细胞外。从膜变化、融合的角度看，入胞和出胞是两个方向相反的过程（图 2-9）。

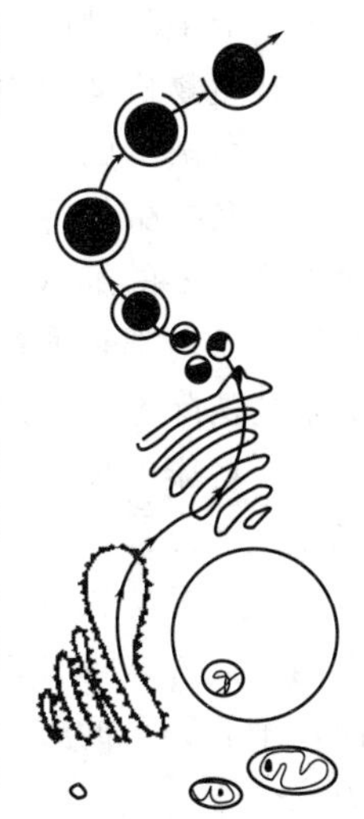

图 2-9　分泌物的出胞过程

四、细胞的生命活动

凡是活的细胞，都具有下列生命活动。

（一）新陈代谢

新陈代谢，就是指生物体不断进行自我更新的过程，它包含机体与外界环境之间的物质交换和能量交换，及内部的物质和能量转变，是机体与环境最基本的联系，也是生命活动的基本特征。每一个活的细胞，在生命活动过程中，都必须不断地从外界摄取营养物质，合成本身需要的物质，这一过程称为同化作用（合成作用）；同时也分解自身物质，释放能量供细胞活动需要，并排出废物，这一过程称为异化作用（分解作用）。这两个过程的对立统一，就是新陈代谢。细胞的一切生命活动都建立在新陈代谢的基础上，如新陈代谢停止，就意味着细胞死亡。

（二）兴奋性

各种生物体生活在一定的环境中，当环境发生变化时，生物体内部的代谢及外表活动将发生相应的改变，称为反应。反应有两种形式：一种是由相对静止转变为活动或活动由弱转变为强，称为兴奋；另一种是由活动状态转变为静止状态或由强转变为弱，称为抑制。引起生物体出现反应的各种环境变化，称为刺激。兴奋性是指细胞受到外界刺激（如机械、温度、光、电、化学等）时会产生反应的特性。如神经细胞受到刺激后产生兴奋和传导冲动，骨骼肌细胞受到刺激会收缩，腺细胞受到刺激后会分泌等。

（三）细胞的生长与增殖

细胞生长与细胞增殖是有机体的生命进程中两个重要的基本特征。细胞生长表现为细胞体积的增加，细胞干重、蛋白质及核酸含量的增加均可作为其指标，细胞间质的增加也是细胞体积增加的一种形式。细胞增殖即繁殖，指细胞数量增加是通过细胞分裂来实现的。在个体发育期，细胞的生长尤为明显，出生时心肌细胞直径为 7μm，到成熟时增加到 14μm；骨骼肌细胞的蛋白质与 DNA 的质量比从 120 增加到 206，肝脏细胞的从 29 增加到 73，肾脏细胞的从 23 增加到 60；而大鼠出生后，其肝细胞蛋白质含量可增加 5 倍，细胞质量大约要增加 4 倍。

细胞的生长受细胞表面积/体积、细胞核质比等因素的限制。随着细胞的不断生长，其表面积与体积的比逐渐变小，细胞表面积不能满足细胞内外物质交换的需要，同时，胞核与胞质之间也逐渐失去平衡，细胞处于不稳定状态。在此种情况下，细胞可通过其分裂来恢复正常的表面积与体积比及核质之间的平衡。因此，细胞分裂与细胞生长是紧密相关的，当细胞生长到一定阶段，均可发生分裂，之后再进行生长。分裂和生长反复进行，其结果是导致细胞数量的增加，即增殖。细胞数量的增加是动物组织生长及个体生长最重要的因素。以大鼠为例，从一个受精卵开始，到个体成熟时，仅肝的细胞数量就可高达 2×10^9 个。

（四）细胞凋亡

1. 细胞凋亡的概念及其生物学意义

细胞凋亡（apoptosis）是一个主动的由基因决定的自动结束生命的过程。由于细胞凋亡受到严格的由遗传机制决定的程序性调控，所以也常常被称为细胞编程性死亡（programmed cell death，PCD）。PCD 最初是发育生物学中提出的概念，其含义是发育过程中发生的某类细胞（如肌肉细胞）的大量死亡，而这种细胞死亡要求一定的基因表达。

在生物机体的生长发育过程中，细胞有丝分裂固然是十分重要的生理现象，但细胞凋亡也是不可缺少的一个重要方面。细胞凋亡在多细胞生物个体发育的正常进行、自稳态平衡的保持以及抵御外界各种因素的干扰方面都起着非常关键的作用。通过细胞凋亡，机体得以清除不再需要的细胞，而且不引起炎症反应。在发育过程中，幼体器官的缩小和退化如蝌蚪尾的消失等，都是通过 PCD 实现的。在成熟个体的组织中，细胞的自然更新、被病原体感染细胞的清除也是通过 PCD 来完成的。在发育过程中和成熟组织中细胞发生凋亡的数量是惊人的。健康的成人体内，在骨髓和肠中，每小时约有 10 亿个细胞凋亡。脊椎动物的神经系统在发育过程中，约有 50％的细胞凋亡，通过细胞凋亡来调节神经细胞的数量，使之与需要神经支配的靶细胞的数量相适应。淋巴细胞的克隆选择过程中，细胞凋亡更是起着关键的作用。此外，各种杀伤免疫细胞对靶细胞的攻击并引起其死亡也是基于细胞凋亡。另一方面，细胞凋亡的失调包括不恰当的激活或抑制都会导致疾病，如各种肿瘤、艾滋病以及自身免疫病等。

2. 细胞凋亡的特征

细胞终末分化、衰老或由于外环境作用可致细胞死亡。细胞的死亡一般分为两种情况，即坏死（necrosis）和凋亡（apoptosis）。坏死为“非正常”、“意外”死亡，由物理、化学、生物因素如 X 射线烧灼、强酸、强碱、细菌、病毒、寄生虫等引起。凋亡是在遗传控制下的衰老死亡或生理调节性死亡，是由基因编程的真正的“寿终正寝”。

凋亡的细胞有着相似的形态特点，如细胞单个脱落、核纤层蛋白降解、染色质不附着于核基质而逐渐瓦解，DNA 断裂成片段，DNA 的修复能力受到抑制，肌动蛋白的水解使细胞质骨架受到破坏。凋亡的形态学变化可分两个阶段：①细胞核染色质和细胞浆的浓缩，胞膜皱缩、内陷，形成许多膜结构的碎片——凋亡小体，细胞内容物不外漏，也不引起周围组织损伤和炎症。②凋亡小体被周围的吞噬细胞摄取后，经过一系列变化，迅速被溶酶体降解。

（五）细胞保护

细胞对于各种有害因素的适应能力或抵御能力，称为细胞保护（cytoprotection）。在细胞的生存环境中，细胞一方面不可避免地会受到各种有害因素的负面影响或损伤，另一方面细胞本身或某些其他因素也可抵御有害因素对细胞的损害。因此将凡具有防止或明显减轻有害物质对机体细胞的损伤或致死作用的物质均称为细胞保护因子。细胞保护应当是一种天然的维护稳态的机制，可加强细胞的自我抵抗力，而不是改变损伤因子的性质。它是进化过程中产生的一种适应能力。

细胞保护主要有两种方式，即直接细胞保护和适应性细胞保护。

1. 直接细胞保护

直接细胞保护指某些细胞合成物或药物对细胞的直接保护作用。如前列腺素对胃肠细胞的保护作用，实验表明该物质能阻止动物如大鼠、猫、犬的胃肠溃疡形成，而且可明显减轻酒精、强酸、强碱等对胃的损伤。它的作用是直接保护胃、肠黏膜细胞，而不是改变损伤因子的性质。此外，脑-肠肽对消化道细胞也有显著的保护作用。

2. 适应性细胞保护

适应性细胞保护指细胞在事先受到某种刺激后，当再次受到这种相同的更强的刺激时，细胞对这种刺激的适应性和耐受性增强。Robert 等曾观察到，用 20％乙醇灌服空腹大鼠 15min 后，再灌服无水乙醇，可明显阻止无水乙醇对胃黏膜的损伤作用。同样，事先给予弱酸、弱碱，可防止强酸、强碱的损伤作用。与此相关的许多实验均证实这种适应性细胞保护是一种生理现象，对于胃黏膜细胞而言，可能是一种自然的防御机制。各种弱刺激不断作用于胃黏膜细胞，可增强其抵抗力，从而防止强刺激的攻击。

第二节　细胞膜的信号转导功能

多细胞生物是一个统一的整体，生物体内各系统、器官、组织和细胞之间存在着密切的联系和配合。实现这种联系和配合只能依靠它们之间的某种信息传递来完成。在高等动物体内主要存在跨膜信息传递和细胞间信息传递两种形式，两者都是通过膜受体实现的信息传递过程。

一、细胞膜的受体

（一）受体

受体（receptor）是指细胞中（包括细胞膜和细胞内）某些能与激素、递质以及其他化学活性物质发生相互作用，并能触发特定生物学效应的特殊结构部分。受体通常是存在于细胞膜或细胞内的特殊蛋白质，主要是球状蛋白，也有脂蛋白和糖脂蛋白，受体能够识别和选择性结合环境中某种物质，如激素、递质以及某些化学强度，具有一定的结构特异性。激素、递质以及某些化学物质称为配体，受体则称为配基。受体按其存在部位的不同可分为细胞表面受体、细胞内受体（胞浆受体和核受体）。

细胞内受体位于细胞质基质或核基质中，主要识别和结合小的脂溶性信号分子，如甾体激素、甲状腺激素等。细胞表面受体主要识别和结合亲水性信号分子，包括分泌型信号分子如神经递质、激素等，以及膜结合信号分子如细胞表面抗原等。根据信号转导机制和受体蛋白类型不同，细胞表面受体又分为三大类。

1. 离子通道偶联受体（ion channel-coupled receptor）

细胞表面的离子通道偶联受体是指受体本身既有信号（配体）结合位点，又是离子通道，在跨膜信号转导中不需要中间步骤，又称配体门控离子通道。

2. G 蛋白偶联受体（G-protein-coupled receptor）

这是细胞表面受体中最大的家族，普遍存在于各类真核细胞表面，根据其偶联效应蛋白的不同，介导不同的信号通路。

3. 酶联受体（enzyme-linked receptors）

酶联受体其中的一类是受体细胞内结构域具有潜在酶活性，另一类是受体本身不具有酶活性，而是受体胞内段与酶相联系。

不管哪种类型的受体，一般至少具有两个功能域——结合配体的功能域和产生效应的功能域，分别具有结合特异性和效应特异性。受体与特异性配体结合后被激活，通过信号转导途径，将胞外信号转换为胞内信号，引发两种主要的反应：一是细胞内预存蛋白活性或功能转变，进而影响细胞代谢功能；二是影响细胞内特殊蛋白的表达量。

（二）信号分子

信号分子种类繁多，包括化学信号，例如各种激素、神经递质等，还有物理信号，例如声、光、电和温度变化等。根据化学性质可将化学信号分为 3 类。

1. 气体性信号分子

气体性信号分子包括 NO、CO 等，它们可以自由扩散，进入细胞直接激活效应器酶，产生第二信使，参与体内的生理反应。

2. 疏水性信号分子

这类信号分子主要是甾体激素和甲状腺激素，它们的分子小，具有疏水性，可直接穿过细胞膜进入细胞，还可以直接穿过细胞核膜，与细胞核受体结合，调节基因表达。

3. 亲水性信号分子

这类信号分子包括神经递质、局部激素和大多数蛋白类激素，它们不能通过细胞膜，只能与细胞表面受体结合，经信号转导机制，在细胞内产生第二信使，激活蛋白激酶，引起细胞的生物学效应。

根据与受体结合的效应还可分为两类物质：一类是与受体结合后引起特定的生物学效应的物质称为该受体的激动剂；另一类物质虽也能与受体结合，但结合后不能引发特定的生物学效应，这是因为它们占据了受体，使激动剂不能再与之结合，此类物质称为阻断剂。

二、细胞膜的信号转导功能

动物体内的细胞在生命过程中会不断受到来自外部环境的各种理化因素的刺激，并对这些刺激做出反应，使细胞的功能活动适应外界环境的变化。许多外界的理化刺激能够作为不同的信号分子，作用于各种细胞，将外界环境变化式信息跨膜传入细胞内，引起细胞内的代谢和功能发生一系列变化，这一过程在生理学上被称为跨膜信号转导（transmembrane signal transduction）或跨膜信息传递（transmembrane signaling）。动物体内绝大多数细胞生活的环境是细胞外液，因此，细胞外液的各种理化因素的变化是它们最常感受到的外界刺激。细胞感受外界化学信号的刺激，通常是由细胞膜或细胞内的一些特殊蛋白质识别和介导的。

目前已被克隆的膜受体有数百种，根据它们的分子结构和信号转导方式，大体可分为三类，即离子通道型受体、G 蛋白偶联型和具有内在酶活性的受体（或称酶偶联型受体）。由于大部分刺激性的化学信号是水溶性的，不能进入细胞内，只有当其被细胞膜上的受体蛋白识别后，通过细胞膜上的信号转导系统，将信号传递到细胞内，才能发挥调节细胞功能的作用。

（一）G 蛋白偶联受体介导的信号转导

G 蛋白偶联受体是目前已经发现的种类最多的受体，其信号转导过程也最为复杂。组成该信号转导系统的有G蛋白偶联受体、G蛋白、G蛋白效应器、第二信使、蛋白激酶等存在于细胞膜、细胞质和细胞核中的信号分子（见图2-10）。

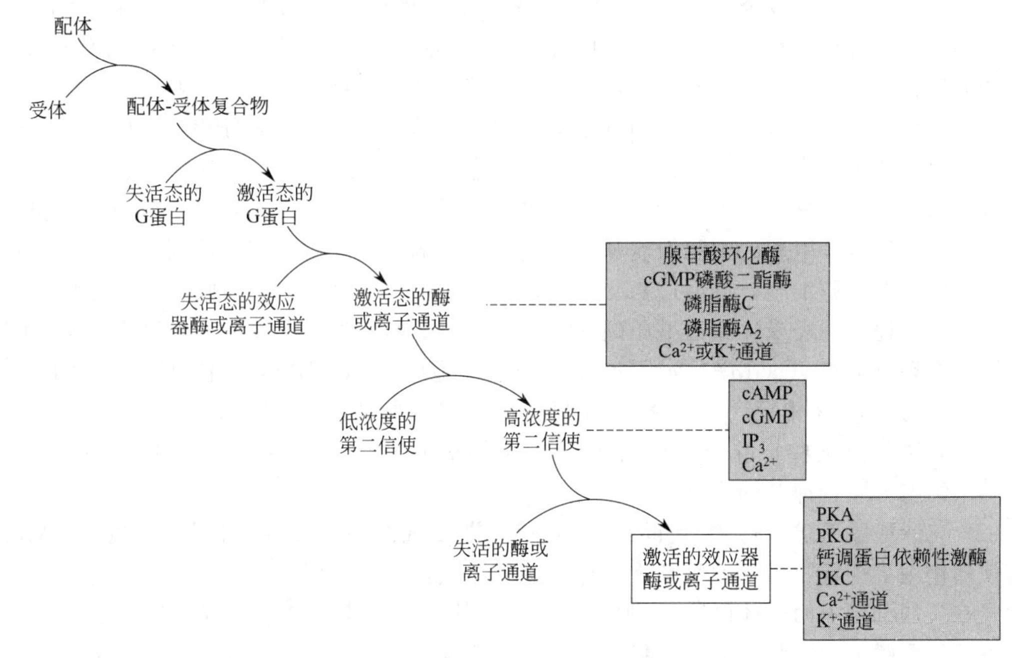

图2-10　G蛋白信号转导系统的组成成分

1. G蛋白偶联受体

G蛋白偶联受体是目前最大的细胞膜受体家族，分布于几乎所有的真核细胞。能与G蛋白偶联受体结合的信号分子很多，例如去甲肾上腺素、乙酰胆碱、多巴胺等神经递质，促甲状腺激素、黄体生成素、甲状旁腺激素等多肽及蛋白类激素，还有光量子、引起嗅觉和味觉的物质等。虽然信号分子结构各异，但是其受体蛋白的结构却很相似，属于同一个超家族，都是由一条7次跨膜的肽链构成，肽链的N端在细胞外，C端在细胞内。受体蛋白的胞外侧有结合配体的部位，胞内侧有结合G蛋白的部位。当配体与受体结合后，通过构象改变，结合并激活G蛋白，再通过G蛋白将信息传递到G蛋白效应器，从而发挥在细胞内的生物学作用。

2. G蛋白

G蛋白存在于细胞的胞质侧，起着偶联膜受体和效应器蛋白的作用。根据G蛋白的结构不同，又分为异源三聚体蛋白和单体蛋白。通常所说的G蛋白主要指三聚体G蛋白，由α、β、γ 3个亚基构成，其中的α亚基同时具有结合GTP和GDP能力，并且具有GTP酶的活性。

3. G蛋白效应器酶及第二信使

G蛋白效应器酶主要有腺苷酸环化酶、磷脂酶C、磷酸二酯酶和磷脂酶A_2等，它们都能够催化生成或分解产生第二信使。G蛋白也可以直接或间接调控离子通道的活动。

第二信使是指激素、神经递质等信号分子作用于细胞膜后产生的细胞内的信号分子。它们可以将无法进入细胞的信号分子（又称第一信使）作用于细胞膜的信息，传递给细胞内的靶蛋白（各种蛋白激酶或离子通道），进而引起细胞内的各种变化。第二信使主要有环一磷酸腺苷、环一磷酸鸟苷、三磷酸肌醇、二酰甘油、钙离子等。

(1) 环腺苷酸　环腺苷酸（cAMP）是由细胞膜上的腺苷酸环化酶（AC）分解 ATP 后，在胞内产生的一种对热不稳定的递质。cAMP 是介导某些激素产生胞内效应最普遍的信使，因此，把 cAMP 称为第二信使，而激素称为第一信使。cAMP 信号通路由三大部分组成：受体、腺苷酸环化酶以及偶联于两者之间的蛋白。G 蛋白通过与三磷酸鸟苷（GTP）和二磷酸鸟苷（GDP）结合而发挥作用，所以称其为鸟苷酸结合蛋白（简称 G 蛋白）。当配体分子与受体结合后，首先诱发受体分子构象改变，继而上述几种成分相互协作进行信号转导，诱发促进或抑制作用，调节细胞内的第二信使 cAMP 水平，引起细胞产生相应的生物学效应。腺苷酸环化酶可被多种受体激活，也就是说有多种配体可引起 cAMP 的含量升高，但对不同的靶细胞，引起的细胞效应却可完全不同。例如，肾上腺素对不同的靶细胞所起的作用就不同，对脂肪细胞，可促进脂肪分解；对心肌细胞，可加强心肌收缩力并影响心率。

细胞膜上还有一类受体如乙酰胆碱 M 受体，它的效应部分是鸟苷酸环化酶，这种酶可使细胞内的环鸟苷酸（cGMP）水平增高。通常细胞中的 cGMP 含量不到 cAMP 的 1/10，所起的作用与 cAMP 相反，但二者的协调又是维持细胞正常代谢所必需的。一般细胞内 cAMP 升高可促进某些特殊蛋白质的合成，导致细胞分化；而 cGMP 增高则促进 DNA 合成，导致细胞分裂，抑制细胞分化。

(2) 三磷酸酰肌醇　这是 20 世纪 80 年代早期发现的另一类第二信使，它比 cAMP 第二信使的作用更广泛，可以触发细胞对神经递质、激素及生长因子等第一信使发生效应。与该途径有关的细胞表面受体已达 25 种以上。当配体（如激素）与表面受体结合后，偶联 G 蛋白可活化质膜上的磷脂酶 C，该酶可催化位于膜内层的磷脂酰肌醇水解，产生两个重要的细胞内信使——二酰甘油（DG）和三磷酸肌醇（IP_3）。

DG 的主要作用是激活细胞内依赖于 Ca^{2+} 和磷脂的蛋白激酶 C，激活后的蛋白激酶 C 可催化细胞的生理活动，如活化细胞膜上的 Na^+-H^+ 交换通道，使 H^+ 出胞，并促进 Na^+ 入胞，从而使细胞内的 pH 增高。而细胞内 pH 增高是促使细胞增殖的重要因素之一。IP_3 的主要作用是能诱发 Ca^{2+} 由细胞内 Ca^{2+} 储存库大量释放，Ca^{2+} 也是细胞内重要信使物质之一，Ca^{2+} 浓度增加可与钙调蛋白结合，能引起多种细胞内的生物学效应。例如，微管、微丝的组装、解聚，肌肉的收缩及某些酶的激活等，都需 Ca^{2+} 的参与。

这是以 IP_3 和 DG 为第二信使，以释放 Ca^{2+} 为主要效应的另一种跨膜信息传递形式。

(3) 蛋白激酶　蛋白激酶是一类磷酸转移酶，将 ATP 分子上的磷酸基团转移到底物蛋白，使蛋白质磷酸化，导致其构象和电荷发生变化，进而使细胞的生物学特性发生改变。蛋白激酶的底物蛋白也可能是另一种蛋白激酶，如此形成下游蛋白的逐次磷酸化，引起细胞的生理效应。

(二) 酶偶联型受体介导的信号转导

近年来，发现了酪氨酸激酶受体（tyrosine kinase receptor）的存在，神经生长因子、上皮生长因子、成纤维细胞生长因子、血小板源生长因子等的信号都是通过这一途径传递的。这类受体结构比较简单，只有一个跨膜 α-螺旋。当位于膜外侧的特异的肽链与配体结合后，可直接引起受体膜内侧肽段的激活，使之具有磷酸激酶活性，进而使酪氨酸残基发生磷酸化，调节细胞内效应。

(三) 离子通道受体介导的信号转导

细胞膜上有些物质的受体本身就是离子通道，它们是具有复合功能的跨膜蛋白，既可以识别和结合特异的配体，发挥受体蛋白的功能，又同时具有通道的功能。例如 N_2 型乙酰胆碱受体、甘氨酸受体等，它们都是细胞膜上的配体门控通道蛋白，通道的开放与关闭受相应配体的控制。例如，骨骼肌细胞膜上的 N_2 型乙酰胆碱受体与乙酰胆碱结合后，受体蛋白构象发生改变，导致钠离子和钾离子通道开放，钠离子内流使细胞膜去极化，达到阈电位时可产生动作电位，使细胞兴奋。其他配体门控通道的工作原理与之基本相同。

电压门控通道和机械门控通道通常不称为受体，但是实际上它们也是接受电信号和机械信号的受体，并通过通道的开放与关闭，以及离子的跨膜流动把信号传递到细胞内部。

第三节　细胞的生物电与兴奋性

一、细胞的兴奋性和刺激引起兴奋条件

（一）细胞的兴奋性与兴奋

1. 刺激

各种生物体在一定的环境中，当环境发生某种变化时，生物体能主动地做出相应的反应，以适应变化了的环境条件。凡能使有机体或活组织产生相应反应的内外环境因素的变化，在生理上均称为刺激。从刺激的性质可将刺激分为机械性刺激、化学性刺激、温度刺激、电刺激等，如外界环境的光照、气温、气压等变化，体内血液的离子浓度、渗透压、pH 值的改变，以及体内外各种机械的、温度的、化学的和电的刺激等。从生物学效应来看，所有刺激可分为适宜刺激和不适宜刺激两大类。凡是在自然条件下不能引起某些细胞发生兴奋的刺激，就叫做细胞的不适宜刺激；不同细胞有不同的适宜刺激，同一种细胞也可以有好几种适宜刺激。例如，食物的味是味觉细胞的适宜刺激，而食物的形状是视网膜细胞的适宜刺激。

观察表明，一切活组织当受到外加刺激时，都可以应答地出现一些特殊的反应或暂时性功能改变，即有应激性。应激性是活的机体、组织、细胞对刺激发生反应的能力、性能。生物对外界刺激发生反应必须具备以下三个条件。

（1）对刺激的感受　生物体必须能感受外界环境变化才能发生反应。

（2）信号传导　环境的变化刺激了一部分原生质，相邻的原生质也会相继受到影响，并由原刺激地点传播出去。

（3）效应器的反应　不同生物有不同效应器，对同一刺激也会有不同反应。

2. 兴奋性与兴奋

最初把这些活组织或细胞对外界刺激发生反应的能力称为兴奋性，将能够对刺激发生反应的神经细胞、肌肉细胞、腺细胞称为可兴奋细胞，而把相应出现的反应称为兴奋。随着生物电研究的进展，大量事实表明，可兴奋细胞处于兴奋状态时虽然有不同外部反应形式，但都有一个共同的、最先出现的反应，即在受刺激处的细胞膜两侧出现特殊的电变化，即动作电位。因此，现代生理学术语中，兴奋性定义为细胞受到刺激时产生动作电位的能力，而兴奋则指细胞受到刺激后产生动作电位的过程或电位本身。受到刺激时能够产生动作电位的组织、细胞称为可兴奋组织、可兴奋细胞。

3. 兴奋性的变化

体内不同组织具有不同的兴奋性，而且同一组织在不同状态下，兴奋性也会发生变化。可兴奋组织、可兴奋细胞在接受刺激产生兴奋后，它们的兴奋性将经历四个时期的有次序变化，然后才能恢复正常。也就是说，组织或细胞接受连续刺激时，后一个刺激引起的反应可受到前一个刺激作用的影响。

这四个时期是：

(1) 绝对不应期　又叫绝对乏兴奋期，是细胞完全缺乏兴奋性的时期。此时期非常短暂，此时无论第二次刺激强度多大，都不能使细胞再产生兴奋，这时组织的兴奋性由正常水平（100％）暂时下降为零。

(2) 相对不应期　继绝对不应期后，组织的兴奋性开始恢复，第二个刺激有可能引起新的兴奋，但所用的刺激强度必须超过该组织通常所需的阈强度。

(3) 超常期　这时期细胞兴奋性恢复并继续上升超过正常水平，此时用低于正常阈强度的刺激就可以引起第二次兴奋。

(4) 低常期　低常期出现在超常期之后，这时细胞的兴奋性下降到正常水平以下。这一时期持续时间较长，最后兴奋性才恢复到正常水平。

（二）刺激引起兴奋的条件

可兴奋的组织或细胞，并不是对任何性质和强度的刺激都能表现兴奋或出现动作电位。刺激能否引起组织、细胞兴奋与刺激性质是否适宜、刺激强度、刺激持续时间以及刺激强度对时间的变化率有关。

1. 适宜刺激

引起可兴奋的组织或细胞表现兴奋或出现动作电位必须是适宜刺激，不同细胞有不同的适宜刺激，同一种细胞也可以有好几种适宜刺激。例如，食物的味是味觉细胞的适宜刺激，而食物的形状是视网膜细胞的适宜刺激，而光线并不引起内耳听觉细胞产生兴奋，声波频率的改变也不能使视网膜上的视觉细胞产生动作电位，这与刺激性质是否适宜有关。

2. 刺激强度

刺激必须达到一定强度才能引起细胞的兴奋，如果刺激强度不够就不能引起反应。刚能引起组织、细胞发生兴奋所必需的最小刺激强度称为阈强度，或简称阈值。强度大于阈值的刺激称为阈上刺激；强度小于阈值的刺激称为阈下刺激。各种不同细胞或同一种细胞在不同的功能状态下，兴奋性的高低不同。兴奋性越高，所需的刺激阈值就越小，反之则反，即兴奋性为阈强度的倒数。如果刺激强度达不到阈值，就不能引起这个细胞发生反应；如果刺激强度达到阈值，就能引起这个细胞的最大反应。

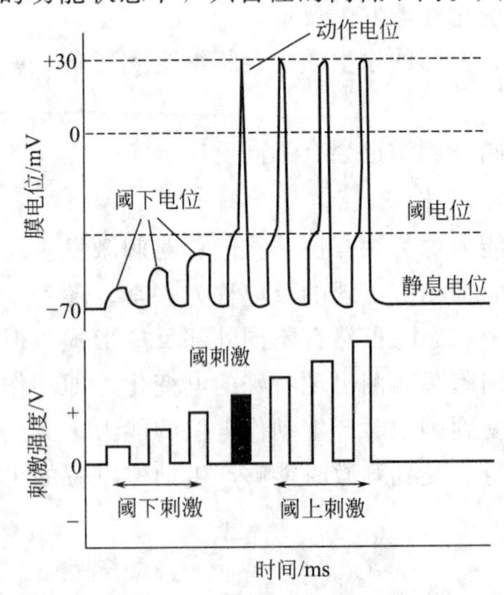

图 2-11　刺激与反应的关系

刺激强度与膜电位，当膜电位达到阈电位时，就能引发动作电位，增加刺激强度，并不能加大动作电位的幅度

3. 刺激持续时间

刺激作用于可兴奋的组织或细胞的时间也是引起兴奋的必要条件。如果刺激作用时间太短，虽刺激强度相当大也不能引起组织的兴奋。刺激作用时间不同，引起组织兴奋的阈强度也不同，同时细胞的兴奋性越低，所需的刺激作用时间就越长。但是，如果刺激作用时间过长，细胞就对刺激发生适应作用而不引起反应。细胞对刺激发生适应作用时，它的兴奋性逐渐降低，刺激阈逐渐升高，因而使原来足够引起反应的刺激逐渐变为阈下刺激而不再引起反应。细胞的兴奋性越高，它对刺激的适应作用越快（图 2-11）。

4. 刺激强度对时间的变化率

在一定范围内，引起组织兴奋所需的最小刺激强度与该刺激的作用时间呈反变关系，即当所用的刺激强度较强时，引起组织兴奋只需较短的作用时间；当刺激强度较弱时，则需用较长的刺激作用时间才能引起组织产生兴奋。因此，刺激的强度-时间变化率对引起组织兴奋有较大影响，用一个强度随时间递增的电流刺激组织，则强度-时间变化率愈大，引起组织兴奋所需作用时间也愈短；而刺激强度以较慢速率增长时，这样的刺激必须作用较长时间，组织才能产生兴奋；如果刺激强度增加速率过慢，这样的刺激无论延续多久，可能也难以引起兴奋。

二、细胞生物电及其产生机制

生物电现象是一切活细胞共有的基本特性。机体各器官表现的生物电现象，是以细胞水平的生物电现象为基础的，而细胞生物电又是质膜两侧带电离子的不均匀分布和跨膜移动的结果。在各种感受器细胞上，电反应是其接受外界各种刺激的结果；在神经纤维上电信号是信息传输的载体；而在神经元和效应器细胞（如肌肉和腺体细胞）的突触后膜上，电变化是突触前成分作用的结果。细胞生物电变化是细胞功能改变的前提，因此，细胞的跨膜电变化在细胞和整体功能活动中都是关键性的。

（一）细胞的静息电位和动作电位

细胞水平的生物电有两种表现形式：静息时的静息电位和受刺激时的动作电位。

1. 静息电位

静息电位（resting potential）是指细胞未受到刺激时存在于细胞膜两侧的电位差，有时也称膜电位。在所有被研究过的动物细胞中，静息电位都表现为外正内负，说明静息状态下膜内电位比膜外低。若规定膜外电位为 0，则膜内为负电位，高等哺乳动物神经和肌肉细胞膜静息膜电位一般为－90～－70mV。只要细胞未受到刺激且保持正常代谢水平，静息电位就稳定在某一恒定水平。

2. 动作电位

动作电位（active potential）是细胞受到刺激时膜电位的变化过程。静息状态下，膜两侧所保持的内负外正的状态称为极化（polarization）；当细胞膜受到刺激或损伤后，膜内负值减小时称为去极化（depolarization）。去极化后，膜内电位向极化状态恢复，称为复极化（repolarization）。膜内负值进一步增大时称为超极化（hyperpolarization）。在安静状态下，神经纤维受到一次适当强度的刺激后，膜内原有的负电位迅速消失，进而变为正电位，如由原来的－90～－70mV 变到＋20～＋40mV，整个膜电位的变化幅度达到 90～130mV，这构成了动作电位的上升支。动作电位在 0 电位以上的部分称为超射（overshoot potential）。此后，膜内电位急速下降，构成了动作电位的下降支。由此可见，动作电位实际上是膜受到刺激后，膜两侧电位的快速倒转和复原。把构成动作电位主体部分的脉冲样变化称为峰电位（spike potential）。在峰电位下降支最后恢复到静息电位以前，膜两侧电位还有缓慢的波动，称为后电位，一般是先有负后电位，再有正后电位（图 2-12）。

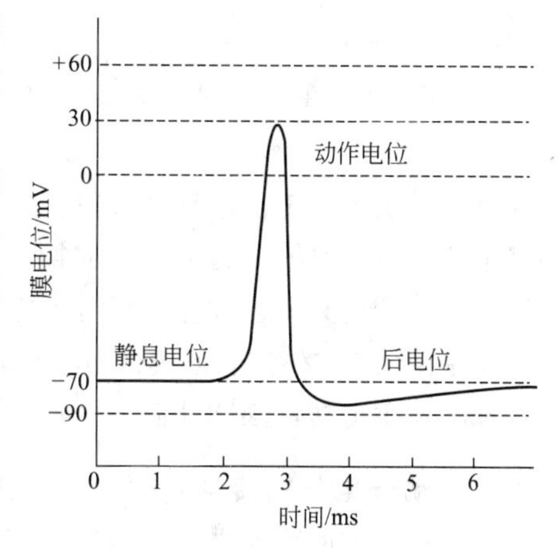

图 2-12　动作电位期间膜电位的变化

细胞受到刺激后能产生动作电位的能力称为兴奋性。在体内条件下，产生动作电位的过程则称为兴奋。神经细胞、肌肉细胞和某些腺细胞具有较高的兴奋性，习惯上称它们为可兴奋细胞。不同细胞受到刺激而发生反应（产生动作电位）时，具有不同的外部表现。例如，肌细胞表现为收缩，腺细胞表现为分泌活动等。大量事实表明，各种可兴奋细胞处于兴奋状态时，虽然各有不同的表现，但都有一个共同的最先出现的反应，就是动作电位。动作电位的产生是细胞兴奋的标志，动作电位是大多数可兴奋细胞受到刺激时共有的特征性表现，它不是细胞其他功能变化的副产品或伴随物，而是细胞表现其功能的前提。

（二）生物电产生的机制

1. 静息电位产生的机制

细胞内外 K^+ 的高浓度差和静息状态下细胞膜对 K^+ 的通透性，是细胞在静息状态下产生和维持静息电位的主要原因。静息状态下，膜内的 K^+ 浓度远高于膜外约30倍，Na^+ 浓度膜外比膜内往往高10～20倍，膜外负离子以 Cl^- 为主，膜内负离子以大分子蛋白质为主。膜内外离子浓度分布不同，是膜电位产生的决定因素。在静息状态下，细胞膜对 K^+ 的通透性高，而对 Na^+ 和其他负离子通透性很低，结果 K^+ 以易化扩散的形式移向膜外，但带负电荷的大分子蛋白不能通过膜而留在膜内，故随着 K^+ 的移出，膜内电位变负而膜外变正。当 K^+ 外移造成的电场力足以对抗 K^+ 继续外移时，膜内外不再有 K^+ 的净移动，此时存在于膜内外两侧的电位差即为静息电位。因此，静息电位是 K^+ 的平衡电位，静息电位主要是 K^+ 外流所致。

2. 动作电位产生的机制

静息时细胞膜外 Na^+ 浓度大于膜内。Na^+ 本来就有顺浓度差被动向膜内扩散的趋势，而且静息时膜内电位为负，这种电力场也可引起 Na^+ 移向膜内，只是由于未受到刺激时细胞膜对 Na^+ 相对不通透，Na^+ 内流才不能实现。当细胞受到一个阈上刺激后，膜的通透性发生改变，膜上的 Na^+ 通过被激活，当膜电位达阈电位时，电压门控 Na^+ 通道开放，膜对 Na^+ 的通透性突然增大，膜外高浓度的 Na^+ 在膜内负电位的吸引下以易化扩散的方式迅速内流，结果造成膜内负电位迅速降低消失，消除静息时膜的极化状态，这个过程叫去极化。由于膜外 Na^+ 具有较高的浓度势能，当膜电位减小到0时，仍可继续内移转为正电位，直至膜内正电位足以阻止 Na^+ 内移为止，形成反极化，内流所发生的膜去极化和反极化过程，构成锋电位的上升相。此时的电位即动作电位就是 Na^+ 的平衡电位。

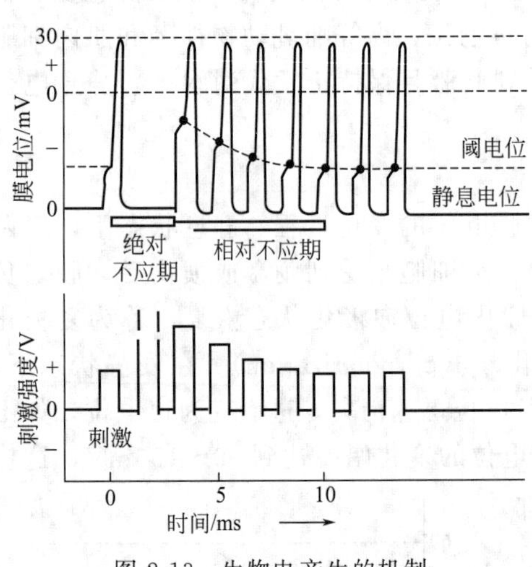

图 2-13　生物电产生的机制

在去极化后期，Na^+ 通道很快失活，峰电位迅速下降，细胞处于快速复极阶段。在这一短暂的时间内，细胞不再接受新的刺激而出现新的峰电位，这一时期称为绝对不应期。此后，一些失活的 Na^+ 通道开始恢复，如有较强的刺激可引起新的兴奋，故称为相对不应期（图 2-13）。在 Na^+ 通道失活的同时，K^+ 通道开放，于是膜内 K^+ 外流，使膜内电位变负直至复极到静息电位水平。并在 Na^+-K^+ 泵的作用下，Na^+ 被主动转运到胞外而 K^+ 被泵回胞内，以维持正常的离子分布。

三、动作电位的传导

可兴奋细胞的特征之一，是它任何一个部位的膜所产生的动作电位都可沿着细胞膜向四周传播，使整个细胞的膜都经历一次与被刺激部位同样的跨膜离子移动，表现为动作电位沿整个细胞膜的传导。

当细胞某点受阈刺激而产生动作电位后，受刺激处出现膜两侧电位由静息时的内负外正变为内正外负，而与该处相邻接的部位仍处于静息时的内负外正的极化状态，于是在膜的已兴奋部位和未兴奋部位之间则有电位差并有电荷移动，形成了局部电流，其方向是膜外正电荷由未兴奋部位移向已兴奋部位，膜内的正电荷由已兴奋部位移向未兴奋部位，结果已兴奋的膜部位通过局部电流刺激了未兴奋的膜部位，使之出现动作电位。这样的过程在膜表面连续进行下去，就表现为兴奋在整个细胞的传导。沿神经纤维传导的兴奋称为神经冲动（图 2-14）。

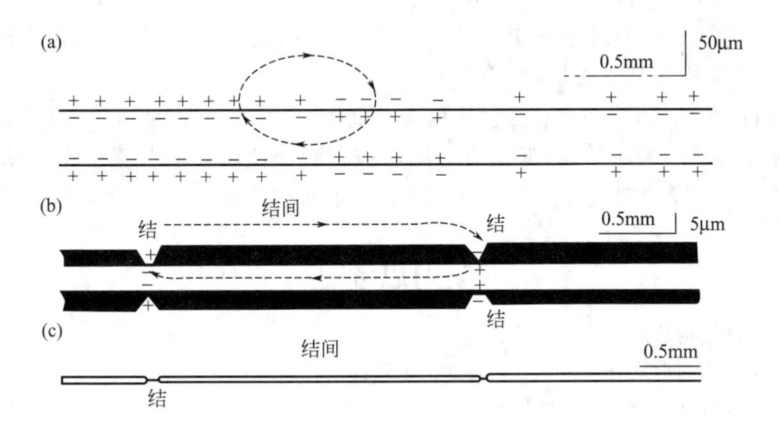

图 2-14　神经冲动的传导机制

（a）无髓鞘神经纤维的传导；（b）有鞘髓神经纤维的“跳跃式”传导；

（c）按比例绘制的有鞘髓神经纤维，虚线箭头表示局部电流的方向

对有髓神经纤维，局部电流只能发生在相邻的郎飞结之间，动作电位的传导表现为跨过每一段髓鞘而在相邻的郎飞结处相继出现，这称为跳跃式传导。有髓纤维跳跃式传导的速度比无髓纤维快，而且更节能。

本 章 小 结

• 细胞是动物体的形态功能和生长发育的基本结构单位。生物膜则指细胞膜、核被膜及构成各种细胞器膜的统称。细胞质包含有基质、内含物和多种细胞器。

• 物质跨膜转运形式有：被动转运（简单扩散、易化扩散）、主动转运、出胞和入胞作用。

• 新陈代谢是生命活动的基本特征。兴奋性是指细胞受到外界刺激时会产生反应的特性。细胞生长与细胞增殖是有机体的生命进程中两个基本且重要的特征。

• 细胞的死亡一般分为两种情况，即坏死和凋亡。

• 细胞对于各种有害因素的适应能力或抵御能力称为细胞保护。细胞保护主要有两种方式，即直接细胞保护和适应性细胞保护。

• 在高等动物体内主要存在跨膜信息传递和细胞间信息传递两种形式，两者都是通过膜受体实现的信息传递过程。

• 受体跨膜信息传递主要的信号转导系统有三条，即环腺苷酸信号转导系统、三磷酸酰肌醇信号转导系统和与酪氨酸蛋白激酶直接相连的信号转导系统。

• 凡能使有机体或活组织产生相应反应的内外环境因素的变化，在生理上均称为刺激。

• 最初把这些活组织或细胞对外界刺激发生反应的能力称为兴奋性，将能够对刺激发生反应的神经细胞、肌肉细胞、腺细胞称为可兴奋细胞，而把相应出现的反应称为兴奋。

• 可兴奋组织、可兴奋细胞在接受刺激产生兴奋后，它们的兴奋性将经历四个时期的有次序变化，这四个时期是：①绝对不应期；②相对不应期；③超常期；④低常期。

• 生物电现象是一切活细胞共有的基本特性。细胞水平的生物电有两种表现形式：静息时的静息电位和受刺激时的动作电位。

• 可兴奋细胞的特征之一，是它任何一个部位的膜所产生的动作电位都可沿着细胞膜向四周传播，使整个细胞的膜都经历一次与被刺激部位同样的跨膜离子移动，表现为动作电位沿整个细胞膜的传导。

复习思考题

1. 简述细胞膜的结构特点。
2. 细胞膜转运物质的形式有几种？它们是如何进行物质转运的？
3. 简述葡萄糖或氨基酸跨膜转运过程。
4. 何为细胞凋亡？细胞凋亡与细胞坏死有何区别？
5. 什么叫兴奋性、兴奋、神经冲动？可兴奋细胞有何特点？
6. 什么叫静息电位、动作电位？叙述其产生的机理。
7. 动作电位是如何传导的？

第三章 血 液

学习目标

1. 掌握血液的组成、理化特性以及各成分的生理功能。
2. 理解生理性止血的过程和机制。
3. 理解抗凝和促凝机制，掌握临床上常用的抗凝和促凝措施。
4. 了解血型和交叉配血试验的方法。

血液（blood）充满于心血管系统之中，在心脏搏动的推动下循环于全身的血管系统中。血液可运输营养物质、代谢产物以及激素等，起着重要的物质运输、保护机体、维持稳态及参与神经、体液调节等生理功能。血液检验是临床上诊断疾病的重要手段。

第一节 血液的组成和理化特性

一、血液的组成

（一）血液的基本组成

血液属于一种结缔组织，由血细胞和血浆组成，血液的基本组成如下所示。

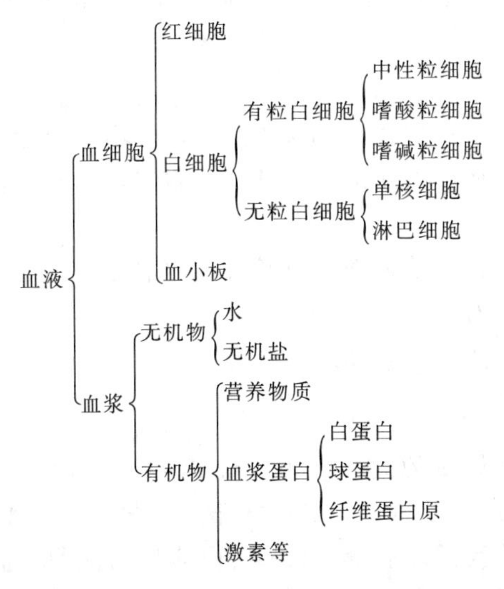

血液离开血管后会很快凝固，由液态转变为胶冻状。能够防止血液凝固的物质叫做抗凝剂，常用的抗凝剂有枸橼酸盐、草酸盐、肝素等。把经过抗凝处理的血液置于离心管中进行离心（3000r/min，30min）后，可使血细胞被压紧沉积于离心管的底部，血液被分为明显的上、下两层，上层液体部分称为血浆，下层为红细胞，两层之间为很薄的一层，为血小板和白细胞，此时红细胞的容积占全血容积的百分比称为血细胞比容（hematocrit）或红细胞压积，简称为血液比容或血液压积。大多数动物的血液比容在34％～45％。临床中测定血细胞比容可帮助诊断某些疾病，如脱水、红细胞增多症时血细胞比容会增大，贫血时血细胞比容则减小。

（二）血浆的化学成分

血浆中90%～92%的成分是水，溶质主要是血浆蛋白、无机盐和小分子有机物。血浆去除纤维蛋白原之后的部分，称为血清。

1. 无机盐

血浆中的无机盐主要以离子的形式存在，少数以分子或与蛋白质结合的形式存在。主要的阳离子有Na^+、K^+、Ca^{2+}和Mg^{2+}等；主要的阴离子有HCO_3^-、HPO_4^{2-}和SO_4^{2-}等；此外还有一些微量元素，如铜、锌、铁、锰、碘、钴等，主要存在于有机化合物分子中。这些无机离子具有非常重要的生理功能，如Na^+参与维持血浆渗透压，Ca^{2+}、Mg^{2+}可参与维持神经和肌肉的兴奋性，HCO_3^-和HPO_4^{2-}可参与维持血浆的酸碱平衡。

2. 血浆蛋白

血浆蛋白是指溶解在血浆中的蛋白质，主要由肝脏合成。按分子量大小可分为白蛋白（albumin，也称为清蛋白）、球蛋白（globulin）和纤维蛋白原（fibrinogen）。白蛋白分子量最小，数量最多，是构成血浆胶体渗透压的主体，此外还参与运输游离脂肪酸、胆色素、激素等脂溶性物质。球蛋白又可分为α-球蛋白、β-球蛋白和γ-球蛋白，α-球蛋白、β-球蛋白由肝脏合成，可作为载体运输脂类以及脂溶性维生素；γ-球蛋白（IgG）也称为免疫球蛋白，参与机体免疫反应。纤维蛋白原在血液凝固中起重要作用，活化为纤维蛋白后可网罗血细胞，形成血凝块。若将血液中的纤维蛋白原除去，则血液无法凝固。

血浆蛋白中还有一种重要的组成部分，即补体系统，主要包括9种补体蛋白，分别用C_1、C_2……C_9表示。它们都处于无活性的酶原状态，活化后的补体主要参与机体的免疫过程。

3. 血浆中的其他有机物

（1）非蛋白氮类有机物　这些物质都含氮元素，但不属于蛋白质，主要是一些蛋白质的中间代谢产物，包括尿素、尿酸、肌酐、氨基酸、胆红素和氨等，这些化合物中所含的氮称为非蛋白氮（NPN）。

（2）不含氮的有机物　包括葡萄糖、三酰甘油（甘油三酯）、磷脂、胆固醇、游离脂肪酸等，与糖代谢和脂类代谢有关。

（3）微量活性物质　如酶、激素和维生素等。

二、血量

成年动物血液总量约为体重的5%～9%，因种类、品种、年龄等而不同，牛、羊为体重的6%～7%，犬为5%～6%。机体并非总是将全部的血液投入血液循环，血液总量中投入血液循环的部分称为循环血量，另一部分则暂时滞留于肝、脾等处的血窦中，称为储备血量。机体剧烈运动时，肝、脾等器官内的血窦收缩，将部分储备血量投入血液循环，使循环血量增大；反之，在安静状态下，储备血量增多。

机体的血量是保持相对稳定的，这是维持正常血压和器官供血的必要条件。一次失血量不超过血液总量的10%时，一般不会影响机体的健康，所丢失的水分和无机盐可以在1～2h内由组织间液渗入血管而得到补充，红细胞也可在1个月内恢复。一次失血量达到血液总量的20%时，会对生命活动产生明显影响。一次失血量达到血液总量的30%时，可引起血压急剧下降，脑和心等重要器官供血不足而危及生命。

三、血液的理化特性

（一）颜色、密度和气味

血液颜色呈红色，与红细胞内血红蛋白的含氧量有关。体循环中动脉血含氧量高，血液呈鲜红色；体循环中静脉血含氧量较低，颜色为暗红色。机体缺氧时，常可使血液的颜色变暗，使皮肤和黏膜呈现“发绀”的表现。

血液的平均相对密度正常为1.046～1.052。密度的大小取决于所含的血细胞数量和血浆蛋白的浓度。常见动物血液的相对密度见表3-1。

表3-1 常见动物血液的相对密度

动物	牛	猪	绵羊	山羊	马	鸡
血液相对密度	1.046～1.061	1.035～1.055	1.041～1.061	1.035～1.051	1.046～1.051	1.045～1.060

血液中因含氯化钠而呈咸味，因含挥发性脂肪酸而具有特殊的血腥味，肉食动物血液的腥味更甚。

（二）血液的黏滞性

液体流动时由于内部分子间相互摩擦而产生阻力，导致流动缓慢和黏着的特性，称为黏滞性。阻力越大，则黏滞性就越大。血液中由于含有血细胞和血浆蛋白，其黏滞性也较大，全血（包括血细胞和血浆）的黏滞性比水大4.5～6.0倍，血浆的黏滞性比水大1.5～2.5倍。血液的黏滞性是形成血压的因素之一，并能影响血流速度，故贫血时血液的黏滞性降低，可导致低血压。

（三）血浆的渗透压

渗透压（osmotic pressure）是指溶液中的溶质促使水分子通过半透膜从一侧溶液扩散到另一侧溶液的力量。渗透压的高低取决于溶液中溶质颗粒的数量，而与溶质的种类和颗粒的大小无关，水总是从渗透压低的一侧流向渗透压高的一侧。血浆渗透压包括血浆晶体渗透压和血浆胶体渗透压，血浆中晶体物质（如电解质）形成的血浆渗透压称为晶体渗透压，由血浆蛋白所形成的渗透压称为胶体渗透压。血浆渗透压约为7.6个大气压，大约相当于770kPa，其中晶体渗透压为血浆渗透压的主要部分，约占血浆渗透压的99.5%，胶体渗透压仅占0.5%。血浆胶体渗透压虽小，但由于血浆蛋白不易透过毛细血管壁，且血浆蛋白的浓度又高于组织液，因此有利于血管中保持一定的水分。营养不良、肝病、肾病时由于血浆蛋白的合成不足或丢失过多，均可导致血浆胶体渗透压降低，水分从血管渗透到组织间隙，使组织液生成增多，导致水肿。

机体细胞的渗透压与血浆渗透压相等。与细胞和血浆渗透压相等的溶液称为等渗溶液，如0.9%的NaCl溶液（又称生理盐水）、5%的葡萄糖溶液。渗透压比它高的溶液称为高渗溶液，比它低的溶液称为低渗溶液。临床输液时，高渗溶液和低渗溶液均应缓慢注射并控制剂量，以免对血浆渗透压产生较大的影响。

（四）血液的酸碱度

动物血浆的酸碱度稳定于7.35～7.45，变动的范围很窄，pH过高和过低都会直接影响组织细胞的兴奋性，并损害代谢活动所需要的酶类。生命能耐受的酸碱度极限约为pH 6.9和pH 7.8。

血液酸碱度之所以能保持相对恒定，是因为血液中存在酸碱缓冲物质，以及肺、肾等器官参与酸碱调节作用。

1. 血液中的酸碱缓冲物质

血液中存在多种酸碱缓冲物质，且都是成对存在，通常是由弱酸和碱性弱酸盐构成缓冲对。血浆中最重要的缓冲对是 $NaHCO_3/H_2CO_3$，除此之外还有 Na_2HPO_4/NaH_2PO_4、Na-蛋白质/H-蛋白质等。红细胞中也含有酸碱缓冲对，如 KHb/HHb、$KHbO_2/HHbO_2$。以 $NaHCO_3/H_2CO_3$ 为例，当血液中酸性物质增加使 H^+ 增多时，$NaHCO_3$ 可与之反应，使其转变为 H_2CO_3，从而缓冲了 H^+ 的增多；反之，当血液中碱性物质增多使 H^+ 减少时，H_2CO_3 离解成 H^+ 和 HCO_3^-，缓冲了 H^+ 的减少，从而使血液的 pH 能维持在正常范围之内而不发生较大的变动。

只要血浆中 $NaHCO_3$ 和 H_2CO_3 能大体上保持在（17.8～22.4）∶1（即相当于 pH 变动于 7.35～7.45），血浆的酸碱度就可由这一缓冲对进行调节。生理学中常把血浆中 $NaHCO_3$ 的含量称为碱储。在一定范围内，碱储增加，表示机体对固定酸的缓冲能力增强。动物在过度运动或因代谢性疾病（糖尿病、酮血症等）导致血中酸性物质显著增加而超过机体调节能力时，都会使碱储异常减少，造成代谢性酸中毒。

2. 肺、肾等器官的酸碱调节作用

肺的呼吸作用排出 CO_2 可调节血浆中 H_2CO_3 的浓度，肾脏在尿的生成过程中，既可以将 H^+ 分泌到尿液中，又可重吸收原尿中的 HCO_3^-，从而对血液的酸碱度产生调节作用。呼吸衰竭时 CO_2 在血液内蓄积过多，或肾病时 H^+ 分泌障碍，均可使机体出现酸中毒。

第二节　血细胞生理

一、红细胞

（一）红细胞的数量和形态

红细胞（red blood cell，RBC）是血液中数量最多的一种血细胞，其数量以每升血液中含有多少 10^{12} 个表示（10^{12} 个/L）。各种动物红细胞数量如表 3-2 所示。红细胞的数量因动物的种类、品种、性别、年龄、生理状态和生活环境不同而有所差异。高海拔地区的动物红细胞数目高于低海拔地区的动物；幼年动物高于成年动物；雄性动物高于雌性动物；营养良好的动物高于营养不良的动物。

大多数哺乳动物成熟的红细胞直径约为 5～10μm，形态为双面内凹的圆盘形，这种形态可使红细胞的表面积与体积的比值增大，而且使红细胞具有很强的形变可塑性，避免红细胞出入比其直径还小的毛细血管和血窦孔隙时挤压受损，此外，这种形态也使细胞膜到细胞内部的平均距离缩短，提高物质交换的效率，尤其对于 O_2 和 CO_2 的快速扩散非常有利。

表 3-2　几种成年动物红细胞数量

动物	红细胞数/($\times10^{12}$个/L)	动物	红细胞数/($\times10^{12}$个/L)
牛	8.1(6.1～10.7)	绵羊	12.0(8.0～16.0)
猪	6.5(5.0～8.0)	山羊	13.0(8.0～18.0)
狗	8.0(6.5～9.5)	兔	6.9
猫	7.5(5.0～10.0)		

（二）红细胞的生理特性和功能

1. 红细胞的生理特性

（1）红细胞膜的通透性　与其他细胞相似，红细胞的细胞膜对物质具有选择通透性。

水、氧和二氧化碳等分子可以自由通过细胞膜；Cl^-、HCO_3^- 和 H^+ 较容易通过；葡萄糖、氨基酸和尿素也较容易通过；Ca^{2+} 则很难通过，所以红细胞内几乎没有 Ca^{2+}。正常状态下，Na^+ 进入红细胞后又被推出膜外，并经过 Na^+-K^+ 交换而将 K^+ 转运到细胞内，以维持膜内外 K^+ 和 Na^+ 的浓度差，保持细胞的正常兴奋性。

（2）红细胞的可塑性变形和渗透脆性　红细胞经常要挤过口径比它小的毛细血管和血窦孔隙，这时红细胞将发生卷曲变形，通过后又恢复原状，这种变形称为可塑性变形。当红细胞可塑性变形能力降低时，它通过小口径毛细血管时易发生破裂。红细胞这种易破裂的特性称为红细胞脆性。另外，由于正常情况下红细胞内的渗透压与血浆渗透压相等，若将红细胞置于低渗溶液中，红细胞会吸水膨胀，甚至会因为过度膨胀而发生破裂，释放出血红蛋白，这种现象称为溶血。红细胞在低渗溶液中发生膨胀、破裂和溶血的特性，称为渗透脆性（osmotic fragility）。渗透脆性越大，表示红细胞对低渗的抵抗能力越弱，越容易发生溶血；反之，对低渗的抵抗能力就越强。初成熟的红细胞渗透脆性小，衰老的红细胞、球形红细胞渗透脆性较大。临床上常常通过测定红细胞的脆性来了解红细胞的生理状态，或作为某些疾病诊断的辅助方法。

（3）红细胞的悬浮稳定性　红细胞能均匀地悬浮于血浆中不易下沉的特性，称为悬浮稳定性（suspension stability）。产生的原因主要是由于红细胞与血浆之间存在摩擦力，从而阻碍其下沉。悬浮稳定性的大小常用红细胞沉降率来测定。将经过抗凝处理的血液垂直静置于小玻璃管中，通常以 1h 内红细胞下沉的距离表示红细胞的沉降率，简称血沉（erythrocyte sedimentation rate，ESR）。发生贫血、溶血性疾病时血沉往往加快；大量脱水时血沉则常常减慢。

2. 红细胞的功能

红细胞的主要功能是运输氧和二氧化碳，并对酸、碱物质具有缓冲作用，这些功能均与血红蛋白有关。

（1）气体运输功能　血红蛋白（Hb）是红细胞内容物的主要成分，由珠蛋白和亚铁血红素构成，是一种含铁的特殊蛋白质。血红蛋白既能与氧结合，形成氧合血红蛋白（HbO_2），形成的氧合血红蛋白也易于将氧释放，形成还原（或脱氧）血红蛋白（HHb）。释放出来的氧可供组织细胞代谢需要。此外，二氧化碳也可以与血红蛋白结合，以氨基甲酸血红蛋白的形式进行运输。

血红蛋白与氧结合形成氧合血红蛋白的过程并非氧化反应；氧合血红蛋白释放氧后形成还原血红蛋白的过程也并非还原反应。在上述两个过程中，血红蛋白内的铁均为二价铁，并未发生电子的迁移。在某些药物（如乙酰苯胺、磺胺等）或亚硝酸盐作用下，铁会被氧化为三价，形成高铁血红蛋白（MHb）。高铁血红蛋白与氧结合非常牢固、不易分离，当超过 2/3 的血红蛋白转变为高铁血红蛋白时，将导致机体缺氧，甚至危及生命。

血红蛋白与一氧化碳结合的亲和力比氧大 200 多倍，当吸入的气体含有一氧化碳时，一氧化碳就会与氧竞争血红蛋白形成一氧化碳血红蛋白（HbCO），从而使血红蛋白运输氧的能力大大降低，严重时可发生一氧化碳中毒而死亡。

血红蛋白的含量以每升血液中含有的质量（g）表示（表 3-3），测定血红蛋白含量也是临床上诊断疾病时做血液检验的常见项目。

（2）血红蛋白的酸碱缓冲功能　Hb 和 HbO_2 均为弱酸性物质，它们一部分以酸分子的形式存在，一部分与红细胞内的钾离子构成血红蛋白钾盐，从而构成了 2 个缓冲对，即 KHb/HHb 以及 $KHbO_2/HHbO_2$，共同参与血液酸碱平衡的调节。

表 3-3　几种动物血液中血红蛋白的含量

动物	血红蛋白量/(g/L)	动物	血红蛋白量/(g/L)
牛	110(80～150)	猪	130(100～160)
绵羊	120(80～160)	狗	150(120～180)
山羊	110(80～140)	猫	120(80～150)

注：括号内数值表示正常情况下血液中血红蛋白含量。

（三）红细胞的生成与破坏

正常情况下，动物体内红细胞总数总是相对恒定的，机体每个时刻都有红细胞衰老死亡，同时又有新的红细胞产生。

1. 红细胞的生成

（1）造血器官　在动物生长发育的过程中，造血器官有一个变迁的程序。在哺乳动物，胚胎发育的早期是在卵黄囊中间层的血岛内造血；胚胎进一步发育，造血干细胞则开始迁移到肝、脾造血；到胚胎的中晚期则迁移至骨髓造血，而肝、脾的造血活动逐渐减少；到出生时几乎全部依靠骨髓造血；进入成年以后，主要依靠脊椎骨、肋骨、胸骨、颅骨和长骨近端骨骺处的骨髓造血。

（2）红细胞的生成所需要的原料　蛋白质、铁、维生素 B_{12}、叶酸、维生素 C、铜离子等是影响红细胞生成的重要因素。其中，蛋白质和铁是合成血红蛋白最为重要的原料，缺乏时易导致营养性贫血和缺铁性贫血。铜离子是合成血红蛋白的激动剂。维生素 B_{12} 和叶酸是合成核苷酸的辅助因子，能促进 DNA 的合成，DNA 在细胞分裂和血红蛋白合成中起着重要的作用，缺乏维生素 B_{12} 和叶酸可导致红细胞分裂和成熟障碍，使红细胞停留在幼稚期，发生巨幼红细胞贫血。

（3）红细胞的生成过程　造血是指各类血细胞发育、成熟的过程。血细胞生成和成熟的过程是一个连续又分阶段的过程。第一阶段是造血干细胞阶段，干细胞通常进行不对称的有丝分裂，一个干细胞分裂产生 2 个子细胞，其中一个可继续分化产生成熟血细胞，另一个则具有亲代的全部特征，以此维持干细胞自身的数量。第二阶段是定向祖细胞阶段，此时的造血细胞已被限定了分化的方向，是各系血细胞生成的起点。第三阶段是前体细胞阶段，此时的造血细胞已经发育成为形态上可以辨认的各系幼稚细胞，并进一步发育成熟为具有特殊功能的各类终末血细胞，然后有规律地释放进入血液循环。红细胞生成的基本过程为：造血干细胞→各系造血祖细胞→红系定向祖细胞→原红细胞→早幼红细胞→中幼红细胞→晚幼红细胞→网织红细胞→成熟红细胞。

（4）红细胞生成的调节　红细胞的数量能保持相对的恒定，主要依赖于促红细胞生成素（erythropoietin，EPO）的调节，此外，雄激素等体液因素也与红细胞生成有关。

在缺氧的刺激下，肾脏可释放 EPO（分泌的部位是肾皮质管周细胞）。EPO 可促进骨髓内晚期红系祖细胞加速增殖并向幼稚红细胞分化，促进血红蛋白合成，促进成熟红细胞的释放，从而使机体缺氧的症状得到缓解，这是一种负反馈调节。

性激素通过影响促红细胞生成素的生成而作用于造血过程。睾酮可促进促红细胞生成素的生成，而雌激素则抑制其生成，这可能是雌性动物红细胞数量低于雄性动物的主要原因。

除此之外，促肾上腺皮质激素、肾上腺糖皮质激素以及促甲状腺激素和甲状腺激素等都对红细胞的生成起调节作用。

2. 红细胞的破坏

红细胞具有一定的寿命，如牛的红细胞寿命为 135～162d，猪的为 75～97d，而小鼠的红细胞平均仅存活 40d。红细胞的寿命受机体的营养状况影响。食物中缺乏蛋白质时，红细胞生存的期限缩短。由于哺乳动物的红细胞无核，不能合成新的蛋白质，故无法更新和修补其自身的结构。衰老的红细胞变形能力减退，脆性增大，容易在血流的冲击下破裂。但是大部分的红细胞是因为难于通过微小孔隙而停滞在脾、肝和骨髓的单核-巨噬细胞系统中，被吞噬细胞所吞噬。红细胞破坏后血红蛋白被分解为胆绿素、铁和珠蛋白。铁和蛋白大部分可被重新代谢利用，胆绿素作为色素代谢产物经由粪和尿排泄出体外。

血细胞生成模式图见图 3-1。

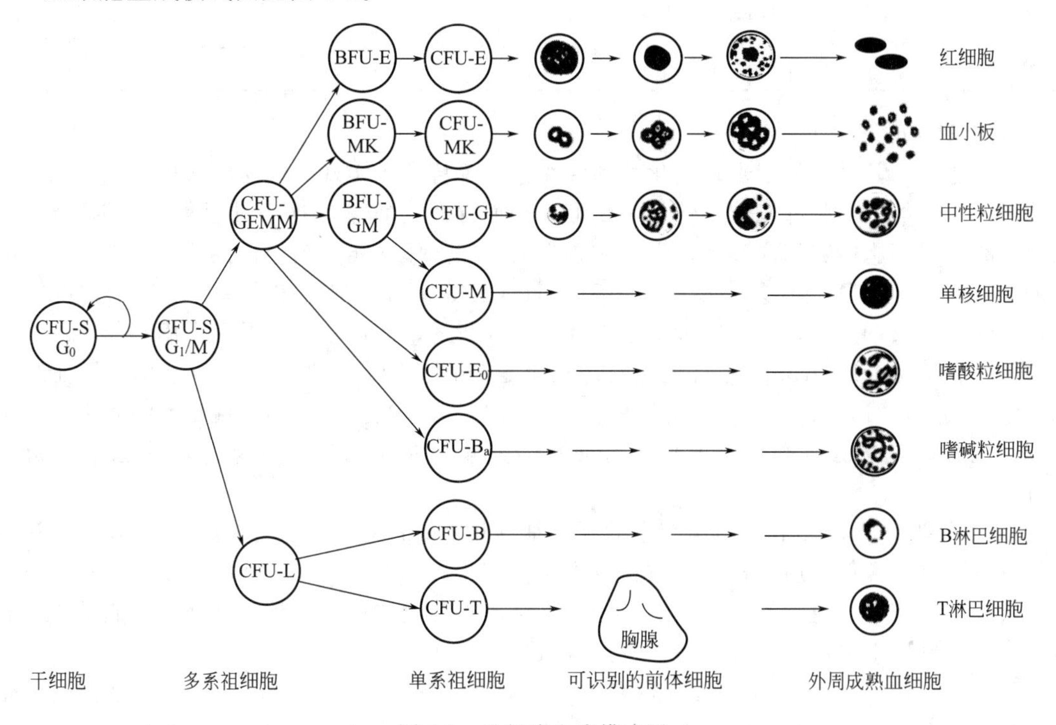

图 3-1　血细胞生成模式图

CFU-S—脾集落形成单位；CFU-GEMM—粒红巨噬集落形成单位；
BFU-E—红系爆式集落形成单位；CFU-E—红系集落形成单位；
BFU-MK—巨核爆式集落形成单位；CFU-MK——巨核集落形成单位；
CFU-GM—粒单系集落形成单位；CFU-G—粒系集落形成单位；
CFU-M—巨噬系集落形成单位；CDU-E_0—嗜酸系集落形成单位；
CFU-B_a—嗜碱系集落形成单位；CFU-L—淋巴系集落形成单位；
CFU-B—B 淋巴细胞集落形成单位；CFU-T—T 淋巴细胞集落形成单位；
G_0—G_0 期；G_1/M—G_1 期/M 期

二、白细胞

1. 白细胞的数量和分类

白细胞（leukocyte）为无色有核的血细胞，不仅存在于血液内，还存在于循环系统之外。根据白细胞胞浆中有无粗大的颗粒可分为有粒白细胞和无粒白细胞。有粒白细胞按其颗粒染色特点，又分为中性粒细胞、嗜酸粒细胞和嗜碱粒细胞三类；无粒白细胞又可分为单核细胞和淋巴细胞。各种白细胞的数量见表 3-4。在不同的生理状态下，白细胞数目波动较大，如运动、寒冷、消化期、妊娠及分娩期等，白细胞均增加。在一日之中不同时段，白细胞数目也会发生波动，如晚间多于早晨。此外，在机体失血、剧痛、急性炎症、慢性炎症等病理状态下，白细胞也增多。由于白细胞数量较红细胞少得多，故临床血液检验中进行红细胞计数时，可忽略白细胞的数量。

表 3-4　不同动物的白细胞总数和分类计数

动物种类	白细胞总数/($\times10^9$ 个/L)	中性粒细胞/%	嗜酸粒细胞/%	嗜碱粒细胞/%	淋巴细胞/%	单核细胞/%
牛	8(4～12)	29.5	9		57.5	4
猪	16(11～22)	39	4.5	1.2	52.1	3.2
绵羊	8(4～12)	30	5		62.5	2.5
山羊	9(4.1～13)	34	5		58	3
狗	11.5(6～17.5)	66.8	2.6	0.2	27.7	2.7
猫	12.5(5.5～19.5)	59	6.9	0.2	31	2.9

2. 白细胞的主要生理功能

白细胞依靠其具有的游走、趋化性和吞噬作用等特性，实现对机体的保护功能。除淋巴细胞外，所有的白细胞都能伸出伪足做变形运动而穿过血管壁，这一过程称为血细胞渗出。趋化性是指白细胞能够趋向某些化学物质游走的特性。体内能引起趋化性的物质很多，如细胞的降解产物、抗原-抗体复合物、细菌和细菌毒素等。白细胞可按着这些物质的浓度梯度游走到这些物质的周围，把异物包围起来并吞入胞浆内，此过程称为吞噬作用。

中性粒细胞（neutrophil）有很强的运动游走与吞噬能力，能吞噬入侵细菌、坏死细胞和衰老红细胞，可将入侵微生物限定并杀灭于局部，防止其扩散。当中性粒细胞吞噬了数十个细菌之后，本身也随之分解死亡，与细菌的分解物及组织碎片等共同成为脓液的组成部分。

嗜碱粒细胞（basophil）与组织中的肥大细胞相似，都含有组胺、肝素和5-羟色胺等生物活性物质。在致敏物质的作用下被释放出来，产生过敏反应（如哮喘、荨麻疹等）。组胺对局部炎症区域的小血管有舒张作用，增大毛细血管的通透性，有利于其他白细胞的游走和吞噬活动。肝素对局部炎症部位可产生抗凝血作用。

嗜酸粒细胞（eosinophil）具有吞噬能力，但因缺乏溶菌酶而基本上没有杀菌能力，是在组织中发挥作用的细胞。嗜酸粒细胞的主要功能是限制嗜碱粒细胞和肥大细胞在速发性过敏反应中的作用，缓解过敏反应和限制炎症过程，吞噬抗原-抗体复合物，减轻对机体的伤害。此外它还参与蠕虫免疫，对已产生了免疫球蛋白的蠕虫，嗜酸粒细胞可以释放颗粒损伤蠕虫体。所以，有寄生虫感染和过敏反应时，血液中的嗜酸粒细胞增多。

单核细胞（monocyte）与中性粒细胞相似，也具有运动与吞噬能力，但单核细胞的吞噬能力很弱。当它进入肝脏、脾脏和淋巴结等组织后，可转变为吞噬能力最强的巨噬细胞，吞噬病原体、异物，识别和杀伤肿瘤细胞，识别和消除衰老的细胞及组织碎片。单核细胞还能激活淋巴细胞的特异性免疫功能，促使淋巴细胞发挥免疫作用。

淋巴细胞（lymphocyte）可分为胸腺依赖淋巴细胞（简称为T淋巴细胞）和骨髓依赖淋巴细胞（在禽类称为腔上囊依赖淋巴细胞，简称为B淋巴细胞）两部分。血液中80%～90%的淋巴细胞属于T淋巴细胞，B淋巴细胞主要存在淋巴组织内。T淋巴细胞主要执行细胞免疫功能，被激活后分化为特异性免疫效应细胞，直接与特异性抗原发生相互作用，破坏异体组织和入侵抗原，如移植器官、肿瘤细胞等。B淋巴细胞主要执行体液免疫功能，在特异性抗原的作用下被激活，并进一步分化增殖为浆细胞。浆细胞可以产生大量有抗原特异性的免疫球蛋白，称为抗体。抗体释放到血液中，能识别、凝集、溶解异物或中和毒素。

3. 白细胞的生成和破坏

各种白细胞的来源有所不同：有粒白细胞是由红骨髓的原始粒细胞分化而来；单核细胞

大部分来源于红骨髓，一部分来自单核-吞噬细胞系统，经短暂的血液中生活之后进入疏松结缔组织，最后分化为巨噬细胞；淋巴细胞生成于脾、淋巴结、胸腺、骨髓、扁桃体及散在于肠黏膜下的集合淋巴结内。

白细胞的寿命相差很大，较难准确判断，在血液中停留的时间一般都不长，约几小时到几天。衰老的白细胞大部分被单核-吞噬细胞系统的巨噬细胞所清除，小部分可在执行防御功能中被细菌或毒素所破坏，或经由唾液、尿、肺和胃肠黏膜被排除。

三、血小板

1. 血小板的形态

哺乳动物的血小板（platelet）很小，为扁平不规则的圆形小体，是从骨髓中成熟的巨核细胞胞浆裂解脱落下来的、具有生物活性的细胞质块。血小板没有细胞核，但也能消耗O_2、产生乳酸和CO_2，具有活细胞的特征。胞浆中存在各种颗粒和致密体，其中储存有吞噬颗粒、5-羟色胺（5-HT）、ADP和ATP等。成年动物血小板数量见表3-5。

表 3-5　成年动物血小板数量

动物	血小板数/($\times10^9$ 个/L)	动物	血小板数/($\times10^9$ 个/L)	动物	血小板数/($\times10^9$ 个/L)
牛	200～900	绵羊	170～980	狗	199～577
猪	130～450	山羊	310～1020	猫	100～760

2. 血小板的生理特性

（1）黏附　当血管内皮损伤而暴露出胶原组织时，立即会引起血小板的黏着，这一过程称为血小板的黏附。血小板黏附可促进血小板聚集和血管收缩。此外，血小板与胶原黏着引起血小板膜中的花生四烯酸生成血栓烷A_2（TXA_2），TXA_2具有极强的促血小板聚集和促血管收缩作用。

（2）聚集　血小板之间互相黏附、聚集成团的过程，称为血小板聚集。

（3）释放反应　是指血小板受刺激后，可将颗粒中的ADP、5-HT、儿茶酚胺、Ca^{2+}、血小板因子3（PF_3）等活性物质向外释放的过程。

（4）收缩　是指血小板内的收缩蛋白发生的收缩过程。它可导致血凝块回缩、血栓硬化，有利于止血过程。

（5）吸附　血小板可将血浆中多种凝血因子吸附于其表面。血管一旦破裂，大量血小板黏附、聚集于破裂部位，并吸附血液中的凝血因子，从而使破损局部凝血因子浓度大大升高，促进并加速凝血过程。

3. 血小板的生理功能

（1）参与凝血过程　血小板是凝血过程的重要参与者。血小板中的血小板因子3（PF_3）是血小板膜上的磷脂，能将凝血因子Ⅸ、Ⅷ、Ⅹ、Ⅴ、Ⅱ和Ca^{2+}吸附于其表面，参与凝血过程。血小板因子2（PF_2）能促进纤维蛋白原转变为纤维蛋白单体；血小板因子4（PF_4）有抗肝素的作用，有利于凝血酶的生成和加速凝血。

（2）参与止血过程　血小板在血管损伤处黏附并释放缩血管物质（5-HT、ADP、TXA_2等），使血管收缩封闭创口。血小板黏附、聚集之后可形成止血栓，堵住伤口，实现初步止血。

（3）纤维蛋白溶解　体内局部凝血过程形成的血凝块中的纤维蛋白，在完成了防止出血的保护功能之后，最终需要清除，以利于组织再生和血流通畅。血小板胞浆颗粒中含有纤溶酶原，活化后可促进纤维蛋白溶解，血凝块不断地分解和液化，最后消失。

（4）保持血管内皮的完整性　同位素与电镜资料表明，血小板可以融合并进入血管内皮细胞，因而可能对内皮细胞完整或对内皮细胞修复有重要作用。当血小板减少时，血管脆性增加，可出现出血倾向。

第三节　生理性止血

生理性止血是指当小血管受损，血液自血管内流出数分钟后，出现自行停止的过程。动物偶尔有受伤出血，生理性止血过程可避免失血过多，是机体的一种自我保护功能。

一、生理性止血的基本过程

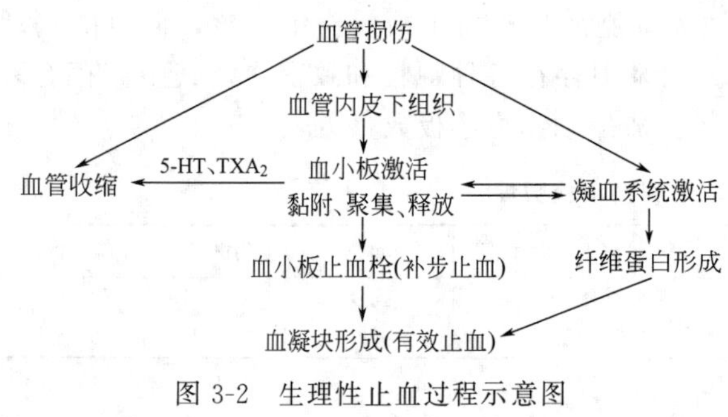

图 3-2　生理性止血过程示意图
5-HT—5-羟色胺；TXA_2—血栓烷 A_2

机体对大血管出血一般不能有效控制，但是对于小血管出血，主要依靠血管收缩和形成纤维蛋白凝块而止血；如果是毛细血管出血，主要依靠血小板的修复而止血。生理性止血（图 3-2）主要包括三个过程。

（1）受损伤的局部血管收缩　当小血管受损时，首先通过神经调节，反射性地引起局部血管收缩，随后血管内皮细胞及黏附于损伤处的血小板释放缩血管物质（5-HT、ADP、TXA_2、内皮素等），使血管进一步收缩，如果血管破损不大，可封闭血管创口。

（2）血栓的形成　血管内皮损伤，暴露出的内皮下的组织激活血小板，使血小板迅速黏附、聚集，形成松软的止血栓堵住伤口，实现初步止血。

（3）纤维蛋白凝块的形成　血小板血栓形成的同时，激活局部血管内的凝血系统，在局部形成血凝块，加固止血栓，起到有效止血作用。

二、血液凝固

血液凝固（blood coagulation）是指血液由流动的液体状态转变为不能流动的凝胶状态的过程，简称血凝。在凝血过程中，血浆中呈溶胶状态的纤维蛋白原转变为凝胶状态的纤维蛋白，并交织成网，将血细胞网罗其中，形成血凝块。血液凝固后 1～2h，由于血小板收缩蛋白的收缩作用，血凝块回缩而变得结实，同时析出淡黄色清亮的液体，称为血清。血清的成分和血浆是不同的，二者的区别是血清去除了纤维蛋白原和少量参与凝血的血浆蛋白，增加了血小板释放的物质。

1. 凝血因子

血浆与组织中直接参与血液凝固的物质，统称为凝血因子。已发现的凝血因子有十几种，根据发现的先后顺序，用罗马数字Ⅰ、Ⅱ、Ⅲ……ⅩⅢ命名。其中凝血因子Ⅵ并非独立成分，而是活化了的因子Ⅴ，因而删去。习惯上因子Ⅰ到因子Ⅳ不用数字代号，而直接称其某物质名称。除凝血因子Ⅳ（Ca^{2+}）与磷脂外，其余的凝血因子均为蛋白质，且都是以没有活性的酶原形式存在的，必须通过其他酶的激活之后才具有活性。习惯上将活化的凝血因子代号后加标注“a”，如凝血因子Ⅹ（FⅩ）活化后为FⅩa，FⅡ活化后为FⅡa。除FⅢ（又称组织因子，TF）存在于组织中外，其他凝血因子均存在于血浆中，并多数由肝脏合成，其中FⅡ、FⅦ、FⅨ、FⅩ的生成必须有维生素K的存在。各种凝血因子见表3-6。

表3-6　各种凝血因子

名称	同　义　名	合成部位	合成时是否需要维生素K	化学本质	血清中是否存在
Ⅰ	纤维蛋白原	肝	不	糖蛋白	无
Ⅱ	凝血酶原	肝	需	糖蛋白	几乎没有
Ⅲ	组织因子(组织凝血活素)	各种组织	不	糖蛋白	—
Ⅳ	钙离子(Ca^{2+})	来自细胞外液			存在
Ⅴ	前加速素	肝	不	糖蛋白	无
Ⅶ	前转变素	肝	需	糖蛋白	存在
Ⅷ	抗血友病因子A	肝为主	不	糖蛋白	无
Ⅸ	抗血友病因子B	肝	需	糖蛋白	存在
Ⅹ	Stuart-Power因子	肝	需	糖蛋白	存在
Ⅺ	抗血友病因子C	肝	不	糖蛋白	存在
Ⅻ	接触因子	未明确	不	糖蛋白	存在
XⅢ	纤维蛋白稳定因子	血小板	不	糖蛋白	几乎没有

2. 凝血过程

经典的凝血过程“瀑布学说”认为，凝血过程大致分为三个阶段，在整个过程中各种凝血因子相继参与，往往前一个因子使后一个因子活化，而活化了的因子又作为下一个因子的激活因素，如此构成连锁式复杂的酶促反应过程。凝血过程第一阶段是凝血因子FⅩ活化为FⅩa，并形成凝血酶原激活物；第二阶段是凝血酶原（FⅡ）活化为凝血酶（FⅡa）；第三阶段是纤维蛋白原（FⅠ）活化为纤维蛋白（FⅠa），至此血凝块形成。其关系简单表示如下。

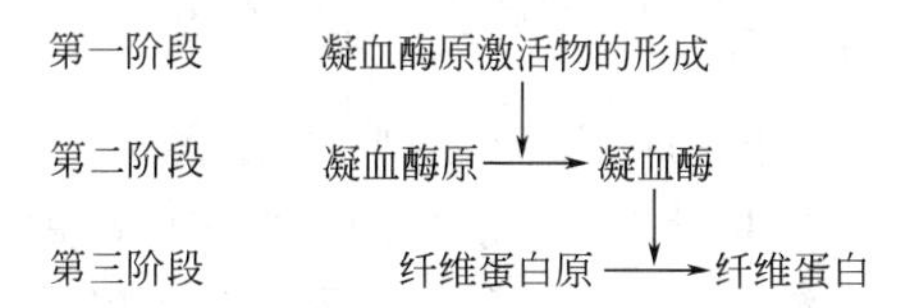

(1) 第一阶段　凝血酶原激活物的形成。凝血酶原激活物形成的途径有两种，即内源性途径和外源性途径。

内源性途径是指参与凝血的因子全部来自血液，首先是FⅫ接触到异物表面（如血管内皮受损时暴露出的胶原纤维），被激活成FⅫa，FⅫa激活FⅪ形成FⅪa，FⅫa可裂解前激肽释放酶使之成为激肽释放酶，此酶又能反过来激活FⅫ，以正反馈的效应形成大量FⅫa。FⅪa在Ca^{2+}存在下将FⅨ活化为FⅨa，FⅨa再与FⅧ、Ca^{2+}、PF_3形成复合物，共同使FⅩ激活形成FⅩa，FⅩa形成后，内源性凝血和外源性凝血进入相同的途径。FⅩa又与Ca^{2+}、FⅤ在PF_3的磷脂表面上形成凝血酶原激活物，至此，内源性凝血的第一阶段完成。

外源性凝血途径是指由FⅢ启动的凝血过程。FⅢ也称为组织因子（TF），可由受损组织释放，进入血浆后与FⅦ、Ca^{2+}一起激活FⅩ，使外源性凝血途径和内源性凝血途径汇合，共同完成凝血途径。

(2) 第二阶段　凝血酶原转变为凝血酶。正常的血浆中存在无活性的凝血酶原（FⅡ），在Ca^{2+}的参与下，凝血酶原激活物可将其活化为具有活性的凝血酶（FⅡa）。

(3) 第三阶段　纤维蛋白原转变为纤维蛋白。血浆中可溶性的纤维蛋白原（FⅠ），在凝血酶和Ca^{2+}的参与下，转变为不溶性的纤维蛋白（FⅠa）。凝血酶还能激活FXⅢ，在FXⅢa和Ca^{2+}作用下，纤维蛋白单体相互聚合进一步形成牢固的纤维蛋白多聚体。

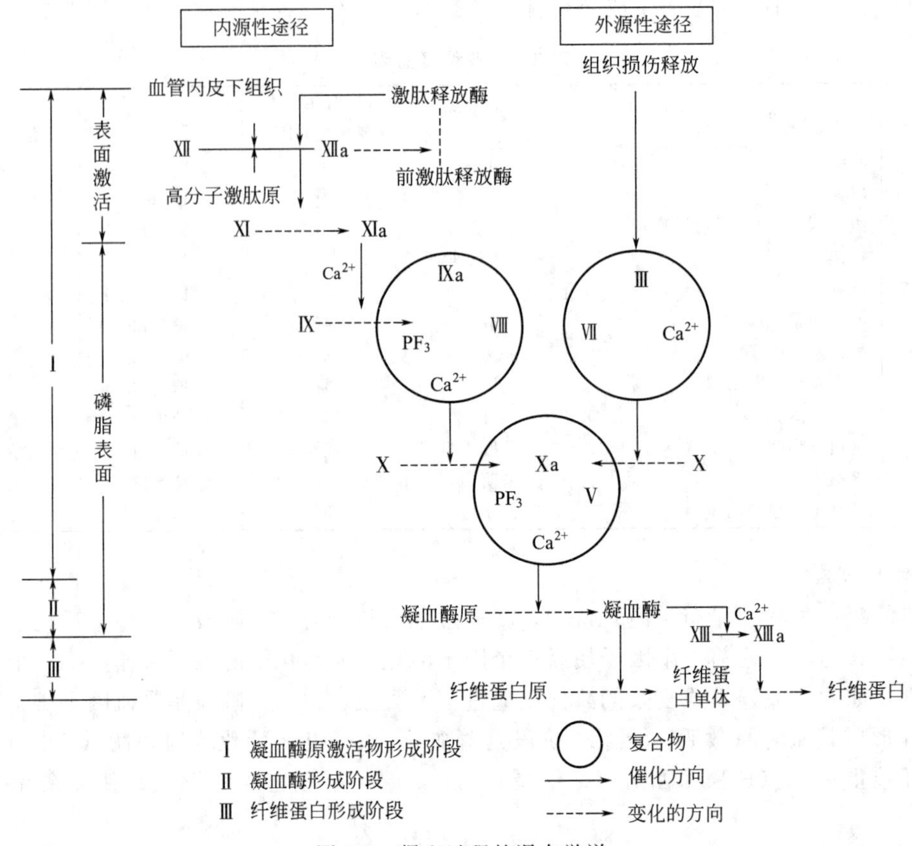

图 3-3 凝血过程的瀑布学说

(4) 对瀑布学说的修正　由于临床观察与经典的“瀑布学说”(图 3-3) 存在相矛盾的地方，根据近年的研究结果，20 世纪 90 年代对经典“瀑布学说”进行了修正，目前较为公认的是凝血过程两阶段学说。该学说认为，凝血过程可分为启动阶段和放大阶段，外源性凝血途径在体内生理性凝血反应的启动中起关键性作用，TF（组织因子）是启动者，可起“锚定”作用，将凝血过程局限于损伤部位。

在启动阶段，当血管受损后，TF 立即与 FⅦ/FⅦa 结合，形成的复合物在磷脂与 Ca^{2+} 存在的条件下激活 FⅩ和 FⅨ，从而启动外源性组织因子途径（外源性凝血途径），但此途径作用短暂，只能形成微量凝血酶。

在放大阶段，由外源性途径生成的微量凝血酶，激活血小板和 FV、FⅧ、FⅨ、FⅪ，继续促进凝血；另一方面，又通过 FⅦa-TF 复合物直接激活 FⅨ，进一步加强内源性凝血途径，生成足量凝血酶，维持和巩固凝血过程。

三、抗凝与促凝

正常情况下，循环流动的血液不会在血管中凝固，其原因除了血管内皮完整、血管内壁光滑、不易激活有关凝血因子外，更重要的是由于血液中含有抗凝血物质和纤维蛋白溶解物质。在实际工作中，还会采取一些措施促进凝血过程以减少出血、提取血清等，或防止凝血过程以避免血栓生成、获取血浆等。

(一) 血液中的抗凝系统

血浆中含有多种抗凝血物质，主要是抗凝血酶Ⅲ、肝素、蛋白质 C (PC) 和组织因子途径抑制物（TFPI 等）。

（1）抗凝血酶Ⅲ 抗凝血酶Ⅲ是由肝细胞合成的一种脂蛋白，为一种抗丝氨酸蛋白酶。抗凝血酶Ⅲ可与 FⅦa、FⅨa、FⅩa、FⅪa 和凝血酶结合，使这些凝血因子失活。

（2）肝素 是一种黏多糖，主要由肥大细胞和嗜碱粒细胞产生，存在于大多数组织中，以肺、肝含量最多。肝素进入血液后可作用于凝血过程的多个环节，抑制凝血酶原激活物的形成，并使凝血酶失活，具有强大的抗凝血作用。肝素与抗凝血酶Ⅲ结合，可使抗凝血酶Ⅲ对凝血酶、FⅫa、FⅪa、FⅨa、FⅩa 等凝血因子的失活作用大大增强。

（3）蛋白质 C（PC） 是由肝脏合成的维生素 K 依赖因子。PC 被激活后，在磷脂和 Ca^{2+} 存在的条件下可灭活 FⅤa、FⅧa，削弱 FⅩa 对凝血酶原的激活作用，此外还可促进纤维蛋白的溶解。

（4）组织因子途径抑制物 主要来自小血管内皮细胞，通过直接抑制 FⅩa 的催化活性，灭活 FⅦa-TF 复合物，反馈性抑制外源性凝血途径。

（二）血浆中的纤维蛋白溶解与抗纤溶

纤维蛋白被分解液化的过程，称为纤维蛋白溶解，简称纤溶（fibrinolysis）。纤溶系统的物质主要包括纤溶酶原、纤溶酶以及激活物和抑制物等。纤溶的基本过程可分为激活和降解两个阶段进行。

1. 纤溶酶原的激活阶段

纤溶酶原主要在肝脏、骨髓、肾脏和嗜酸粒细胞等处合成，其激活途径分为内源性途径和外源性途径两种。内源性途径主要依靠 FⅫa、激肽释放酶等激活物；外源性途径主要依靠血管激活物和组织激活物。血管激活物由小血管的内皮细胞合成，然后释放到血液中；组织激活物存在于很多组织中。这两类激活物可以防止血栓的形成，以及在组织修复、伤口愈合中发挥作用。

2. 纤维蛋白（与纤维蛋白原）的降解

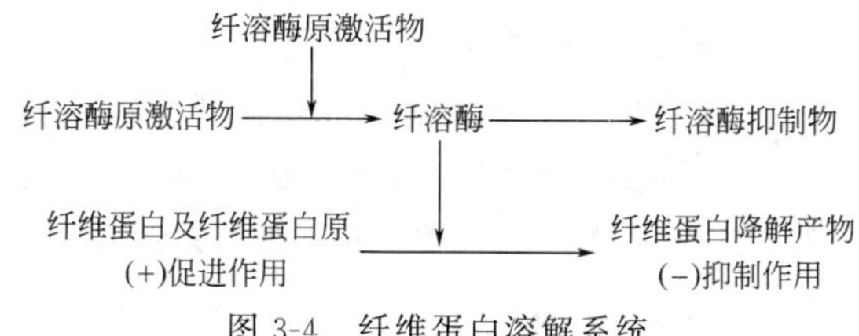

图 3-4 纤维蛋白溶解系统

纤溶酶可通过使纤维蛋白及纤维蛋白原降解为可溶性小肽（纤维蛋白降解产物），这些降解产物通常不再凝固，相反其中一部分还有抗凝作用。虽然凝血酶也可水解纤维蛋白原，但二者机制不同。

正常情况下血管表面经常有低水平的纤溶活动和低水平的凝血过程，凝血、抗凝血和纤溶是三个密切相关的生理过程，当它们之间的平衡被破坏，就会导致纤维蛋白形成过多或不足，从而引起血栓或出血性疾病。

纤维蛋白溶解系统见图 3-4。

（三）临床上的抗凝和促凝措施

1. 抗凝或延缓凝血的常用方法

（1）移钙法 即除去血液中的钙离子。在凝血的三个阶段中，Ca^{2+} 都是必需的，除去血浆中的 Ca^{2+} 就能制止凝血。常用的移钙法抗凝剂有枸橼酸钠（又称柠檬酸钠）、草酸钾、草酸铵、乙二胺四乙酸（EDTA）等，这些抗凝剂可与 Ca^{2+} 结合成不易溶解的草酸钙或不易电离的可溶性络合物。化验时常用此方法。

（2）使用肝素 肝素可作用于凝血过程的多个环节，具有很强的抗凝作用，如前所述，但化验时使用肝素抗凝对血液染色会稍有影响。

（3）脱纤维法　即除去血液中的纤维蛋白。方法是使用一小束细木条不断搅拌流入容器中的血液，或者在容器内放置玻璃球加以摇晃，由于血小板迅速破裂等原因，加速了纤维蛋白的形成，并使形成的纤维蛋白附着在木条或玻璃球上，除去后，血液不再凝固。由于此方法不能保全血细胞，临床血液检验不适用，除非仅利用脱纤血作特殊用途。

（4）降温　凝血过程是一系列的酶促反应过程，低温可以使酶的活性降低而延缓凝血。另外，低温还能增强抗凝剂的效能，如室温条件下，1mg 肝素钠（约含 140 IU）可使 300～500mL 血液保持 4h 不凝固，而在 0℃下同量肝素钠的抗凝效果可增大 10 倍以上。

（5）使用双香豆素　双香豆素的化学结构与维生素 K 很相似，进入血液后可竞争性拮抗维生素 K 的作用。

2. 促凝的常用方法

（1）升温　升温可提高酶的活性，使凝血过程加速。

（2）接触粗糙面　可促进 FⅫ的活化，促使血小板解体释放凝血因子，形成凝血酶原复合物，从而促进凝血过程。手术过程中应用温热生理盐水纱布压迫术部，能加速凝血与止血，其原因不仅是升高了温度，同时纱布的粗糙面也是重要的促凝因素。

（3）使用维生素 K　许多凝血因子的合成过程需要维生素 K 的参与，缺乏维生素 K 可导致凝血障碍，故对于许多出血性疾病可以通过补充维生素 K 起到治疗效果。

第四节　血型与输血

一、血型

早期输血实验发现，将某个动物的血液输给同种的另一个体时，有时会使受血动物死亡，死亡的原因是两个个体的血液类型不同，使受血动物的红细胞产生了凝集和溶血。红细胞凝集的实质是红细胞膜上特异性抗原（凝集原）和相应的抗体（凝集素）发生了抗原-抗体反应。近年来，随着免疫化学的发展，对血型的本质有了新的认识。所谓血型（blood type），通常是指红细胞膜上特异性抗原的类型，如人类的 A、B、O 型和 Rh 型，牛的 A、B、C 系等血型，这是狭义的血型定义。这一类血型的许多抗原都是镶嵌于血细胞膜上的糖蛋白和糖脂，糖链的组成及联结顺序决定着血型抗原的特异性。人类 ABO 血型系统中的凝集原和凝集素见表 3-7。

表 3-7　人类 ABO 血型系统中的凝集原和凝集素

血型	红细胞膜上的凝集原(抗原)	血清中的凝集素(抗体)
A 型	A	抗 B
B 型	B	抗 A
AB 型	A+B	无
O 型	无 A,无 B	抗 A+抗 B

检查 ABO 血型的方法是：将玻片上分别滴入抗 A、抗 B、抗 A 抗 B 的鉴定血清，并加一滴受检者的红细胞悬液，使之混合后观察是否出现凝集现象（图 3-5）。

Rh 血型系统是 1940 年用恒河猴进行动物实验时发现的，用恒河猴免疫家兔后产生的抗体，可以引起 85%的白种人红细胞凝集，说明大多数人体的红细胞上有与恒河猴同样的血型抗原，因而命名为 Rh 抗原。凡是红细胞上有 Rh 抗原的称为 Rh 阳性，红细胞上没有 Rh 抗原的为 Rh 阴性。Rh 阳性血型在我国汉族及大多数民族中占 99%，在我国的某些少数民族和国外的一些民族中，Rh 阳性血型占 85%左右。

与存在天然抗体的 ABO 血型系统不同，人的血清中不存在 Rh 血型系统的天然抗体。Rh 阴性血型的人，第一次接受 Rh 阳性血液的输入后，一般不产生明显的输血反应，但是，在第二次或多次输入 Rh 阳性血液时，会发生抗原抗体反应，导致红细胞被破坏而溶血。

广义的血型定义是指血细胞、血清、脏器以及分泌液等，凡是能用一定的方法加以分类的型。划分血型的方法很多：①血细胞血型常用抗体来区分细胞膜上的抗原，依次分成一定的血型。②对于血清、乳汁、血红蛋白等液态样品，一般采用凝胶电泳的方法，按其所含蛋白质成分划分血型。③按血清中各种酶的同工酶电泳图谱进行的分类。④根据动物血清中的正常抗体，有无对应于人的 A、B、O 型红细胞的抗体，也能划分出一定的血清型。

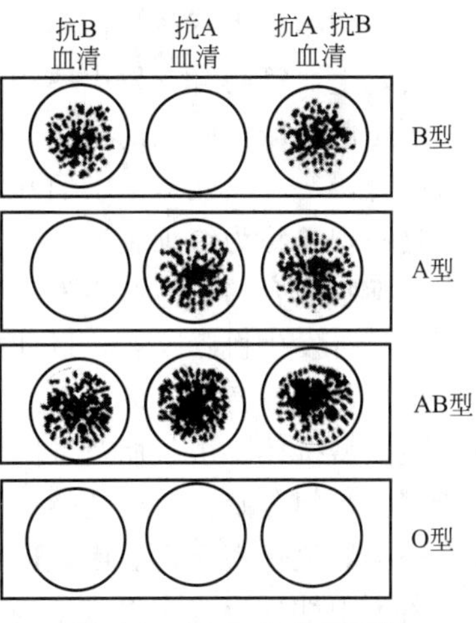

图 3-5　ABO 血型的测定

二、输血原则

输血（transfusion）是一种特殊而重要的治疗手段，但如果输血不当，将会造成严重的输血反应，严重时可出现休克，甚至危及生命。在准备输血之前首先应鉴定血型，但是由于动物的血型非常复杂，目前对动物的天然血型抗体了解并不多，而且免疫效价也很低，所以同种个体间首次输血，一般不会引起严重后果，但是在第二次输血时就必须做交叉配血试验。

交叉配血试验的方法是：在 37℃下，将供血者红细胞和血清分别与受血者的血清和红细胞混合，观察有无凝集反应。供血者的红细胞与受血者血清的反应称为主侧反应；供血者血清与受血者红细胞的反应称为次侧反应。两侧均为阴性时输血无妨。如果主侧反应阴性而次侧反应阳性，在别无选择的条件下，可以输血，但输血速度应慢，输血量也不能过大，并密切观察，一旦发生输血反应，则应立即停止输血。如果两侧反应均为阳性，则不能输血（图 3-6）。

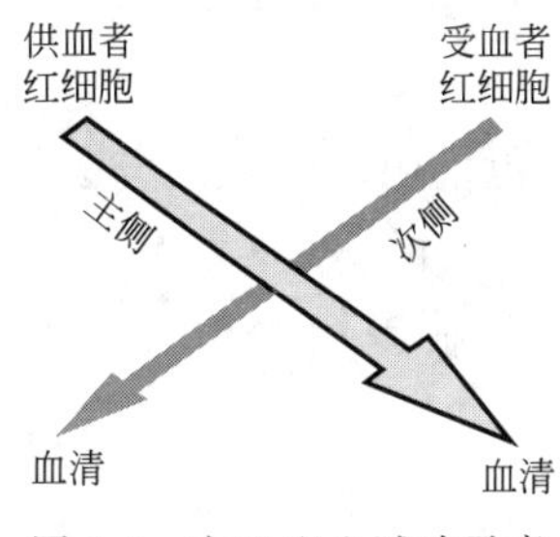

图 3-6　交叉配血试验示意

三、动物血型的应用

（1）进行动物血统登记和亲子鉴定　每个动物个体的血型终生不变，并且可以遗传，子代所具有的血型必定为双亲或双亲中的一方所有。如果子代所具有的血型在双亲中都没有，亲子关系就可以完全否定。在繁殖配种工作中，通过血型登记，记载能稳定遗传给后代的血型，把祖先和后代的登记联系起来即可建立准确的系谱资料，防止血统紊乱，保证育种工作的可靠性。

（2）血型与组织相容性　异体器官或组织能相处并发挥正常功能的能力，称为相容性。在器官移植中，机体常对异体器官表现排斥反应，为保证器官移植的成功，在移植之前需要对组织相容性进行评估。各种细胞中，白细胞，特别是淋巴细胞血型所表现的相容性，能在一定程度上反映器官移植的相容性。因此常将受体与供体的淋巴细胞混合做组织培养，根据细胞分裂状态来判别两者不相容的程度。当今，动物白细胞的组织相容性抗原的研究已经成为动物组织器官移植和防止出现排斥反应的重要环节。

（3）孪生母牛不孕的诊断　牛为单胎动物，偶尔可怀双胎。当牛怀异性双胎时，两胎间可能会发生血管吻合（发生率约有12%）。在发生血管吻合的情况下，雄性胎儿产生的雄性激素可作用于雌性胎儿的性腺，使产出的母犊日后缺乏生殖功能。另一方面，由于胎儿发生血管吻合，一个胎儿造血器官中的原红细胞可以进入另一个胎儿体内，使胎儿有两种红细胞，这一现象称为红细胞嵌合。对红细胞嵌合的个体进行血型试验时，常发生溶血反应，而没有红细胞嵌合的个体则不发生溶血反应。为避免盲目培养，应尽早诊断，根据血型试验结果判定是否发生血管吻合，以此推断异性双胎中母犊长大后的生育能力。

（4）新生仔畜溶血的诊断　母子血型不合时，胎儿的血型抗原物质可进入母体，刺激母体产生血型抗体。由于胎盘屏障的存在，这种抗体并不能作用于胎儿，所以这类母畜可产下健康仔畜，但分娩后血型抗体可通过初乳进入仔畜血液内，使仔畜的红细胞破坏、溶血，严重时还会导致仔畜死亡。因此应及时应用血型鉴定原理进行初乳与仔畜红细胞的凝集反应试验，若为阳性反应，应将母子隔离并禁吃初乳。

本 章 小 结

血液在心血管系统中不断地循环流动，为机体输送营养物质，运输氧和二氧化碳，维持动物机体的内环境稳定，参与体液调节和维持机体的酸碱平衡，发挥防御和保护功能。

- 血液是由血浆和悬浮在血浆中的血细胞组成，血细胞包括红细胞、白细胞、血小板，血浆中90%～92%的成分是水，溶质主要是血浆蛋白、无机盐和小分子有机物。
- 成年动物血液总量约为体重的5%～9%，因种类、品种、年龄等而不同。血液具有黏滞性，血浆渗透压约为7.6个大气压，大约相当于770kPa，动物血浆的酸碱度稳定于pH7.35～7.45，血液中存在多种酸碱缓冲物质。
- 血细胞包括红细胞、白细胞、血小板，分别介绍了红细胞的生理特性和功能、红细胞的生成与破坏；白细胞的数量及分类及白细胞的主要生理功能；血小板的形态与功能。
- 血液凝固因子是直接参与血液凝固的物质，血液凝固过程包括内源性凝血与外源性凝血过程，动物机体的抗凝与促凝过程。
- 介绍血型系统中的ABO血型系统、输血的原则和动物血型的应用。

复习思考题

1. 血液的主要生理功能有哪些？
2. 血浆蛋白可分为哪几种？其主要生理功能有哪些？
3. 何谓血浆晶体渗透压、胶体渗透压？血浆胶体渗透压有何生理意义？
4. 血液的酸碱度为什么可以保持稳定？
5. 各类白细胞分别具有哪些生理功能？
6. 简述血液凝固的过程。
7. 临床上常用的抗凝和促凝的方法有哪些？其原理是什么？
8. 临床上在需要进行输血治疗之前，如何判断能否输血？

第四章 血液循环

学习目标

1. 了解心音、心电图的概念，掌握心动周期、心输出量、血压的概念。
2. 学习心电图波形的生理意义、心肌细胞的生物电现象。
3. 理解并掌握心脏的泵血过程、影响心输出量的因素。
4. 理解并掌握心肌细胞的生理特性、影响动脉血压的因素。
5. 了解微循环的三条通路，掌握神经和体液因素对心血管活动的调节过程。

心脏和血管构成机体的循环系统，动物机体的循环系统包括体循环和肺循环。血液在其中按一定方向周而复始地流动，称为血液循环（blood circulation)。血液循环的主要功能是完成体内的物质运输，运输代谢原料和代谢产物，使机体新陈代谢能不断进行。体内各内分泌腺分泌的激素，或其他的体液性因素，通过血液循环，作用于相应的靶细胞，实现机体的体液调节。机体内环境理化特性相对稳定的维持和血液防御功能的实现，也有赖于血液的不断循环流动。

第一节 心脏的泵血功能

一、心动周期及心率

心脏是血液循环的动力器官，其周期性的收缩与舒张，推动血液在心血管系统中循环流动。在心脏周期性的缩、舒过程中，心血管内压、心房与心室的容积、心内瓣膜的启闭、血液流速等都发生周期性的变化，其结果保证了血液在心血管内沿着一定的方向流动。同时，还伴有心音、心电、动脉脉搏的周期性变化。

心脏的活动呈周期性，心脏每收缩和舒张一次，称为一个心动周期（cardiac cycle)。每一个心动周期均包括心房收缩期、心室收缩期和共同舒张期三个相继出现的时相。

心跳频率简称心率（heart rate)，指每分钟的心跳次数。心动周期持续时间的长短取决于心跳频率，与心率呈反比例关系。心率可因动物种类、年龄、性别以及其他生理情况而不同（表 4-1)。一般幼龄动物心率比成年快，个体小的动物心率较个体大的快，代谢越旺盛，心率越快。

表 4-1 成年动物的心率 次/min

动物种类	心　率	动物种类	心　率
骆驼	30～50	猪	60～80
马	28～45	狗	70～120
奶牛	60～80	猫	110～130
黄牛	40～70	家兔	120～150
山羊	60～80	鸡	250～300
绵羊	70～110	小白鼠	260～400

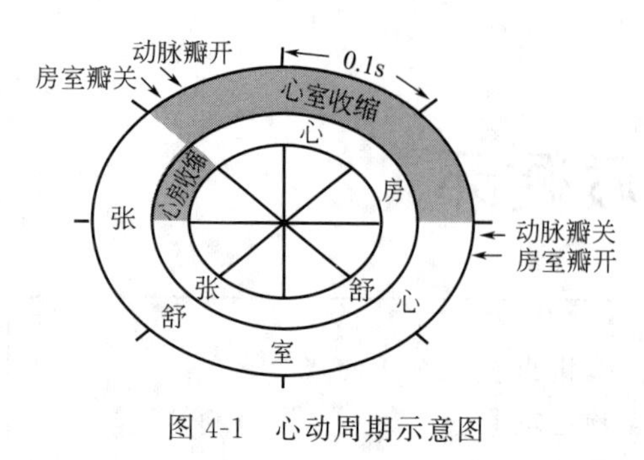

图 4-1 心动周期示意图

以猪为例，成年猪在安静状态下，平均心率为 75 次/min，即每分钟平均有 75 个周期，每个心动周期持续 0.8s，其中心房收缩期约为 0.1s；随即心房舒张，很快心室收缩，心室收缩期约为 0.3s；接着是 0.4s 的舒张期，也称全心舒张期（图 4-1）。由此可见，在一个心动周期中，心房、心室各自按一定时程和一定的先后次序进行收缩和舒张的交替，而且左右两侧心房、心室几乎同步收缩和舒张。无论心房和心室，其舒张期都长于收缩期，即休息长于工作，这种特性对心脏持久不停的泵血活动有着重要的意义。如果心率升高到 200 次/min 时，收缩期将变成 0.16s，舒张期变为 0.14s，心肌舒张期减少得太多，舒张期短，则回心血量减少，心输出量也会相应下降，心肌工作时间相对延长，对心脏持久活动是不利的。

二、心脏的泵血功能

心脏的功能主要是对血液循环起着泵的作用。依靠心房、心室节律性舒缩引起心脏容积和压力变化以及瓣膜规律性的启闭，控制着血流方向。

心脏的收缩、舒张，加上瓣膜启闭的配合，实现心腔内压力、容积的大幅度变化。为了便于描述心脏收缩射血过程的变化，以左侧心脏为例，把心动周期分为以下三期（图 4-2）。

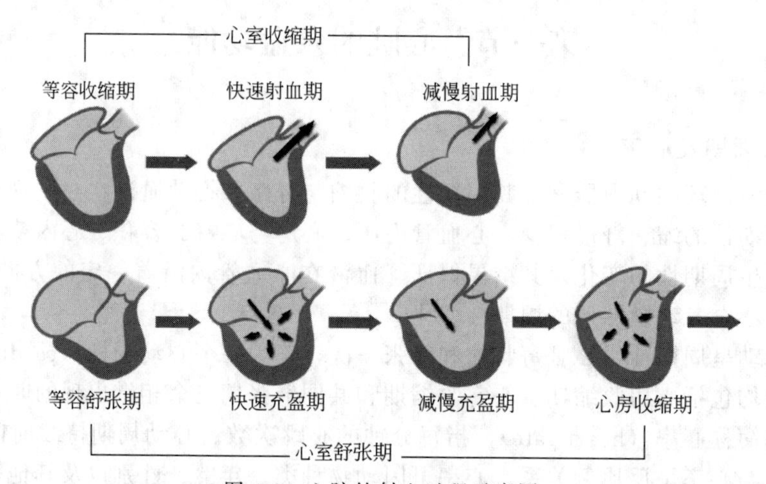

图 4-2 心脏的射血过程示意图

（1）心房收缩期　心房开始收缩前，心脏处于共同舒张期，心房和心室的压力很低，这时静脉血不断流回心房，使心房压力大于心室，血液通过处于开放状态的房室瓣，直接进入心室，使心室充盈。接着，心房开始收缩，心房容积缩小，压力升高，进一步挤压心房血液进入心室，使心室进一步得到充盈。随后，心房进入舒张期。

（2）心室收缩期　心房进入舒张期后，心室开始收缩。左、右心室几乎同时进入收缩状态，由于心室的收缩力量强，室内压力迅速升高，当超过心房内压时，房室瓣关闭。此时，心室内压还低于主动脉压，动脉瓣还处于关闭状态，使房室之间、心室和动脉之间的通路完全闭合。此时，心室成为一个封闭腔，而血液是不可压缩的液体，心室的强烈收缩并没有改变心室的容积。随着心室进一步收缩，心室内压力不断上升，当心室内压超过主动脉压力时，便冲开主动脉瓣，将血液急速地射向动脉。

（3）共同舒张期　继心室收缩之后，心室开始舒张。心动周期进入心房与心室的共同舒张期。心室压力下降，而动脉压高于心室压力，使动脉血向心室方向反流，推动动脉瓣关闭，从而使两心室与动脉之间的通路关闭。心室压力仍高于心房，房室瓣仍然关闭。由于心室继续舒张，心室压力继续下降，同时心房不断接纳回心血液，心房内压上升。当心房压力超过心室压力时，房室瓣终于被推开，心房中血液流入心室，充盈心室。心室容积进一步增大，内压升高，房室瓣倾向于关闭。接着，心房又开始收缩，下一个心动周期重新开始。

三、心输出量及其影响因素

心脏的泵血功能是否正常，增强还是减弱，都是实践中经常遇到的问题。因此，用什么方法和指标来评定心脏的功能，在理论上和实践中都是十分重要的，常用来评价心脏泵血功能的指标主要有每搏输出量（stroke volume）和每分输出量（minute volume）。

1. 每搏输出量和每分输出量

心脏收缩时从左、右两心室射入动脉的血液量基本是相等的。每一个心动周期中，从一侧心室射出的血量，叫做每搏输出量。每分输出量是指每分钟由一侧心室射出的血量，又称心输出量（cardiac output）。每搏输出量乘以心率等于每分输出量。它是衡量心脏工作能力的重要指标之一。心输出量与机体的代谢水平相适应，可因性别、年龄和其他生理状况的不同而有差异。机体剧烈运动或饲喂后消化活动进行时，由于新陈代谢加强，心输出量可增加数倍。动物在妊娠期，心输出量可提高45％～85％。

2. 影响心输出量的主要因素

心输出量的大小取决于每搏输出量和心率。机体通过对每搏输出量和心率的调节来改变心输出量。

每搏输出量由心肌的收缩力、静脉回流量决定。

（1）静脉回流量　在德国生理学家Otto Frank离体蛙心实验工作的基础上，英国生理学家斯塔林（Ernest H. Starling）用狗进行实验，发现“心肌收缩力是心肌纤维初长度的函数”，即心脏具有自动调节并维持搏出量与回心血量之间平衡关系的能力。静脉回心血液量愈大，心脏愈是被充盈，心肌纤维被拉得愈长，心室肌收缩力就愈强，每搏输出量也就愈大。在一定的范围内，心脏能将回流的血液全部泵出，不会使血液在静脉或心室内蓄积。

（2）心室肌的收缩力　在静脉回流量和心室收缩前容积不变的情况下，心室收缩力量愈大，每搏输出量也就愈大。例如，动物在运动时，搏出量成倍增加，而此时心脏舒张期容量或动脉血压并不明显加大，不主要依赖于静脉回流量的改变，而是在交感-肾上腺素的调节下，心肌收缩力量加强，将心室内更多的血液射入动脉，以满足运动时的需要。相反，血中碳酸过多、组织缺氧或受普鲁卡因和巴比妥类等药物作用都会降低心肌收缩性。心力衰竭时收缩能力也下降，这种变化与心肌细胞收缩前的初长度无关，而是通过改变心肌细胞收缩能力实现的。

（3）心率　在一定范围内，增加心率可以加大每分输出量。但心率过快时，每一心动周期所经历的时间缩短，主要是心脏舒张期缩短，不能有足够长的时间充盈血液。在回心血量不足的情况下，直接使血液输出量相应减少，也间接影响心肌收缩力而使每搏输出量和每分输出量都减少（图4-3）。而当心率过低时，如低于40次/min时，心输出量也会下降。

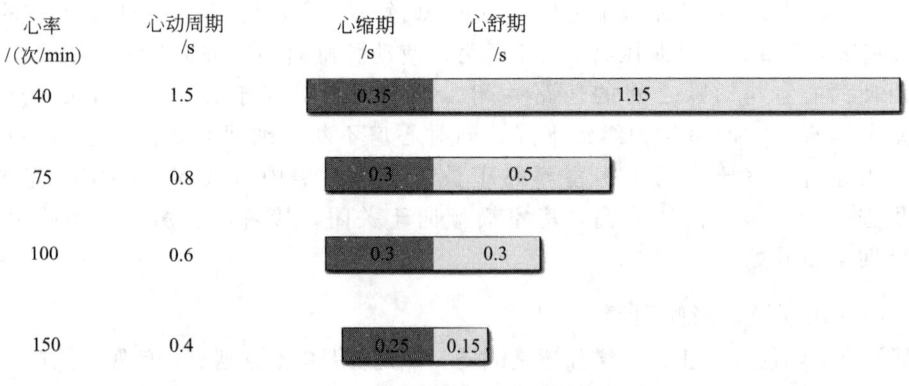

图 4-3 心率对心输出量的影响

(4) 心力储备 心输出量随机体代谢需要而增加的能力，称为泵血功能储备或心力储备(cardiac reserve)。心力储备能力取决于心率和每搏输出量的储备。动物在剧烈运动时，心率和每搏输出量均明显增加，心输出量可增加 5 倍以上，达最大输出量，这说明动物有相当大的心力储备。最大输出量的获得除与心率加快有关，还与每搏输出量的储备具有一定关系。

当然，心力储备也不是无限的，当最大限度的动员仍不能满足机体需要时，就会发生心力衰竭，即长期负担过重，使心脏收缩力和心输出量都逐渐减小。而适当的长期训练或调教，可以较大幅度地增加心力储备。

四、心音和心电图

1. 心音

在每一个心动周期中，由于心脏在舒缩活动中，瓣膜启闭、心肌收缩、血流加速或减速对心血管壁的作用以及形成的涡流等因素，这些机械振动产生的声音可通过心血管的周围组织传递到胸腔，用听诊器在动物胸壁的一定区域内可以听到“通-塔”的声音，称为心音（heart sound）。心音主要分为第一心音和第二心音。在心音图上一般可以观察到 4 个心音波。

(1) 第一心音 又称收缩音，发生在心室收缩期，音调较低，持续时间长。它是心室收缩时房室瓣关闭、射血冲击动脉管壁、心室肌收缩而形成的。

(2) 第二心音 又称舒张音，发生于心室舒张期，音调较高，持续时间短。主要是心室舒张时动脉瓣关闭撞击动脉所形成的。

(3) 第三心音 出现在共同舒张期，频率低，振幅也低，是血流速度变化产生涡流振动心室壁和瓣膜造成的。

(4) 第四心音 很弱，只能在心音图上见到，是心房收缩推动血液挤进心室冲击心室壁引起振动造成的。又称为心房音。

听诊时，多数情况下只能听到第一心音和第二心音。听诊中有时还能听到杂音，杂音在临床上具有诊断价值，例如在心室收缩期听到“隆隆”的回水声，表明房室瓣闭锁不全，“呼呼”的高啸声则提示动脉口狭窄。

2. 心电图

心电图是心电活动由体表描记所得的电位变化曲线，反映心脏兴奋的产生、传导和恢复过程的生物电变化，与心脏的机械收缩活动没有直接关系。将测量电极置于体表一定部位，记录下来的心脏电变化曲线，称为心电图（electrocardiogram，ECG）（图 4-4）。

测量心电图时，安置电极的方法称为导联。常见的有标准导联、加压单极肢体导联和胸导联。哺乳动物典型的心电图以常见的标准Ⅱ导联心电图为例，通常由一个 P 波、一个 QRS 波群和一个 T 波组成（图 4-4）。

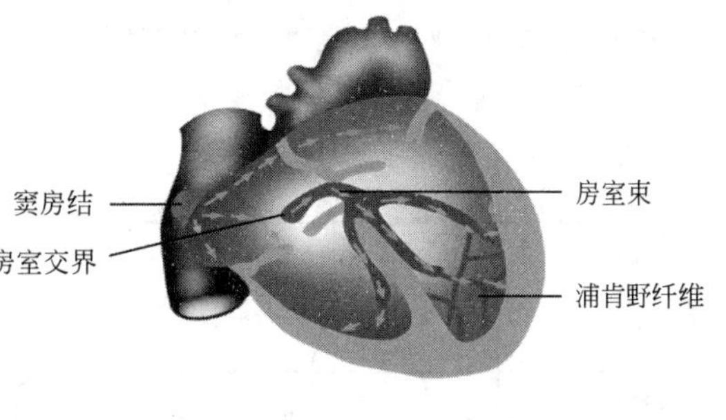

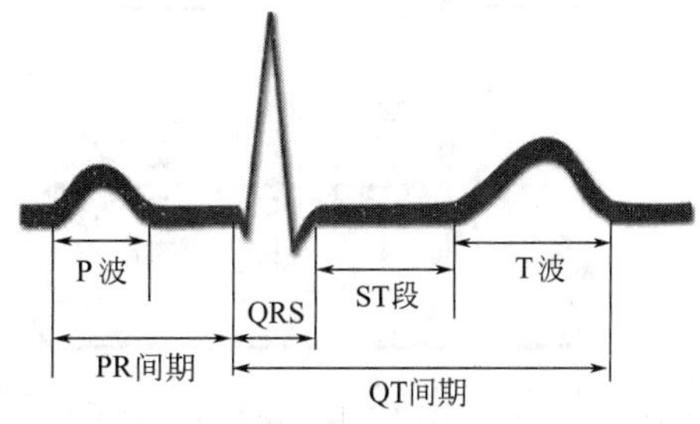

图 4-4　正常心电图波形

（1）P 波　反映兴奋在左、右心房传导过程中的电位变化。代表两心房的去极化过程。

（2）QRS 波群　典型的 QRS 波群包括三个相连的波，第一个是向下的 Q 波，第二个是高而尖向上的 R 波，第三个是向下的 S 波。QRS 波群反映的是左、右心室兴奋传布过程的电位变化。

（3）T 波　它反映心室兴奋后的复极化过程。

（4）PR 间期　指从 P 波起始到 QRS 波群起点的时程，表示兴奋从心房传到心室的时间。当发生房室传导阻滞时，PR 间期延长。

（5）QT 间期　指 QRS 波群起点到 T 波终点的时程，表示动作电位传导到整个心室，然后完全复极化回到静息状态的时间。QT 间期的长短与心率成反变关系，心率越快，QT 间期越短。

（6）ST 段　指从 QRS 波群终点到 T 波起点之间的线段。正常时 ST 段应与基线平齐，代表心室各部分均处于去极化状态。若 ST 段抬高或压低常表示心肌缺血或损伤。

第二节　心肌细胞的生物电现象和生理特性

一、心肌细胞的生物电现象

从功能上可以将心肌细胞分为两大类：一类是工作细胞（cardiac working cell），包括心房和心室的肌细胞；另一类心肌细胞特化构成心脏的特殊传导系统（specialized conduction system），包括窦房结、房室结、房室束及其分支和浦肯野纤维等。根据细胞是否具有自律性，分为自律细胞（rhythmic cell）和非自律细胞。心房肌细胞和心室肌细胞是非自律细胞，其余传导系统都是自律细胞。

心肌细胞与神经细胞、骨骼肌细胞一样，生物电现象也有静息电位和动作电位两种基本的表现形式。非自律细胞的静息电位也是由 K^+ 外流所产生的 K^+ 跨膜平衡电位。不同类型的心肌细胞静息电位有差别，心肌工作细胞的静息电位大约为－90mV，窦房结等自律细胞约为－70mV。在没有外来刺激时，自律细胞的跨膜电位也不稳定，会发生规律性的自动去极化。下面分别以心室肌细胞为例介绍非自律细胞的生物电现象，以窦房结细胞为例介绍自律细胞的生物电现象。

1. 心室肌细胞的动作电位

心肌细胞兴奋时产生的动作电位由去极化和复极化两个过程组成，通常将心室肌细胞的动作电位分为 0、1、2、3、4 五个时期（图 4-5）。

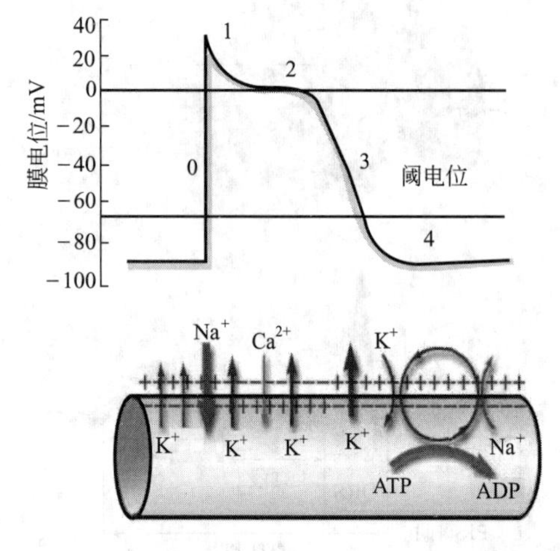

图 4-5　心室肌细胞动作电位及形成的离子基础

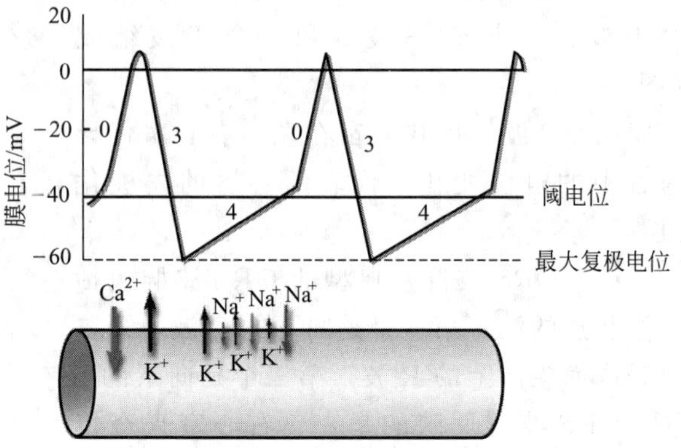

图 4-6　窦房结细胞动作电位

（1）0 期（去极化）　外来刺激引起的去极化达到阈电位水平，引起 Na^+ 通道大量开放，大量 Na^+ 内流，膜内电位迅速升高。膜电位从 −90mV 迅速变为 +30mV，历时 1～2ms。Na^+ 通道在膜电位为 0 时开始失活而关闭。

（2）1 期（快速复极化）　膜电位从 +30mV 快速降为 0，主要以 K^+ 外流为主，历时约 10ms。

（3）2 期（缓慢复极化）　膜电位几乎停滞在 0，历时 100～150ms。一方面 K^+ 通道缓慢恢复，另一方面 Ca^{2+} 通道激活，两相抵消，复极化速度缓慢。平台期是心室肌细胞区别于神经细胞、骨骼肌细胞动作电位的主要特征。

（4）3 期（快速复极化）　膜电位继续快速复极化到 −90mV，历时 100～150ms，是膜对 K^+ 的通透性升高所引起的。

（5）4 期　4 期是膜电位恢复后的时期。借助于 Na^+-K^+ 泵等机制恢复细胞膜内外的离子浓度梯度，在此过程膜两侧的电荷移动基本平衡。

2. 窦房结细胞动作电位

窦房结细胞动作电位只包括 0、3、4 三个时期（图 4-6）。窦房结细胞的 0 期去极化主要由 Ca^{2+} 内流引起，3 期复极化主要是 K^+ 外流，4 期电位不稳定，可自动缓慢去极化。窦房结细胞 4 期自动去极化是因为存在双向电流，外向电流 K^+ 外流逐渐减少，内向电流 Na^+ 逐渐增强，使膜电位逐渐升高，当 Ca^{2+} 内流达阈电位水平则爆发动作电位。

浦肯野纤维细胞的动作电位也分为 5 期，前 4 期与心室肌细胞相同，只是 4 期电位不稳定，由于此时细胞膜不仅对 K^+ 有递减性通透，同时存在 Na^+ 持续内流，使膜内电位逐渐升高，达阈电位水平时爆发动作电位。

二、心肌细胞的生理特性

心肌细胞具有兴奋性、传导性、自律性和收缩性，它们共同决定着心脏的活动，其中前三种都是以心肌的生物电活动为基础的，又称为电生理特性，而收缩性是心肌的一种机械特性。

（一）兴奋性

兴奋性指心肌接受刺激能发生反应的特性。各类心肌细胞均为可兴奋细胞，具有兴奋性。衡量心肌兴奋性高低可用刺激阈值为指标，阈值高表示兴奋性低，阈值低则表示兴奋性高。

1. 兴奋性的周期性变化

心肌细胞发生兴奋后，由于膜电位的变化，兴奋性也相应发生周期性变化，依次经历有效不应期、相对不应期和超常期，随后才恢复正常状态（图 4-7）。

（1）有效不应期（effective refractory period，ERP） 包括绝对不应期和局部反应期。绝对不应期指心肌细胞发生 0 期去极化到复极化－55mV 左右的时间，Na^+ 通道处于失活状态，无论受到多强的第二次刺激都不会发生去极化。当复极化到－60～－55mV 时，Na^+ 通道恢复到备用状态，较强的刺激可产生局部电位，但不会引起动作电位，称为局部反应期。

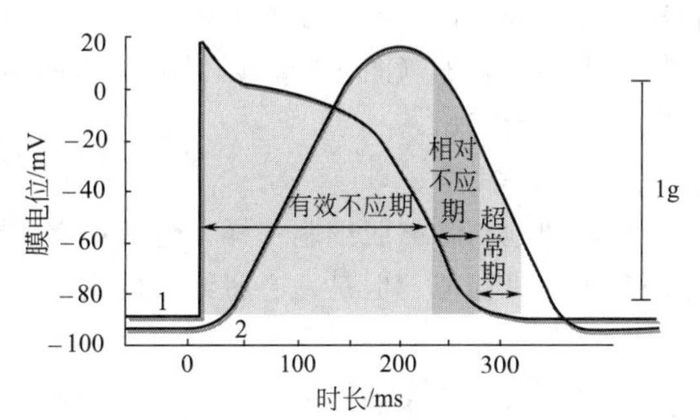

图 4-7 心肌细胞的兴奋性变化与机械收缩的关系

1—动作电位；2—机械收缩

（2）相对不应期（relative refractory period，RRP） 细胞膜继续复极化到－80～－60mV 时，Na^+ 通道大部分恢复，受到兴奋前的阈上刺激，可以产生动作电位。

（3）超常期（supernormal period，SNP） 对应于复极化到－90～－80mV 时，Na^+ 通道基本恢复，对低于阈强度的刺激也能兴奋，表明兴奋性高于正常水平。

心肌兴奋性变化的最大特点是有效不应期很长，一直持续到机械反应的舒张期开始之后（图 4-7）。这一特点决定了心肌不会发生强直收缩，始终保持收缩与舒张交替进行，使血液回心。

2. 兴奋性周期性变化与收缩活动的关系

与神经细胞和骨骼肌相比，心肌细胞的有效不应期特别长，一直持续到心肌收缩活动的舒张早期。这一特点决定了心肌不会像骨骼肌那样发生完全强直收缩，而是始终保持收缩与舒张交替进行的活动，从而保证心脏的泵血功能。

（二）自律性

自律性也称自动节律性（autorhythmicity），指心肌在没有外来刺激的情况下，能自动地、有节律地产生兴奋的特性。心脏的自律性来自心脏特殊传导系统中的各种自律细胞。它们的自律性高低不同，由高到低依次是窦房结（100 次/min，两栖类动物是静脉窦）、房室交界（50 次/min）、房室束、束支、浦肯野纤维（25 次/min）。

在正常情况下，心脏的每一次兴奋，总是先从窦房结开始，它的兴奋节律性决定心跳频率。由于窦房结是心脏内兴奋和搏动的正常起源部位，所以称为正常起搏点。起源于窦房结的心脏节律，叫做窦性节律。正常情况下，心脏其他部位的自律组织仅起传导兴奋的作用，不表现出它们自身的自律性，称为潜在起搏点。在某些病理情况下，窦房结活性减弱或者从它们那里发出的冲动受到阻滞时，潜在起搏点发生作用，此时的节律性活动称为异位节律。这些异常的起搏部位称为异位起搏点。

（三）传导性

传导性（conductivity）是指心肌兴奋产生的动作电位能够沿着细胞膜传播的特性。窦房结的自律性兴奋可以迅速传播到心脏各部位。首先传导到心房细胞，引起左、右心房几乎

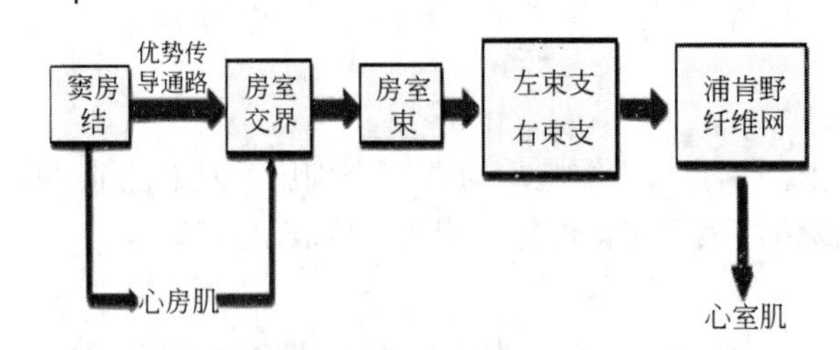

图 4-8 心脏的兴奋传导路径

同步收缩。然后经过房室交界，再传到心室，引起左右两侧的心室肌几乎同步地进行舒缩活动，这对心脏的泵血功能是极为有利的。

心肌传导性的另一特点是传导系统的不同位置上传导兴奋的速度不相同。心房肌细胞的传导速度为 0.4m/s，当兴奋传到房室交界处，传导速度变慢（0.02m/s），使心室稍迟于心房进入兴奋，因此，心室收缩也拖后于心房收缩（图 4-8），以保证心房内血液能够充分流入心室，这样，心室收缩时才有足量的血液输出。

（四）收缩性

心肌细胞与骨骼肌细胞一样，也有由粗、细肌丝构成的肌原纤维，也呈现横纹，其收缩原理与骨骼肌相似。但是，心肌细胞的组织结构特点和电生理特性决定了它具有自己的收缩特性。

1. 不发生强直收缩

心肌收缩的最大特点是不发生强直收缩，前面提到，心肌细胞兴奋后的有效不应期很长，包括了整个收缩期和舒张早期，因此，不会像骨骼肌一样发生强直收缩，保证收缩、舒张交替进行。在下一次窦房结冲动传来之前，受到额外刺激，若刺激落在有效不应期内（图 4-9），则不会出现反应，若刺激落在有效不应期之后可出现一次收缩，称为期前收缩（premature systole），也称早搏。期前收缩之后往往有一段很长的心脏舒张期，称为代偿间歇（compensatory pause）。期前收缩也有自己的有效不应期，下一次窦房结传来的冲动正好落在期前收缩的有效不应期内，所以不能引起心肌的兴奋与收缩。因此，期前收缩后往往出现代偿间歇，必须要等到下一次窦房结的兴奋传来，才能发生收缩。这些对心脏的泵血是有利的。

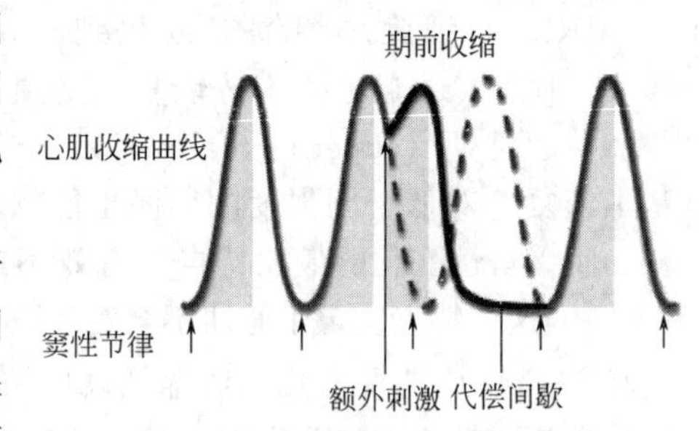

图 4-9 期前收缩与代偿间歇

2. 同步收缩

由于心脏传导系统和心肌细胞间闰盘结构的存在，能够快速传导兴奋，因此心房或心室可以看做两个功能“合胞体”，实现同步收缩。只有当心肌同步收缩时，心脏才能有效地完成其泵血功能。

第三节 血管的生理活动

血管可分为动脉、毛细血管和静脉三大类。动脉系统把心脏射出的血液输送到全身，叫做分布系统。毛细血管是物质交换的场所，称为交换血管。静脉系统把物质交换的血液送回心脏，称为引流系统。血管在循环系统中起着运送血液、分配血量及物质交换的作用。

一、各类血管的功能特点

（1）弹性储器血管　弹性储器血管指主动脉、肺动脉以及它们发出的最大分支。这一类血管管壁厚，含有丰富的弹力纤维，具有较大的弹性和可扩张性，能够起到心脏射血时缓冲高压、舒张时辅助射血的作用。

(2) 阻力血管 这一类血管包括小动脉和微动脉，血管管径逐渐减小，管壁中平滑肌组织较丰富，能受到神经、体液因素的调控作用而舒缩，它的收缩和舒张可以改变血管口径，一方面通过阻力变化而影响循环系统的压力，另一方面可以调节各部位的血流量，起分配血液的作用，以适应局部的不同需要。

(3) 毛细血管前括约肌 毛细血管前括约肌指真毛细血管起始部环绕的平滑肌，不受神经支配，但对所有部位及周围的缩血管物质有反应，其舒缩决定毛细血管路径的开与关。

(4) 交换血管 交换血管指真毛细血管，管壁由单层扁平内皮细胞构成，管壁极薄，管径极细，有时仅能容纳单个红细胞，并有很高的通透性，因此，它是血液和组织液进行物质交换的场所。

(5) 毛细血管后阻力血管 毛细血管后阻力血管指微静脉，影响血液通过毛细血管的阻力和血流量，其紧张性发生变化时可影响体液分配。

(6) 容量血管 容量血管指大静脉，全身循环血量的60%～70%均容纳在静脉系统之中。该血管的舒缩活动可以改变回心血流量，从而影响心脏的输出量。

(7) 短路血管 短路血管指动静脉吻合支，分布于身体末梢等处皮肤，其管壁组织结构类似微动脉，无物质交换功能，与体温调节有关。

二、血流动力学

液体总是由压力高处流向压力低处。血液能在血管内流动是依靠血管两端的压力差。心脏射血的力量是产生这种压力的根本来源。但血液在血管中流动也遇到了种种阻力，这种阻力总称为外周阻力。它必然不断地消耗心脏收缩时所产生的动力。下面着重讨论血流的动力与阻力的相互关系。

1. 血流

血液在心血管中流动的力学称为血流动力学（hemodynamic），涉及血压、血流量、血量和血流阻力。

(1) 血流量 单位时间流经血管某一截面的血量称为血流量，也是血流的容积速率，通常以 mL/min 或 L/min 表示。血流量主要取决于推动血液流动的动力，即血管两端的压力差，以及血流阻力。血液在血管内流动时，血流速率与血流量成正比，与血管的截面积成反比。

(2) 血流阻力 血液在血管中流动时所受到的阻力，称为血流阻力（resistance of blood flow）或外周阻力。主要是由于流动中的血液内部黏滞度和血液与血管壁之间的摩擦而产生的。然而，阻力的大小主要与血管的口径和长度有关。血管越细，长度越长，由摩擦产生的阻力也越大。在血管系统中，小动脉总的长度大，口径又很细小，所以是产生外周阻力的主要部位。

在正常情况下，动物体内血管的长度与血液黏滞度是相对不变的，因此，小动脉口径的大小经常地影响阻力的改变。由于小动脉管壁上富含平滑肌，它们经常接受神经、体液的调控而进行收缩和舒张，所以是外周阻力大小变化的敏感因素。

2. 血压

血压（blood pressure）是指血液在血管内流动时对单位面积血管壁所产生的侧压力，即压强。压强的单位为帕（Pa），常用千帕（kPa）表示（13.3kPa 相当于 100mmHg）。

血压形成的主要因素有血液充盈血管、心脏射血和外周阻力。首先，心血管系统有血液充盈。其次，心脏射血为血液流动提供原始动力，心脏收缩时所提供的能量可分为两部分，一部分用于推动血液流动的动能；另一部分则以势能形式作用于血管壁，使血管扩张。当心脏舒张暂时停止向动脉射血时，通过被扩张了的血管壁的弹性回缩作用，又把原先以势能形式储存起来的能量转化为动能，继续推动血液向前流动。最后，阻力是血压形成的必要条件。在充盈的基础上，向前流动的血液遇到阻力时对血管壁形成侧压力，即血压。

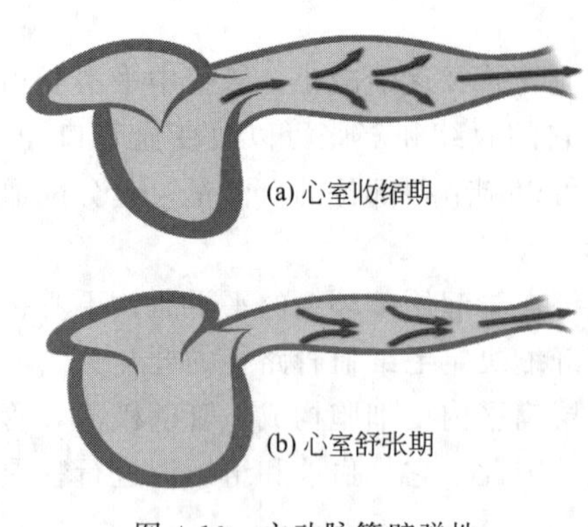

图 4-10 主动脉管壁弹性对维持血压的作用

由于血液流动过程中需要不断克服外周阻力，动能不断消耗，于是血压也就逐渐下降，主动脉紧连左心室，此处血压最高，中、小动脉为次，毛细血管血压进一步降低，在接近心脏的大静脉中，血压降至最低点。于是，血液就顺着压力梯度，沿着动脉→毛细血管→静脉的路径，单方向地循流不息。主动脉管壁弹性对维持血压的作用见图 4-10。

三、动脉血压和动脉脉搏

在有足够血量的前提下，血压的形成取决于两个基本因素：一是心室收缩所产生推动血液前进的力量，这是形成血压的动力；二是血液流动所遇到的外周阻力。两种因素缺一不可。

（一）动脉血压

1. 动脉血压的形成

根据循环系统中血管的不同，血压相应地分为动脉血压、毛细血管血压和静脉血压。一般所说的血压是指体循环的动脉血压（arterial blood pressure）。由于心脏交替收缩和舒张，所以动脉血压也随着心脏搏动而高低起伏。在一个心动周期中，当心室收缩时血压上升到最高值，叫做收缩压（systolic pressure）；当心室舒张时，动脉血压下降到最低值，叫做舒张压（diastolic pressure）。两者之差叫做脉搏压（pulse pressure），简称脉压，可以反映主动脉管壁的弹性，动脉硬化时脉搏压增大。血压的高低以它高于或低于大气压的数值表示，习惯上血压记录方式是：收缩压/舒张压（kPa）

家畜的动脉血压常按实际情况选择不同的测定部位。例如：牛尾动脉血压为(14.67～18.67)/(4.67～6.67)kPa[(110～140)/(35～50)mmHg]；羊股动脉血压为(14.67～17.33)/(6.67～8.0)kPa[(110～130)/(50～60)mmHg]。也可以以全身动脉血压值为参考(表 4-2)。

表 4-2 成年动物典型的动脉血压 kPa

动物种类	收缩压	舒张压	动物种类	收缩压	舒张压
猪	18.6	10.6	狗	16.0	9.3
牛	18.6	12.6	猫	18.7	12.0
绵羊	18.6	12.0	鸡	23.3	19.3
山羊	18.6	12.0	火鸡	33.3	22.6
马	17.3	12.6	大鼠	13.3	9.3
家兔	16.0	10.6	小鼠	14.8	10.6

2. 影响动脉血压的因素

血压的产生取决于心输出量和外周阻力的相互作用。因此，改变这两个因素可以影响血压。此外，大动脉管壁的弹性、循环血量和血管容量之间的关系，也都能影响血压。

（1）每搏输出量　如果其他因素不变，心室收缩愈有力，每搏输出量愈多。射血量增加，使收缩压明显上升，舒张压也会增加，脉搏压增加。

（2）外周阻力　如果其他因素不变，外周阻力愈大，血压也愈高。在形成外周阻力的诸因素中，经常起决定性作用的是小动脉口径大小的变化。小血管紧张性增强引起外周阻力增大时，血液外流受阻，血压会普遍升高。但是收缩期血压高，外流血液受阻不如在舒张期明显，所以，舒张压比收缩压上升显著，脉搏压减小。

（3）循环血量和血管容量　在血管容量不变的情况下，血量愈多，血压也愈高。大量失血或血管麻痹松弛时，血压明显下降。输液、输血并配合使用血管收缩药，使循环血量增加，血压可回升。

（4）大动脉管壁的弹性　动脉的弹性是产生舒张压的重要因素。如果管壁弹性不良，在其他因素不变时，则心收缩压升高，心舒张压下降，于是脉搏压明显升高，这是大动脉血管硬化的一种表征（图 4-10）。

（5）心率　当心率增加时，心输出量增大，收缩压升高，射血间隔缩短，心脏舒张期血液由主动脉流向外周减少，舒张压显著增加。由于动脉血压升高使血流速度加快，因此，收缩期内可有较多的血液流到外周，收缩压的升高不如舒张压升高显著，脉搏压降低。

以上诸种因素的分析，都是建立在其他因素不变的假设上。实际生理条件下，相关因素可同时发生变化，血压变化往往是各种因素相互作用的综合结果。而动物有机体内、外环境的变化，通过神经和体液调节，影响心输出量、心率和小动脉口径的变化则是机体调控血压的最主要途径。

（二）动脉脉搏

在每一个心动周期中，心脏收缩与舒张产生主动脉壁搏动，这种搏动能够以弹性压力波的形式沿动脉管壁传播，形成动脉脉搏（arterial pulse），也就是通常所谓的脉搏。这种弹性波传播速度很快，比血液流动速度快几十倍。因此，在动物体末梢感触到的脉搏，不管离心脏远近，都是即刻心脏活动的瞬间反映。

检查脉搏的速度、幅度、硬度以及频率等，可以反映心脏活动的节律性、心缩力量和血管壁的功能状态。

脉搏波动传播至小动脉末端时，因遇到沿途的阻力而逐渐消失。因此，各种家畜常容易操作又反应明显的位置作为检查部位：牛在尾中动脉、颌外动脉、腋动脉或隐动脉；羊在股动脉，马在颌外动脉、尾中动脉；猪在桡动脉；猫和狗在股动脉或颈前动脉。

四、静脉血压和静脉血流

1. 静脉血压

血液通过毛细血管汇集到小静脉时，血压下降到约 2.00kPa（15mmHg）。最后汇集到近心的腔静脉和右心房时，压力最低，已接近于零。通常将右心房和胸腔内大静脉的血压称为中心静脉压（central venous pressure），而各器官静脉的血压称为外周静脉压（peripheral venous pressure）。中心静脉压的高低取决于心脏射血的能力和静脉回心血量之间的相互关系。如果心脏射血能力较强，能及时将回流入心脏的血液射入动脉，中心静脉压就较低。反之，心脏射血能力减弱时，中心静脉压就升高。另一方面，如果静脉回流速度加快，中心静脉压也将升高。可见，中心静脉压是反映心血管功能的一项重要指标。

2. 静脉血液的回流

静脉血液回流是依靠外周静脉压和中心静脉的压力差，推动血液流回心脏。影响静脉回流的主要因素有如下几个。

（1）心肌收缩力　心脏收缩时把血液射入动脉，舒张时抽吸静脉血液回心。如果心肌收缩力量增大，射血时心室排空较完全，舒张时抽吸力就大。右心衰竭时，右心房压升高，患者可出现颈外静脉怒张、肝充血肿大、下肢水肿等症状。左心衰竭时，左心房和肺静脉压升高，造成肺瘀血和肺水肿。在影响静脉回流的诸因素中，心脏的收缩力量是最重要的。

（2）体位　静脉管壁薄，弹性纤维和平滑肌较少，受血管内血液重力及血管外组织压力影响较大。当从水平卧位转为直立时，身体低垂部分的静脉跨壁压增大，静脉扩张，容量增大，回心血量减少。

（3）呼吸运动　吸气使胸腔扩大，胸膜腔内压降低，有利于静脉血回流心脏；呼气时相反。

（4）骨骼肌的挤压作用　骨骼肌收缩运动时，挤压附近静脉，提高了静脉内压力，使血管内血液推开向心方向的瓣膜，使血液朝着右心房方向流动，不会倒流。

静脉回流受阻时容易引发静脉曲张和静脉炎。静脉曲张是浅表静脉出现畸形和无规律的扩张，多发于小腿。静脉炎是一种更为严重的疾病，当血液在大的、未破损的静脉中凝结时，血栓就会发生。

五、微循环及组织液

（一）微循环及通路

1. 微循环

微循环（microcirculation）是指微动脉和微静脉之间的血液循环（图 4-11）。在微循环部分实现的血液和组织间的物质交换是血液循环最根本的功能，微循环血流有三条途径。

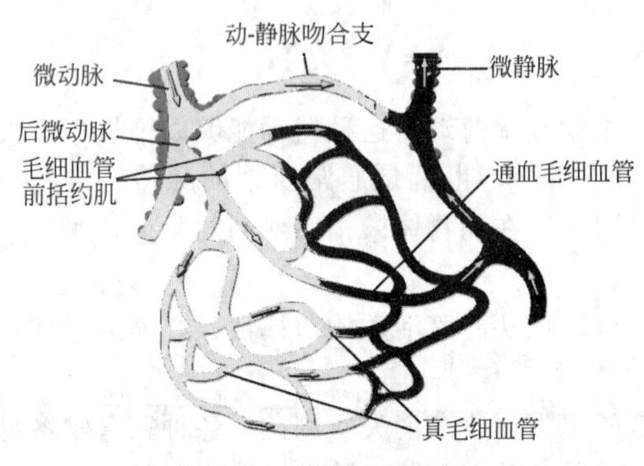

图 4-11　微循环模式图

（1）迂回通路　血液经微动脉、开放的毛细血管前括约肌，进入真毛细血管网，最后回到微静脉。这一通路经过具有很大通透性的毛细血管网，由于迂回曲折，血流缓慢，与组织细胞接触广泛，是进行物质交换的理想部位，因此，该通路也称为营养通路。

（2）直捷通路　血液经微动脉、通血毛细血管回到微静脉。这一路径经常处于开放状态，血流速度快、路程短、流域小，很少进行物质交换，其作用是使一部分血液快速通过微循环，保证回心血量。骨骼肌组织的微循环中直捷通路较为多见。

（3）动-静脉短路　血液从微动脉经动-静脉吻合支，流入微静脉回心。这条通路流程极短，血管壁通透性差，血流迅速，因此没有物质交换的功能，主要作用在于快速调动血液回心。这条通路多见于皮肤、耳郭等部位，平时处于关闭状态。环境温度升高时大量开放，皮肤血流量增加，温度升高，利于散热；环境温度降低时则关闭，有利于保存体热。它的开闭活动主要与体温调节有关。另外，在某种病理情况下，如感染或中毒休克，为缩短循环途径，降低外周阻力，使血液迅速回心，动-静脉短路大量开放，可加重组织的缺氧状况。

2. 毛细血管血压

血液在流经微循环血管网时血压逐渐降低，微动脉对血流阻力最大，血压降落幅度也最大。毛细血管血压近动脉端约 3.99～5.32kPa（30～40mmHg），近静脉端约为 1.33～

2.0kPa（10～15mmHg）。这种压力梯度是保证物质交换的重要因素。毛细血管血压的特点是：搏动消失，各器官、组织间差异较大。

3. 毛细血管通透性

毛细血管壁由单层内皮细胞构成，外面有基膜包围。毛细血管内皮细胞之间只有少量细胞间质加以连接，有的部位甚至没有间质而留有空隙，而且毛细血管的内皮细胞本身也有许多小孔。这些结构上的特点，再加上毛细血管血流缓慢，因此极其有利于血液中的营养物质与组织中的代谢产物进行交换。

（二）组织液和淋巴液

组织液存在于组织、细胞的间隙中，是血液与组织细胞之间进行物质交换的媒介。它绝大部分呈胶冻状，不能自由流动，它不妨碍占较小部分的水及其溶质的自由流动。组织液是在毛细血管动脉端通过滤过作用生成的。大部分组织液在毛细血管的静脉端重新返回毛细血管，只有小部分组织液进入毛细淋巴管成为淋巴液，然后通过淋巴循环途径返回静脉。

1. 组织液的生成

组织液是由滤过作用生成的。滤过的动力取决于四个因素：毛细血管血压、组织液的静水压、血浆的胶体渗透压和组织液的胶体渗透压。其中毛细血管血压和组织液胶体渗透压是促使组织液生成的动力，而组织液静水压和血浆胶体渗透压是阻止组织液生成的力量。组织液能否生成，生成的量多少，则取决于这两种相反力量的对比，即所谓有效滤过压（effective filtration pressure）。

有效滤过压＝(毛细血管血压＋组织液胶体渗透压)－(组织液静水压＋血浆胶体渗透压)

从上式分析可知，有效滤过压若为正值，值愈大，组织液生成得愈多；有效滤过压若为负值，说明组织液重新返回血管的作用大于组织液的生成作用。

实验测定，毛细血管动脉端血压为4.0kPa（30mmHg），毛细血管静脉端血压为2.0kPa（15mmHg）；组织液压约为1.33kPa（10mmHg）；组织液胶体渗透压约为2.0kPa（15mmHg）；血液胶体渗透压约为3.33kPa（25mmHg）。代入上式可得：

毛细血管动脉端组织液生成的有效滤过压＝(4.0＋2.0)－(3.33＋1.33)＝1.34kPa

或＝(30＋15)－(25＋15)＝10.0mmHg

毛细血管静脉端组织液生成的有效滤过压＝(2.0＋2.0)－(3.33＋1.33)＝－0.66kPa

或＝(15＋15)－(25＋10)＝－5mmHg

由上式可见，在毛细血管动脉端，有效滤过压为正值，血浆中的水分及某些营养物质滤到组织间隙中而形成组织液；而血液从毛细血管动脉端流回静脉端的过程中，随着血压逐渐下降，有效滤过压值变为负值，于是组织液就带着组织细胞的代谢产物重新渗回血液中来，实现了物质交换。在正常情况下，组织液不断生成又不断回流，维持组织液量的动态平衡（图4-12）。

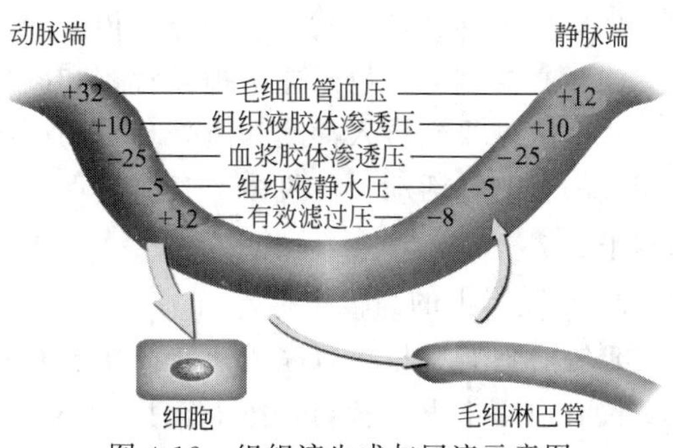

图4-12　组织液生成与回流示意图

2. 影响组织液生成的因素

凡能使有效滤过压发生变化的因素，都会影响组织液的生成。

(1) 毛细血管血压　毛细血管血压升高时，有效滤过压增加，组织液增多。如果心脏射血功能不良，使静脉系统压力增高时，可以阻止毛细血管静脉端组织液回流，使组织液积聚于组织间隙而出现水肿现象。

(2) 血浆胶体渗透压　血浆蛋白质生成减少（如慢性消耗性疾病、肝病），或者蛋白质排出增加（如肾病），均可使血浆蛋白减少，血浆胶体渗透压下降，组织液生成增加，甚至发生水肿。

(3) 毛细血管通透性　例如在烧伤、过敏反应等情况下，可使毛细血管通透性异常增大，通常不易渗出的血浆蛋白也渗入组织间隙，降低了血浆胶体渗透压，而增加了组织液的胶体渗透压，同样使组织液过量积聚。

3. 淋巴液的生成

淋巴液来源于组织液。从毛细血管动脉端滤出的液体，大多数由毛细血管静脉端再渗回毛细血管，另一部分多出的组织液就进入通透性大的毛细淋巴管成为淋巴液。生成的淋巴液沿毛细淋巴管流入淋巴集合管和淋巴结，最后经淋巴导管进入前腔静脉，加入血液循环。

淋巴液的生成不仅可以协助组织液回流，而且可以回收血浆蛋白。从毛细血管动脉端滤出的很少量的血浆蛋白很难从毛细血管静脉端重吸收回血，这些血浆蛋白可以从通透性较大的毛细淋巴管透入淋巴系统，再运回血液中。淋巴系统还是脂肪消化后主要的运输途径。淋巴循环可以调节血浆与组织液之间的液体平衡，正常成人安静状态每小时有 120mL 淋巴液进入血液循环，每天生成的淋巴液大致相当于血浆总量。另外，淋巴回流途中要经过淋巴结，淋巴结中有大量具有吞噬功能的巨噬细胞，可以清除组织液中的大分子、异物和细菌等。

第四节　心血管活动的调节

一、神经系统对心血管活动的调节

(一) 调节心血管活动的神经中枢

将与心血管活动有关的神经元集中的部位叫做心血管中枢（cardiovascular center）。指分布在从脊髓到大脑皮质各个部位的神经元以及它们之间的复杂联系，它们的活动调节整个心血管系统的活动协调统一，并与整个机体的活动相适应。

1. 基本中枢

自 19 世纪 70 年代以来，科学家采用不同的研究方法对延髓心血管活动中枢的作用进行了深入的研究，结果发现延髓心血管中枢包括以下四个部位的神经元。

(1) 缩血管区　位于延髓头端的腹外侧部，可引起缩血管效应。

(2) 舒血管区　位于延髓尾端腹外侧部，通过抑制缩血管区的活动，引起血管舒张。

(3) 传入神经接替站　接受外周传来的冲动，并上传影响前两个中枢区域。

(4) 心抑制区　位于迷走神经背核和疑核，发出心迷走神经抑制心脏的活动。

这些区域受到传入冲动和所处环境的影响，存在紧张性活动。缩血管中枢和心抑制中枢有明显的紧张性活动，使机体全身血管保持一定程度的收缩状态，使心脏的活动保持相对低的水平。

2. 延髓以上的高位中枢

延髓心血管中枢可以完成比较简单、基本的心血管活动调节，要实现复杂的整合还有赖于高位心血管中枢的参与，像下丘脑、小脑和大脑皮质，它们在心血管功能与机体其他功能互相协调中有重要作用。

（二）心脏和血管的神经支配

1. 心脏的神经支配

心脏受到交感神经和副交感神经的双重支配，机体对心血管活动的神经调节是通过各种心血管反射实现的。

（1）心交感神经及其作用 心交感神经（cardiac sympathetic nerve）起源于脊髓第1～5胸段脊髓灰质侧角，节前神经元在星状神经节和颈交感神经交换神经元。节后神经元的轴突组成心脏神经丛，支配心脏各个部分。右侧的心交感神经主要分布到窦房结；左侧的心交感神经分布到房室结、心房肌和心室肌。

心交感神经节后纤维末梢释放去甲肾上腺素，与心肌细胞膜上的β受体结合，可导致心率加快，房室交界的传导加快，心房肌和心室肌的收缩能力加强。

（2）心迷走神经及其作用 心迷走神经（cardiac vagus nerve）起源于延髓迷走神经背核、疑核，节前纤维到达心内神经节换元。右侧迷走神经节后纤维主要分布到窦房结；左侧分布到房室结和房室束。两侧均有纤维分布到心房肌、心室肌。

心迷走神经节后纤维末梢释放的递质是乙酰胆碱，与心肌细胞的M型胆碱能受体结合，可导致心率减慢，心肌收缩能力减弱。

2. 血管的神经支配

除真毛细血管外，血管壁都有平滑肌分布。除毛细血管前括约肌上神经分布很少，其舒缩活动主要受局部组织代谢产物影响外，绝大多数血管平滑肌都受神经支配，它们的活动受神经调节。支配血管的神经主要是调节血管平滑肌的收缩和舒张活动，所以称为血管运动神经。它们可分为两类：一类神经能够引起血管平滑肌的收缩，使血管口径缩小，称为缩血管神经（vasoconstrictor nerve）。缩血管纤维都是交感神经纤维，起源于脊髓胸、腰段中间外侧柱内。交感神经节后纤维末梢释放去甲肾上腺素，与血管平滑肌的α受体结合，引起血管收缩。另一类神经引起血管平滑肌舒张，称为舒血管神经（vasodilator nerve）。主要是副交感舒血管纤维，还有极少量的交感舒血管纤维。

（三）心血管反射

正常状态下，机体的心血管活动具有自动的负反馈性调节作用。心血管系统本身存在着压力和化学感受器，当机体处于不同的生理状态如运动、休息、变换姿势、应激或机体内、外环境发生变化时，可引起各种心血管反射（cardiovascular reflex），使心输出量和各器官的血管收缩状况发生相应的改变，动脉血压也可发生变动。心血管反射一般都能很快完成，其生理意义在于使循环功能能适应于当时机体所处的状态或环境的变化。

心血管系统的反射一般都能很快完成，其生理意义在于使循环功能适应机体状态和环境变化，其中最重要的是颈动脉窦和主动脉弓压力感受性反射。

1. 颈动脉窦和主动脉弓压力感受性反射

（1）动脉压力感受器 组织学的研究表明，在颈动脉窦和主动脉弓处管壁内有许多感受器。这些感受器是未分化的枝状神经末梢。生理学研究发现，这些感受器并不是直接感受血压的变化，而是感受血管壁的机械牵张程度，称为压力感受器或牵张感受器，见图4-13。

（2）反射过程 动脉血压突然升高时，动脉管壁被牵张的程度升高，压力感受器传入冲动增多，作用于延髓孤束核，进而兴奋心抑制中枢，抑制缩血管中枢，使迷走紧张加强，心交感和交感缩血管紧张减弱，其效应为心率减慢，心输出量减少，外周血管阻力降低，故动脉血压下降。反之，当动脉血压突然降低时，通过相似的反射过程可以引起血压升高。

（3）压力感受性反射的意义 压力感受性反射属于负反馈，能经常地、自动地纠正血压

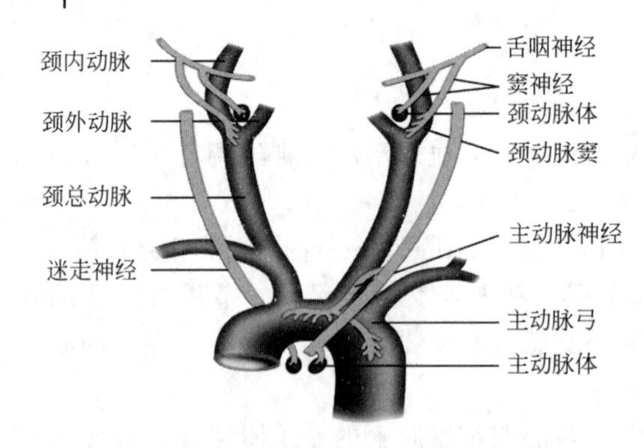

图 4-13　颈动脉窦区与主动脉弓区的压力感受器和化学感受器

的偏差，避免动脉血压过分的波动。压力感受反射的感受器为牵张感受器，并且只感受迅速变化，对波动性压力敏感，而对缓慢变化容易发生适应。

2. 颈动脉体和主动脉体化学感受性反射

在颈动脉窦和主动脉弓区域存在化学感受器（图 4-13），分别称为颈动脉体和主动脉体。它们对血液中氧和二氧化碳分压很敏感。当血液缺氧和二氧化碳分压过高时，刺激化学感受器，发出冲动经传入神经传至延髓呼吸和心血管中枢，引起呼吸加深、加快，间接地引起心率加快，心输出量增多，外周血管阻力增大，血压升高。

二、心血管活动的体液调节

心血管活动的体液调节，是指血液和组织液中一些化学物质，对心肌和血管平滑肌的活动发生影响，并起调节作用。有些化学物质产生后迅速破坏，只对器官或组织产生局部调节作用；有些化学物质产生后，能够通过血液循环，可广泛作用于心血管系统，产生全身性调节作用。

1. 肾素-血管紧张素系统

在肾血流量减少时，会引起肾小球旁器分泌一种酸性蛋白酶进入血液，这种酶叫做肾素（renin）。肾素进入血液循环，使肝脏生成的血管紧张素原水解成十肽的血管紧张素Ⅰ，血管紧张素Ⅰ在肺循环中水解成八肽的血管紧张素Ⅱ，在血浆或组织中转变成血管紧张素Ⅲ。

对于体内多数组织、细胞来说，血管紧张素Ⅰ不具有活性。血管紧张素Ⅱ具有极强的缩血管作用，它作用于血管平滑肌，可使全身小动脉收缩，动脉血压升高。它还可强烈刺激肾上腺皮质细胞，促进醛固酮的合成和释放。血管紧张素Ⅲ的缩血管作用较低，但是促进肾上腺皮质分泌醛固酮的作用较强。醛固酮是肾上腺皮质释放的激素，促进肾小管对钠的重吸收，增加体液总量，使血压上升。

2. 肾上腺素和去甲肾上腺素

循环血液中的肾上腺素（epinephrine）和去甲肾上腺素（norepinephrine）主要来自于肾上腺髓质。其中肾上腺素约占 80%，去甲肾上腺素约占 20%。

肾上腺素主要作用于心肌细胞膜上的β受体，引起心肌活动增强和心输出量增加。还能分别作用于血管平滑肌的β受体和α受体，使皮肤、肾脏血管收缩，肝脏和骨骼肌血管舒张，使动脉血压升高。

去甲肾上腺素主要作用于血管平滑肌的α受体，引起血管平滑肌收缩，外周阻力加大，血压升高。临床上将肾上腺素作为强心剂，去甲肾上腺素用作升压药。

3. 血管升压素

血管升压素（vasopressin）又称为抗利尿激素（antidiuretic hormone），是下丘脑视上核和室旁核神经元合成的一种肽类激素，通过轴浆运输到达神经垂体并释放入血。在正常情况下，血浆中的血管升压素浓度升高时，首先作用于肾脏的远曲小管和集合管，促进对水的重吸收，起抗利尿作用，只有当其血浆浓度明显高于正常时，才引起血压升高。血管升压素是体外最强的缩血管物质之一。它能提高压力感受性反射的敏感性，使纠正血压能力增强。

4. 局部性体液调节物质

局部体液调节物质有血管内皮细胞释放的活性物质、激肽释放酶-激肽系统、心房钠尿肽、组胺、阿片肽等。

(1) 血管内皮细胞生成的血管活性物质　血管内皮细胞是构成血管壁内腔面的单层细胞组织。多年来一直认为它们只是血管内外物质交换的场所，近些年的研究证明，内皮细胞可以生成和释放多种血管活性物质，可分为缩血管活性物质和舒血管活性物质。

血管内皮细胞生成和释放的舒血管物质主要有一氧化氮、前列腺素和内皮超极化因子，它们可引起血管平滑肌松弛，起到舒血管作用。

血管内皮细胞合成的缩血管物质主要有内皮素和血栓素 A_2，它们具有促进血管收缩的效应，还可以促进平滑肌细胞增殖及肥大。

(2) 激肽释放酶-激肽系统　激肽释放酶是体内一类蛋白酶，可以使血浆和组织中的蛋白质底物激肽原分解，成为激肽。激肽具有较强的舒张血管、增加毛细血管通透性的效应，从而参与对血压和局部组织循环的调节。

(3) 组胺　组胺是由组氨酸在脱羧酶的作用下产生的，存在于机体的许多组织细胞中，特别是肺、皮肤和肠黏膜的肥大细胞中含有大量的组胺。当组织细胞受到刺激或损伤时，均可释放组胺。组胺具有强烈的舒血管效应，可提高毛细血管管壁的通透性，使血浆渗入组织，导致局部水肿。

本 章 小 结

• 循环系统包括心脏和血管，血液在其中循流不息。心脏是血液流动的动力，推动血液沿血管输送到全身，并根据生理需要对组织器官进行血液再分配。通过血液循环将新陈代谢所需要的各种营养物质送往全身组织，各组织细胞的代谢产物也通过血液运输排出体外。在各类血管中，毛细血管才是真正实现物质交换的场所。

• 心肌细胞具有特殊的兴奋性、自律性、传导性和收缩性。在一个心动周期中，在各种瓣膜的配合下，心腔压力、容积不断发生变化，使心肌能够有顺序地进行舒缩活动，并驱动血液单方向地流动，同时产生了心音。心音听诊在临床上有重要意义。

• 血液能够在血管中流动，靠的是血管两端的压力差。心室收缩是血流的动力，心室舒张靠大动脉管壁的弹性回缩力，继续驱动血流。血压是血液在血管中流动时对血管壁的侧压力。心室的收缩与舒张形成了收缩压、舒张压。影响动脉血压的因素有心脏的动力作用、大动脉管壁的弹性作用、循环血量和血管容量、外周阻力、血液的黏滞性。

• 毛细血管实现物质交换是通过不断生成的组织液来完成。生成组织液的有效滤过压是依靠毛细血管动、静脉两端的血压、血浆胶体渗透压、组织液静水压和组织液胶体渗透压之间的压力差。淋巴液来自组织液，是组织液回归血液的辅助途径。淋巴液对于回收滤出的血浆蛋白、运输脂肪等起着重要的作用。

• 心血管活动的调节有神经调节和体液调节，神经调节通过神经反射实现，体液调节物质主要有肾素-血管紧张素、肾上腺素和去甲肾上腺素、血管升压素。

复习思考题

1. 心肌细胞有哪些生理特性？这些生理特性与心脏功能有何联系？

2. 何谓心动周期？
3. 心音是怎样产生的？
4. 何谓心输出量？哪些因素可影响心输出量？
5. 试述血压以及影响动脉血压的因素。
6. 何谓微循环？微循环血流有哪些路径？
7. 组织液是如何形成的？影响组织液生成与回流的因素有哪些？
8. 心血管活动的反射调节是如何进行的？
9. 心血管活动的体液性调节是如何完成的？

第五章　呼　　吸

学习目标

1. 理解和掌握呼吸、胸内压、肺泡表面活性物质、肺通气量、肺牵张反射等基本概念。
2. 理解肺通气的动力，掌握胸内负压的形成与生理意义。
3. 了解气体交换的过程与动力。掌握氧和二氧化碳在血液中的运输形式。
4. 了解呼吸运动的调节过程，掌握体液因素对呼吸运动的调节。
5. 学习呼吸类型、呼吸音等概念以及在生产实践中的应用。

动物有机体与外界环境之间进行气体交换的过程叫做呼吸（respiration）。动物体在新陈代谢过程中，必须不断地从外界摄取氧，氧化各种营养物质，同时又要把代谢产生的二氧化碳及其他产物排出体外，才能保证新陈代谢的正常进行。

呼吸的全过程包括三个环节，即外呼吸、内呼吸和气体运输（图 5-1）。

① 外呼吸（external respiration），又称肺呼吸，指外界环境与血液之间在肺部进行气体交换的过程，包括肺通气和肺换气。

② 内呼吸（internal respiration），又称组织呼吸，指组织液与毛细血管之间进行氧和二氧化碳交换的过程，也称为组织换气。

③ 气体运输，通过血液循环可将机体从外界吸入的氧运至全身组织；同时，在组织代谢中产生的二氧化碳也可通过血液循环经肺排出体外。

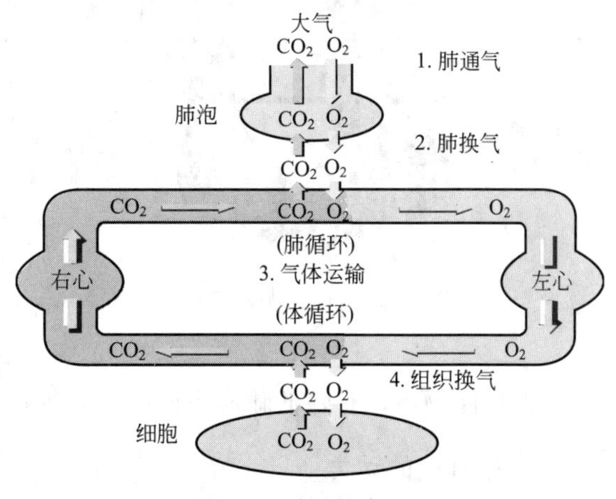

图 5-1　呼吸的全过程

可见，呼吸过程不仅依靠呼吸系统来完成，还需要血液循环系统的配合，这种协调配合及其与机体代谢水平的相适应，又都受到神经和体液因素的调节。

第一节　肺　通　气

肺通气（pulmonary ventilation）指肺与外界环境之间的气体交换过程。包括外界环境中的氧气进入肺和肺中的二氧化碳排出体外的过程。肺通气需要借助于呼吸道、肺泡、胸廓等结构的生理活动来实现。

一、呼吸器官及其功能

呼吸器官主要包括呼吸道和肺。

1. 呼吸道

呼吸道包括鼻、咽、喉、气管、支气管直到终末细支气管。

呼吸道虽没有气体交换的功能，但它不仅是外界气体进入肺的通道，而且有以下几方面的防御作用。

（1）加温、加湿作用　呼吸道黏膜内壁，尤其是鼻黏膜有丰富的毛细血管，血液供应丰富，可对吸入的空气加温、加湿，从而对肺组织有保护作用。

（2）净化、防御作用　呼吸道黏膜有黏液腺，可分泌黏液，对吸入气中的尘粒等异物有黏着作用。被黏着在呼吸道黏膜的异物颗粒和有害物质刺激感受器可以引起喷嚏、咳嗽等保护性反射以排出异物。

（3）参与肺通气量的调节　从气管到终末细支气管均有丰富的平滑肌组织，当平滑肌收缩或舒张时，可使气管的管腔缩小或扩大，影响气流阻力，从而发挥对肺通气量的调节作用。另外，神经和体液因素可通过调节呼吸道平滑肌的紧张性，改变肺通气量。

2. 肺

肺是一对含有丰富弹性组织的气囊。呼吸性小支气管、肺泡管、肺泡囊和肺泡四部分组成肺的功能单位，具有气体交换的功能。

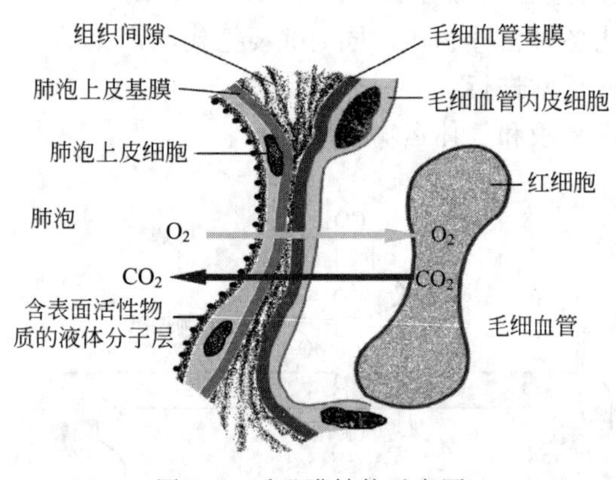

图 5-2　呼吸膜结构示意图

肺泡壁上皮细胞可分为两种，一种为单层扁平上皮细胞（Ⅰ型细胞），覆盖肺泡表面的绝大部分；另一种为分泌性上皮细胞（Ⅱ型细胞），可以合成和分泌肺泡表面活性物质，肺泡周围有丰富的毛细血管网。肺毛细血管与肺泡气体之间进行气体交换所通过的膜，称为呼吸膜。在电子显微镜下，呼吸膜由六层组成（图 5-2），厚度仅有 0.2～1μm，气体很容易扩散通过。再加上动物肺泡数量巨大，形成广大的表面积，是进行气体交换的理想部位。肺泡Ⅱ型细胞分泌一种复杂的脂蛋白，主要成分为二棕榈酰卵磷脂，称为肺泡表面活性物质，有降低肺泡表面张力、维持肺泡内压稳定、阻止肺泡积液的作用。

二、肺通气的动力

气体总是由压力高的地方向压力低的地方流动。外界空气能吸入肺内，是因为肺扩张之后，肺内气体压力低于外界空气的压力；而气体又能被呼出体外，是因为肺的缩小，肺内气体压力高于外界空气的压力所致。因此，呼吸运动是肺通气的动力。

（一）呼吸运动

呼吸运动是依靠呼吸肌的节律性舒缩来实现的。呼吸肌由吸气肌群和呼气肌群所组成。

平静呼吸时，主要的吸气肌是肋间外肌和膈肌。肋间外肌收缩时，牵引肋骨向前外方扩张，增加胸腔的横径；膈肌收缩时，使胸腔前后的直径延长，结果整个胸廓扩大，肺也随之扩张，肺容积增大，肺内压低于大气压，于是外界空气通过呼吸道进入肺内，完成吸气（inspiration）（图 5-3）。

平静呼吸时，吸气动作是主动的，呼气动作是被动的。这时膈肌和肋间外肌由于舒张，膈肌及肋骨自动回位，胸廓容积缩小，肺也因本身的弹性回缩而容积变小，于是肺内压高于大气压，气体被排出体外，完成呼气（expiration）。

当动物用力呼吸时，呼气肌——肋间内肌和腹部肌群也参与舒缩活动，迫使胸廓和肺容积变化更为显著，呼吸动作也变得剧烈，这时的呼气动作也是一种主动过程。

（二）呼吸类型、呼吸频率和呼吸音

1. 呼吸类型

根据呼吸运动中呼吸肌活动及胸腹部起伏变化程度，呼吸可分为三种类型：①胸式呼吸（thoracic breathing），是指呼吸时主要靠肋间外肌的舒缩活动，胸部起伏明显的呼吸类型；②腹式呼吸（abdominal breathing），是指主要以膈肌活动为主而使腹部运动明显的呼吸类型；③胸腹式呼吸，是由于肋间外肌和膈肌都参与活动，外观上胸腹部都起伏的呼吸类型。

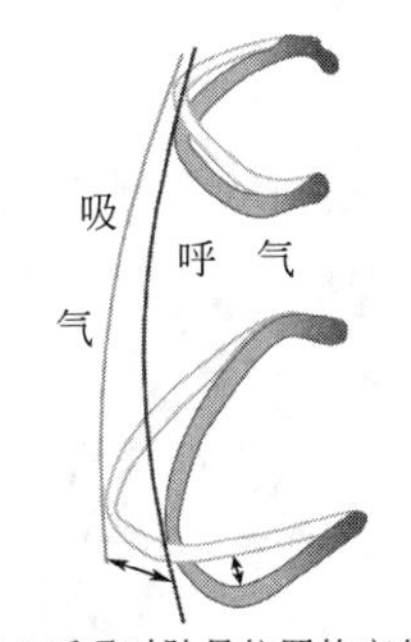

(a) 呼吸时肋骨位置的变化

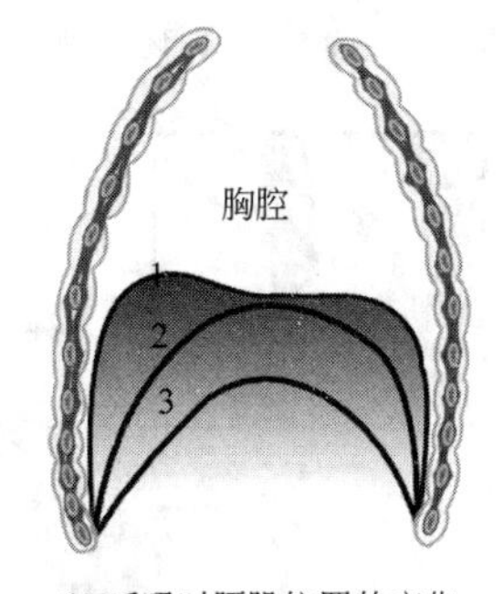

(b) 呼吸时膈肌位置的变化
1—平静呼气；2—平静吸气；3—深吸气

图 5-3 呼吸时肋骨和膈肌位置变化示意图

健康家畜大多属胸腹式呼吸。当家畜胸部有疾病如胸膜炎、肋骨骨折时，由于胸部疼痛，主要靠膈肌运动，而表现明显的腹式呼吸；相反，若腹部患有腹膜炎、胃扩张等腹部疾病时，则变为胸式呼吸。所以在临床上了解呼吸类型的特征对疾病诊断有一定的参考价值。

2. 呼吸频率

每分钟呼吸的次数叫做呼吸频率（表 5-1）。呼吸频率可因动物种类不同而异，还受年龄、外界气温、生理状况、海拔高度等因素的影响。

3. 呼吸音

呼吸运动时，气体通过呼吸道及出入肺泡产生的气体摩擦声音叫做呼吸音。在颈部气管附近和胸廓表面可听取呼吸音。这些部分有疾病时，呼吸音将发生变化。

表 5-1 各种动物的平静呼吸频率 次/min

动物种类	呼吸频率	动物种类	呼吸频率
猪	10～24	山羊	12～20
乳牛	18～28	马	8～16
黄牛	10～30	狗	10～30
水牛	9～18	猫	10～25
牦牛	14～48	兔	36～60
骆驼	5～12	鸡	22～25
绵羊	12～24	鸭	16～28

（三）胸内压

1. 胸内压的概念

胸内压（intrapleural pressure）又称为胸膜腔内压，指的是胸膜腔内的压力。胸膜腔由两层胸膜构成，内层是脏层，紧贴在肺表面，外层是壁层，与胸壁内侧面相接。正常情况下，两层胸膜之间实际没有真正的空间，只有少量的浆液将它们粘贴在一起。可用连有检压计的针头刺入胸膜腔内，直接测定胸内压（图 5-4）。测定结果表明，在平和呼吸的全过程中，胸内压均低于大气压，为负压。

2. 胸内压形成的原理

胸膜腔内几乎无气体，胸膜腔壁层的表面受到胸廓组织（骨骼和肌肉）的保护，不受大气压的影响。它的压力来自于两方面：一是肺泡向外的肺内压，在吸气末与呼气末与大气压相等，可以促使肺泡扩张；二是肺组织由于被动扩张而产生的弹性回缩力，其作用方向与肺内压相反。数学表达式如下。

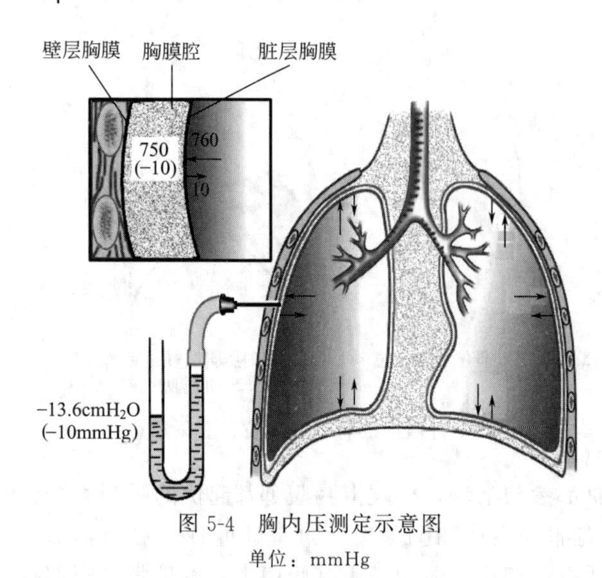

图 5-4 胸内压测定示意图
单位：mmHg

胸内压＝肺内压(大气压)－肺回缩力

若以大气压值为零，则胸内压＝－肺回缩力，即为负压。

吸气时胸廓扩大，肺被动扩张，肺的回缩力增大，于是胸内压的负值增大。呼气时胸廓缩小，肺也随之缩小，肺的回缩力减小，胸内压的负值减小。

3. 胸内压的生理意义

① 保持肺泡和小气道的扩张状态，维持肺通气。

② 促进胸腔内的血液和淋巴液回流，尤其是深呼吸时，胸内压更低，进一步吸引血液回心。

③ 胸内负压作用于食管，有利于呕吐反射。反刍动物的胸内负压更有利于逆呕，食团返回口腔进行再咀嚼。

如果发生胸壁贯穿伤，造成空气进入胸膜腔，或发生肺穿孔，造成肺泡气进入胸膜腔，都会形成气胸，胸内负压消失，肺将因为其本身的回缩力而塌陷，呼吸功能被破坏。此时，尽管呼吸运动仍在进行，肺却失去了随胸廓运动而运动的能力，其程度视气胸的程度和类型而异。气胸时肺的通气功能受到妨害，胸腔大静脉和淋巴回流也将受阻，甚至因呼吸、循环功能严重障碍而危及生命。

三、肺容量与肺通气量

1. 肺容量

肺容量是指肺容纳气体的量。肺容量随呼吸深度的不同而变化（图 5-5）。

（1）潮气量　平和呼吸时，每次吸入或呼出的气体量，称为潮气量（tidal volume，TV）。运动时，随着活动程度的增加，潮气量相应增加。

（2）补吸气量　平和吸气末，再用力吸气所能吸入的气体量，称为补吸气量（inspiratory reserve volume，IRV）。

（3）补呼气量　平和呼气末，再尽力呼气所能呼出的气体量，称为补呼气量（expiratory reserve volume，ERV）。

（4）余气量　补呼气后，肺内残留的气体量为余气量（residual volume，RV）。

（5）功能余气量　平和呼气后，肺内残留的气体量为功能余气量，即补呼气与余气量之和。功能余气量在气体交换中具有缓冲肺泡中气体成分变化过于剧烈的作用。每次吸入新鲜气体，首先同功能余气量相混合，这样可以避免每次因新鲜空气进入肺而引起气体成分的过大变化。

（6）肺活量　用力呼吸时肺所容纳的最大气体量称为肺活量（vital capacity，VC）。包括潮气量、补吸气量、补呼气量之和。反映一次呼吸运动中肺的最大通气能力。

2. 肺通气量和肺泡通气量

（1）肺通气量

指单位时间进出肺的气体量。每分钟吸入或呼出气体的总量，称为每分通气量，也称肺通气量（pulmonary ventilation）。肺通气量等于呼吸频率与潮气量的乘积。肺通气量随性

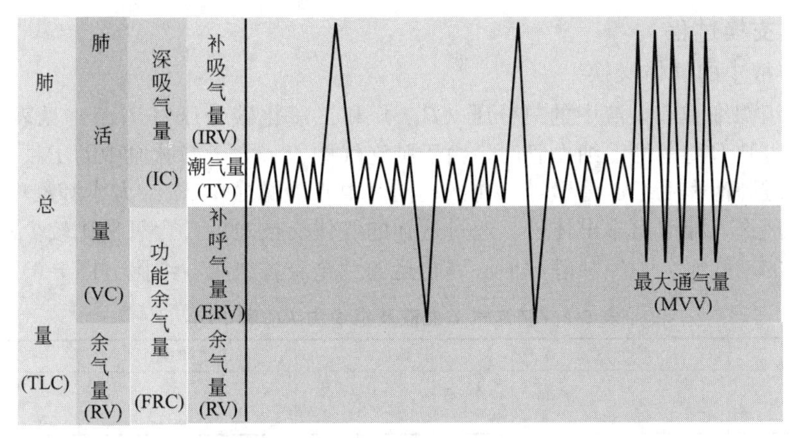

图 5-5　肺总容量和呼吸气量示意图

别、年龄、身体大小、活动量的不同而有差异。

(2) 无效腔和肺泡通气量

① 无效腔。从鼻腔到小支气管这段呼吸道不能与血液进行气体交换，称为解剖无效腔。进入肺泡的气体，也可能因为血流不均而不能全部参与血液的气体交换，这部分称为肺泡无效腔。解剖无效腔和肺泡无效腔合称生理无效腔。健康动物的肺泡无效腔很小，可以忽略不计，因此正常情况下生理无效腔与解剖无效腔大致相等。

② 肺泡通气量。指单位时间内真正进行有效气体交换的气体量，即单位时间进入肺泡的气体量，必须减去无效腔中的气体量，叫做肺泡通气量（alveolar ventilation）。当呼吸浅表而快速时，潮气量减少，但是无效腔容量不变，因而有效换气量减少。所以，在一定范围内，深而慢的呼吸可使肺泡通气量增大，有利于气体交换。

第二节　肺换气和组织换气

动物机体的气体交换主要发生在两个部位：肺泡与周围毛细血管血液之间的肺换气、血液与组织液之间的组织换气。气体交换是通过气体分子的扩散运动实现的。推动气体分子扩散的动力来源于不同气体分压之间的差值。

一、气体交换动力——气体分压

气体分压是指混合气体中某一气体成分构成的压力。它在混合气体总压力中所占的百分比相当于该气体在总混合气体中所占的容积百分比。空气是由氧气、二氧化碳、氮气等气体组成的混合气体，在海平面上总压力为 1 个大气压，即相当于 101.3kPa（760mmHg）。其中氧的容积占混合气体总容积的 20.71%，O_2 的分压（P_{O_2}）等于 101.3 ×20.71%＝20.98kPa（158mmHg）；CO_2 的容积百分比为 0.04%，CO_2 分压（P_{CO_2}）＝101.3×0.04%＝0.04kPa（0.3mmHg）。

气体分子不停地运动，气体分压差是气体分子扩散运动的动力。在能够透过气体分子的膜两侧，气体分子可从分压高的膜一侧向分压低的膜一侧弥散，直至两侧分压相等。膜两侧分压差大，则扩散快，分压差小，则扩散慢。

气体分子的相对扩散速率还与气体分子量的平方根成反比，质量轻的气体扩散速率较快，如果扩散发生在气相和液相之间，扩散速率还与气体在溶液中的溶解度成正比。

二、气体交换过程

1. 肺与血液中的气体交换

肺泡气、组织细胞和血液中的氧分压（P_{O_2}）和二氧化碳分压（P_{CO_2}）见表5-2。当静脉血经肺动脉流过肺泡周围的毛细血管时，由于肺泡气中P_{O_2}大于静脉血中的P_{O_2}，因此肺泡气中的氧气就透过肺泡和毛细血管壁进入血液；同时由于静脉血中P_{CO_2}大于肺泡中P_{CO_2}，于是二氧化碳由血液进入肺泡而排出体外。经过这样的气体交换之后，含氧量比较少的静脉血就转化为含氧丰富的动脉血，并经肺静脉回心，再运输到全身各组织、细胞（图5-6）。

表5-2　肺泡气、血液及组织内P_{O_2}和P_{CO_2}　　kPa

气体	肺泡气	静脉血	动脉血	组织内
P_{O_2}	13.60	5.33	13.30	4.00
P_{CO_2}	5.33	6.13	5.33	6.66

2. 血液与组织之间的气体交换

组织中由于细胞在代谢中不断消耗氧气和产生二氧化碳，因而P_{O_2}低、P_{CO_2}高，恰好与动脉血液中的气体分压相反，于是二氧化碳由组织扩散进入血液，氧气透出毛细血管而向组织扩散。经这样交换之后，又使动脉血转化为静脉血，周而复始通过血液循环不断进行外呼吸和内呼吸（图5-6）。

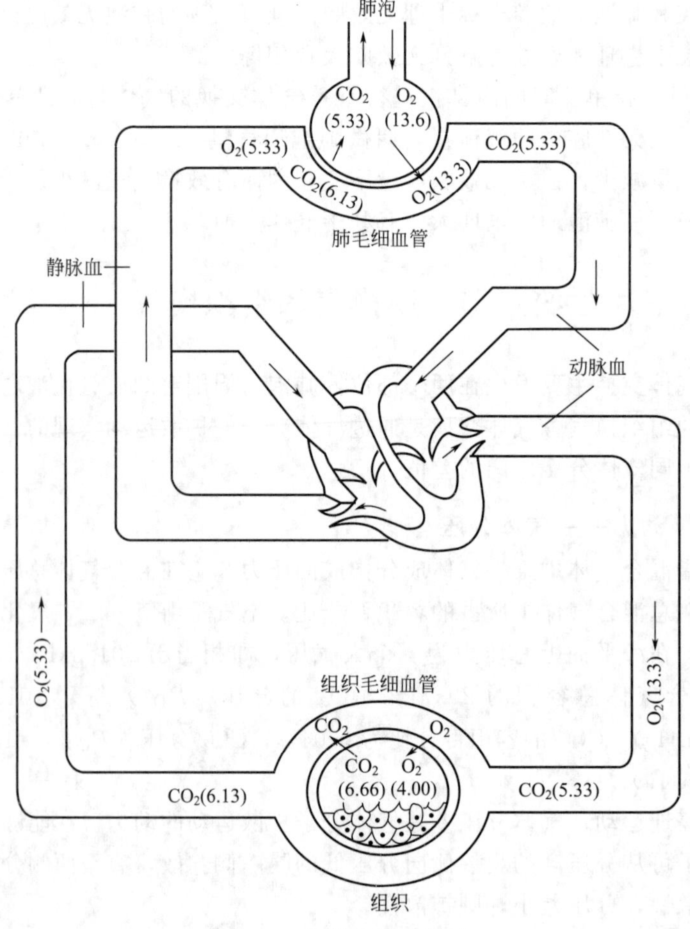

图5-6　气体交换示意图

单位：kPa

第三节　气体在血液中的运输

氧气和二氧化碳在血液中的运输形式有两种：物理溶解和化学结合。物理溶解的量很少，但是很重要。因为物理溶解方式是化学结合的中间阶段，进入血液的气体首先溶解于血浆，提高其分压，然后才进一步成为化学结合状态。气体从血液中释放时，也是溶解的先逸出，分压下降，化学结合的再分离出来补充失去的溶解气体。在生理范围内，溶解状态的气体与结合状态的气体之间保持着动态平衡。

一、氧的运输

除极少量氧气物理溶解外，进入血液的氧气有98%以上透过红细胞膜与血红蛋白（Hb）结合，形成氧合血红蛋白（HbO_2）。每一个血红蛋白是由1个珠蛋白和4个血红素组成，每个血红素又与二价铁离子结合，也称亚铁血红蛋白。当氧气进入血液与红细胞血红蛋白中的亚铁离子结合后，亚铁离子仍然是二价铁，没有电子的转移，因此不是氧化反应，是一种疏松的结合，称为氧合。既能迅速结合，也能迅速解离，不需要酶的催化，结合或解离的方向及速率取决于氧的分压。由于肺泡中氧的分压高于血液，所以形成 HbO_2；在组织中氧的分压低则方向相反，血红蛋白与氧解离。

$$Hb+O_2 \underset{P_{O_2}\text{低（组织）}}{\overset{P_{O_2}\text{高（肺）}}{\rightleftharpoons}} HbO_2$$

在异常情况下，如遇某些氧化剂的作用（如亚硝酸盐），二价铁离子转化为三价铁离子，三价铁离子与氧结合非常牢固，不易解离而失去载运氧的能力，严重时动物有机体将因缺氧而窒息死亡。蔬菜等叶中硝酸盐含量较多，如果储存不当或煮后焖捂时间过长，在硝化细菌作用下，硝酸盐易变成亚硝酸盐，食后往往会引起中毒。

二、二氧化碳的运输

二氧化碳的运输和氧一样仅有5%为物理性溶解，化学性结合方式有95%，化学结合形式有以下两种：碳酸氢盐和氨基甲酸血红蛋白。

1. 碳酸氢盐

这是二氧化碳运输的主要方式，约占二氧化碳运输总量的88%，当组织中二氧化碳进入血浆并透入红细胞后，在碳酸酐酶的催化下，与水化合成碳酸，碳酸再解离出氢离子和碳酸氢根。

$$CO_2+H_2O \rightleftharpoons H_2CO_3 \rightleftharpoons H^+ + HCO_3^-$$

一部分碳酸氢根与钾离子结合成 $KHCO_3$，另一部分 HCO_3^- 透出红细胞与血浆中的 Na^+ 结合成 $NaHCO_3$，并以这种形式在血浆中运输。当血液流经肺时，由于肺泡中二氧化碳分压低，上述各项反应向相反方向进行，于是 $NaHCO_3$ 解离出二氧化碳和水，二氧化碳通过血液扩散到肺泡中，呼出体外。

2. 氨基甲酸血红蛋白

当血液流经组织时，释放氧后的血红蛋白与二氧化碳结合成氨基甲酸血红蛋白（Hb·NH·COOH），这一反应迅速、可逆、无需酶的催化。当血液流经肺泡时，则反应方向相反，二氧化碳自氨基甲酸血红蛋白释放出来，并由肺中排出。

血红蛋白与二氧化碳的结合以下式表示。

$$Hb\cdot NH + CO_2 \rightleftharpoons Hb\cdot NH\cdot COOH$$

第四节　呼吸运动的调节

一、神经调节

（一）呼吸中枢

在中枢神经系统内，有许多调节呼吸运动的神经细胞群，统称为呼吸中枢（respiratory center）。它们分布在脑和脊髓的许多部位（包括大脑皮质、间脑、脑桥、延髓和脊髓），其中最基本的中枢在延髓。

1. 脊髓

脊髓是呼吸运动的初级中枢，在脊髓的颈段、胸段有支配呼吸肌的运动神经元。如果在脊髓和延髓间横断脊髓，呼吸就停止。所以，节律性呼吸运动不是脊髓产生的。脊髓只是联系上位呼吸中枢和呼吸肌的初级中枢。

2. 延髓

延髓是呼吸的基本中枢，有吸气神经元和呼气神经元，两者之间存在着交互抑制关系，即吸气神经元兴奋时，呼气神经元抑制，引起吸气运动；呼气神经元兴奋时，吸气神经元则抑制，引起呼气运动。由延髓呼吸中枢发出的神经纤维控制脊髓中支配呼吸肌的运动神经元，又通过肋间神经和膈神经支配呼吸肌的活动。

3. 脑桥

在脑桥前部有一些跨时相神经元，其作用为限制吸气，促使吸气向呼气转换，防止吸气过长。

此外，呼吸还受高位中枢的影响，如大脑皮质、下丘脑等。大脑皮质可以控制呼吸运动，使之变慢、加快或暂时停止。

（二）呼吸的反射性调节

呼吸节律虽然产生于中枢神经系统，但是外周的物理化学因素通过传入神经，作用于呼吸中枢，也可以调节呼吸运动。呼吸节律形成的机制目前还不清楚，有多种假说。平和呼吸时，由于吸气是主动的，故有人提出吸气活动发生器和吸气切断假说，在这里就不详细说明了。

1. 肺牵张反射

由肺扩张或缩小引起的吸气抑制或兴奋的反射，称为肺牵张反射（pulmonary stretch reflex）。

肺牵张反射的感受器位于从气管到细末支气管的平滑肌中，当肺泡因吸气而扩张时，牵张感受器受刺激而产生兴奋，冲动沿迷走神经传入延髓的呼吸中枢，引起呼气神经元兴奋，同时使吸气神经元抑制，从而停止吸气而转入呼气；呼气之后，肺泡缩小，不再刺激牵张感受器，呼气神经元转为抑制，于是又开始吸气。吸气运动之后，又是呼气运动，如此循环往复（图 5-7）。

2. 防御性呼吸反射

呼吸道黏膜受刺激时，常引起一系列保护性呼吸反射，其中主要的是咳嗽反射和喷嚏反射。

（1）咳嗽反射　喉、气管和支气管的黏膜上有咳嗽反射的感受器，对机械性刺激和化学刺激很敏感。当受到灰尘等机械刺激或炎性分泌物等化学性刺激时，冲动经迷走神经传入延髓，触发一系列反射效应，这种过程称为咳嗽反射。咳嗽时先深吸气，接着声门紧闭，呼气肌强烈收缩，肺内压和胸膜腔内压急速升高，然后声门突然打开，气体以极高的速度冲出，将呼吸道内的异物或分泌物排出。

（2）喷嚏反射 鼻黏膜上有喷嚏反射的感受器，刺激物作用于鼻黏膜时产生兴奋，冲动沿三叉神经传入延髓，触发一系列反射效应，这种过程称为喷嚏反射。反射时，引起轻微的吸气动作，同时腭垂下降，舌压向软腭，产生爆发性呼气，高压气体从鼻腔射出，排出鼻腔的刺激物。

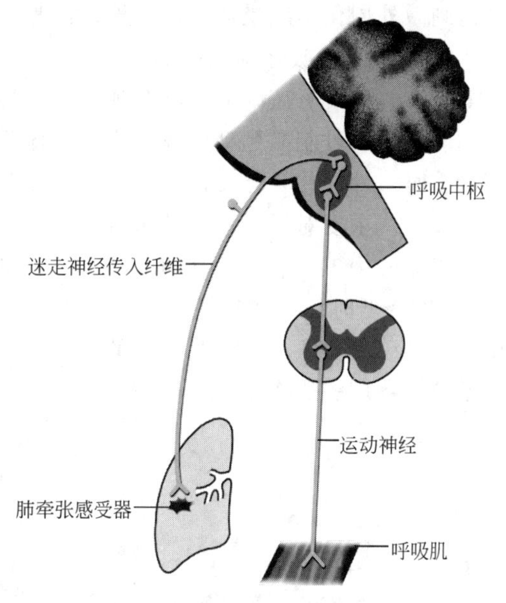

图 5-7 肺牵张反射示意图

二、体液调节

调节呼吸运动的体液因素主要与血液中的 CO_2 浓度、O_2 浓度和 H^+ 浓度有关。

（一）化学感受器

化学感受器是指感受血液中化学物质的变化，因为存在的部位不同，又分为中枢化学感受器（central chemoreceptor）和外周化学感受器（peripheral chemoreceptor）。

中枢化学感受器存在于延髓（图 5-8），对脑脊液和局部组织液中的 H^+ 浓度很敏感。血液中的二氧化碳能够迅速地通过血脑屏障，进入脑脊液，在碳酸酐酶作用下，与 H_2O 结合形成 H_2CO_3，然后解离出 H^+ 和 HCO_3^-，刺激化学感受器，引起呼吸中枢兴奋。血液中的 H^+ 不易通过血脑屏障，对中枢化学感受器作用不大。

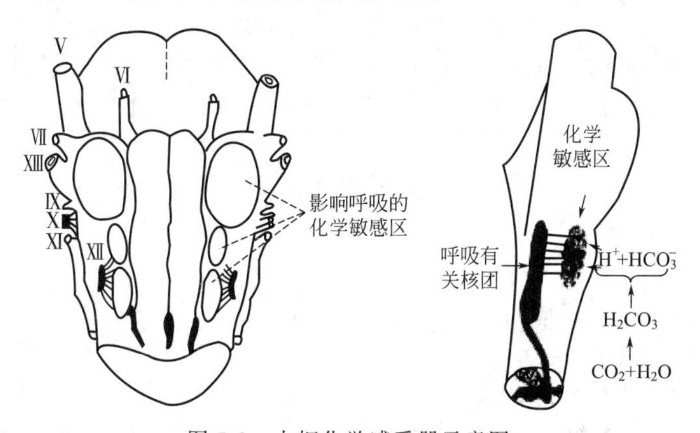

图 5-8 中枢化学感受器示意图

外周化学感受器位于颈动脉体和主动脉体（图 4-13），在动脉血 CO_2 浓度、H^+ 浓度升高和 O_2 浓度降低时受到刺激，反射性地引起呼吸加深、加快。

（二）化学因素对呼吸的调节

1. CO_2 浓度对呼吸运动的影响

正常血液中的二氧化碳浓度能刺激呼吸中枢的兴奋。当二氧化碳浓度升高时，呼吸运动增强；反之减弱，甚至使呼吸暂时停止。

二氧化碳刺激呼吸是通过两条途径实现的：一是刺激中枢化学感受器，兴奋呼吸中枢；

二是刺激外周化学感受器，反射性地使呼吸加深、加快。在两条途径中，前者是主要的。

2. 缺氧对呼吸运动的影响

吸入气中氧分压降低，呼吸加深、加快，肺通气增加。缺氧对延髓呼吸中枢的直接作用是抑制，但它可刺激颈动脉体和主动脉体化学感受器，反射性地引起呼吸运动增强。但是缺氧严重时，外周化学感受性反射不足以克服缺氧对中枢的直接抑制作用，将导致呼吸障碍。

3. H^+浓度对呼吸运动的影响

当血液中H^+浓度增高时，可使呼吸中枢兴奋升高，使呼吸运动增强；相反，血液中H^+浓度降低时，可抑制呼吸中枢，使呼吸运动减弱。H^+浓度也是通过外周化学感受器和中枢化学感受器实现对呼吸运动的调节，由于H^+浓度通过血脑屏障的速度慢，所以，外周化学感受器起主要作用。

本 章 小 结

• 动物有机体的新陈代谢要靠消耗氧和产生二氧化碳，因此不断从外界吸入氧气、排出二氧化碳。有机体通过呼吸过程满足气体交换的需要。

• 呼吸运动靠呼吸肌的舒缩运动，使胸廓容积扩大或缩小，造成肺内压与大气压的压差，使气体进出呼吸道。密闭的胸膜腔造成的负压是维持肺扩张与缩小的必要前提。

• 气体交换的动力是气体分压，肺泡内氧分压高、二氧化碳分压低，静脉血中气体的分压正好相反，因此，氧气进入血液，二氧化碳经肺泡排出。组织中的气体交换原理相同。

• 气体运输的形式是物理溶解和化学结合。氧的化学结合是与血红蛋白结合，形成氧合血红蛋白；二氧化碳的化学结合形式有两种，分别是碳酸氢盐和氨基甲酸血红蛋白。

• 呼吸运动的调节主要靠神经调节和体液调节。呼吸调节的基本中枢在延髓，分为吸气神经元和呼气神经元。血液中CO_2浓度、O_2浓度和H^+浓度也参与呼吸的调节。

复习思考题

1. 什么叫作外呼吸和内呼吸？
2. 呼吸道有哪些生理作用？
3. 什么叫作胸内负压？它是如何形成的？有何生理意义？
4. 呼吸肌是如何完成呼吸动作的？
5. 什么叫呼吸类型？有什么临床意义？
6. 肺泡与血液、血液与组织间的气体交换是怎样进行的？
7. 氧和二氧化碳的运输形式有哪些？
8. 什么是肺牵张反射？
9. 试述化学因素对呼吸的调节。

第六章　消化和吸收

学习目标

1. 了解消化方式及消化道平滑肌的生理特性。
2. 了解唾液的主要生理作用。
3. 掌握胃液的组成及其作用。
4. 掌握瘤胃微生物的种类及其作用。
5. 了解主要物质在瘤胃内的消化过程。
6. 掌握小肠内各种消化液的组成及其生理作用。
7. 了解大肠微生物的消化作用。
8. 掌握各种主要营养物质的吸收。

第一节　概　　述

动物必须经常从外界环境中摄取营养物质，作为生命活动的物质和能量来源。动物所吃的饲料中含有各种营养物质，包括蛋白质、糖类、脂肪、水、无机盐和维生素等，其中蛋白质、糖类、脂肪等大分子物质不能直接为机体吸收利用，必须在消化管内被分解为小分子物质才能被吸收利用。饲料在消化管内被分解成能吸收的小分子物质的过程，称为消化(digestion)。小分子物质透过消化道黏膜进入血液和淋巴循环的过程，称为吸收(absorption)。消化和吸收是两个相辅相成、紧密联系的过程。哺乳动物的消化系统由消化管和消化腺构成。消化管包括口腔、咽、食道、胃、小肠和大肠，主要的消化腺有唾液腺、肝脏、胰腺和散布在消化道内部的腺体，如胃腺、肠腺等。

一、消化方式

饲料在消化管内的消化方式有以下三种。

1. 物理性消化

又叫作机械性消化。通过咀嚼、吞咽、反刍、胃肠运动等，使饲料磨碎并与消化液混合形成半流体的食糜，并将食糜向消化道后段推送，这个过程称为物理性消化。物理性消化使饲料的结构由大变小，但并不改变饲料的化学性质，为饲料的进一步消化创造了有利条件。

2. 化学性消化

化学性消化是指通过消化腺分泌的消化液来完成的消化活动。消化液由水、无机物和有机物组成，有机物中最重要的是各种酶。有些植物性饲料本身的酶也可以对饲料进行消化。化学性消化可以将结构复杂的饲料分解为简单物质以便吸收，如将蛋白质分解为氨基酸，将多糖分解为单糖，将脂肪分解为脂肪酸和甘油等。

3. 生物消化

也叫微生物消化，指消化管内微生物参与的消化过程。动物消化道内存在着大量的微生物，它们所产生的酶可以分解饲料养分，尤其是对于纤维素类的消化起了关键性作用。这种消化方式在草食动物的消化过程中具有非常重要的作用。

这三种消化方式在消化过程中是同时进行、相互协调的。这样饲料就由大到小、从消化管前端向后端移动，使食物与消化液充分混合，达到完全的消化与吸收，并把残渣排出体外。在消化管某一部位和某一消化阶段，往往是某一消化方式居于主导地位。例如，口腔消化以咀嚼最为重要；胃和小肠中则以消化酶对淀粉、蛋白质、脂肪的分解起主要作用；而纤维素的分解几乎完全靠瘤胃及大肠微生物的发酵作用。

二、消化道平滑肌的特性

在整个消化道中，除口、咽、食管上端和肛门括约肌是骨骼肌外，其余部分的肌肉都是平滑肌。消化道平滑肌具有肌肉组织的共同特性，如兴奋性、收缩性和传导性，除此之外，消化道平滑肌还具有自己的特性。

1. 消化道平滑肌的一般特性

(1) 兴奋性低、收缩缓慢　消化道平滑肌的兴奋性较骨骼肌为低，其收缩的潜伏期、收缩期和舒张期均较长，而且变异较大。

(2) 富有伸展性　消化道平滑肌能适应实际需要而伸展，最长时可为原来长度的2～3倍，有利于容纳食物。

(3) 自律性　消化道平滑肌在离体后，置于适宜的环境中，仍能进行良好的节律性运动，但收缩较为缓慢，节律性也没有心肌规则。

(4) 紧张性　是指消化道平滑肌经常保持一种微弱的持续收缩状态，具有一定的紧张性。它可以使消化道管腔内经常保持一定的基础压力，并使消化道各部分保持一定的形状和位置。同时，消化道平滑肌的各种运动都是在紧张性收缩的基础上进行的。

(5) 对牵张、温度和化学刺激敏感　消化道平滑肌对电刺激不敏感，而对牵张、温度和化学刺激敏感，对某些生物活性物质的刺激则特别敏感。例如，微量的乙酰胆碱可使其收缩，微量的肾上腺素可使其舒张，温度的突然改变或牵拉消化道平滑肌均可引起强烈的收缩等。

2. 消化道平滑肌的电生理特性

消化管平滑肌作为一种可兴奋组织，它的静息电位平常约－60～－50mV，细胞内为负，细胞外为正。平滑肌细胞膜的静息电位与K^+、Na^+、Cl^-通过膜的扩散有关，而钠泵对电位的产生起一定作用。电波主要有慢波和峰电位两类。

(1) 慢波　是自发的、缓慢而短暂的膜电位去极化波。在空腹情况下，即使不收缩，也能记录到这种自律性电位变化，又称为基本电节律（basic electrical rhythm）。慢波起源于纵行肌层，能扩布传至环行肌。在切除胃肠神经或用药物阻断其神经后，慢波并不消失，因此认为这种电波产生是肌源性的，与钠泵的节律性活动有关。当钠泵活动暂时受抑制时，从细胞内泵出的Na^+减少，细胞内的Na^+增多，静息电位变小，膜出现去极化。当钠泵活动恢复时，膜的极化状态加强，膜电位又回到原来的水平。

慢波一般不引起肌肉收缩，但它可使静息电位接近阈电位，一旦达到阈电位，便可爆发动作电位。在慢波上的动作电位越多，平滑肌收缩越强。

(2) 峰电位　是迅速而短暂的去极化波，发生于慢波最大去极化期间，也就是发生在基本电节律的去极化波上，并且随后引起肌肉收缩（图6-1）。峰电位是消化道平滑肌的动作电位，幅度在60～70mV，可单独出现，也可连续出现多个动作电位。动作电位的去极化主要是钙离子通道开放，大量的Ca^{2+}和Na^+内流，使细胞膜内电位升高，而复极化主要是

K^+ 外流导致的。

慢波和峰电位以及肌肉收缩都受神经因素和体液因素的影响。刺激副交感神经使这些膜电位的去极化频率增加，肌肉收缩的频率和强度也增加；刺激交感神经一般可抑制峰电位和肌肉收缩活动，但不影响慢波。

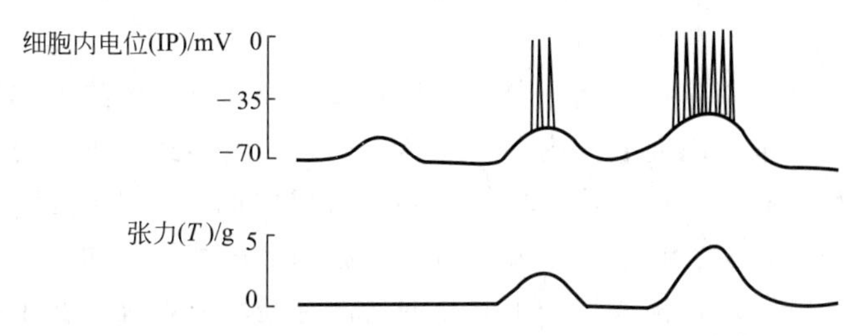

图 6-1　消化道平滑肌的电活动与收缩之间的关系

三、消化腺的分泌

畜、禽的消化腺包括唾液腺、胃腺、胰腺、肠腺和肝脏。这些腺体分泌的大量消化液主要参与化学性消化。腺细胞分泌是主动活动过程，为周期性分泌，周期一般持续数小时，包括 4 期：①分泌细胞从血液中摄取用以合成分泌物的原料，包括水分、电解质和小分子有机物（氨基酸、单糖、脂肪酸）等。②通过腺细胞的活动，将原料合成分泌物，并以颗粒或小泡形式储存。③分泌物从腺细胞排出，主要是局部分泌，也有顶浆分泌，即部分细胞质与分泌物一起排出。④分泌细胞的结构和功能的恢复。

消化液主要成分有酶、其他蛋白质、电解质和水，其中消化酶起主要作用。

四、胃肠道的神经支配及作用

支配胃肠道的神经有两种，一是机体植物性神经系统的交感神经和副交感神经，称为外来神经系统（extrinsic nervous system）；另一个是消化道管壁内分布的内在神经丛，称内在神经系统（intrinsic nervous system）。两者互相协调，共同调节消化道功能（见图 6-2）。

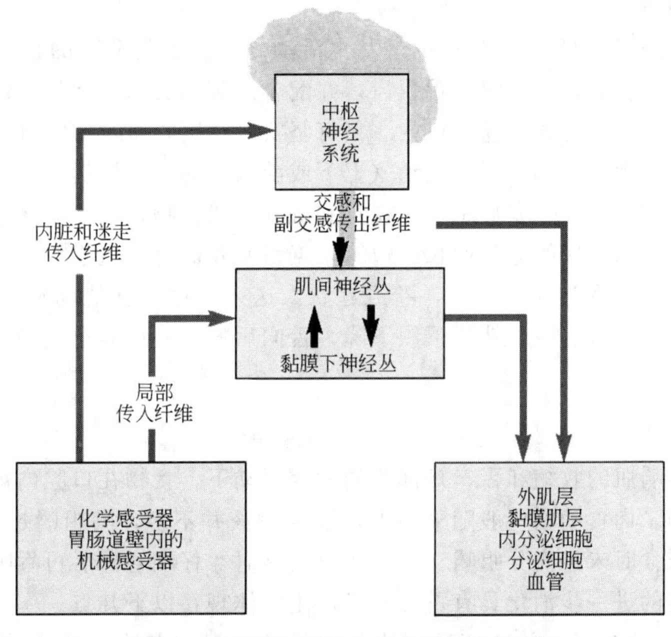

图 6-2　胃肠道局部和中枢的神经反射路径

1. 交感神经和副交感神经

消化道平滑肌受交感神经和副交感神经的双重支配，交感神经和副交感神经又称为植物性神经。交感神经兴奋时，抑制胃肠运动和消化腺分泌。副交感神经通过迷走神经和盆神经支配消化道，副交感神经通常对胃肠运动和消化腺分泌起兴奋作用。

2. 内在神经系统

内在神经系统也称为壁内神经丛，分布在从食管中段到肛门的绝大部分消化管壁内，由大量的神经元和神经纤维交织而成。内在神经丛主要由两组神经纤维网交织而成，即肌间神经丛和黏膜下神经丛。肌间神经丛位于环行肌和纵行肌之间，主要支配平滑肌细胞的收缩。黏膜下神经丛分布在消化道黏膜下，主要调节腺细胞和上皮细胞的功能。内在神经丛中的神经元之间彼此发生突触联系，构成了一个完整的局部神经反射系统。在正常情况下，内在神经丛接受外来神经的调节，共同协调消化腺的分泌和消化管的运动。

五、消化道的内分泌作用

消化道有很多散在的内分泌细胞，它们散在分布于黏膜上皮细胞之间。目前已经发现40多种不同类型的内分泌细胞，因此，消化道被认为是体内最大、最复杂的内分泌器官。胃肠激素（gastrointestinal hormone）由内分泌细胞释放后，主要功能有：①调节消化道的运动和消化腺的分泌。例如，胃泌素促进胃的运动和胃液分泌；胰泌素促进胰液分泌；胆囊收缩素引起胆囊收缩，增加胰酶分泌；抑胃肽则抑制胃的运动和胃液分泌等。②调节其他激素的分泌。例如小肠释放的抑胃肽刺激胰岛素的分泌，生长抑素抑制胃泌素的释放。③营养作用。一些胃肠激素具有促进消化道组织代谢和生长的作用。

第二节　口腔消化

消化过程由口腔开始。饲料在动物口腔内的消化包括采食、饮水、咀嚼和吞咽等过程。

一、采食和饮水

采食（foraging）是动物赖以生存的最基本活动之一。各类动物的食性不同，采食方式也不同，但主要的采食器官都是唇、舌、齿，并配合颌部和头部肌肉的运动。牛主要依靠既长又灵活的舌伸到口外，将饲草卷入口内。猪有坚实的吻突，喜欢用它掘取萝卜、草根、蚯蚓等，舍饲时靠齿、舌和头部的特殊运动（上下或前后方向的伸缩运动）采食，在采食流质食物时常发出“啧啧”响声。家禽主要靠视觉和触觉寻找食物，用角质喙采食。鸡喙为锥形体，便于啄食谷粒。鸭、鹅的喙扁而长，边缘呈锯齿互相嵌合，适于水中采食。

饮水时，犬、猫把舌头浸入水中，卷成匙状，送入口中；其他动物一般先把上下唇合拢，中间留一小缝，伸入水中，然后下颌下降，舌向后撤，使口内空气稀薄，形成负压，把水吸入口中。

二、咀嚼和吞咽

咀嚼是指在咀嚼肌的收缩和舌、颊部等的配合运动下，食物在口腔内被牙齿压碎、磨碎和混合唾液的过程。肉食动物一般随采随咽，混合唾液并不多，其咀嚼过程很不充分。牛、羊等反刍动物在采食时未经充分咀嚼，待反刍再咀嚼时才仔细磨碎后再吞咽。

咀嚼对于食物的进一步消化具有重要意义，主要体现在以下几点。

① 机械性地碎裂饲料，并破坏其细胞的纤维膜，暴露其内容物，使饲料的消化面积

增加。

② 使食物与唾液混合，以利于形成食团，便于吞咽。

③ 反射性地引起消化腺的分泌和胃肠运动，为随后的消化做好准备。

吞咽是由多种肌肉参与的复杂反射动作，是在舌、咽、喉、食管及贲门的共同作用下，食团由口腔经食管进入胃内的过程。吞咽动作可以分为由口腔到咽、由咽到食管上端和由食管上端下行至胃三个顺序发生的时期。

三、唾液及其作用

唾液（saliva）是由三对主要唾液腺（腮腺、颌下腺、舌下腺）和口腔黏膜中许多小腺体所分泌的混合物。

1. 唾液的性状和成分

唾液是无色透明略带黏性的液体，呈弱碱性，相对密度1.002～1.009。唾液由水（约98.5%～99.4%）、无机物和有机物组成。无机物主要有钾、钠、钙的氯化物、磷酸盐和碳酸氢盐等。唾液中的有机物主要是黏蛋白和其他蛋白。猪的唾液中还含有少量唾液淀粉酶，可以分解淀粉为麦芽糖。

2. 唾液的作用

唾液的主要生理作用表现在以下几方面。

① 湿润口腔和饲料，利于咀嚼和吞咽。

② 溶解饲料中的可溶性物质，刺激舌的味觉感受器，引起食欲，促进各种消化液的分泌。

③ 清除饲料残渣和异物，清洁口腔，其中的溶菌素有杀菌作用。

④ 水牛、狗等动物在外界高温环境条件下可以分泌大量稀薄唾液，唾液中水分蒸发有助于散热。

⑤ 唾液淀粉酶可以分解淀粉为麦芽糖。

⑥ 反刍动物唾液含有大量缓冲物质碳酸氢盐和磷酸盐，可以中和微生物发酵产生的有机酸，维持瘤胃内适宜的酸碱度。

⑦ 哺乳期幼畜的唾液含有脂肪分解酶，能分解乳脂产生游离脂肪酸。

⑧ 反刍动物有大量尿素经唾液进入瘤胃，参与机体的尿素再循环，以减少氮的损失。

3. 唾液分泌的调节

唾液分泌受神经反射性调节。摄食时唾液分泌是通过条件反射及非条件反射引起。非条件反射是指食物对口腔的机械、化学、温度等刺激引起口腔黏膜及舌部的感受器兴奋所发生的反射性分泌。这种反射活动是动物生来就有的，不需要学习和训练，叫做非条件反射。传出神经为交感神经和副交感神经。

采食时食物的形状、颜色、气味以及采食的环境等各种信号，还可以建立条件反射而引起唾液分泌。由于这种反射的建立需要一定的过程和一定的条件，因此称为条件反射。成年动物的唾液分泌一般都包括条件反射性和非条件反射性两种成分。

唾液分泌的初级中枢在延髓，高级中枢分布于下丘脑和大脑皮质等部位，支配唾液腺的传出神经有副交感神经和交感神经，但以副交感神经为主。支配唾液腺的交感神经发自胸部脊髓（1～3胸椎水平）。刺激副交感神经或交感神经均能引起唾液分泌增加，但前者的刺激效应要强大得多。

唾液分泌还受消化道其他部位的反射性调节，例如扩大食管或瘤胃内发酵的有机酸等，均能反射性地引起唾液分泌增加。

第三节 单胃的消化

单胃动物的胃有暂时储存饲料和初步消化饲料两大功能。胃黏膜部分为贲门腺区、胃底腺区和幽门腺区。马和猪在近食管端有无腺体区，被覆复层扁平上皮细胞。但无腺体区的大小因动物种类而不同，猪的狭小，狗几乎没有，马则宽大。胃底腺区的腺细胞有主细胞、壁细胞和黏液细胞三类细胞。主细胞分泌蛋白酶原、凝乳酶和脂肪酶；壁细胞分泌盐酸；黏液细胞分泌黏蛋白。幽门腺区的腺细胞分泌黏液，整个胃黏膜表面有黏液形成的保护层。胃液(gastric juice)是由这三种腺体和胃黏膜上皮细胞的分泌物构成。

一、胃的化学性消化

1. 胃液的性质、成分

纯净的胃液无色，pH为0.9～1.5。胃液成分包括消化酶、黏蛋白、内因子、盐酸、钠和钾的氯化物等。

2. 胃液的作用

(1) 盐酸　胃液中的盐酸有两种形式，一是游离酸，二是与蛋白质结合的结合酸，两者合称为总酸，其中绝大部分是游离酸（图6-3)。例如，猪胃液游离酸约占总酸的90%，结合酸约占总酸的10%。胃液的pH主要取决于游离酸。盐酸的主要作用如下。

① 激活胃蛋白酶原。

② 提供胃蛋白酶所需要的酸性环境。

③ 使蛋白质膨胀变性，易于被胃蛋白酶消化。

④ 杀死随食物进入胃内的细菌。

⑤ 进入小肠促进胰液、胆汁及肠液的分泌和胆囊收缩。

⑥ 造成酸性环境有助于铁、钙的吸收。

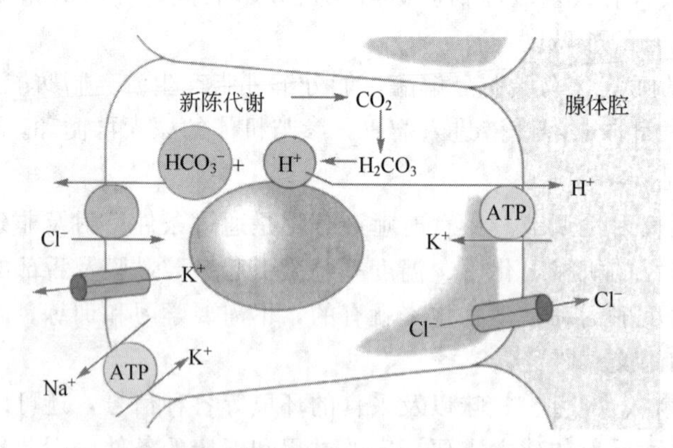

图6-3　与壁细胞分泌盐酸有关的离子转运的过程

(2) 胃蛋白酶　分泌入胃的胃蛋白酶原是没有活性的，在胃酸或已激活的胃蛋白酶(pepsin)的作用下转变为有活性的胃蛋白酶。胃蛋白酶在pH为2的较强酸性环境下将蛋白质水解为胨，产生多肽和氨基酸较少。当pH升高达到6以上时，此酶即发生不可逆变性，即酶活性消失。

(3) 黏液　黏液(mucus)的主要成分是糖蛋白，分为不溶性黏液和可溶性黏液两种。

不溶性黏液由表面上皮细胞分泌，呈胶冻状，黏稠度很大；可溶性黏液是胃腺的黏液细胞和贲门腺、幽门腺分泌的。黏液经常覆盖在胃黏膜表面，有润滑作用，使食物易于通过；保护胃黏膜不受食物中坚硬物质的损伤；还可防止酸和酶对黏膜的侵蚀。

(4) 内因子　能和食物中维生素 B_{12} 结合成复合物，通过回肠黏膜受体将维生素 B_{12} 吸收。

(5) 其他　哺乳期幼畜的胃液内含有凝乳酶，刚分泌的凝乳酶为不活动状态的酶原，在酸性条件下激活为凝乳酶。凝乳酶先将乳中的酪蛋白原转变成酪蛋白，然后与钙离子结合成不溶性酪蛋白钙，于是乳汁凝固，使乳汁在胃内停留时间延长，有利于乳汁在胃内的消化。除此之外，在肉食动物胃液中含有少量的丁酸甘油酯酶。

3. 胃液分泌的调节

胃液分泌受神经和体液的调节，为了叙述方便，胃液分泌分头期、胃期及肠期三个阶段，但实际上这三期在时间上大部分相互重叠、彼此密切联系。

(1) 头期　头期的胃液分泌通常由采食时看到、嗅到和尝到食物所引起，可用“假饲”实验获得证明。应用外科手术在动物胃部安装瘘管以收集胃液，再做食管瘘管手术。这样，动物进食时吞咽下的食物就由食管瘘管口漏出，并不进入胃内。

头期的胃液分泌完全是迷走神经的作用，切断两侧迷走神经后，再进行假饲试验，就不再发生胃液分泌。迷走神经的胆碱能纤维和肌肉神经丛的胆碱能神经元能直接刺激壁细胞分泌 HCl，此外迷走神经冲动还可引起幽门黏膜 G 细胞释放促胃泌素。

(2) 胃期　食物进入胃内后，继续刺激胃液分泌。主要途径是：①食物的硬度和容积刺激胃底、胃体部的感受器，通过局部和壁内神经丛的反射释放乙酰胆碱引起胃液分泌。②扩张刺激胃幽门部，通过壁内神经丛作用于 G 细胞，引起促胃液素释放。促胃液素是由 17 个氨基酸组成的多肽，具有很强的刺激胃酸的作用。③食物的化学成分（蛋白质的分解产物）直接刺激 G 细胞，引起促胃液素的分泌。

(3) 肠期　胃内食糜进入小肠后仍能继续促进胃液分泌。十二指肠黏膜含有较多的促胃液素，是肠期胃液分泌的重要体液因素之一。小肠还产生一种可刺激胃酸分泌的物质，叫做肠泌酸素。但肠期胃液分泌量不多，仅占进食后胃液总分泌量的 1/10 左右。

抑制胃液分泌的小肠因素，主要是进入小肠的盐酸、脂肪和高渗溶液等。盐酸作用于小肠黏膜，引起生长抑素分泌，间接抑制胃泌素和胃液分泌。盐酸进入小肠降低小肠 pH，刺激胰泌素的释放，也能够抑制胃泌素的释放和胃酸分泌。脂肪及其分解产物对胃液分泌的抑制作用，主要有抑胃肽、血管活性肠肽等参与。高渗溶液对胃液分泌的抑制作用也与小肠黏膜释放的若干种抑制性激素有关。

幼畜的胃液含盐酸量很少或完全缺乏，所以，消化蛋白质和杀灭细菌的能力很弱，这是幼畜易患某些消化道疾病的一个重要原因。

二、胃的运动

胃的运动在消化期和非消化期有所不同，消化期胃的运动主要是存储食物、混合食物与消化液，并将消化后的食糜送入小肠，而非消化期胃的运动主要是排空胃内的食物。

(一) 消化期胃运动的形式

1. 容受性舒张

当动物咀嚼、吞咽食物时，刺激了咽部、食管等处的感受器，反射性地引起胃体和胃底部平滑肌舒张，使胃的容积加大而胃内压力却变化不大，称为胃的容受性舒张（receptive relaxation)。其生理意义是使胃内的容量能够适应食物的大量进入，完成食物的存贮功能。

2. 紧张性收缩

指胃壁肌肉持续处于缓慢而微弱的收缩状态。这也是消化道平滑肌的特性之一，可以增加胃内的压力，压迫食物前移，有利于食物与消化液混合，并且有利于维持胃的形态与位置。

3. 蠕动

蠕动（peristalsis）是胃壁肌肉交替进行收缩与舒张的一种运动形式，进食后，胃开始明显的蠕动（图6-4）。胃壁肌肉呈波浪式有节律的向前推进，蠕动波从胃的中部开始向幽门方向推进。在推进过程中，蠕动波的深度和速度在不断增大。如果蠕动波超过胃内容物先到达胃窦，这时由于胃窦终末部的有力收缩，可将胃内容物反向推回到近侧胃窦和胃体部。

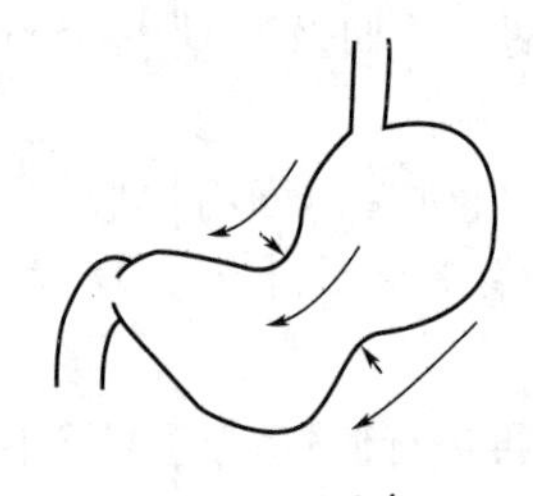

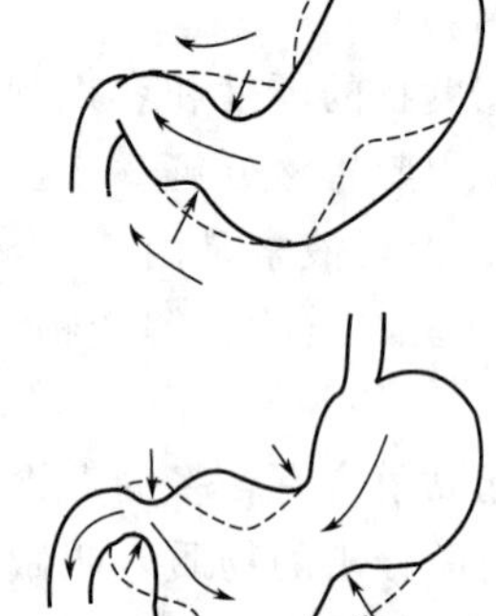

图6-4　胃的蠕动

（二）消化间期胃运动的形式

胃内经常有食物在消化期不能全部排入十二指肠，在两次进食之间，会发生一种特殊类型的运动，称为消化间期胃运动复合波。消化间期胃运动复合波可推动食糜向前，将胃内不能消化的物质排入十二指肠。

（三）胃运动的调节

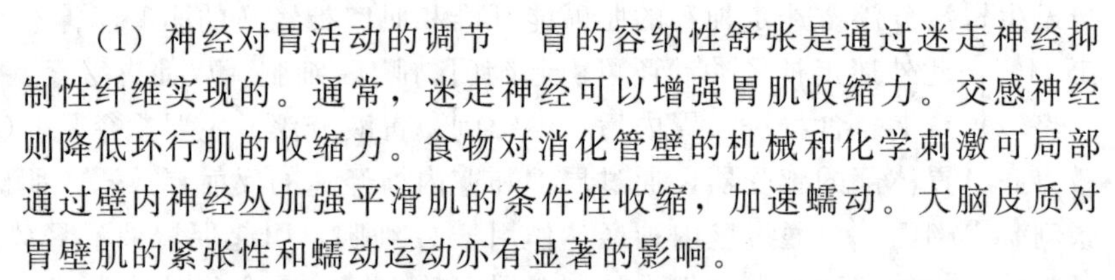

（1）神经对胃活动的调节　胃的容纳性舒张是通过迷走神经抑制性纤维实现的。通常，迷走神经可以增强胃肌收缩力。交感神经则降低环行肌的收缩力。食物对消化管壁的机械和化学刺激可局部通过壁内神经丛加强平滑肌的条件性收缩，加速蠕动。大脑皮质对胃壁肌的紧张性和蠕动运动亦有显著的影响。

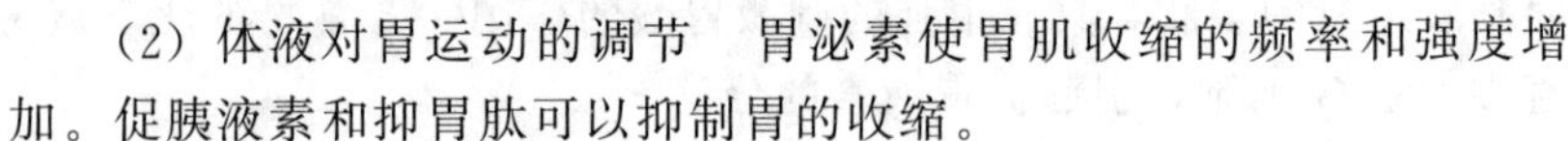

（2）体液对胃运动的调节　胃泌素使胃肌收缩的频率和强度增加。促胰液素和抑胃肽可以抑制胃的收缩。

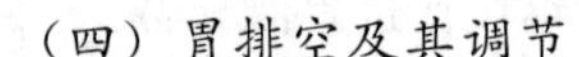

（四）胃排空及其调节

食物由胃排入十二指肠的过程称为胃排空（gastric emptying）。消化时食物在胃内引起胃运动加强，从而使胃内压升高。当胃内压大于十二指肠内压时，食糜即由胃进入十二指肠。胃排空的速度取决于食糜的理化形状和动物的状况。一般来说，稀的或流体食物比稠的固体食物排空快，粗硬的食物在胃内停留的时间较长。草食动物胃的排空比肉食动物慢，如狗在食后4～6h胃内食物已经排空；而马和猪通常喂后24h，胃内还残留食物。动物惊恐不安、疲劳或生病时，胃排空受到抑制。

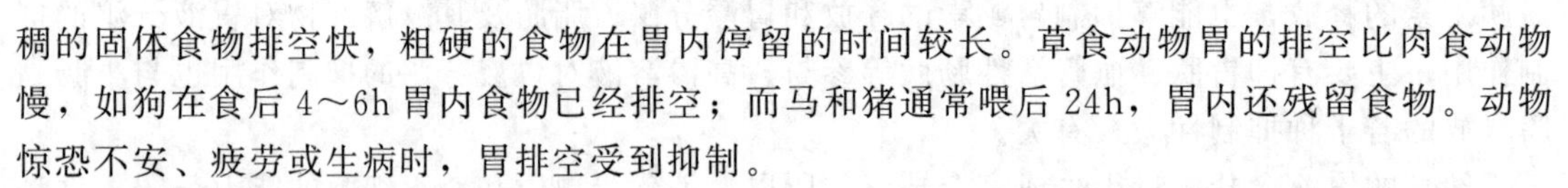

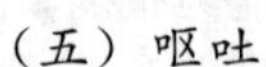

（五）呕吐

呕吐是指胃内食物经过口腔强力驱出的动作，这是动物机体的保护性反射。呕吐是复杂的反射活动，中枢在延髓。当舌根、咽部、胃、肠、泌尿生殖器官等处的感受器接受刺激后，兴奋通过传入神经传到延髓的呕吐中枢。由中枢发出的传出冲动沿传出神经到达胃、小肠、膈肌和腹壁肌肉，反射性地引起呕吐。呕吐开始时先深吸气，声门关闭，食管下括约肌舒张，膈肌和腹肌强力收缩，压迫胃内食物经食管和口腔排出。

呕吐可排出胃内的有害物质，但是长期呕吐会影响正常的消化活动，导致大量的消化液丢失，严重时可破坏体内水、电解质平衡。一般肉食动物和杂食动物容易发生呕吐，草食动物很少呕吐，这可能与物种间呕吐中枢发育不同有关。

第四节　复胃消化

反刍动物具有庞大的复胃。复胃的前三室即瘤胃（rumen）、网胃（reticulum）和瓣胃（omasum）合称前胃。前胃的黏膜没有胃腺，不分泌胃液，只有复胃的第四室即皱胃（abomasum）能分泌胃液。前胃消化是反刍动物最突出的特征，它具有独特的消化特点，像反刍、嗳气、食管沟反射、微生物发酵等，与单胃动物消化有十分显著的差异。

一、瘤胃和网胃的消化

饲料内大量的可消化干物质和粗纤维经过瘤胃的细菌和原生动物分解产生挥发性脂肪酸、氨、氮、乳酸、CO_2、CH_4、H_2 等，同时还可合成蛋白质和 B 族维生素。瘤胃和网胃的消化在反刍动物的整个消化过程中占有特别重要的地位。

1. 瘤胃内微生物及其生存条件

（1）瘤胃内环境　瘤胃可看做是厌氧微生物繁殖的高效的活体发酵罐。瘤胃具有适合微生物繁殖的良好条件，具体表现在以下几点。

① 瘤胃内具有微生物生存繁殖的适宜温度，通常为 39～41℃。

② 瘤胃内容物的含水量相对稳定，渗透压维持于接近血液水平。

③ pH 相对恒定。饲料发酵产生的挥发性脂肪酸和氨不断被吸收入血，瘤胃经常地排入后段消化道，饲料发酵产生的大量酸类被唾液中大量碳酸氢盐和磷酸盐所缓冲，使 pH 恒定于 5.5～7.5。

④ 瘤胃内容物高度乏氧。瘤胃上部气体通常含 CO_2、CH_4 及少量 N_2、H_2、O_2 等气体，H_2、O_2 主要随食物进入瘤胃内，O_2 迅速地被微生物繁殖所利用。

⑤ 食物和水分相对稳定地进入瘤胃，供给微生物繁殖所需的营养物质。

⑥ 节律性的瘤胃运动可以将内容物搅和，并使未消化的食物残渣和微生物均匀地排入后段消化道。

（2）瘤胃微生物及其利用　瘤胃微生物主要是厌气性纤毛虫、细菌及真菌，种类甚为复杂，并随饲料种类、饲喂制度及动物年龄等因素而变化。1g 瘤胃内容物中，约含细菌 150 亿～250 亿个和纤毛虫 60 万～180 万个，其总体积约占瘤胃液的 3.6%，其中细菌和纤毛虫约各占一半。

① 纤毛虫。瘤胃的纤毛虫有全毛和贫毛两大类，都严格厌氧。纤毛虫含有多种酶，有分解糖类的酶（淀粉酶、蔗糖酶、呋喃果聚糖酶等）、蛋白分解酶以及纤维素分解酶（半纤维素酶、纤维素酶），它们能发酵糖类产生乙酸、丁酸和乳酸、CO_2、H_2 和少量丙酸，水解脂类，氢化不饱和脂肪酸，降解蛋白质。此外纤毛虫还能吞噬细菌。

瘤胃内纤毛虫的数量和种类明显地受饲料及瘤胃内 pH 的影响，当因饲喂高水平淀粉（或糖类）的日粮，pH 降至 5.5 或更低时，纤毛虫的活力降低，数量减少或完全消失。此外纤毛虫数量也受饲喂次数的影响，饲喂次数多，则纤毛虫数量亦多。

反刍家畜在瘤胃内没有纤毛虫的情况下，个体也能良好生长，不过在营养水平较低的情况下，纤毛虫能提高饲料的消化率与利用效率，动物体储氮和挥发性脂肪酸产生都大幅度增加。纤毛虫蛋白质的生物价（纤毛虫 91%）超过细菌蛋白（74%），同时纤毛虫的蛋白含丰富的赖氨酸等必需氨基酸，品质超过细菌蛋白。

② 细菌。是瘤胃中最主要的微生物，数量大，种类多，极为复杂，随饲料种类、采食后时间和动物状态而变化。瘤胃内的细菌大多数是不形成芽孢的厌氧菌，偶尔是形成芽孢的

厌氧菌；牛链球菌和某些乳酸杆菌等非严格厌氧的细菌有时也很多。这些细菌多半利用饲料中的多种碳水化合物作为能源；不能利用碳水化合物的细菌可利用乳酸样的中间代谢产物；也有极少的细菌只能利用一种能源。

此外，还有分解蛋白质和氨基酸或脂类的细菌，合成蛋白质和维生素的菌群，其中有些菌群既能分解纤维素又能利用尿素。

总之，瘤胃饲料中的碳水化合物，在多种不同的细菌的重叠或相继作用下，通过相应酶系统的作用，产生挥发性脂肪酸、二氧化碳和甲烷等，并合成蛋白质和B族维生素供畜体利用。

③ 真菌。瘤胃内存在厌氧性真菌，含有纤维素酶，能够分解纤维素。

瘤胃微生物之间存在彼此制约、互相共生的关系。纤毛虫能吞噬和消化细菌作为自身的营养，或用菌体酶类来消化营养物质。瘤胃内存在多种菌类，能协同纤维素分解菌分解纤维素。纤维素分解菌所需的氮，在不少情况下，是靠其他微生物的代谢来提供的。更换饲料不宜太快，以便使微生物群逐渐适应改变的饲料，避免动物发生急性消化不良。

2. 瘤胃内的消化代谢过程

饲料在瘤胃内微生物作用下进行一系列复杂的变化，产生挥发性脂肪酸（VFA）、乳酸、氨、氮、二氧化碳、甲烷、氢等代谢产物，合成微生物蛋白、糖原和维生素等供机体利用。

（1）糖类的发酵　饲料中的纤维素、果聚糖、戊聚糖、半纤维素、淀粉、果胶物质、蔗糖、葡萄糖以及其他多糖醛酸苷等糖类物质，均能被瘤胃内微生物群发酵。发酵速度以可溶性糖最快，淀粉次之，纤维素和半纤维素最慢。

纤维素在瘤胃内发酵后，经细菌和纤毛虫的协同或相继作用，逐渐分解，最后形成挥发性脂肪酸、二氧化碳和甲烷等。

$$纤维素\rightarrow纤维二糖\rightarrow葡萄糖\rightarrow VFA+CH_4+CO_2$$

瘤胃内己糖分解的主要途径是无氧酵解，其中丙酮酸是其关键的中介物。它通过不同的机制生成乙酸、丁酸、氢、CO_2 和丙酸。

瘤胃内发酵产生的挥发性脂肪酸，主要是乙酸、丙酸和丁酸，其比例大体为70∶20∶10，但随饲料种类而发生显著的变化。当饲料的营养价值较低时，乙酸、丙酸的比例升高，丁酸比例降低，总挥发性脂肪酸量降低；喂含大量淀粉饲料时，丙酸比例升高；喂含可溶性糖很多的饲料时，丁酸比例升高。挥发性脂肪酸约有88%以盐类形式吸收。通常乙酸和丁酸通过三羧酸循环而代谢，不增加糖原的储藏，在泌乳酸期它们是反刍动物生成乳脂的主要原料；丙酸是反刍动物血液葡萄糖的主要来源，约占血糖的50%～60%。乙酸能提供动物的代谢能，丁酸在瘤胃上皮内代谢为β-羟基丁酸或乙酸盐。β-羟基丁酸是瘤胃上皮的一个主要能源。

瘤胃微生物在发酵糖类的同时，利用分解出的多糖和单糖合成自身的多糖，并储存于体内，待微生物到达皱胃，即被盐酸杀死释放出多糖，随食糜进入小肠后，经相应酶的作用分解为单糖，而被动物吸收利用，成为反刍动物机体葡萄糖的来源之一。泌乳的牛，吸收入血的葡萄糖约有60%用来合成牛乳。

（2）蛋白质的消化　瘤胃微生物能够同时利用饲料蛋白质和非蛋白质氮，构成微生物蛋白质，当其经过皱胃和小肠时，又被消化分解为氨基酸，供动物机体吸收利用。

① 瘤胃内蛋白质分解和氨的产生。进入瘤胃的饲料蛋白质，50%～70%被微生物蛋白质分解为肽和氨基酸，大部分氨基酸在微生物脱氨基酶作用下脱去氨基而生成氨、二氧化碳

和有机酸。尿素、氨盐、酰胺等饲料中的非蛋白质含氮物被微生物分解后也产生氨。除部分氨被微生物利用外，一部分被瘤胃壁代谢和吸收，其余则进入瓣胃。

② 瘤胃内微生物对氨的作用。瘤胃微生物能直接利用氨基酸合成蛋白质或先利用氨合成氨基酸后，再转变成微生物蛋白。瘤胃微生物利用氨合成氨基酸还需要碳链和能量。挥发性脂肪酸、二氧化碳和糖类都是碳链的来源。

③ 瘤胃的尿素再循环作用。瘤胃内的氨除了被微生物利用外，其余的被瘤胃壁迅速吸收入血，经血液送到肝脏，在肝脏内通过鸟氨酸循环变成尿素。尿素经血液循环一部分随唾液重新进入瘤胃，一部分通过瘤胃壁弥散到瘤胃内，剩下的就随尿排出。在低蛋白日粮情况下，反刍动物就依靠这种内能源的尿素再循环作用节约氨的消耗，维持瘤胃内适宜的氨浓度，以利微生物蛋白的合成。

在畜牧业实践中，可用尿素来代替日粮中约30%的蛋白质。但因其在脲酶的作用下，尿素产氨的速度约为微生物利用氨速度的4倍，故必须通过抑制脲酶活性、制成胶凝淀粉尿素或尿素衍生物使其释放氨的速度延缓，并在日粮中供给易消化糖类，使微生物合成蛋白质时能获得充分能量，才能提高它的利用率和安全性。

（3）脂类的消化　饲料中的甘油三酯和磷脂能被瘤胃微生物水解，生成甘油和脂肪酸等物质，其中甘油多半转变成丙酸，而脂肪酸的最大变化是不饱和脂肪酸加水氢化变成饱和脂肪酸。饲料中脂肪是体脂和乳脂的主要来源。

（4）维生素的合成　瘤胃微生物能合成维生素 B_1（硫胺素）、维生素 B_2（核黄素）、生物素、吡哆醇、泛酸和维生素 B_{12} 等 B 族维生素以及维生素 K 和维生素 C，供动物机体利用。当幼龄反刍动物瘤胃开始发酵后，即使饲料中缺乏这类维生素，也不会影响健康。

3. 产生气体

在瘤胃的发酵过程中，不断地产生大量气体。主要是 CO_2 和 CH_4，还含有少量的 N_2 和微量的 H_2、O_2 或 H_2S，其中 CO_2 占 50%～70%，CH_4 占 30%～40%。瘤胃发酵的产气量、速度以及气体组成，随饲料的种类、饲喂后的时间而有显著差异。健康动物瘤胃内 CO_2 量比 CH_4 多，但饥饿或气胀时，则 CH_4 量大大超过 CO_2 量。

CO_2 大部分是由糖类发酵和氨基酸脱羧所产生，一部分由于唾液中碳酸氢盐中和脂肪酸时产生，一部分由脂肪酸吸收时通过瘤胃上皮交换而产生。瘤胃 CH_4 主要是在生产 CH_4 的细菌作用下还原 CO_2 而生成的。

瘤胃的气体，一部分通过瘤胃壁吸收，一小部分随同饲料残渣经胃肠道排出，但大部分是靠嗳气经口逸出体外。

4. 前胃运动及其调节

前胃的运动三个部分有着密切联系，最先为网胃收缩。网胃接连收缩两次，第一次只收缩一半即行舒张，接着就进行第二次几乎完全的收缩。在网胃的第二次收缩之后，紧接着发生瘤胃的收缩。瘤胃收缩有两种波形，第一种为 A 波，先由瘤胃前庭开始，沿背囊由前向后，然后转入腹囊，接着又沿腹囊由后向前，同时食物在瘤胃内也顺着收缩的次序和方向移动和混合。在收缩之后，有时瘤胃还有一次 B 波，即单独的附加收缩。B 波由瘤胃本身产生，起始于后腹盲囊，行进到后背囊，最后到达主腹囊，它与嗳气有关，而与网胃收缩没有直接联系。

5. 反刍

反刍（rumination）动物在摄食时，饲料不经充分咀嚼即吞入瘤胃，在瘤胃内浸泡和软化。当其休息时，较粗糙的饲料刺激胃网、瘤胃前庭和食管沟黏膜的感受器，能将这些未经充分咀嚼的饲料，逆呕到口腔，经仔细咀嚼后再吞咽入胃，这一系列过程叫反刍。

当反刍时，网胃在第一次收缩之前还有一次附加收缩使胃内食物逆呕到口腔。反刍的生理意义在于把饲料嚼细，并混入适量的唾液，以便更好地消化。反刍周期包括逆呕、再咀嚼、再混合唾液和再吞咽四个过程。每次反刍之间，有一短暂的间隙。

6. 嗳气

瘤胃内的饲料发酵和唾液流入产生大量气体，大部分必须通过嗳气（eructation）排出体外。嗳气是一种反射动作。当瘤胃气体增多、胃壁张力增加时，就兴奋瘤胃背盲囊和贲门括约肌处的牵张感受器，经过迷走神经传到延髓嗳气中枢。中枢兴奋就引起背盲囊收缩，瘤胃开始第二次收缩，由后向前推进，压迫气体移向瘤胃前庭，同时前肉柱与瘤胃、网胃肉褶收缩，阻挡液状食糜前涌，贲门区的液面下降，贲门口舒张，于是气体即被驱入食管。

7. 食管沟的作用

食管沟是由两片肥厚的肉唇构成的一个半关闭的沟。它起自贲门，经网胃伸展到网瓣孔。牛犊和羊羔在吸吮乳汁时，能反射地引起食管沟肉唇卷缩，闭合成管，使乳汁直接从食管沟到达网瓣孔，经瓣胃管进入皱胃，不落入前胃内。

食管沟闭合程度与饮乳方式及动物年龄有密切关系。若用桶喂乳时，食管沟闭合不完全，一部分乳汁会流入发育不完善的网胃、瘤胃内，引起发酵而产生乳酸，造成腹泻。食管沟闭合反射随着动物年龄的增长而减弱。某些化合物尤其是 $NaCl$ 和 $NaHCO_3$ 溶液可使 2 岁牛的食管沟闭合。$CuSO_4$ 溶液能引起绵羊的食管沟闭合反射，但不能引起牛食管沟闭合。在临床诊疗实践中利用这一特点，可将药物直接输送到皱胃用于治疗。

二、瓣胃的消化

瓣胃主要起滤器作用。来自网胃的流体食糜含有许多微生物和细碎的饲料以及微生物发酵的产物，当通过瓣胃的叶片之间时，其中一部分水分被瓣胃上皮吸收，一部分被叶片挤压出来流入皱胃，食糜变干。截留于叶片之间较大的食糜颗粒被叶片的粗糙表面糅合研磨，使之变得更为细碎。

三、皱胃的消化

1. 化学性消化

皱胃的胃黏膜具有能分泌胃液的腺体，功能与单胃动物胃的消化相似。皱胃的胃液中含有胃蛋白酶、凝乳酶（幼畜）、盐酸和少量黏液。与单胃动物胃液分泌不同的是，皱胃的胃液分泌是连续的，这与食糜连续进入皱胃有关。皱胃胃液分泌的量和酸度取决于瓣胃进入皱胃内容物的挥发性脂肪酸的浓度，而与饲料的性质关系不大。因为进入皱胃的饲料经过瘤胃的发酵，已经失去了原有的特性。

与单胃动物一样，皱胃胃液的分泌也受神经因素和体液因素的调节。副交感神经兴奋时，胃液分泌增多。皱胃黏膜含有丰富的胃泌素，可促进胃液分泌。

2. 运动

一般情况下，胃体部处于静止状态，皱胃运动只在幽门窦处明显，半流体的皱胃内容物随幽门运动而排入十二指肠。皱胃运动与单胃相似，不像前胃那样有节律性。十二指肠排空时，皱胃运动加强；十二指肠充盈时，皱胃运动减弱。

第五节　小肠内消化

小肠内的消化是整个消化过程中最重要的阶段。小肠内消化主要是指胰液、胆汁和小肠液的化学性消化和小肠运动的机械性消化。食物通过小肠后，消化过程基本完成。许多营养物质也都在这一部位被吸收，未被消化的食物残渣则从小肠进入大肠。

一、胰液的消化作用

胰腺是具有外分泌部和内分泌部的腺体。它的外分泌部产生的分泌物就是胰液（pancreatic juice)。胰液是无色透明的碱性液体，pH 为 7.2 ～8.4。胰液含水分（约占 90%)、无机物与有机物。无机成分中，除 Cl^- 、Na^+ 、K^+ 、Ca^{2+} 等外，还有大量的碳酸氢盐，其主要作用是中和进入十二指肠的胃酸，使肠黏膜免受强酸的侵蚀；同时也为小肠内多种消化酶活动提供了最适 pH 环境（pH 7～8)。

1. 胰液的主要成分及作用

胰液中有机物主要是蛋白质，由多种消化酶组成。

(1) 胰淀粉酶　不需激活就有活性，可分解淀粉为糊精和麦芽糖。

(2) 胰脂肪酶　分解脂肪为甘油和脂肪酸。

(3) 胰蛋白酶类　胰液中的蛋白分解酶包括胰蛋白酶、糜蛋白酶、弹性蛋白酶等。这些酶分泌时都以无活性的酶原形式存在于胰液中。胰蛋白酶原分泌到十二指肠后，被肠激酶激活，变成有活性的胰蛋白酶。它可激活糜蛋白酶原、弹性蛋白酶原，分解蛋白质为胨，胰蛋白酶与糜蛋白酶共同作用时可分解蛋白质为小分子的多肽和氨基酸。

(4) 其他酶　胰液内还含有麦芽糖酶、蔗糖酶、乳糖酶等双糖酶、核酸酶及羧基肽。双糖酶可将双糖进一步分解为单糖。核酸酶可以使相应的核酸部分地水解为单核苷酸。羧基肽酶作用于多肽末端的肽键，释放具有自由羧基的氨基酸。

胰液的主要功能如下。

① 分泌碳酸氢盐，在小肠内中和酸性食糜。

② 分泌消化酶，消化糖类、蛋白质、脂肪等物质。

③ 杂食和草食动物的胰液含有大量液体和缓冲物，供大肠微生物利用。

2. 胰液分泌的调节

(1) 神经调节　胰液分泌的神经调节包括条件反射和非条件反射。反射的传出神经主要是迷走神经，迷走神经通过末梢分泌乙酰胆碱，直接作用于胰腺细胞，也可以通过促胃液素的释放，间接引起胰腺分泌。

(2) 体液调节　调节胰液分泌的体液因素主要有促胰液素、胆囊收缩素和促胃液素。

促胰液素是酸性食糜进入十二指肠，刺激黏膜内 S 细胞释放的一种肽类激素。促胰液素作用于胰腺小导管的上皮细胞，使其分泌大量富含碳酸氢盐而含消化酶很少的胰液。

胆囊收缩素是由小肠 I 细胞分泌的肽类激素，蛋白质分解产物、盐酸和脂肪可刺激胆囊收缩素的释放。胆囊收缩素与促胰酶素是同一物质，可引起胰腺分泌消化酶，促进胆囊收缩，引起胆汁排放。

促胃液素是由胃窦和十二指肠黏膜 G 细胞分泌的，对胰液中水和碳酸氢盐分泌的作用较弱，对胰酶分泌的作用较强。

二、胆汁的消化

胆汁（bile）在肝内生成。平时分泌的胆汁由肝管经胆管流入十二指肠，或储于胆囊中，在消化期间从胆囊反射性排出。马、骆驼、大鼠、鸽等动物没有胆囊，胆囊的功能在某种程度上由粗大的胆管来代替。

1. 胆汁的性质和成分

胆汁是具有黏滞性和强烈苦味的液体。刚从肝脏分泌出来的胆汁，称为肝胆汁；在胆囊中储存过的胆汁，称为胆囊胆汁，因被浓缩而颜色变深。肝胆汁是弱碱性，胆囊胆汁呈弱酸性。胆汁中没有消化酶，除水外，还有胆色素、胆盐、胆固醇、脂肪酸、卵磷脂以及其他无机盐等。禽类的胆汁，鸡的 pH 为 5.88，鸭的 pH 为 6.14，呈酸性反应，含有淀粉酶。胆汁中所含的胆汁酸主要是鹅胆酸、胆酸和异胆酸，缺少脱氧胆酸。

胆汁的颜色取决于胆色素的种类和浓度。草食动物胆汁的颜色呈暗绿色；肉食动物的胆汁呈赤褐色。胆色素主要是血红蛋白的分解产物，包括胆绿素及其还原产物胆红素等。胆固醇是体内脂肪代谢的产物，正常情况下，胆汁中的胆固醇、胆盐和卵磷脂之间有适当的比例，这是维持胆固醇呈溶解状态的必要条件。当胆固醇分泌过多，或胆盐（卵磷脂）减少时，胆固醇可析出形成胆固醇结晶，这是形成胆结石的原因之一。

2. 胆汁的作用

① 胆盐、胆固醇和卵磷脂可乳化脂肪，增加胰脂肪酶的作用面积。

② 胆盐可与脂肪酸结合成水溶性复合物，促进脂肪酸的吸收。

③ 胆汁促进脂溶性维生素 A、维生素 D、维生素 E、维生素 K 的吸收。

④ 胆汁可以中和十二指肠中部分胃酸，维持肠内适宜的 pH。

⑤ 胆盐排到小肠后，绝大部分由小肠黏膜吸收入血，再入肝脏重新形成胆汁，即为胆盐的肠-肝循环（图 6-5）。胆盐在小肠被吸收后，还成为促进胆汁自身分泌的一个体液因素。

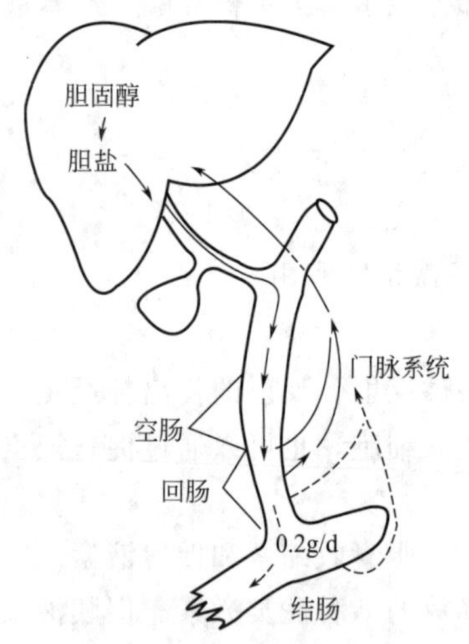

图 6-5　胆盐的肠-肝循环

⑥ 刺激小肠的运动。

3. 胆汁分泌的调节

胆汁的分泌受神经和体液因素的调节，以体液调节为主。

（1）神经调节　采食或食物对胃和小肠的刺激，均可通过神经反射引起胆汁分泌少量增加，胆囊也有轻度收缩，有利于胆汁排放。反射的传出神经是迷走神经，交感神经兴奋可引起胆管括约肌收缩和胆囊平滑肌舒张，有利于胆汁储存，抑制胆汁排出。

（2）体液调节　调节胆汁分泌的体液因素包括下面几种。

① 胆盐。胆盐可通过肠肝循环到达肝脏，刺激胆汁的分泌。

② 促胰液素。促胰液素主要刺激胰液分泌，但是它还有一定的刺激胆汁分泌的作用。促胰液素能够作用于胆管系统，引起富含碳酸氢盐和水的胆汁的分泌，胆盐的分泌并不增加。

③ 胆囊收缩素。在蛋白质分解产物、盐酸和脂肪等物质的刺激下，小肠黏膜内的 I 细胞可分泌胆囊收缩素。胆囊收缩素通过血液循环兴奋胆囊平滑肌，引起胆囊强烈收缩，引起胆汁排放。

三、小肠液的消化作用

小肠液是小肠黏膜中各种腺体的混合分泌物。纯净的小肠液是无色或灰黄色的混浊液，呈弱碱反应。小肠液中含有多种酶。

（1）肠激酶　可激活胰蛋白酶原。

（2）分解糖类的酶　蔗糖酶、麦芽糖酶和乳糖酶等可以把相应的双糖分解为单糖；肠液中也含有淀粉酶。

（3）肠肽酶　小肠上皮细胞产生几种肽酶，可以把多肽分解为氨基酸。

（4）肠脂肪酶　肠液中含有少量的脂肪酶，补充胰脂肪酶消化的不足，把脂肪分解成甘油和脂肪酸。

（5）其他　主要有核酸酶、核苷酸酶和核苷酶等。

有些酶并不是由肠腺分泌入肠腔，而是存在于肠上皮细胞内的酶，随脱落的上皮细胞进入肠液。除了肠激酶和淀粉酶外，小肠液中的其他酶来源于小肠黏膜上皮细胞。肠腺分泌的肠液是呈淡黄色、弱酸性到弱碱性的液体，含有黏液和蛋白酶、淀粉酶、脂肪酶等。肠黏膜上皮细胞分泌的肠肽酶、二糖酶如蔗糖酶、麦芽糖酶和乳糖酶等，以化学键与上皮细胞顶点膜相连，或成为黏膜表面的结构。当肠腔的消化产物接触小肠黏膜时，肠黏膜上的酶将它们进一步水解为小分子而被吸收。

小肠液的分泌是经常性的，受神经因素和体液因素的调节。外来神经对小肠液分泌的调节作用不明显，迷走神经可引起小肠液分泌轻度增加。胃肠激素中的胃泌素、促胰液素、胆囊收缩素等都有刺激小肠腺分泌的作用。

四、小肠的运动

1. 小肠的运动形式

小肠肌经常处于紧张状态，是其他运动形式的基础。小肠的运动可以分为下列三种基本类型。

（1）蠕动　是一种速度缓慢的、使食糜向大肠方向波状推进的运动。小肠蠕动速度很慢，每分钟 1～2cm。蠕动冲是进行速度很快（每秒 2～25cm）、传播较远的蠕动，由进食时吞咽动作或食糜进入十二指肠所引起，可将食糜从小肠始端一直推送到末端。在十二指肠和回肠末端还出现逆蠕动，尤以禽类比较明显，有利于食糜的消化和吸收。

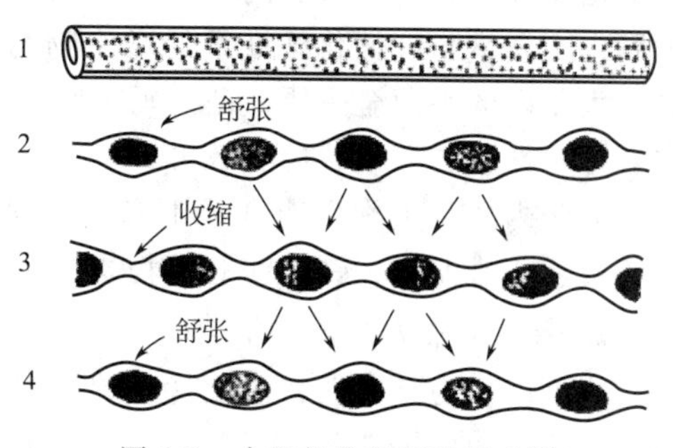

图 6-6　小肠的分节运动模式图

（2）分节运动　是一种以环行肌为主的节律性收缩与舒张运动（图 6-6）。小肠各段分节运动的强度及频率以十二指肠最高，空肠其次，回肠最低。分节运动的作用主要是使食糜和消化液充分混合，便于化学性消化；为吸收创造良好的条件；能挤压肠壁，有助于血液和淋巴的回流。

（3）钟摆运动　是一种以纵行肌自律性舒缩为主的运动。当食糜进入一段小肠后，这一段肠的纵行肌一侧发生节律性舒张和收缩，对侧发生相应的收缩和舒张，使肠段左、右摆动，肠内容物随之充分混合，以利消化和吸收。

2. 小肠运动的调节

（1）内在神经丛的作用　食糜对肠壁的机械和化学刺激，作用于小肠肌间神经丛，通过局部反射，可引起小肠平滑肌运动。切断支配小肠的外来神经，小肠的蠕动仍可进行，说明肠壁的内在神经丛对小肠运动起主要的调节作用。

（2）外来神经的作用　副交感神经兴奋增强肠运动，交感神经兴奋则抑制肠运动。

（3）体液因素的作用　5-羟色胺、P 物质、胃泌素和胆囊收缩素等可加强肠运动；胰高血糖素和肾上腺素等则使肠运动减弱。

3. 回盲括约肌的功能

回盲括约肌平时保持轻度的收缩状态。当食物入胃时即引起胃-肠反射，蠕动波到达回肠末端时，括约肌舒张，食糜被驱入结肠。胃泌素也能引起括约肌压力下降。而盲肠黏膜受刺激可通过局部反射，引起括约肌收缩，从而阻止回肠内容物进入结肠。回盲括约肌的主要功能是防止回肠内容物过快地进入结肠，有利于食糜在小肠内充分消化和吸收。

第六节　大肠内消化

一、大肠液的作用

由大肠黏膜的柱状上皮细胞和杯状细胞所分泌的大肠液富含黏液和碳酸氢盐。其主要作用在于其中所含的黏液蛋白能保护肠黏膜和润滑粪便。

大肠液的分泌主要由食物残渣对肠壁的机械性刺激，引起副交感神经兴奋而使分泌增加，而交感神经兴奋则使分泌减少。

二、大肠内微生物的作用

1. 草食动物大肠内的消化

草食动物大肠内的消化特别重要，尤其是马属动物和兔等单胃动物，大肠的容积庞大，具有与反刍动物瘤胃相似的作用，具备微生物繁殖和发酵的条件。饲料中的纤维素等多糖物质的消化和吸收全靠大肠内微生物的作用。随同食糜进入大肠的少数未杀死的微生物可以在大肠内大量繁殖，消化纤维素的微生物与瘤胃微生物的区别主要是菌株类型之间的比例不同。大肠内的细菌全是厌氧菌。马大肠内发酵和挥发性脂肪酸产生的速度与瘤胃相近，也存在对挥发性脂肪酸吸收的有效方式。

大肠内的微生物也能合成 B 族维生素和维生素 K，并被大肠黏膜吸收，供机体利用。大肠壁还能排泄钙、铁、镁等矿物质。

2. 杂食动物大肠内的消化

猪可以作为杂食动物消化特点的代表。猪大肠内具备草食动物相似的微生物繁殖条件，猪在饲喂植物性饲料条件下，大肠内微生物的作用就很重要，即微生物的消化作用占主要的位置。盲肠内容物中以乳酸杆菌和链球菌占优势，还有大量大肠杆菌和少量其他类型细菌。猪对饲料中粗纤维的消化几乎完全靠大肠内纤维素分解菌的作用，但纤维素分解菌必须与其他细菌处于共生条件下，才能更有效地发挥作用。

猪大肠内的细菌能分解蛋白质、多种氨基酸及尿素，产生氨、胺类及有机酸。还可以合成 B 族维生素和高分子脂肪酸。

3. 肉食动物大肠内的消化

饲料中的营养物质在小肠内已基本被消化吸收，所以肉食动物大肠的主要功能是吸收水分、电解质和小肠来不及吸收的物质，其余残渣形成粪便。

小肠内未被消化的脂肪和糖类，在大肠内也可以被细菌降解，脂肪分解成脂肪酸和甘油，糖类分解为单糖及其他产物，如草酸、甲酸、乳酸、丁酸及二氧化碳、甲烷、氢等。

肉食动物大肠内的环境也很适合大肠杆菌、葡萄球菌等很多类细菌的繁殖。这些细菌总称为“肠道常居菌群”或“共生菌”。正常情况下，它们以腐败作用为主，也具有发酵分解作用。

三、大肠的运动

大肠壁在食糜的机械、化学刺激下，也发生和小肠类似的蠕动，但它的速度较慢，运动强度较弱。盲肠和结肠除有蠕动外，还有逆蠕动。它配合蠕动，推动食糜在一定肠管内来回移动，使食糜得以充分混合，并使之在大肠内停留较长时间。这样能使细菌充分消化纤维素，并保证挥发性脂肪酸和水分的吸收。此外，还有一种进行得很快的蠕动，叫集团蠕动。它能把粪便推向直肠引起便意。

一般来说大肠的节律性分节运动和钟摆运动都不如小肠中那样明显。

如果大肠运动功能减弱，则粪便停留时间延长，水分吸收过多，粪便干涸以致便秘；若大肠或小肠的运动增强，水分吸收过少，则粪便稀软，甚至发生腹泻。

随着大肠运动和食糜移动，发生类似雷鸣或远炮的声音，称大肠音。

大肠壁和小肠一样，存在着两种神经丛。副交感神经兴奋，运动加强；交感神经兴奋时，则运动减弱。

四、粪便的形成和排粪

食糜经消化吸收后，残渣进入大肠后段，水分被大量吸收，逐渐浓缩而形成粪便。随大肠后段的运动，被强烈搅和，并压成团块。

排粪是一种复杂的反射动作。粪便停留在直肠内，量小时，肛门括约肌处于收缩状态。当积聚到一定量时，刺激肠壁压力感受器，经过盆神经（传入神经）传至腰荐部脊髓（排粪调整中枢），再传至延脑和大脑皮质（高级中枢），由中枢发出传出冲动至大肠后段，引起肛门括约肌舒张和后段肠壁肌收缩，且在腹肌收缩配合下，增加腹压进行排粪。

家畜的排粪中枢很发达，不仅站立时能排便，就是在运动中也能排便。排便量与饲料的种类和性质有关。

第七节 吸　　收

一、吸收过程概述

吸收是指各种食物的消化产物以及水分、盐类等通过消化道上皮细胞进入血液和淋巴的过程。

在消化道的不同部位，吸收的能力、速度不同，这种差别主要取决于消化道各部位的组织结构，以及食物在该处的成分和停留时间。小肠是吸收的主要部位。它的黏膜具有环状皱襞，并拥有大量的绒毛。绒毛是小肠黏膜的微小突出构造，每一条绒毛的外周是一层柱状上皮细胞，上皮细胞的肠腔面又被覆许多微绒毛。由于环状皱襞、绒毛和微绒毛，使小肠的吸收面积增大约600倍。小肠绒毛的运动，也是促进吸收的重要因素。食物在小肠内停留时间较长，且已被消化到适于吸收的状态，而易被肠壁吸收。小肠不仅吸收经采食摄入的营养物质，也吸收每日分泌到消化管的各种消化液中的营养。增加小肠表面积的三种机制见图6-7。

至于大肠，在肉食动物主要只吸收水分和盐类，吸收有机营养物质的作用很有限。但在草食动物和猪的盲肠和结肠中，仍继续进行强烈的消化作用，吸收所消化的营养物质。尤其是单胃草食动物，大肠的消化和吸收非常重要。

营养物质的吸收机制，大致可分为被动转运和主动转运两类。被动转运包括滤过、扩散、渗透和易化扩散作用；主动转运则由于细胞膜上存在着一种转运蛋白，可以逆电-化学

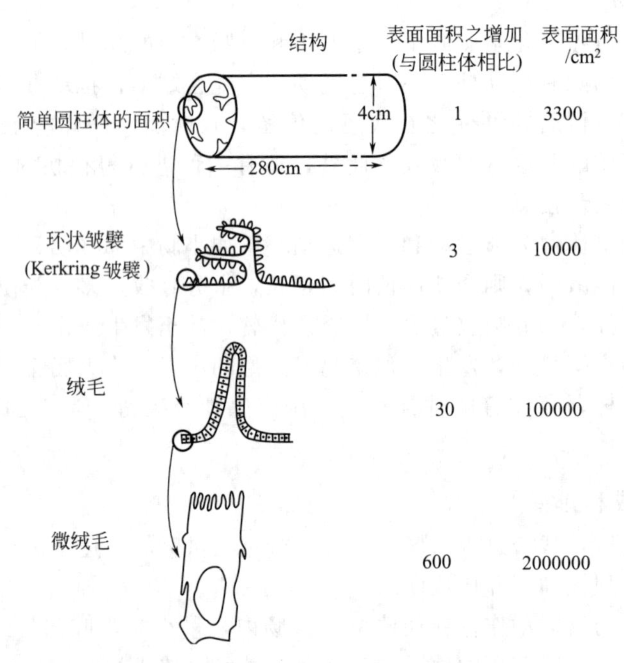

图 6-7　增加小肠表面积的三种机制

梯度转运 Na^{+}、Cl^{-}、K^{+}、I^{-}等电解质及单糖和氨基酸等非电解质。吸收途径有旁细胞途径和跨细胞途径，见图 6-8。

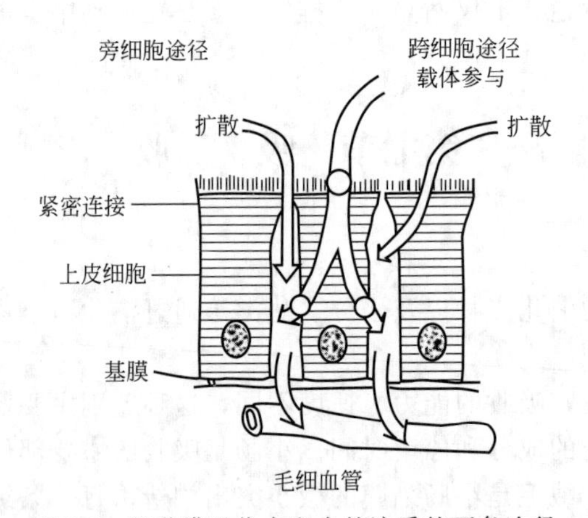

图 6-8　肠黏膜吸收水和小的溶质的两条途径

二、各种主要营养物质的吸收

1. 水分的吸收

水分的吸收主要在小肠（图 6-9）。牛一昼夜通过十二指肠的水分约有 100L，其中 75L 来自消化液。这些水分约有 90％被肠道所吸收，其中小肠吸收的水分约占 80％，其余部分在大肠被吸收，随粪便排出的水分很少。猪一昼夜在小肠吸收的水分约为 21L，在大肠内吸收的水分约为 2L。

肠壁吸收水分的主要动力是渗透压。当营养物质被吸收时，使上皮细胞内的渗透压升高，从而促进水分的转移，其中钠离子的主动转运最为重要，是水分吸收的主要因素。

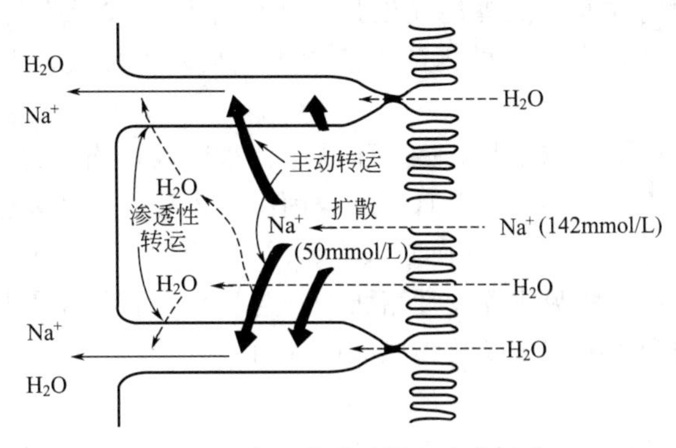

图 6-9　小肠黏膜对钠和水的吸收

2. 无机盐的吸收

（1）钠的吸收　肠腔内容物中的钠，可以顺电化学梯度扩散进入细胞内，然后依靠细胞基底膜或侧膜上的钠泵逆电化学梯度主动地转运入血液中。所以，钠的吸收主要是由钠泵主动转运吸收的。另外还有钠、氯同时吸收和钠离子的简单扩散。见图 6-9。

（2）铁的吸收　主要在小肠上段。食物中的铁绝大部分是三价铁，必须还原为亚铁后方被吸收。肠黏膜吸收铁的能力取决于黏膜细胞内的含铁量，存积于细胞内的铁量高，会抑制铁的再吸收。

被吸收的亚铁在肠黏膜细胞内氧化为三价铁，并和细胞内的转铁蛋白结合形成铁蛋白暂时储存起来，慢慢向血液中释放。一部分被吸收，但尚未与转铁蛋白结合的亚铁，则以主动吸收方式转移至血浆中。铁的转运过程需消耗能量，为主动转运。

（3）钙的吸收　钙盐只有在水溶性液状态，且不被肠腔内任何物质沉淀的情况下，才能被吸收。钙的吸收也是主动转运，需要充分的维生素 D。肠内容物偏酸以及脂肪食物都会影响钙的吸收。肠黏膜微绒毛上有一种钙结合蛋白，与钙离子有高度的亲和性，参与钙的转运，并促进钙的吸收。

（4）负离子的吸收　由钠泵所产生的电位可使负离子如 Cl^- 和 HCO_3^- 向细胞内转移。负离子也可独立地转移。

3. 糖的吸收

饲料中的糖类在肠腔和黏膜细胞的外表面，经消化酶分解成单糖和双糖。大部分单糖被吸收后，经门静脉送到肝脏，一些单糖也能经淋巴液转运。绝大多数动物的肠黏膜上皮的刷状缘含有各种双糖酶，保证在吸收时所有双糖都分解为单糖。

单糖的吸收是耗能的主动转运过程。见图 6-10。

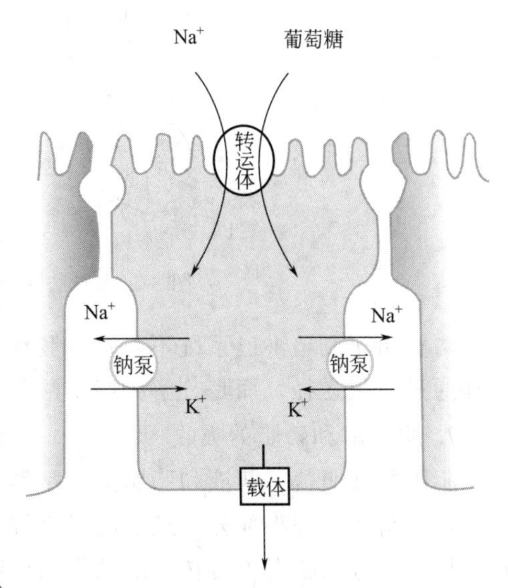

图 6-10　小肠上皮细胞吸收葡萄糖的机制

4. 挥发性脂肪酸的吸收

反刍动物饲料中的糖类依靠微生物发酵产生挥发性脂肪酸（主要是乙酸、丙酸、丁酸），在前胃和大肠被吸收进入血液循环，供机体利用。

挥发性脂肪酸吸收时在瘤胃上皮还发生强烈代谢作用。被吸收的丁酸有85%、乙酸有45%被代谢产生大量酮体；有65%的丙酸在瘤胃上皮内转变成乳酸和葡萄糖；乳酸在瘤胃上皮内能转变成酮体。

瘤胃内的挥发性脂肪酸呈离子状态或分子状态才被吸收，当瘤胃内pH降低时，分子状态的比离子状态透过瘤胃上皮要快，而且丁酸>丙酸>乙酸。当挥发性脂肪酸以分子状态被吸收时，瘤胃内的HCO_3^-、CO_2大于血浆浓度。

单胃草食家畜盲肠和结肠吸收挥发性脂肪酸，与反刍动物的瘤胃相似。

家畜的挥发性脂肪酸主要在大肠被黏膜吸收入血。

5. 蛋白质的吸收

蛋白质被分解为氨基酸才能吸收，未经消化的天然蛋白质及蛋白质的不完全分解产物只能被微量吸收进入血液。

吸收氨基酸的部位是小肠。氨基酸的吸收是主动转运，需要提供能量。氨基酸吸收几乎完全进入血液。

6. 脂肪的吸收

摄入的脂肪大约有95%被吸收。脂肪消化后生成甘油、游离脂肪酸和甘油一酯，在胆盐的作用下形成水溶性复合物，再经聚合形成脂肪微粒。在吸收时，脂肪微粒中各主要成分被分离开来，分别进入小肠上皮。甘油一酯和脂肪酸靠扩散作用在十二指肠和空肠被吸收；胆盐靠主动转运在回肠末段被吸收。脂肪吸收后，各种水解产物重新合成中性脂肪，外包一层卵磷脂和蛋白质的膜成为乳糜微粒，通过淋巴和血液两条途径（主要是淋巴途径）进入肝脏。见图6-11。

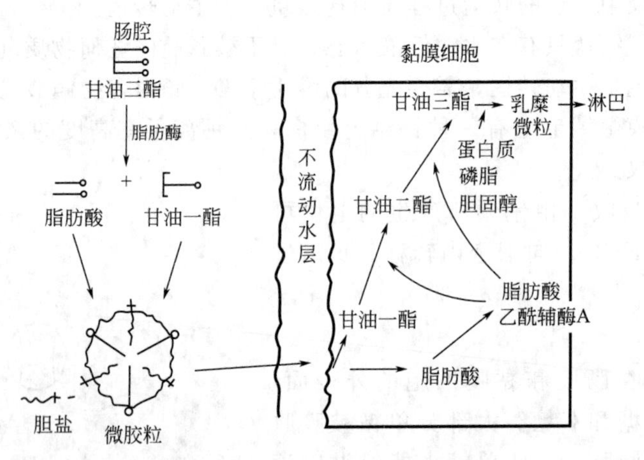

图6-11 脂肪在小肠内消化和吸收的主要方式

禽类由于肠道淋巴系统不发达，肠绒毛中没有中央乳糜管，所以脂肪吸收不像哺乳动物那样通过淋巴途径，而是分解为脂肪酸和甘油一酯直接吸收入血。

7. 胆固醇和磷脂的吸收

胆固醇在胆盐、胰液和脂肪酸的帮助下，通过简单扩散进入肠上皮细胞再转入淋巴管而被吸收。磷脂只有小部分不经水解可直接进入肠上皮，大部分须完全水解为脂肪酸、甘油、磷酸盐等能进入肠上皮再转入淋巴管而被吸收。

8. 维生素的吸收

水溶性维生素一般以简单的扩散方式吸收，维生素B_{12}必须与内因子结合才能在回肠被吸收。脂溶性维生素（包括维生素A、维生素D、维生素E、维生素K）的吸收与类脂物质相似。

各种主要营养物质在小肠的吸收部位见图6-12。

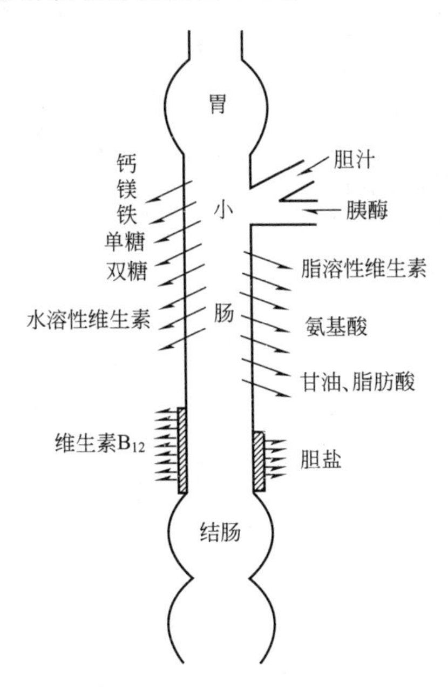

图6-12　各种主要营养物质在小肠的吸收部位

本　章　小　结

• 动物所吃的饲料中所含的蛋白质、糖类、脂肪等大分子物质不能直接为机体吸收利用，必须在消化管内被分解为小分子物质才能被吸收利用。

• 饲料在消化管内的消化方式有三种，分别是物理性消化、化学性消化和生物消化。消化过程由口腔开始，饲料在动物口腔内的消化包括采食、饮水、咀嚼和吞咽等过程。

• 单胃动物的胃有暂时储存饲料和初步消化饲料两大功能。反刍动物具有庞大的复胃，其中瘤胃微生物的消化作用在反刍动物消化中占有重要地位。

• 小肠内的消化是整个消化过程中最重要的阶段。小肠内消化主要是指胰液、胆汁和小肠液的化学性消化和小肠运动的机械性消化。食物通过小肠后，消化过程基本完成。许多营养物质也都在这一部位被吸收，未被消化的食物残渣则从小肠进入大肠。

• 吸收是指各种食物的消化产物以及水分、盐类等通过消化道上皮细胞进入血液和淋巴的过程。在消化道的不同部位，吸收的能力、速度不同，这种差别主要取决于消化道各部位的组织结构以及食物在该处的成分和停留时间。小肠是吸收的主要部位。它的黏膜具有环状皱襞，并拥有大量的绒毛，绒毛表面有微绒毛，使吸收面积增大。食物在小肠内停留时间较长，且已被消化到适于吸收的状态，而易被肠壁吸收。小肠不仅吸收经采食摄入的营养物质，也吸收每日分泌到消化管的各种消化液中的营养。至于大肠，在肉食动物主要只吸收水分和盐类，吸收有机营养物质的作用很有限。但在草食动物和猪的盲肠和结肠中，仍继续进行强烈的消化作用，吸收所消化的营养物质。

复习思考题

1. 消化方式有哪些?
2. 简述唾液的主要生理作用。
3. 简述胃液的组成及其生理作用。
4. 瘤胃常见的微生物有哪些?其主要作用是什么?
5. 简述胰液的消化功能以及胰液分泌的调节。
6. 简述胆汁对脂类物质的作用。
7. 简述小肠对饲料的物理消化作用。
8. 简述各主要营养物质的吸收。

第七章　能量代谢和体温调节

学习目标

1. 了解机体能量的来源和去路、能量代谢的测定原理及影响因素。
2. 掌握基础代谢率的概念、测定方法以及临床应用。
3. 掌握体温的概念及其正常变动。
4. 学习机体产热与散热的形式及其调节，体温相对恒定的机制。
5. 了解发热的机制。

营养物质被吸收进入血液，在细胞中经过同化作用构成机体的组成成分；同时经过异化作用分解为代谢产物。生物体的组成成分也在不断分解，更新，这是生物体生命活动的基本特性，也就是新陈代谢（metabolism）。新陈代谢包含物质代谢和能量代谢，物质的变化将引起能量的转移，能量的转移也将引起物质的变化，两者是不可分割的，其中，生理学着重研究整体的能量代谢。

第一节　能量代谢

能量代谢（energy metabolism）是指体内伴随物质代谢所发生的能量释放、转化和利用的过程。

一、动物体能量的来源与消耗

1. 动物体能量的来源

机体所表现的各种形式的能量，都来源于机体从外界环境摄取的营养物质：糖类、脂肪和蛋白质。在这些物质的分解代谢过程中，碳和氢分别被氧化为 CO_2 和 H_2O，碳氢键断裂，释放出能量。这些能量的50%以上迅速转化为热能，用于维持体温，并向体外散发。其余不足50%则以高能磷酸键的形式储存于体内，供机体利用。体内最主要的高能磷酸键化合物是三磷酸腺苷（ATP）。此外，还可有高能硫酯键等。机体利用ATP去合成各种细胞组成分子、各种生物活性物质和其他一些物质；细胞利用ATP去进行各种离子和其他一些物质的主动转运，维持细胞两侧离子浓度差所形成的势能；肌肉还可利用ATP所载荷的自由能进行收缩和舒张，完成多种机械功。总的看来，除骨骼肌运动时所完成的机械功（外功）以外，其余的能量最后都转变为热能。例如心肌收缩所产生的势能（动脉血压）与动能（血液流速），均于血液在血管内流动过程中，因克服血流内、外所产生的阻力而转化为热能。

（1）糖　机体活动所需能量的70%以上由糖提供，是机体重要的能源物质。在氧供应充足的条件下，葡萄糖氧化分解为二氧化碳和水，同时释放大量能量。这是正常情况下，糖氧化供能释放能量较多的主要途径。在氧供应不足的条件下，葡萄糖经无氧分解成乳酸，能量释放较少。酵解是氧供应不足时供能的重要途径，能供应一部分急需的能量。如葡萄糖在体内代谢的过程中，其耗氧量为0.81L/g，氧化后产生的 CO_2 量也为0.81L/g，其产热量为16.4kJ/g。葡萄糖的化学变化过程列式如下。

$$C_6H_{12}O_6+6O_2 \longrightarrow 6CO_2+6H_2O+\text{热量}$$

（2）脂肪　体内储能和供能的重要物质，提供机体能量30%～40%。以三橄榄酸甘油酯为代表。

$$C_6H_5(C_{18}H_{33}O_2)_3+80O_2 \longrightarrow 57CO_2+52H_2O+\text{热量}$$

（3）蛋白质　蛋白质主要用于合成细胞成分或生物活性物质，提供机体能量较少。在体内氧化时与体外氧化过程不同，通过间接计算，其耗氧量为0.94L/g，产生的CO_2量为0.75L/g，放出的热量为16.4kJ/g。

2. 动物体能量的消耗

虽然机体所需要的能量来自食物，但是机体的组织细胞是不能直接利用食物的能量进行各种生理活动的。机体能量的直接供应者是三磷酸腺苷（adenosinetriphosphate，ATP）。能源物质氧化所释放的能量，50%以上迅速转化为热能，以维持体温，并不断地从体表散发，其余不足50%的部分以化学能的形式储存在ATP中。当机体需要时，ATP再分解，以提供不同形式的能量供机体利用，如合成代谢、肌肉收缩等。另外，ATP还可以把能量转移给肌酸，生成磷酸肌酸用于扩大能量储备。能量随食物被消化、吸收、代谢的去向如下：日粮总能（100%）中可消化能95%、粪能5%；可消化能分为代谢能和发酵能和尿能；代谢能包括43%的净能和特殊动力作用能（SDA或SDE）。

净能系可转变成ATP中高能磷酸键能。可用于维持生理活动（静息电位、吸收分泌、体温）、做功（肌肉收缩功能），用于合成与生长（肉、奶、皮毛、蛋等）。

但机体用于各种生命活动所消耗的能量最终都将转变成热能向体外放散（热力学第一定律即能量守恒定律）。所以，设法测定机体在单位时间内所散发出的热量可以了解其能量消耗状况（图7-1）。

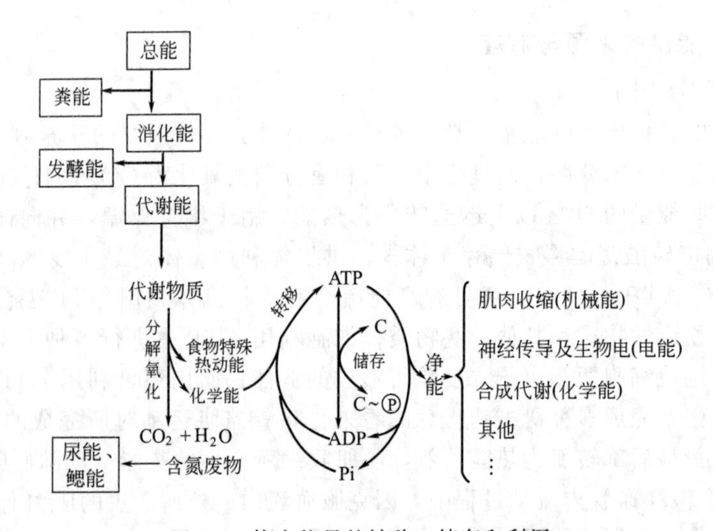

图7-1　体内能量的转移、储存和利用

二、能量代谢的测定

在整个能量转化过程中按能量折算，机体所利用的蕴藏于食物中的能量与最终转化成的热能和所做功消耗的能量是完全相等的。在代谢过程中，机体利用营养物质的化学能转化为热和功，遵循能量守恒定律，摄入的能量与输出的能量是相等的。

（一）能量代谢的测定方法

单位时间内机体的全部能量消耗叫做能量代谢率（energy metabolic rate）。能量代谢率以单位时间内每平方米表面积的产热量为单位，即以 $kJ/(m^2 \cdot h)$ 来表示。测定机体单位时间内所产生的总能量有直接测热法和间接测热法两种。

1. 直接测热法

是利用各种类型的热量仪，直接测定受试者在一定时间内所产生的总热量的方法，由于直接测热法设备复杂，操作繁琐，使用不便，故实际工作中应用很少（图 7-2）。

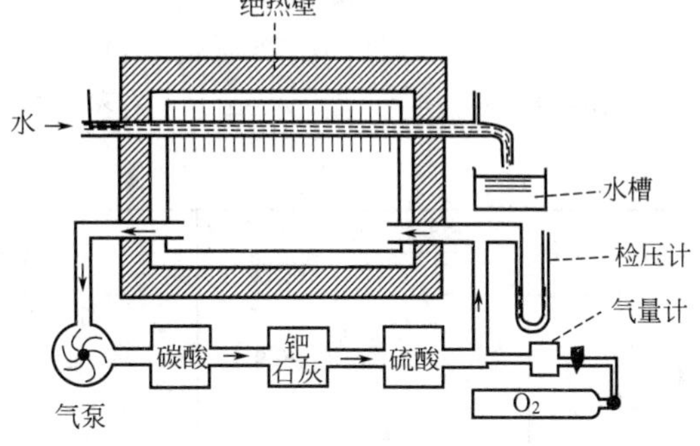

图 7-2　直接测热装置示意图

2. 间接测热法

又称气体代谢测定法。原理是利用“定比定律”（即反应物的量与生成物的量呈一定的比例关系），测算出一定时间内氧化的糖、脂肪和蛋白质各有多少，再计算出它们所释放出的热量。为此，必须先了解与其相关的几个概念：食物的热价、食物的氧热价和呼吸商。

① 食物的热价（caloric value）。1g 食物在氧化时所释放出来的热量，称为食物的热价。食物的热价分为生理热价和物理热价。生理热价是食物在体内氧化时所产生的热量。物理热价是食物在体外燃烧时释放的热量。糖与脂肪的物理热价等于生理热价，蛋白质的物理热价大于生理热价（因为蛋白质在体内不能被彻底氧化分解，有一部分以尿素的形式由尿中排泄）。

② 食物的氧热价（thermal equivalent of oxygen）。某种食物氧化时，每消耗 1L 氧所产生的热量称为该种食物的氧热价。

③ 呼吸商（respiratory quotient，RQ）。指一定时间内，机体的 CO_2 产生量与耗 O_2 量的比值。

$$RQ = CO_2\text{ 产生量}/\text{耗 }O_2\text{ 量}$$

糖、脂肪、蛋白质所含的碳、氢和氧的相对含量各不相同，氧化时，它们各自的 CO_2 产生量与消耗 O_2 量是不同的，因此三者的呼吸商不同。理论上来看，任何一种营养物质的呼吸商都可以根据它的氧化生成的终产物（CO_2 和 H_2O）化学反应计算出来。

糖的一般分子式为 $(CH_2O)_n$，氧化时消耗的 O_2 的量和产生的 CO_2 的量相等，所以糖的呼吸商等于 1。如 1mol 葡萄糖完全氧化时，CO_2 产生量与 O_2 耗氧均为 6mol，故葡萄糖的呼吸商为：

$$C_6H_{12}O_6 + 6O_2 \longrightarrow 6CO_2 + 6H_2O$$

$$RQ = \frac{6molCO_2}{6molO_2} = 1.00$$

脂类的呼吸商为 0.71，蛋白质的呼吸商为 0.80。根据呼吸商的大小可推测机体能量的来源。特定时间内的呼吸商要看哪种营养物质是当时的主要能量来源而定。若能源主要是糖类，则呼吸商接近于 1.00；若主要是脂肪，则呼吸商接近于 0.71。在长期病理性饥饿情况下，能源主要来自机体本身的蛋白质和脂肪，则呼吸商接近于 0.80。一般情况下，摄取混合食物时，呼吸商常在 0.85 左右。三种营养物质氧化的几种数据见表 7-1。

表 7-1 三种营养物质氧化的几种数据

物质	耗氧量/(L/g)	产 CO_2 量/(L/g)	物理热价/(kJ/g)	生理热价/(kJ/g)	氧热价/(kJ/g)	呼吸商/(RQ)
糖	0.83	0.83	17.0	17.0	21.0	1.00
脂肪	1.98	1.43	39.8	39.8	19.7	0.71
蛋白质	0.95	0.76	23.5	18.0	18.8	0.85

根据呼吸商可以计算出对应的氧热价，依据氧热价可计算出该时间的产热量。非蛋白呼吸商指除蛋白质外，糖和脂肪氧化时的二氧化碳生成量与耗氧量的比值称为非蛋白呼吸商(nonprotein respiratory quotient)，见表 7-2。

表 7-2 非蛋白呼吸商和氧热价

非蛋白呼吸商	氧化百分比/%		氧热价/(kJ/g)	非蛋白呼吸商	氧化百分比/%		氧热价/(kJ/g)
	糖	脂肪			糖	脂肪	
0.70	0.00	100.0	19.62	0.86	54.1	45.9	20.41
0.71	1.1	98.9	19.64	0.87	57.5	42.5	20.46
0.80	33.4	66.6	20.1	0.88	60.8	39.2	20.51
0.81	36.9	63.1	20.15	0.89	64.2	35.8	20.56
0.82	40.3	59.7	20.2	0.90	67.5	32.5	20.61
0.83	43.8	56.2	20.26	0.95	84.0	16.0	20.87
0.84	47.2	52.8	20.31	1.00	100	0	21.13
0.85	50.7	49.3	20.36				

(二) 间接测热法的计算原理和步骤

(1) 测定 24h 内的耗氧量、二氧化碳产生量和尿氮量。

(2) 计算蛋白质产热量　蛋白质的主要代谢产物为氮（每克蛋白质的含氮量为 16%，即 0.16g)，而氮完全是随尿排出的，所以 1g 尿素氮相当于氧化分解了 6.25g 的蛋白质，故由尿素氮（g）乘以蛋白质的生理系数 6.25，便相当于体内氧化分解的蛋白质量。由被氧化的蛋白质中计算出其耗氧量和二氧化碳产生量，并将其耗氧量乘以蛋白质的氧热价，就可以得到蛋白质的产热量。

(3) 计算非蛋白产热量　从总耗氧量和总二氧化碳产生量中减去蛋白质耗氧量和产生二氧化碳量，计算出非蛋白呼吸商，根据非蛋白呼吸商的氧热价算出非蛋白产热量。

(4) 计算总产热量　非蛋白的产热量加上蛋白质的产热量之和。

三、影响能量代谢的因素

机体产热受一些因素的影响，实际测定能量代谢时必须考虑这些因素的存在。

1. 食物的特殊动力效应

机体进食后即使处于安静状态下，产热量也要比进食前增高，可见这种额外的能量消耗是由进食所引起的。这种由食物刺激机体产生额外热量消耗的作用，称为食物的特殊动力效应（specific dynamic effect)。例如，进食蛋白质食物后可使产热量增加 30%左右。进食糖或脂肪后可使产热量增加约 5%，一般的混合性食物可使产热量增加约 10%。不同食物特殊动力效应的维持时间也不相同，蛋白质食物的特殊动力效应可持续 6～7h，而糖类仅持续 2～3h。食物特殊动力效应的产生机制尚不清楚。这种增加出来的产热量多数是出自于吸收了的营养物质在肝内进行分解、化合过程，而不是由于在胃肠道内消化和吸收所致。可能和进食后来自肝脏中氨基酸的脱氨基作用以及尿素形成有关。

2. 肌肉活动

肌肉活动是影响能量代谢最明显的因素。机体任何轻微的活动都会提高能量代谢率。据估测，人体在安静时的肌肉产热量占全身总产热量的20%，在剧烈运动或劳动时可高达总产热量的90%。由于劳动强度不同，一个正常男子一天所释放的能量可从6280.5kJ增加到29309kJ。能量代谢的高度是评定劳动强度的一个重要依据。人体在剧烈运动或劳动停止之后的一段时间内，能量代谢仍然维持在较高的水平。这是因为，运动开始时，机体需氧量立即增加，但机体的循环、呼吸功能有一个适应的过程，摄氧量暂时跟不上肌肉实际代谢消耗氧量的需要，此时机体只能凭借储备的高能磷酸键和进行无氧代谢供能。通常把这部分的亏欠称为氧债（oxygen debt）。在运动持续过程中，机体的摄氧量和耗氧量刚好平衡，运动停止后的一段时间内则必须将前面的亏欠补偿回来，因此循环和呼吸功能要继续维持在高水平，以摄取更多的氧。由于骨骼肌的活动对能量代谢的影响最为显著，因此，在冬季增强肌肉活动对维持体温相对恒定有重要的作用。

3. 环境温度

环境温度明显变化时，机体代谢发生相应的变化。机体在安静状态时，其能量在20～30℃的环境中最稳定。当环境温度低于20℃时反射性地引起战栗和骨骼肌紧张性增强而使代谢率增加；当环境温度低于10℃时，代谢率增加更为明显。当环境温度升高到30℃以上时，代谢率也增加，这是由于体内化学过程反应速度加快，同时还有发汗的作用以及呼吸、循环功能增强等因素。

4. 精神因素

精神因素的影响主要表现在机体处于惊慌、恐惧、焦急等精神紧张状况下，能量代谢明显升高。这是由于精神紧张时，骨骼肌紧张性加强，产热增加。由于随之出现的无意识的肌紧张以及刺激代谢的激素释放增多等原因，产热量可以显著增加；激怒或寒冷时，交感神经兴奋，肾上腺素分泌增加，可增加组织耗氧量，使机体产热量增加。在低温刺激下，交感神经和肾上腺髓质发生协同调节作用，机体产热迅速增加。甲状腺激素能加速大部分组织细胞的氧化过程，使机体耗氧量和产热量明显增加。机体如果完全缺乏甲状腺激素，能量代谢可降低40%；而甲状腺激素增多时可使代谢率增加100%。

四、基础代谢

机体处于基础状态下的能量代谢，称为基础代谢（basal metabolism）。所谓基础状态是指室温20℃（或为热中性区18～20℃，即对人体能量代谢没有明显影响的环境温度范围）、清晨空腹（受试者至少12h未进食）、静卧（至少半小时）、清醒而又极其安静状态，即排除了肌肉活动、食物特殊动力效应、精神紧张和环境温度等因素影响的状态。在上述状态下，既没有能量的输入，又没有做功，机体所消耗的能量全部转化为热能散发出来，能量来源于体内储存的物质。在此状态下，机体所消耗的能量仅用于维持心脏、肝、肾、脑等内脏器官的活动。这时的代谢率比较恒定，称为基础代谢率（basal metabolism rate，BMR）。基础代谢率通常以单位时间内每平方米体表面积的产热量为单位，即以kJ/(m^2·h）来表示。测定基础代谢率，为了满足基础条件，就要在清晨未进食以前进行。测定基础代谢之前必须静卧半小时以上，测定时平卧，全身肌肉松弛，同时必须排除精神紧张的影响，保持室温。如此测得的代谢包括人体全部细胞基本的代谢和维持生命所必需的如肝、肾、心、脑和呼吸肌肉的功能活动。因此BMR往往被称为活着的代谢值，同一个体的BMR只要测定的条件完全符合上述的要求，则在不同时间中重复测定，其结果基本上无差异。影响基础代谢率的因素除上述主要因素外，还有年龄、性别、体长、身体质量、体表面积、生长、妊娠、哺乳、疾病、体温、长期禁食、激素水平、睡眠等因素。

第二节　体温的维持及其调节

机体内都具有一定的温度，这就是体温。生理学所说的体温（body temperature）是指机体深部的平均温度。体温的恒定，既是新陈代谢的结果，又是进行新陈代谢和生命活动正常进行的重要条件。体温调节的方法可归纳为两种：行为性调节和生理性调节。地球上的气温可在－70～60℃的范围内变化。按照调节体温的能力可将动物分为变温动物（poikilothermic animal）、异温动物（heterothermic animal）和恒温动物（homeothermic animal）三类。变温动物又称冷血动物（cold-blooded animal），是指在一个狭小的温度范围内，体温随环境温度的改变而改变的一类动物。当环境温度过高时它们就换个阴凉的地方；当气温过低时就到日光下取暖或钻入洞穴内进入冬眠状态，这种通过动物的行为来调节体温的方式就是行为性体温调节（behavioral thermoregulation）。动物进化到鸟类和哺乳类，建立起一套复杂的体温调节机制，通过调节产热和散热过程，不仅能维持较高的体温平衡点（如37℃），而且还可以使其不受环境温度的过分影响，因而它们属于恒温动物。恒温动物又称温血动物，能在较大的气温变化范围内保持相对恒定的体温。恒温动物主要是通过调节体内生理过程来维持相对稳定的体温，这种调节方式就是生理性体温调节，又称自主性体温调节（automatic thermoregulation）。

恒温代表进化过程的高级水平。如人体的体温为37℃，因为机体内细胞新陈代谢和生命活动都是以一系列复杂的酶促生物化学反应为基础的，而酶的生物学活性作用的最适温度为37℃左右。体温较大幅度的上升将会导致神经功能消失以及蛋白质变性。当体温低于34℃可引起意识的丧失；低于23℃可引起心跳、呼吸停止；人体的温度高于42～45℃时，可引起体内细胞实质的损害，造成多器官功能衰竭而导致死亡。人体及其他恒温动物的体温之所以能维持相对稳定，有赖于它们具有较完善的生理性调节功能。

一、体温

机体各部位的温度不一样。机体表层的温度称为体表温度（shell temperature），机体深部的温度称为体核温度（core temperature）。以人体为例，正常情况下，体表温度较低，变动也较大。体表的最外层，即皮肤表面，其温度称为皮肤温。机体各部位的皮肤温相差很大。在环境温度为23℃时测定，额部的皮肤温为33～34℃，躯干为32℃，手为30℃，足为27℃。在寒冷的环境中，随着气温下降，四肢末梢（手和足）的皮肤温度显著降低，而头部皮肤温的变动相对比较少。皮肤内含有丰富的血管，凡能影响皮肤血管舒缩的因素都能改变皮肤的温度。机体深部的温度虽然是相对稳定的，但由于代谢水平的不同，各内脏器官的温度也略有差异，肝脏温度为38℃左右，在全身中最高，脑的产热较多，温度也接近38℃，肾、胰腺及十二指肠等温度也略有差异，直肠温度则较低。循环的血液是体内传递热量的重要途径，由于血液循环而使深部各器官的温度趋于一致。因此，体内血液的温度可以代表内脏器官温度的平均值。

1. 体温的测试部位

由于机体深部温度，特别是血液温度不易测试，所以临床上通常用直肠（如家畜）、口腔和腋窝（如禽类）的温度来代表体温。

2. 体温的生理变异

机体深部的温度虽然比较恒定，但不是固定不变的。在正常生理情况下，体温可随昼夜、年龄、性别、环境温度、精神、进食和体力活动状况等条件而发生一定幅度的变化。

（1）昼夜节律　体温具有昼夜周期性。一天当中的体温，清晨2～6时最低，黎明后开始上升，整个白天维持在较高的水平上，下午6时达一日的高峰，波动幅度一般不超过1℃。这种以昼夜（24h）为周期，往复出现高峰、低谷的生理现象，称为昼夜节律。无论生活在地球任何地区，体温均呈现昼夜波动。表面看来，白天体温升高的原因，是由于活动多、代谢率高、产热增加所致，其实并非如此。以人体为例，整天卧床、保持安静或彻夜不眠的人仍有同样的体温周期性变化。实验表明，将受试者置于无任何时间标记的很深的地下室中长期生活，昼夜节律照样存在。不过此时昼夜周期比24h略长一些，谓之自激周期。如令受试者返回地面，接受光照等同步因子的影响，其生理周期逐渐恢复原状，仍与地球自转周期保持同步。一般认为，这种节律的产生是内源性的，受昼夜节律起搏点（也称生物钟）的控制。实验表明，下丘脑的视交叉上核很可能是生物节律的控制中心。

（2）性别　雌性的平均体温高于雄性约0.3℃。除性别差异外，雌性排卵时体温降低0.2℃，排卵后形成黄体，分泌孕激素，使体温上升，妊娠期体温也较高。临床上，可通过连续测定基础体温，以检验动物有无排卵及排卵日期。

（3）年龄　新生幼畜的体温调节机构尚未发育完善，应加强保温。出生后数月，随着神经系统的健全和活动与休息规律的建立，逐渐形成体温的昼夜节律。老龄动物代谢活动减弱，体温较成年动物低，对外界环境温度变化的代偿能力下降，不能耐受外界环境激烈变化的刺激，也要注意保温和散热。

（4）体力活动和情绪　进行剧烈活动或劳动等肌肉活动可使产热量明显增高，导致体温上升。精神紧张和情绪激动也可使体温升高，有的机体在某种紧张情况下，体温可升高2℃左右。而手术麻醉时体温下降，故要注意保温。

（5）其他　品种，如黄牛体温低于乳牛；采食、精神激动、地理气候等因素也影响体温。

二、机体的产热和散热

机体不断地产生热量，又不断地向外环境散失热量，两者处于动态平衡。机体的产热过程与散热过程受诸多因素的影响，在不断地发生改变。两者犹如天平两侧的托盘，在体温调节机制的控制下，处于平衡状态时，即维持正常体温于37℃。若产热或散热的平衡失调，将导致体温升高或降低（图7-3）。

（一）产热器官

机体产热的多少，取决于代谢水平的高低，体内一切组织细胞在功能活动的过程中都会释放热量（表7-3）。安静时机体的产热器官主要是内脏器官，以肝脏的代谢最旺盛，产热量最高，其温度比主动脉血液高出0.4～0.8℃。由于骨骼肌占机体体重的40%～50%，剧烈活动时骨骼肌产热增加60倍，占2/3以上，为运动时的主要产热器官。草食动物以瘤胃发酵为主。

表7-3　脑、内脏、肌肉皮肤等产热量　%

项目	脑	内脏	肌肉皮肤	其他
占体重	2.5	34	56	7.5
产热量：静	16	56	18	10
动	1	8	90	1

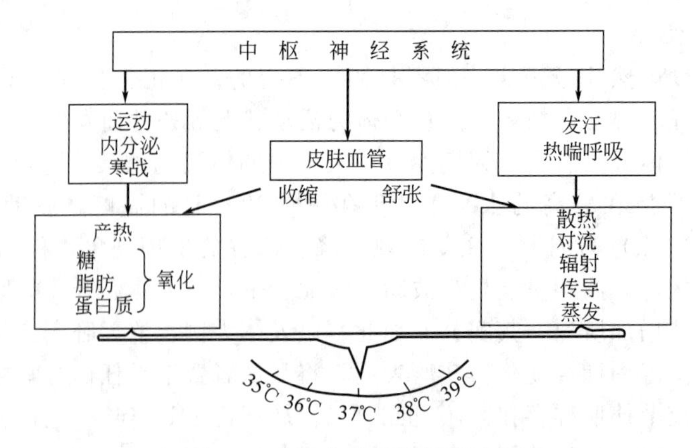

图 7-3 产热和散热的相对平衡

（二）产热形式

机体的产热形式可分为骨骼肌的活动和非骨骼肌的活动。

1. 骨骼肌活动的产热

机体在寒冷的环境中产热增加。寒冷刺激可引起骨骼肌出现战栗性收缩，使产热增加4～5倍，称为战栗性产热（shivering thermogenesis），战栗是机体产热效率最高的方式，温度越低越强烈。战栗是骨骼肌的反射活动，由战栗刺激作用于皮肤冷感受器所引起。寒冷时体内肾上腺素、去甲肾上腺素、甲状腺激素分泌增多，也可促进机体（特别是肝脏）产热增多；全身脂肪代谢的酶系统也被激活，导致脂肪被分解、氧化，产生热量，为体温调节提供了一个快速而多变的产热源，故又称战栗热源。这是体温调节在产热方面的一个主要控制因素。

2. 非骨骼肌活动的产热

肌肉收缩不是体温调节中唯一受控制的过程。在多数实验动物中，当暴露在寒冷环境时，将导致代谢率增加，即加速产热，这不是由于肌肉活动的增加，是非战栗热源。这是由于在寒冷刺激下，交感神经兴奋，可使褐色脂肪迅速产热，其代谢率可比平时增加1倍。在成年动物，这种非战栗热源几乎是不存在的，如果有，也很少。新生幼畜不能发生战栗，所以非战栗产热对新生幼畜非常重要。寒冷刺激促进甲状腺激素、肾上腺素分泌增加，代谢产热随之增加。

（三）散热

机体各组织器官产生的热量，随着血液循环均匀地分布于全身各部。当血液流经皮肤血管时，全部热量的90％由皮肤散出，因此皮肤是机体散热的主要部位。还有一小部分热量，通过肺、肾和消化道等途径，随着呼吸、尿和粪便散出体外。在气温18～30℃的环境中，各种方式散热的百分率如表7-4所示。

表 7-4 机体的散热方式及其所占比例

散热方式	散热量/ kcal	百分率/％	散热方式	散热量/ kcal	百分率/％
辐射	1181	43.7	吸气加温	35	1.3
传导和对流	833	30.8	其他	51	1.9
蒸发	558	20.7	合计	2700	100.0
食物加温	42	1.6			

注：1kcal＝4.187kJ。

1. 散热的方式——主要是物理方式

(1) 辐射(radiation) 辐射是指机体以发射红外线方式来散热。当皮肤温度高于环境温度时，机体的热量以辐射方式散失。辐射散热量与皮肤温度、环境温度等因素有关。在一般情况下，辐射散热量占总散热量的50%。当然，如果环境温度高于皮肤温度，机体就会吸收辐射热。辐射量还与辐射面积成比例关系，夏季伸展四肢睡觉可增强辐射而促进散热；冬季蜷缩睡觉可减少辐射面积而防止散热。动物密集在小空间内互相辐射，实际散热就减少。辐射是重要的散热方式之一，但当周围物体的温度接近机体体温时，辐射散射也就不起作用了。

(2) 传导(conduction)与对流(convection) 传导就是机体通过传递分子动能的方式散发热量。因传导而散热的速度，取决于皮肤与环境之间的温度差异以及二者接触面的大小。人生活在空气中，由于空气的导热性差，当机体与比皮肤温低的物体(如衣服、床、椅等)直接接触时，热量自身体传给这些物体，但散热较少，所以传导散热是物理散热中最不重要的方式。只有临床上，用冰帽、冰袋冷敷等方法给高热病人降温，传导散热才有意义。相比之下，更重要的是对流。对流就是空气的流动，这是以空气分子为介质的一种散热方式。与身体最接近的一层空气被体温加热而上升，周围较冷的空气随之流入。这样，空气不断地对流，体热就不断地向空气中散发。对流散热量的大小，取决于皮肤温度与环境温度之差和风速。人在有风的地方和冷水中对流速度增加，散热也增加。当气温和周围物体的温度都接近于体温时，则不发生对流。

(3) 蒸发(evaporation) 蒸发是液体汽化需要热量。自人体表面每蒸发1mL水，可带走2.32kJ热量。蒸发的总量取决于体表面积、皮肤温度、气温和空气的流动。空气流动不仅加速对流散热，更重要的是由于气流将皮肤附近的水蒸气带走，从而促进水的蒸发，导致更大的散热。湿度的作用则相反，湿度越高，蒸发量越少。当气温高于皮温时，其他几种散热方式都失去作用，蒸发便成为唯一的散热途径。临床上用酒精给高温病人擦浴，就是根据蒸发的原理。蒸发可分为不感蒸发和发汗两种形式。前者是指，无论外界环境温度高或低，人体的皮肤角质层和黏膜不断渗出水分，且在未形成明显水滴前，即已汽化。这种蒸发不形成汗液，故不被人察觉，且与汗腺无关。常温下每昼夜机体通过这种不感蒸发的水量约500mL，散出热量约1160kJ。汗液蒸发时，也要从体表带走热量。一般在外界温度超过30℃时，人体开始发汗。在非常炎热的条件下，每小时发汗量可达1.6L，如全部蒸发可带走3600kJ热量。上述几种物理方式散失的热量，与环境温度、湿度和空气流速密切相关。尤其应该注意的是体表与环境间温度的差，不但决定着散热量的多少，而且决定着热传递的方向。体表温度的高低是机体产热与散热受到一系列生理调节的结果。

2. 散热的调节

(1) 皮肤血管运动 皮肤温在调节散热中起主导作用，而皮肤温的高低取决于皮肤血流量的大小。皮肤微循环有丰富的毛细血管网、静脉丛和大量动-静脉吻合支等，使皮肤血流量可以在很大范围内变动。皮肤和皮下组织导热性小，起着隔热层作用。皮肤血管的舒缩主要是由于环境的温度变化，刺激皮肤温度感受器，而引起的反射性活动。体温调节机构通过交感神经控制血管的口径。如在寒冷环境中，交感神经紧张性增加，皮肤血管收缩，血流量减少，皮肤温下降，散热量减少。当皮肤血管收缩到最高程度时，皮内几乎无血。在温热环境中，则起相反变化，散热量增加。

(2) 汗腺分泌 汗腺活动受热刺激而加强，分泌出大量汗液。汗液的成分主要是水(99%)，还有少量的NaCl、尿素和乳酸等物质。可由温热刺激引起的发汗，称为温热性出汗，这种出汗全身到处可见。由情绪紧张和恐惧等精神因素引起的发汗，称为精神性发汗。其汗液主要见于头额、手掌和足底，它的散热作用小。在劳动或运动时，这两种类型发汗经常混合出现。汗腺的分泌受神经和体液因素的双重调节。发汗是反射性活动，外周和中枢感受器接受温热刺激和精神因素的刺激均可引起发汗。下自脊髓上到大脑皮质都有发汗中枢，但其主要中枢位于下丘脑。它与其他植物性神经功能相联系而进行体温调节。运动、睡眠和用解热药以后，发汗中枢兴奋性增高。运动时皮肤血流量增加也可以使汗腺分泌增强。汗腺受交感神经支配，其节后纤维属胆碱能纤维。

体液因素与某些药物对发汗也有重要影响。注射乙酰胆碱或毛果云香碱可引起发汗，阿托品可抑制汗腺分泌。肾上腺素可以加强乙酰胆碱对汗腺的刺激分泌作用。同时，汗腺细胞分泌汗液时，可释放一种激肽原酶，此酶作用于组织液中的激肽原（一种球蛋白），使其变成缓激肽。缓激肽能使汗腺和皮肤的小血管舒张，增加皮肤血流量，从而加强散热作用。

三、体温调节

体温调节是温度感受器接受体内、外环境温度的刺激，通过体温调节中枢的活动，相应地引起内分泌腺、骨骼肌、皮肤血管和汗腺等组织器官活动的改变，从而调整机体的产热和散热过程，使体温保持在相对恒定的水平。机体的体温调节是个自动控制系统。控制的最终目标是深部温度，以心、肺为代表。而机体的内、外环境是在不断地变化，许多因素会干扰深部温度的稳定，此时通过反馈系统将干扰信息传递给体温调节中枢，经过它的整合作用，再调整受控系统的活动，从而在新的基础上达到新的体热平衡，达到稳定体温的效果。

1. 温度感受器

（1）外周温度感受器　存在于机体皮肤、黏膜和内脏中，由对温度变化敏感的游离神经末梢构成，称为外周温度感受器。分为冷觉感受器和温觉感受器两种，各自对一定范围的温度敏感。它们将皮肤及外界环境的温度变化传递给体温调节中枢。冷觉感受器在25℃时发放冲动频率最高，热觉感受器在43℃时达高峰，当温度偏离这两个数值时，两种温度感受器发放冲动的频率均下降。此外，外周温度感受器对温度变化速率更为敏感，它们的反应强度与皮肤温度的上升或下降的速度有关。人类在实际生活中，当皮肤温为30℃时产生冷觉，而当皮肤温为35℃左右时则产生温觉。腹腔内脏的温度感受器，可称为深部温度感受器，它能感受内脏温度的变化，然后传到体温调节中枢。

（2）中枢温度感受器　分布在下丘脑、脑干网状结构和脊髓中，对温度变化敏感的神经元有：在温度上升时冲动发放频率增加者，称热敏神经元；在温度下降时冲动发放频率增加者，称冷敏神经元。在下丘脑前部和视前区热敏神经元数目较多，网状脑干结构中则主要是冷敏神经元，但两种神经元往往同时存在。中枢温度感受器直接感受流经脑和脊髓的血液温度变化，并通过一定的神经联系，将冲动传到下丘脑体温调节中枢。

2. 体温调节中枢

（1）体温调节中枢的部位　根据对多种恒温动物脑的实验证明，切除大脑皮质及部分皮质下结构后，只要保持下丘脑及其以下的神经结构完整，动物虽然在行为上可能出现一些欠缺，但仍具有维持恒定体温的能力。如进一步破坏下丘脑，则动物不再能维持相对恒定的体温。以上实验说明，调节体温的主要中枢位于下丘脑。一般认为它应包括视前区-下丘脑前部和下丘脑后部。已如前述，在视前区-下丘脑前部存在着较多的热敏神经元和少数冷敏神经元。实验还证明产热和散热的反应均可由刺激此区而引起，当这一部位加温时，热敏神经元兴奋，促进散热反应；如使其冷却时，冷敏神经元兴奋，促进产热反应。如果以上述温度刺激下丘脑后部，效果不显著，以电刺激下丘脑后部则能使骨骼肌紧张性增强，增加产热。因此，现在认为视前区-下丘脑前部接受温度刺激后，把信息传到下丘脑后部进行整合，调节产热和散热的过程，使体温保持相对稳定。

（2）调定点学说（set-point theory） 关于体温调节的机制（图 7-4），即如何把体温维持在 37℃这一水平上，一般用调定点学说来解释。这个学说认为，人和高等恒温动物的体温类似恒温器的调节。调定点的作用相当于恒温箱的调定器，是调节温度的基准。下丘脑前部-视前区的热敏神经元与冷敏神经元起着调定点的作用。这两类神经元活动的强度依下丘脑温度的高低而改变，其变化的特点，呈钟形曲线。这两条曲线的交叉点，就是已经调试完毕的体温基准点，简称调定点。正常人此点温度定为 37℃。若流经此处血液的温度超过 37℃时，热敏神经元放电频率增加，引起散热过程加强，产热过程减弱；如流经此处的血温不足 37℃时，则引起相反的变化。皮肤温度感受器的传入信息，通过中枢整合作用，也可影响调定点的活动。在正常情况下，调定点的变动范围很窄，但也可因生理活动或病理反应发生一定的改变。如细菌感染导致发热，致热原可使热敏和冷敏两类神经元活动改变，调定点上移（如 38℃）。调定点上移后，产热与散热过程将在较高的水平（38℃）上达到平衡。

病理情况下，某些因素如细菌、毒素等能使调定点上调（如达到 39℃），因而主观上感觉好像是处于低温情况下，而出现战栗、竖毛、皮肤血管收缩，提高产热率，降低散热率，直至体温升高达到新的超正常水平（39℃），然后才出现散热反应。如果致热因素不能消除，产热和散热就在此新的体温水平上保持平衡。也就是说，发热时体温调节功能并无减退，而正是由于调定点上移，体温才升高到发热水平。解热镇痛药的作用机制，就是使调定点下降，从而使体温恢复到正常水平。

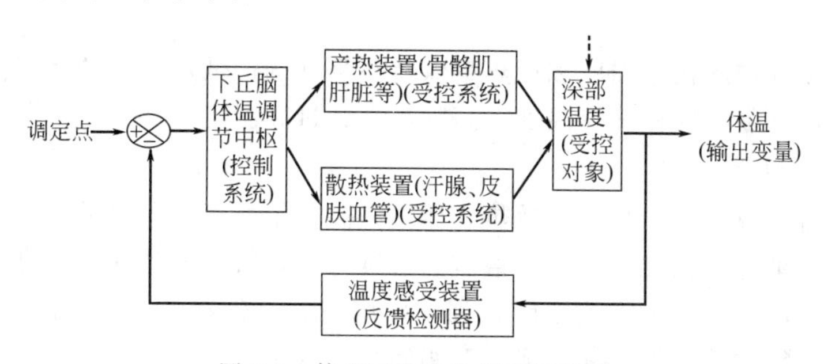

图 7-4 体温调节自动控制示意图

3. 体温调节的效应器及反馈效应

当下丘脑体温调节中枢将体温的调定点确定后，它就发出传出信号，使产热和散热过程在此温度上达到平衡。当体温略有升高，超过了调定点，则使骨骼肌的紧张度下降，甲状腺和肾上腺的分泌减少，血管扩张，皮肤血流量增加，汗腺分泌，散热增加，使体温回降到正常调定点水平。当温度略有降低，低于调定点，则使血管收缩，皮肤血流量减少，汗腺停止分泌，骨骼肌紧张度增加以致出现战栗等反应，甲状腺素的分泌也增加，代谢提高，产热增加，使体温回到正常调定点水平。

4. 大脑皮质的作用与行为性体温调节

去大脑皮质动物的体温，虽然仍可保持正常，但对环境中的冷热刺激的反应明显迟钝。这说明大脑皮质在体温调节中有重要作用。机体可通过条件反射对体温进行调节。与寒冷或酷热有关的视觉和听觉刺激均可使机体代谢水平升高。在高温或低温场所工作的人员，环境中冷或热的刺激与作业时间和地点等条件多次结合可形成条件反射，使机体习惯于环境。此外，人类的体温还有行为性的调节。机体可以通过有意识的活动来调节体温。又如，人类还可以创造人工气候使温度更为舒适。

5. 体温异常

机体调节体温能力有一定限度。如环境温度长久而剧烈的变化，或者机体的体温调节机构发生障碍，产热过程与散热过程不能保持相对平衡，就会出现体温异常。

（1）发热和中暑　体温过高意味着体温上升，它的特殊形式成为发热。发热时机体依然能对冷、热调节体温，只是由于下丘脑温热调节器重新调整，使其处于一个较高的调定点。人在高温环境中或在夏季炎热的日光下，体内产生的热量不能及时发散，引起体热过度蓄积和体温失调，会造成中暑。其突出表现为体温升高，重者可达40℃以上时，可出现头痛、头晕、脉搏细弱、血压下降甚至意识丧失等症状。长时间的体温过高可能引起体温调节中枢功能的衰竭，造成严重后果。发热是许多疾病所伴随的症状，如细菌毒素等致热原进入机体后，使调定点升高，体温可达38℃以上。发热会引起机体不适感，消耗体力，增加心脏负担等。

（2）体温过低　在低温环境中，如果体温中枢的调节使产热量不足以抵偿散热量时，正常体温就不能维持而逐渐下降。由于体温适当降低，可使机体代谢率下降，组织耗氧量亦降低，可以消除或减轻因缺氧对细胞的损害。因此，临床上可用人工低温麻醉的方法进行大型外科手术，也可用人工低温方法保存组织器官供临床器官移植之用。

四、外界温度对动物体温的影响

动物的调节机制完善，但有一定的限度，超过此限度，容易导致动物死亡。

1. 等热范围

等热范围即使动物的代谢强度和产热量保持在生理的最低水平时的环境温度，又称代谢稳定区。等热范围低限温度称临界温度。高限温度为过高温度。

2. 家畜的耐热性能

外界温度接近体温时，产热大于散热，体温升高。主要通过蒸发散热、热性喘息等。当这些均不能使体温维持到正常时，则家畜体温继续升高，最后导致死亡。高温情况下，蒸发困难大，危害重。例如：马的耐热性能较强，汗腺发达，但在41℃高温下，会导致马出现喘息；40℃时会导致荷兰乳牛食欲废绝，产奶停止。

3. 家畜的抗寒性能

低寒环境减少散热，动物被毛竖立，身体蜷缩，互相拥挤。增加产热的因素有：基础代谢加强，战栗性产热、非战栗性产热。若长时间处于寒冷环境，降温超过体温调节能力范围，体温开始下降，代谢减弱；当体温急剧下降时，可引起死亡。

牛、马、绵羊在－18℃、荷兰乳牛在－15℃，可正常产奶。猪的抗寒能力较差。动物的抗寒能力一般比耐热能力大得多。

4. 家畜长时期受冷的体温调节

（1）冷服习（冷惯习）　指动物短时间生活在寒冷的环境中所发生的生理适应性反应，数周内由战栗性产热转为非战栗性产热。

（2）风土驯化　季节性逐渐改变（绝热性），动物提高保存体热能力，通过羽毛、皮下脂肪增厚，增加身体的隔热层，外周血管的收缩也明显改善，但产热并未增加。

（3）气候适应　动物经过多代自然、人工选择，遗传性发生变化，可以很好地适应当地环境温度。适应能力受品种、营养状态、锻炼等因素影响。

本 章 小 结

• 机体所表现的各种形式的能量，都来源于机体从外界环境摄取的营养物质；糖类、脂肪和蛋白质。机体能量的直接供应者是三磷酸腺苷，能源物质氧化所释放的能量，50%以上迅速转化为热能，以维持体温，并不断地从体表散发，其余不足50%的部分以化学能的形式储存在ATP中。当机体需要时，ATP再分解，以提供不同形式的能量供机体利用，如合成代谢、肌肉收缩等。

• 机体产热受一些因素的影响，实际测定能量代谢时必须考虑这些因素的存在：食物的特殊动力作用、肌肉运动、环境温度、精神因素。

• 生理学所说的体温是指机体深部的平均温度。保温的恒定，既是新陈代谢的结果，又是进行新陈代谢和生命活动正常进行的重要条件。

• 体温调节是温度感受器接受体内、外环境温度的刺激，通过体温调节中枢的活动，相应地引起内分泌腺、骨骼肌、皮肤血管和汗腺等组织器官活动的改变，从而调整机体的产热和散热过程，使体温保持在相对恒定的水平。

复习思考题

1. 名词概念：能量代谢、热价、呼吸商、基础代谢率、静止能量代谢、战栗性产热、非战栗性产热、冷服习。

2. 试述影响机体能量代谢的因素。

3. 动物机体体温是怎样维持恒定的？

第八章　泌　　尿

学习目标

1. 掌握尿液的生成过程及影响尿液形成的因素。
2. 理解尿的浓缩与稀释的机制。
3. 了解尿液生成及排放的调节。

肾脏是机体重要的排泄器官之一，参与维持机体内环境相对稳定。血液在流经肾脏时，经过肾小球毛细血管网形成滤过液，滤过液经过肾小管和集合管的重吸收和分泌作用，形成尿液。经输尿管进入膀胱，然后由膀胱经尿道排出体外。肾脏通过尿液的生成和排出可以实现以下功能：将机体内的代谢产物和进入体内的异物排出体外；维持体内水与电解质的稳定和酸碱平衡。肾脏尿液的生成过程受神经、体液和自身的调节。

除生成尿液外，肾还可以分泌促红细胞生成素（EPO）、肾素、1,25-二羟维生素 D_3 和前列腺素等，分别参与机体的多种活动的调节。

第一节　肾脏的解剖和血流特点

一、肾脏的功能结构

1. 肾单位和肾小管

肾单位（nephron）是肾脏的基本功能单位，与集合管共同完成泌尿活动。肾单位包括肾小体和与之相连的肾小管（图 8-1）。肾小体包括肾小球和肾小囊。肾小球是一团毛细血管网，其两端分别与入球小动脉和出球小动脉相连。肾小球外面的包囊称为肾小囊，由肾小管盲端膨大凹陷形成，分为内层（脏层）和外层（壁层），两层之间的腔隙称为囊腔，与肾小管管腔相通。

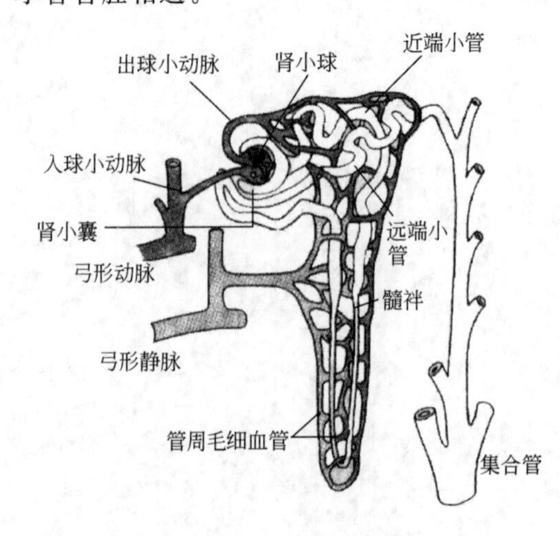

图 8-1　肾单位示意图

肾小管由近端小管、髓袢细段和远端小管组成。近端小管可分为曲部（近曲小管）和直部（髓袢降支粗段）；髓袢包括近端小管直部、细段和远端小管直部；远端小管亦分为曲部（远曲小管）和直部（髓袢升支粗段）。远曲小管与集合管相连。

各种不同动物的肾单位数目不同，牛大约为 800 万个，猪 220 万个，犬 80 万～120 万个，鸡 80 万个，猫 18 万个，兔 20 万个。

2. 皮质肾单位和近髓肾单位

根据肾小体所在部位的不同，肾单位可分为皮质肾单位和近髓肾单位两种，二者在结构和功能上有明显的区别。

皮质肾单位主要分布在肾的外皮质层和中皮质层，数量较多，肾小球体积小，髓袢较短，只到达外髓部，有的甚至不能到达髓质，入球小动脉口径比出球小动脉粗，出球小动脉分支形成血管网，包绕肾小管。

近髓肾单位分布于靠近肾髓质的内皮质层，数量较少，肾小球体积大，髓袢长，可深入到内髓质层或乳头部，出球小动脉不仅缠绕于近曲小管，而且还形成了“U”形直小血管深入髓质与髓袢伴行，近髓肾单位在尿的浓缩和稀释中起到重要作用。

3. 肾小球旁器

肾小球旁器（juxtaglomerular apparatus）亦称球旁复合体、近血管球复合体、球旁器，是肾内具有内分泌功能的结构，由球旁细胞、致密斑和球外系膜细胞组成（图 8-2）。球旁器能够将髓袢升支粗段内的小管液成分变化的信息传递到同一肾单位的肾小球部分，调节肾素的释放和肾小球的滤过率，这一过程称为管-球反馈。

球旁细胞位于入球小动脉中膜层，是由平滑肌细胞演变而来的肌上皮样细胞，细胞内含分泌颗粒，具有分泌肾素的能力。

致密斑是远曲小管的起始部分上皮细胞，呈高柱状，使管腔内局部呈现斑状隆起。致密斑可感受小管液中 NaCl 含量的变化，并将信息传递至球旁细胞，参与肾素释放的调节。

球外系膜细胞是位于入球小动脉、出球小动脉和致密斑之间的一群细胞，具有收缩和吞噬能力。

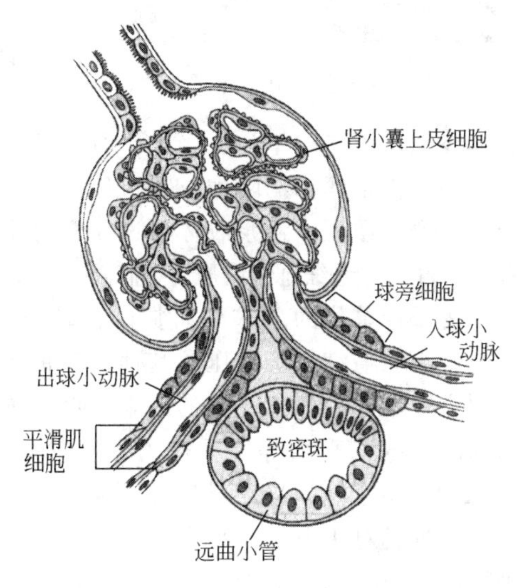

图 8-2　肾小球旁器

二、肾脏的血液供应

肾动脉直接由腹主动脉垂直分出，血流量大，约占心输出量的 20%～30%。肾循环的高灌注量提示肾的血液供应不单纯是为肾组织提供氧气和营养物质，还有形成尿液的功能。在肾脏中，皮质部的血流量最大，约占全肾血流量的 92.5%，外髓部约占 6.5%，内髓部最少，一般仅接近 1%。肾动脉进入肾单位要经过两次毛细血管网，肾小球毛细管网介于入球小动脉与出球小动脉之间，而且皮质肾单位中入球小动脉的口径比出球小动脉大，故肾小球的毛细血管压高，有利于肾小球的滤过作用。出球小动脉分支缠绕在肾小管和集合管周围，由于肾小球的滤过作用和出球小动脉细而长，所以肾小管周围的毛细血管网的血压低，但血浆渗透压却相对较高，有利于肾小管和集合管的重吸收作用。近髓肾单位中出球小动脉分支除形成围绕在肾小管和集合管周围的毛细血管以外，还分出一支形成直小血管，其呈“U”字形，并伴随髓袢而行至肾乳头部，这一特点有利于肾髓质高渗梯度的维持，进而对尿的浓缩有重要意义。

第二节　肾小球的滤过作用

尿的生成过程包括肾小球的滤过和肾小管、集合管的重吸收与分泌过程。血液在流经肾小球毛细血管时，血浆成分（包括水、小分子溶质及少量小分子蛋白质）在此过程发生超滤，进入肾小囊内，形成肾小球超滤液——原尿，这是肾脏生成尿液的第一步。

一、滤过膜及其通透性

肾小球毛细血管内血浆和肾小囊内液体之间有一层膜结构分隔，血浆通过这层膜结构滤过进入肾小囊内，这层膜结构是滤过的屏障，称为滤过膜。滤过膜由毛细血管内皮细胞、肾小囊脏层上皮细胞（又称足细胞）及它们之间的基膜组成（图 8-3）。

滤过膜的三层结构上存在大小由 4～8nm 至 50～100nm 不等的小孔或裂隙，是肾小球滤过的结构屏障，具有较大的通透性。滤过膜内还含有许多带负电荷的物质，因此能限制带负电荷的血浆蛋白滤过，形成肾小球滤过的电学屏障。当血液流经肾小球时，除血细胞和大分子的蛋白质外，血液中的其余物质透过滤过膜滤入肾小囊的囊腔中，形成原尿。

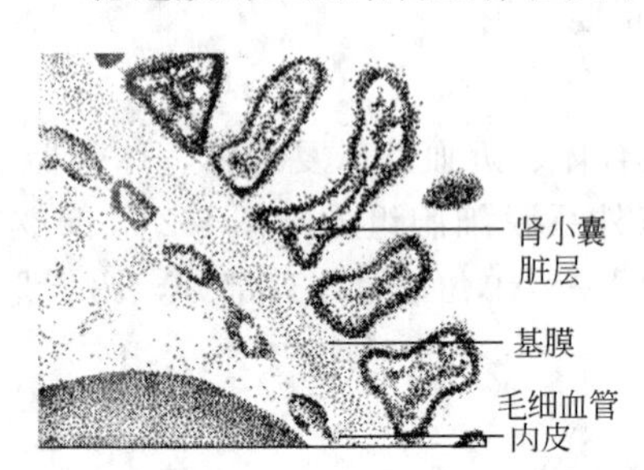

图 8-3　滤过膜示意图

二、有效滤过压

肾小球的滤过作用产生于毛细血管壁滤过膜两侧的压力差。由于肾小囊内的滤过液中蛋白质浓度较低，其胶体渗透压可忽略不计。因此，肾小球毛细血管血压是滤出的唯一动力，而血浆胶体渗透压和囊内压则是滤出的阻力。滤过膜两侧有三种压力，即肾小球毛细血管血压、血浆胶体渗透压和肾小囊内压（图 8-4）。

有效滤过压＝毛细血管血压－(血浆胶体渗透压＋肾小囊内压)

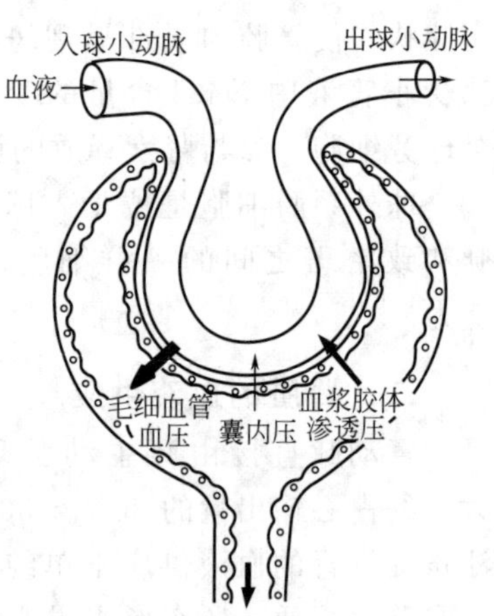

图 8-4　有效滤过压示意图

皮质肾单位的入球小动脉口径较出球小动脉的大 1 倍，因此肾小球毛细血管血压较其他器官的毛细血管血压高。直接测定肾小体内各段压力的结果表明，入球小动脉和出球小动脉的血压几乎相等，平均为 6.0kPa；肾小囊内压平均为 1.3kPa；由于从入球小动脉端开始，不断发生滤过作用，肾小球滤过膜对蛋白质几乎没有通透性，因而不同部位的血浆胶体渗透压不同。随着水分及其他溶质的逐渐滤出，肾小球毛细血管入球小动脉端的血浆胶体渗透压为 2.7kPa，出球小动脉端的血浆胶体渗透压增至 4.7kPa，因此，有效滤过压也逐渐下降。由以上公式可计算得：

入球小动脉端有效滤过压＝6.0－(2.7＋1.3)＝ 2.0kPa

出球小动脉端有效滤过压＝6.0－(4.7＋1.3)＝ 0kPa

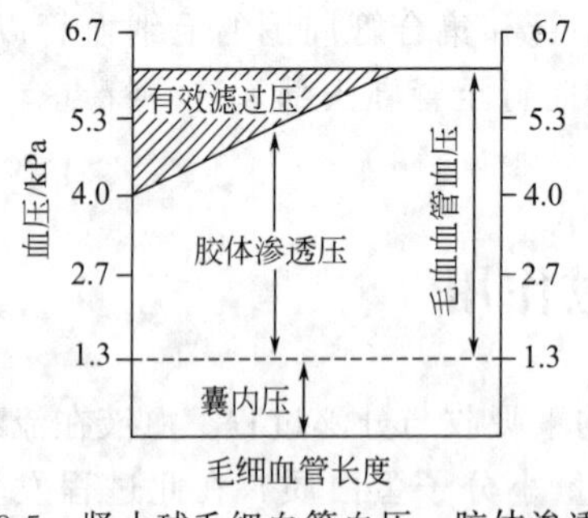

图 8-5　肾小球毛细血管血压、胶体渗透压和囊内压对肾小球滤过率的作用

当有效滤过压下降到零时，就达到滤过平衡，滤过便停止了（图 8-5）。由此可见，不是肾小球毛细血管全段都有滤过作用，只有从入球小动脉端到滤过平衡这一段才有滤过作用。滤过平衡越靠近入球小动脉端，有效滤过的毛细血管长度就越短，有效滤过压和面积就越小，肾小球滤过率就越低；相反，滤过平衡越靠近出球小动脉端，有效滤过的毛细血管长度越长，有效滤过压和滤过面积就越大，肾小球滤过率就越高。如果达不到滤过平衡，全段毛细血管都有滤过作用。

三、肾小球滤过功能指标

单位时间内（每分钟）两肾生成的超滤液量称为肾小球滤过率（GFR）。据测定，50kg体重的猪，其肾小球滤过率为100mL/min左右。照此计算，两侧肾每一昼夜从肾小球滤出的血浆总量将高达144L，此值约为体重的3倍。

流经肾脏的血浆，只有一部分在肾小球毛细血管滤过。肾小球滤过率和肾血浆流量的比例称为滤过分数。经测定，体表面积为1.73m^2的个体，肾小球滤过率约为125mL/min，24h内两侧肾脏肾小球滤过的血浆总量为180L，若肾血浆流量为660mL/min，则滤过分数为125/600×100%＝19%，这一滤过分数表明，流经肾的血浆约有1/5从肾小球滤出到囊腔中。肾小球滤过率和滤过分数是衡量肾小球滤过功能的重要指标，主要受滤过膜面积及其通透性、有效滤过压等因素的影响。

四、影响肾小球滤过的因素

1. 滤过膜通透性和有效滤过面积

在正常情况下，肾小球滤过膜的通透程度和有效滤过面积是保持稳定的，血细胞和大分子蛋白质不能通过，但在病理条件下滤过膜的通透性和滤过面积可能会有较大的变动。当肾小球发炎时，滤过膜会增厚，孔隙变小，机械屏障作用增大，同时引起毛细血管堵塞或管腔变小，有效滤过面积缩小，从而导致滤过率下降。但因为滤过膜各层的带负电荷糖蛋白减少，电学屏障作用减弱，使原来不能滤过的血细胞和大分子蛋白质也能通过，随尿排出，出现血尿和蛋白尿。

2. 有效滤过压

（1）肾小球毛细血管血压　由于肾血流量具有自身调节机制，动脉血压变动于10.7～24kPa（80～180mmHg）范围内时，肾小球毛细血管血压维持稳定，从而使肾小球滤过率基本保持不变。但当动脉血压降到10.7kPa（80mmHg）以下时（如大量失血），肾小球毛细血管血压将相应下降，于是有效滤过压降低，肾小球滤过率也减少。当动脉血压降到5.3～6.7kPa（40～50mmHg）以下时，肾小球滤过率将降到0，因而无尿。在高血压病晚期，入球小动脉由于硬化而缩小，肾小球毛细血管血压可明显降低，于是肾小球滤过率减少而导致少尿。

全身血压降低，肾小球毛细血管血压也降低，并且全身性的低血压还能反射性地刺激交感神经兴奋，使肾血管收缩，肾的血流量减少，因此，有效滤过压降低，原尿生成减小，终尿量也减少。

（2）肾小囊囊内压　肾小囊囊内压是对抗肾小球滤过的因素之一。在正常情况下，肾小囊囊内压是比较稳定的。当尿液的流出通路发生阻塞，如肾盂或输尿管结石、肿瘤压迫或其他原因引起的输尿管阻塞时，肾盂内压升高，逆向引起肾小囊囊内压增高，使有效滤过压降低，肾小球的滤过率降低，尿量减少；反之，则尿量增加。

（3）血浆胶体渗透压　在机体处于正常情况时，血浆胶体渗透压不会有很大的变动。但当血浆蛋白浓度降低时，血浆胶体渗透压降低，引起有效滤过压增高，肾小球的滤过率增加，滤出量增多，尿量增加；反之则减少。如静脉快速注射大量生理盐水时，血液被稀释，血浆蛋白浓度下降，血浆胶体渗透压降低，引起肾小球滤过率增加，尿量增多。

第三节　肾小管和集合管的重吸收与分泌作用

血浆在肾小球处发生超滤，是生成尿液的第一步。超滤液还需经肾小管和集合管的重吸收与分泌过程，才能形成最终的尿液。肾小囊腔的原尿，经肾小管流向集合管，称小管液。重吸收（reabsorption）是指肾小管和集合管上皮细胞将小管液中的水分和各种溶质重新转运回血液。分泌（secretion）是指肾小管和集合管上皮细胞将本身产生的物质或血液中的物质转运至肾小管腔内。小管液经过肾小管和集合管，管壁上皮细胞能选择性重吸收小管液中的水分和各种物质与分泌后成为终尿，最后排出体外。据测定牛两侧肾脏每天产生的原尿在1400L以上，而每天排出的终尿量只有6～12L，终尿量通常仅占原尿量的不到1%。其中水分99%被重吸收，葡萄糖和氨基酸等全部被重吸收，Na^+、Cl^-、尿素大部分被重吸收，而肌酐则完全不被重吸收。肾小管各段对不同物质的重吸收率和重吸收的物质是不同的。如近曲小管的重吸收能力最强，能吸收原尿中几乎全部的葡萄糖、氨基酸、维生素、小分子蛋白质、钾和磷等，大部分水、钠、氯等物质也被重吸收。

原尿的成分除了不含血浆蛋白外，其他成分与血浆基本相同，经过肾小管和集合管的重吸收和分泌作用，使原尿中对机体有用的物质重新被吸收入血，对机体无用或有害的物质随终尿排出，终尿的量与成分和原尿大不相同（表8-1）。

表8-1 肾脏对正常血浆成分的滤过量、重吸收量与排泄量 g/24h

物质	滤过量	重吸收量	排泄量	物质	滤过量	重吸收量	排泄量
Na^+	540	537	3.3	葡萄糖	140	140	0
Cl^-	630	625	5.3	尿素	53	28	2.4
HCO_3^-	300	300	0.3	肌酐	1.4	0	>1.4
K^+	28	24	3.9				

一、肾小管和集合管中不同物质重吸收

近端小管上皮形成皱褶，增大吸收面积，是滤过液中物质重吸收的主要部位。其中67% Na^+、Cl^-、K^+和水在近端小管被重吸收；有85% HCO_3^- 在近端小管被重吸收；全部葡萄糖、氨基酸及滤过的少量蛋白质在近端小管被重吸收；H^+在此段被分泌入小管液中。髓袢、远端小管和集合管能重吸收少量的溶质，分泌NH_3、K^+和其他一些代谢产物。

（一）Na^+的重吸收

肾小球滤过液流经近端小管时，滤过液中的Na^+约65%被重吸收，髓袢可重吸收25%，远端小管和集合管主动重吸收约9%。

1. 近端小管

在近端小管前半段，大部分Na^+与葡萄糖、氨基酸同向转运，与H^+逆向转运而被主动重吸收。

在近球小管前半段管壁细胞基侧膜上有大量的Na^+泵，由于Na^+泵的作用，Na^+被泵至细胞间隙，使细胞内Na^+浓度低，细胞内带负电位，因此，小管液中的Na^+和葡萄糖与管腔膜上的同向转运体结合后，Na^+顺电化学梯度通过管腔膜的同时，释放的能量将葡萄糖同向转运入细胞内。进入细胞内的Na^+即被细胞基侧膜上的Na^+泵泵出至细胞间隙，这样，一方面使细胞内Na^+的浓度降低，小管液中的Na^+和葡萄糖便可不断转运进入细胞内，细胞内的葡萄糖由易化扩散通过细胞基侧膜离开细胞回到血液中；另一方面，使细胞间隙中的Na^+浓度升高，渗透压也升高，通过渗透作用，水随之进入细胞间隙。由于细胞间隙在管腔膜侧的紧密连接相对是密闭的，Na^+和水进入后就使其中的静水压升高，这一压力可促使Na^+和水通过基膜进入相邻的毛细血管而被重吸收，但也可能使部分Na^+和水通过紧密连接回漏至小管腔内。

小管液中的 Na^+ 和细胞内的 H^+ 与管腔膜上的交换体结合进行逆向转运，使小管液中的 Na^+ 顺浓度梯度通过管腔膜进入细胞的同时，将细胞内的 H^+ 分泌到小管液中；进入细胞内的 Na^+ 随即被基侧膜上的 Na^+ 泵泵至细胞间隙而主动重吸收。分泌到小管液中的 H^+ 将有利于小管液中的 HCO_3^- 的重吸收（图 8-6）。

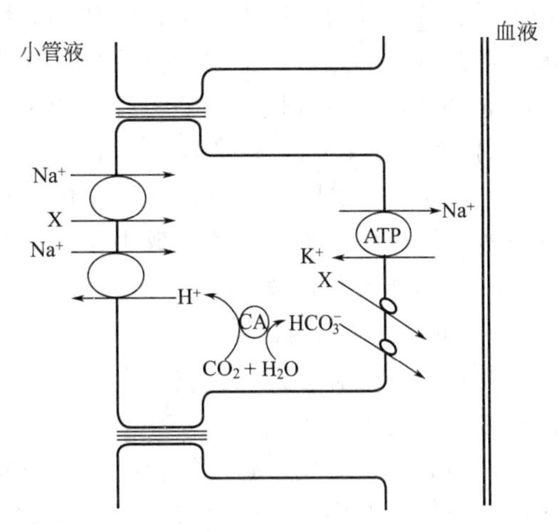

图 8-6 近端小管前半段的物质转运示意图

X 为葡萄糖、氨基酸等

在近端小管后半段，NaCl 是通过细胞旁路和跨上皮细胞两条途径而被重吸收的。小管液进入近端小管后半段时，绝大多数的葡萄糖、氨基酸已被重吸收，水也随着 Na^+ 的重吸收被重吸收，由于 HCO_3^- 重吸收速率明显大于 Cl^- 重吸收，Cl^- 留在小管液中，造成近球小管后半段的 Cl^- 浓度比管周组织间液高 20%～40%。因此，Cl^- 顺浓度梯度经细胞旁路（即通过紧密连接进入细胞间隙）而重吸收回血。由于 Cl^- 被动重吸收，使小管液中正离子相对较多，造成管内外电位差，管腔内带正电，管外带负电，在这种电位差作用下，Na^+ 顺电位差通过细胞旁路而被动重吸收。Cl^- 通过细胞旁路重吸收是顺浓度梯度进行的，而 Na^+ 通过细胞旁路重吸收是顺电位梯度进行的，因此，NaCl 重吸收都是被动的。

2. 髓袢

肾小球滤过的 Na^+ 约有 25% 在髓袢被重吸收。微灌流实验表明，在髓袢升支粗段 Na^+、Cl^- 与 K^+ 一同被重吸收，兔髓袢升支粗段管腔内为正电位（+10mV），如果灌流液中不含 K^+，则管内的正电位基本消失，Cl^- 重吸收率很低，这说明管腔内正电位与 Cl^- 的重吸收和小管液中的 K^+ 有密切关系。据上述实验，有人提出 Na^+ ∶ $2Cl^-$ ∶ K^+ 同向转运模式。该模式认为，髓袢升支粗段上皮细胞基侧膜上的 Na^+ 泵，将 Na^+ 由细胞内泵向组织间液，使细胞内的 Na^+ 下降，造成管腔内与细胞内 Na^+ 有明显的浓度梯度；Na^+ 与管腔膜上同向转运体结合，形成 Na^+ ∶ $2Cl^-$ ∶ K^+ 同向转运体复合物，Na^+ 顺浓度梯度进入细胞的同时将 $2Cl^-$ 和 K^+ 一起同向转运至细胞内。进入细胞的 Na^+、$2Cl^-$ 和 K^+ 的去向各不相同，Na^+ 由 Na^+ 泵泵至组织间液，Cl^- 由于浓度梯度经管周膜上 Cl^- 通道进入组织间液，而 K^+ 则顺浓度梯度经管腔膜而返回管腔内，再与同向转运体结合，继续参与 Na^+ ∶ $2Cl^-$ ∶ K^+ 的同向转运，循环使用；由于 $2Cl^-$ 进入组织间液，K^+ 返回

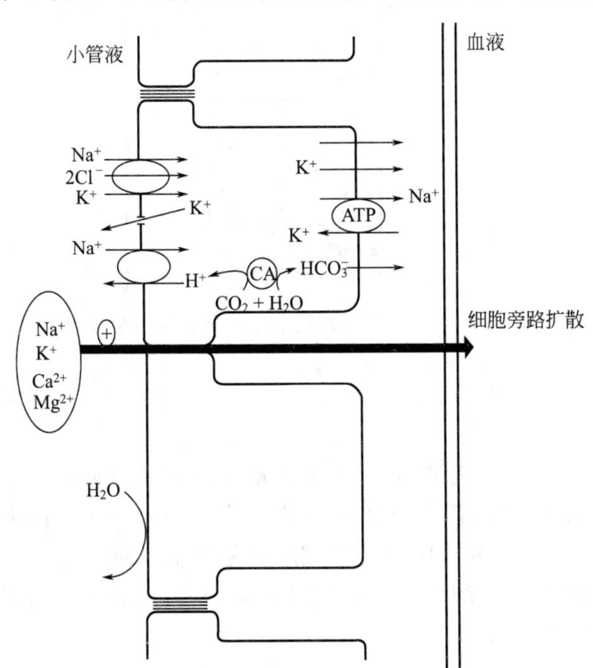

图 8-7 髓袢升支粗段对 Na^+、Cl^- 重吸收

管腔内，这就导致管腔内出现正电位，由于管腔内正电位，使管腔液中的 Na^+ 等正离子顺电位差从细胞旁路进入组织间液，这是不耗能的 Na^+ 被动重吸收。从这个模式说明，通过 Na^+ 泵的活动，继发性主动重吸收了 $2Cl^-$，同时伴有 $2Na^+$ 的重吸收，其中 $1Na^+$ 主动重吸收，另 $1Na^+$ 通过细胞旁路而被动重吸收，这样为 Na^+ 的重吸收节约了 50%能量消耗（图 8-7）。髓袢升支粗段对水的通透性很低，水不被重吸收而留在小管内。由于 NaCl 被上皮细胞重吸收至组织间液，因此造成小管液低渗，组织间液高渗。这种水和盐重吸收的分离，有利于尿液的浓缩和稀释。

3. 远端小管和集合管

在远曲小管和集合管重吸收大约 9%滤过的 Na^+。远曲小管和集合管上皮细胞间隙的紧密连接对小离子如 Na^+、K^+ 和 Cl^- 等的通透性低，这些离子不易通过紧密连接回漏至小管腔内，因此，所能建立起来的管内外离子浓度梯度和电位梯度大。在远端小管初段，对水的通透性很低，但仍主动重吸收 NaCl，继续产生低渗小管液。Na^+ 在远曲小和集合管的重吸收是逆较大的电化学梯度进行的，是主动重吸收过程。这可能与远曲小管的 Na^+ 泵在肾单位中活性最高有关。有人认为在远曲小管初段的小管液中，Na^+ 是通过 Na^+-Cl^- 同向转运进入细胞的，然后由 Na^+ 泵将 Na^+ 泵出细胞而主动重吸收回血（图 8-8）。

远端小管后段和集合管含有两类细胞，即主细胞和闰细胞。主细胞重吸收 Na^+ 和水，分泌 K^+，闰细胞则主要分泌 H^+，主细胞重吸收 Na^+ 主要通过管腔膜上的 Na^+ 通道。管腔内的 Na^+ 顺电化学梯度通过管膜上的 Na^+ 通道进入细胞，然后，由 Na^+ 泵泵至细胞间液而被重吸收（图 8-9）。

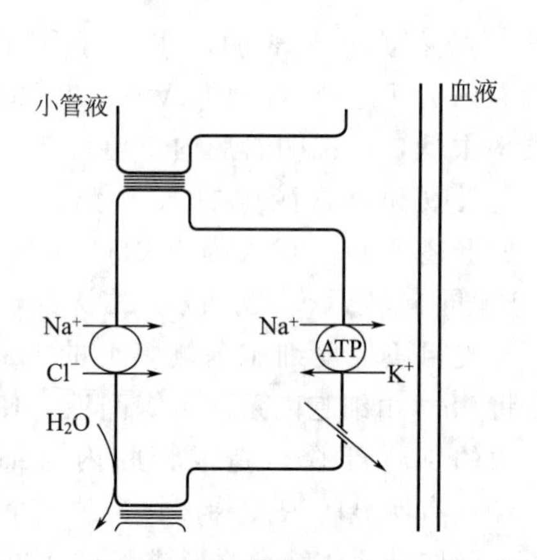

图 8-8　远端小管前半段重吸收 NaCl 示意图

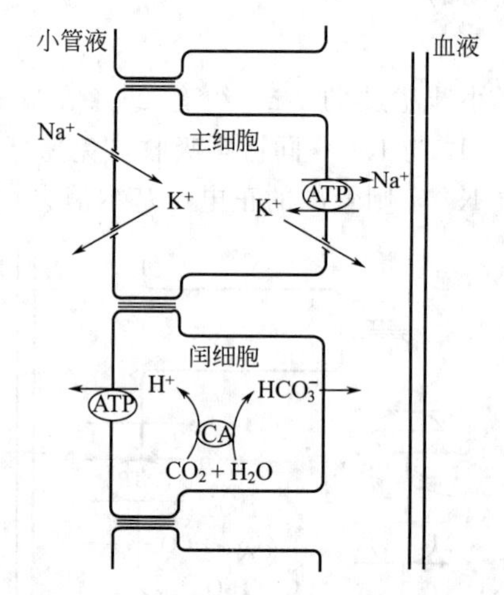

图 8-9　远端小管后半段和集合管的物质转运

（二）Cl^- 的重吸收

1. 近端小管

从肾小球滤过的 Cl^-，约 65%在近端小管中伴随着 Na^+ 的主动重吸收而重吸收的。近端小管对 Na^+ 的主动重吸收形成小管内的负电位，管内外的电位差促使小管液中的 Cl^- 和 HCO_3^- 等负离子顺着电位差被动重吸收。HCO_3^- 的重吸收优于 Cl^- 的重吸收，同时，由于渗透压的作用，水也被重吸收，使小管液中的 Cl^- 浓度比周围间质中高 20%～40%，管内外 Cl^- 的浓度差造成 Cl^- 的被动重吸收。

2. 髓袢

从肾小球滤过的 Cl^- 约 25%在髓袢升支粗段被主动重吸收，其吸收机制为 Na^+ ：

$2Cl^-$ ：K^+同向转运。

3. 远端小管和集合管

远端小管和集合管重吸收肾小球滤过Cl^-的约10%，其中远端小管重吸收7%，集合管约重吸收3%。远端小管和集合管对Cl^-的重吸收也是继发于Na^+的主动重吸收。在远端小管的初段，Cl^-和Na^+一起经Na^+-Cl^-同向转运机制进入细胞，进入细胞的Cl^-再经基底侧膜上的Cl^-通道移出细胞，进入细胞间隙。由于小管液为负电位，小管液中的Cl^-又可以通过旁途径进入细胞间隙。

（三）水的重吸收

肾小球滤过液中的水约有99%被重吸收，仅1%被最后排出体外。水的重吸收是被动的，其动力是溶质重吸收后形成的上皮细胞和细胞间隙之间渗透压差。水在各段肾小管中重吸收的比例不同，重吸收的多少取决于各段小管上皮细胞对水的通透性以及机体内的水盐平衡状态。

1. 近端小管

从肾小球滤过的水，65%在近端小管被重吸收。近端小管对水的通透性高，水与溶质一起被重吸收。当溶质中的Na^+、葡萄糖、氨基酸、Cl^-、HCO_3^-被重吸收后，小管液渗透浓度降低而细胞间液的渗透浓度增高，水在渗透作用下透过小管上皮细胞（跨细胞途径）和细胞间的紧密连接（旁细胞途径）进入细胞间隙。

2. 髓袢

约20%肾小球滤过的水被髓袢重吸收，在髓袢降支细段以渗透方式被重吸收，髓袢升支对水是不通透的。

3. 远端小管和集合管

从肾小球滤过的水，约有14%在远端小管和集合管被重吸收。虽然所占的比例不大，但变化较大，而且受血浆中血管升压素（抗利尿激素，ADH）的调节。因而远端小管和集合管对水的重吸收量直接影响着尿量的多少。在机体失水的情况下，由于血浆渗透压升高，可刺激位于下丘脑的渗透压感受器释放ADH。ADH可以使远曲小管和集合管上皮细胞对水的通透性增加，从而增加对水的重吸收，因此尿量减少，形成高渗尿。在没有ADH的情况下，远端小管和集合管上皮对水是不通透的，因此不能重吸收水，尿量就明显增多。

（四）HCO_3^-重吸收

肾小球滤过液中的HCO_3^-约85%在近端小管被重吸收。HCO_3^-的重吸收与小管上皮细胞管腔膜上的Na^+-H^+交换有密切关系。HCO_3^-在血浆中以钠盐（$NaHCO_3$）的形式存在，血浆中的$NaHCO_3$滤入囊腔进入肾小管后可解离成Na^+和HCO_3^-。通过Na^+-H^+交换，H^+由细胞内分泌到小管液中，Na^+进入细胞内，并与细胞内的HCO_3^-一起被转运回血。由于小管液中的HCO_3^-不易通过管腔膜，它与分泌的H^+结合生成H_2CO_3，在碳酸酐酶作用下，H_2CO_3迅速分解为CO_2和水，CO_2是高度脂溶性物质，能迅速通过管腔膜进入细胞内，在碳酸酐酶作用下，进入细胞内的CO_2与H_2O结合生成H_2CO_3，H_2CO_3又解离成H^+和HCO_3^-。H^+通过Na^+-H^+交换从细胞分泌到小管液中，HCO_3^-则与Na^+一起转运回血。因此，肾小管重吸收HCO_3^-是以CO_2的形式，而不是直接以HCO_3^-的形式进行的（图8-10）。如果滤过的HCO_3^-超过了分泌的H^+，HCO_3^-就不能全部（以CO_2形式）被重吸收。由于它不易透过管腔膜，所以余下的便随尿排出体外。可见肾小管上皮细胞分泌$1H^+$就可使$1HCO_3^-$和$1Na^+$重吸收回血，这在体内的酸碱平衡调节中起到重要作用。由于

近球小管的 Na^+-H^+ 交换，小管液中的 HCO_3^- 与 H^+ 结合并生成 CO_2，CO_2 透过管腔膜的速度明显高于 Cl^- 的速度。因此，HCO_3^- 的重吸收率明显大于 Cl^- 的重吸收率。

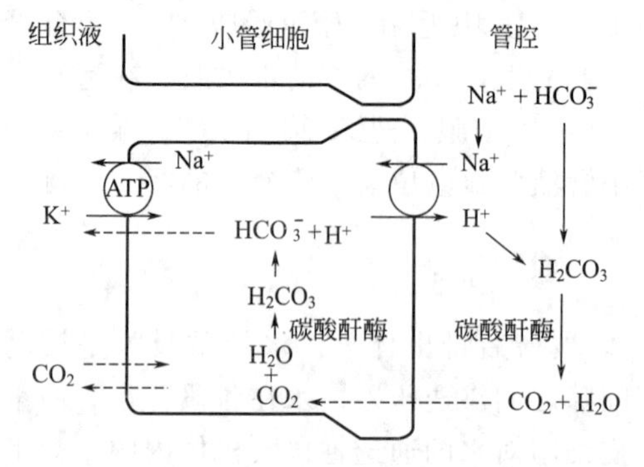

图 8-10　HCO_3^- 的重吸收

（五）葡萄糖重吸收

肾小球滤过液中的葡萄糖浓度与血糖浓度相同，但尿中几乎不含葡萄糖，这说明葡萄糖全部被重吸收回血。微穿刺实验表明，重吸收葡萄糖的部位仅限于近端小管，尤其是在近端小管前半段，其他各段肾小管都没有重吸收葡萄糖的能力。因此，如果在近端小管以后的小管液中仍含有葡萄糖，则尿中将出现葡萄糖。

葡萄糖是不带电荷的物质，它的重吸收是一个与钠泵偶联转运的主动过程。在兔肾近端小管微灌流实验中观察到，如果灌流液中去掉葡萄糖等有机溶质，则 Na^+ 的重吸收率降低；如果灌流液中的 Na^+ 全部去掉，则葡萄糖有机溶质的重吸收将完全停止，说明葡萄糖的重吸收与 Na^+ 同向转运密切相关。葡萄糖和 Na^+ 分别与管腔膜上的同向转运体蛋白的结合位点相结合而进行同向转运。

近端小管对葡萄糖的重吸收有一定限度。当血液中葡萄糖浓度超过（160～180）mg/100mL 时，有一部分肾小管对葡萄糖的吸收已达到极限，尿中开始出现葡萄糖，此时的血糖浓度称为肾糖阈。血糖浓度再继续升高，尿中葡萄糖含量也将随之不断增加；当血糖浓度超过 300mg/100mL 后，全部肾小管对葡萄糖的吸收均已达到极限，此值即为葡萄糖吸收极限量。此时，尿葡萄糖排出率则随血糖浓度升高而平行增加（图 8-11）。

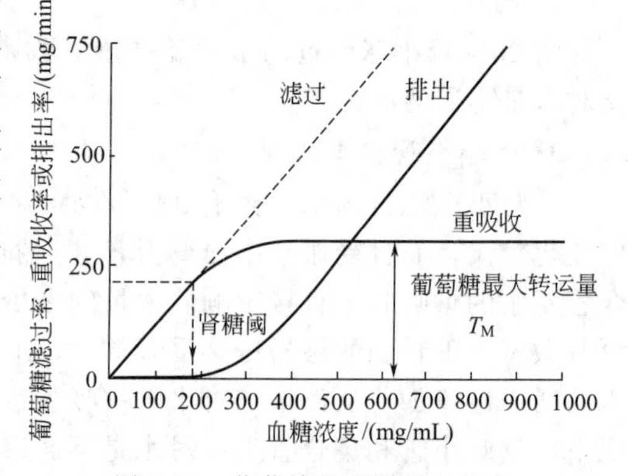

图 8-11　葡萄糖的重吸收和排泄

（六）K^+ 的重吸收

肾小球滤过的 K^+ 有 67％左右在近端小管重吸收回血，而尿中的 K^+ 主要是由远曲小管和集合管分泌的。有人认为，近球小管对 K^+ 的重吸收是一个主动转运过程。小管液中钾浓度为 4mmol/L，大大低于细胞内 K^+ 浓度（150mmol/L），因此在管腔膜处 K^+ 重吸收是逆浓度梯度进行的。管腔膜 K^+ 主动重吸收的机制尚不清楚。

（七）Ca^{2+} 的重吸收

经肾小球滤过的钙，约有 70％在近端小管被重吸收，20％在髓袢重吸收，9％在远端小管和集合管重吸收，只有不到 1％的随尿液排出体外。

近端小管 Ca^{2+} 的重吸收，约 80％经细胞旁途径进入细胞间隙，约有 20％经跨细胞途径重吸收。上皮细胞内的 Ca^{2+} 浓度远远低于小管液中的 Ca^{2+} 浓度，且细胞内电位相对小管液为负，这一电化学梯度可驱使钙从小管液扩散进入上皮细胞内。细胞内的 Ca^{2+} 经基底侧膜上的 Ca^{2+}-ATP 酶和 Na^+-Ca^{2+} 交换机制逆电化学梯度转运出细胞。髓袢降支细段和升支细段对 Ca^{2+} 不通透，仅髓袢升支粗段能重吸收 Ca^{2+}。升支粗段小管液为正电位，该段基底侧膜对 Ca^{2+} 也有通透性，故可能存在被动重吸收，也有主动重吸收。在远端小管和集合管，小管液为负电位，Ca^{2+}的重吸收是跨细胞途径的主动转运。

（八）其他物质的重吸收

小管液中氨基酸的重吸收与葡萄糖的重吸收机制相同，也与 Na^+ 同向转运。但是，转运葡萄糖的和转运氨基酸的同向转运体可能不同，也就是说同向转运体具有特异性。此外，HPO_4^{2-}、SO_4^{2-} 的重吸收也与 Na^+ 同向转运而进行。正常时进入滤液中的微量蛋白质则通过肾小管上皮细胞吞饮作用而被重吸收。

二、肾小管和集合管的分泌

1. H^+ 的分泌

近端小管、远端小管和集合管上皮细胞都具有分泌 H^+ 的功能。由细胞代谢产生的或小管液进入小管上皮细胞内的 CO_2，在碳酸酐酶催化作用下，与 H_2O 结合，生成 H_2CO_3，H_2CO_3 解离出 H^+ 和 HCO_3^-。除了近端小管细胞通过 Na^+-H^+ 交换分泌 H^+，促进 $NaHCO_3$ 重吸收外，远曲小管和集合管的闰细胞也可分泌 H^+。细胞内的 CO_2 和 H_2O 在碳酸酐酶催化作用下生成的 H^+ 和 HCO_3^-，H^+ 由 H^+ 泵泵至小管液，HCO_3^- 则通过基侧膜回到血液中，因而 H^+ 分泌和 HCO_3^- 的重吸收与酸碱平衡的调节有关。

2. NH_3 的分泌

远曲小管和集合管的上皮细胞在代谢过程中不断地生成 NH_3，这些 NH_3 主要由谷氨酰胺脱氨而来。NH_3 具有脂溶性，能通过细胞膜向小管液周围组织间液和小管液自由扩散，扩散量取决于两种液体的 pH。小管液的 pH 较低（H^+ 浓度较高），所以 NH_3 较易向小管液中扩散。分泌的 NH_3 能与小管液中的 H^+ 结合并生成 NH_4^+，小管液中 NH_3 浓度因而下降，于是管腔膜两侧形成了 NH_3 浓度梯度，此浓度梯度又加速了 NH_3 向小管液中扩散。由此可见，NH_3 的分泌与 H^+ 的分泌密切相关；H^+ 分泌增加促使 NH_3 分泌增多。NH_3 与 H^+ 结合并生成 NH_4^+ 后，可进一步与小管液中的强酸盐（如 NaCl 等）的负离子结合，生成酸性铵盐（NH_4Cl 等）并随尿排出。强酸盐的正离子（如 Na^+）则与 H^+ 交换而进入肾小管细胞，然后和细胞内 HCO_3^- 一起被转运回血（图 8-12）。所以，肾小管细胞分泌 NH_3，不仅由于铵盐形成而促进了排 H^+，而且也促进了 $NaHCO_3$ 的重吸收。

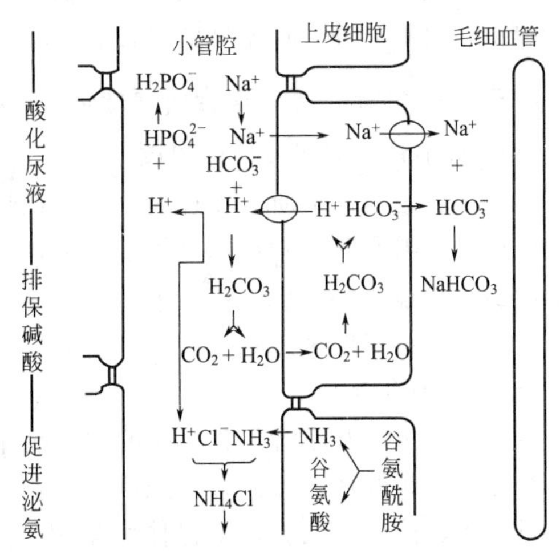

图 8-12　肾小管分泌氨的机制及作用

3. K^+ 的分泌

体内钾主要以 K^+ 离子形式存在，钾是体内重要的组成成分，作为细胞内的主要正离子，K^+ 离子除了对维持细胞晶体渗透压及细胞容积具有重要的作用以外，还与细胞的生长代谢、酶活性的维持、核酸与蛋白质合成、神经与肌肉的活动以及维持正常的酸碱平衡等有密切关系。尿中 K^+ 的排泄量视 K^+ 的摄入量而定，高钾饮食可排出大量的钾，低钾饮食则尿中排钾量少，使机体的钾摄入量与排出量保持平衡，与维持机体 K^+ 浓度的相对恒定等生理过程有密切关系。

尿液中的 K^+ 主要来自远曲小管和集合管的分泌。K^+ 分泌的动力包括：①在远曲小管和集合管的小管液中，Na^+通过主细胞的管腔膜上的Na^+通道进入细胞，然后，由基侧膜上的Na^+泵将细胞内的Na^+泵至细胞间隙而被重吸收，因而是生电性的，使管腔内带负电位（$-10\sim-40mV$）。这种电位梯度也成为K^+从细胞分泌至管腔的动力。②在远曲小管后段和集合管的主细胞内的K^+浓度明显高于小管液中的K^+浓度，K^+便顺浓度梯度从细胞内通过管腔膜上的K^+通道进入小管液；③Na^+进入主细胞后，可刺激基膜侧上的Na^+泵，使更多的K^+从细胞外液中泵入细胞内，提高细胞内K^+浓度，增加细胞内和小管液之间的K^+浓度梯度，从而促进K^+分泌，因此，K^+的分泌与Na^+的重吸收有密切关系。

在Na^+主动重吸收的同时，K^+被分泌到小管腔的过程，称为Na^+-K^+交换，它与Na^+-H^+交换有竞争抑制作用。即当Na^+-K^+交换增强时，Na^+-H^+交换就会减弱，肾小管泌H^+就会减少；反之，当Na^+-H^+交换增强时，Na^+-K^+交换就会减弱，肾小管泌K^+就会减少。在某些疾病（如肾功能衰竭）时，由于K^+的分泌减少，形成高钾血症，这时就会促进Na^+-K^+交换，而使Na^+-H^+交换抑制，导致H^+的分泌减少，血液pH降低，发生酸中毒。同样，当血钾浓度降低时，Na^+-K^+交换减弱，因而Na^+-H^+交换增强，促进H^+的分泌，使血液pH升高，造成碱中毒。代谢性酸中毒或碱中毒也可通过相似的机制产生高钾血症或低钾血症。

4. 其他物质的分泌

体内代谢产物和进入体内的某些物质如青霉素、酚红、大部分利尿药等，由于与血浆中蛋白结合而不能通过肾小球滤过，它们均在近端小管被主动分泌到小管液中而排出体外。

三、影响肾小管、集合管重吸收的因素

1. 肾小管内原尿溶质的浓度

肾小管内原尿溶质浓度过高，超过重吸收的限度，多余的部分则留在原尿中，使原尿渗透压增加，阻碍肾小管对水分的重吸收，使尿量增多。例如，糖尿病患畜，原尿中葡萄糖含量增多，超过肾小管重吸收的限度，则有一部分糖存留在小管液中，引起小管液渗透压升高，妨碍了对水的重吸收，使尿量增加。

2. 激素的作用

一些激素对肾小管、集合管的重吸收作用起调节作用，从而影响尿量。

（1）血管升压素　血管升压素（抗利尿激素，ADH）可促进远曲小管和集合管对水分的重吸收，使尿量减少。如机体大量出汗、腹泻等，造成机体大量失水，使血浆渗透压增大，抗利尿激素的分泌增加，使远曲小管和集合管重吸收的水分增多，尿量减少。反之，当大量饮水时，血浆浓度降低，渗透压下降，引起抗利尿激素分泌减少，重吸收的水分也减少，使尿量增多。

（2）肾上腺皮质激素　如醛固酮，可促进远曲小管和集合管对钠和水的重吸收，促进钾的排出，使尿量减少。

第四节　尿的浓缩和稀释

尿的渗透浓度可由于体内缺水或水过剩等不同情况而出现大幅度的变动。当体内缺水时，机体将排出渗透浓度明显高于血浆渗透浓度的主渗尿，即尿被浓缩；而体内水过剩时，将排出渗透浓度低于血浆渗透浓度的低渗尿，即尿被稀释，这表明肾脏有较强的浓缩与稀释能力。肾脏对尿液的浓缩与稀释能力在维持体内液体量的平衡和渗透压稳定方面具有极为重

要的作用。

一、尿液的稀释

肾小球滤过液流经近端小管时，水和溶质被等渗重吸收，小管液的渗透压与血浆的渗透压相同。在髓袢降支，由于管壁对水易通透，在内髓部高渗透压的作用下，水被“抽吸”出来，进入内髓部组织间液，所以降支内小管液的渗透浓度升高。在髓袢升支粗段，前已述及，髓袢升支粗段能主动重吸收 Na^+、Cl^- 和 K^+，而该段小管对水的通透性较低，故水不被重吸收，这种水、盐分离的重吸收造成髓袢升支粗段小管液为低渗。当低渗的小管液流经远端小管和集合管时，Na^+、Cl^- 继续被重吸收，而远端小管和集合管上皮细胞对水的通透性受血管升压素（抗利尿激素，ADH）调节，当 ADH 缺乏时，远端小管和集合管上皮细胞对水的通透性很低，小管液的渗透浓度进一步降低。如大量饮用清水后，血浆渗透压降低，反射性地抑制 ADH 的释放，远端小管和集合管上皮细胞对水的通透性降低，水不被重吸收，小管液的渗透浓度进一步降低，形成低渗尿，造成尿液的稀释。

二、尿液的浓缩

尿液的浓缩是由于小管液中的水被重吸收而溶质仍留在小管液中造成的。水重吸收的动力来自肾髓质部组织间隙中高渗透浓度的建立，即髓质渗透浓度从髓质外层向乳头部深入而不断升高。用冰点降低法测定鼠肾的渗透浓度，观察到肾皮质部组织间液（包括细胞内液和细胞外液）的渗透浓度与血液渗透浓度之比为 1.0，说明皮质部组织间液与血浆是等渗的。而髓质部组织间液与血浆的渗透浓度之比，随着由髓质外层向乳头部深入而逐渐升高，分别为 2.0、3.0、4.0（图 8-13）。这表明肾髓质的渗透浓度由外向内逐步升高，具有明显的渗透梯度。在 ADH 存在时，远曲小管和集合管对水通透性增高，由于周围组织的渗透浓度较高，小管液中的水从由于渗透作用，不断进入高渗的组织间液，使小管液不断被浓缩而变成高渗液，形成浓缩尿。可见，肾髓质间隙中组织液高渗浓度是尿液浓缩的必要条件，而髓袢是形成髓质渗透梯度的重要结构，因此只有具有髓袢的肾才能形成浓缩尿，髓袢愈长，浓缩能力就愈强。例如沙鼠的肾髓质内层特别厚，它的肾能产生 20 倍于血浆渗透浓度的高渗尿。猪的髓袢较短，只能产生 1.5 倍于血浆渗透浓度的尿液。人的髓袢具有中等长度，最多能产生 4～5 倍于血浆渗透浓度的高渗尿。

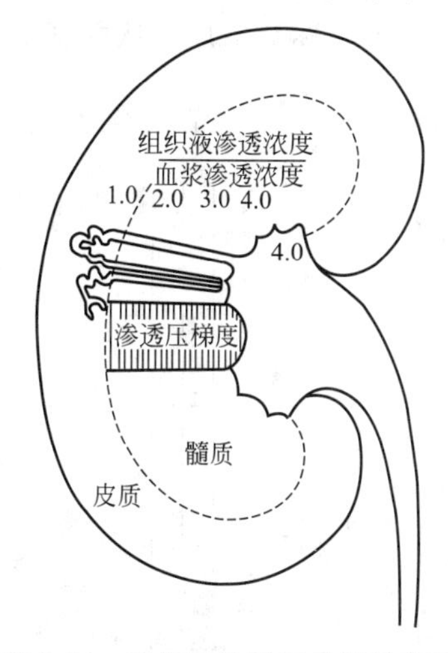

图 8-13 肾髓质渗透压梯度示意图
线条越密，表示渗透压越高

三、尿液浓缩与稀释的机制

用肾小管各段对水及溶质的通透性的不同（表 8-2）和逆流倍增现象可解释肾髓质部渗透浓度梯度的形成。

1. 逆流倍增现象

物理学中逆流的含义是指两个并列的管道，其中液体流动的方向相反，如图 8-14 所示，甲管中液体向下流，乙管中液体向上流。如果甲乙两管下端是连通的，而且两管间的隔膜容许液体中的溶质或热能在两管间交换，便构成了逆流系统。在逆流系统中，由于管壁通透性和管道周围环境的作用，就会产生逆流倍增现象。

表 8-2　兔肾小管不同部分的通透性

肾小管	水	Na^+	尿素
髓袢降支细段	易通透	不易通透	不易通透
髓袢升支细段	不易通透	易通透	中等通透
髓袢升支粗段	不易通透	主动重吸收（Cl^- 继发性主动重吸收）	不易通透
远曲小管	不易通透，但在有 ADH 时易通透	主动重吸收	不易通透
集合管	不易通透，但在有 ADH 时易通透	主动重吸收	皮质与外髓部不易通透，内髓部易通透

逆流倍增现象可根据图 8-15 的模型来理解。模型中含有钠盐的液体从甲管流进，通过管下端的弯曲部分又折返流入乙管，然后从乙管反向流出，构成逆流系统。溶液流动时，由于 M_1 膜能主动将 Na^+ 由乙管泵入甲管，而 M_1 膜对水的通透性又很低，因此，甲管中渗液在向下流动过程中将不断接受由乙管泵入的 Na^+，于是 Na^+ 的浓度不断增加（倍增）。结果甲管中溶液自上而下的渗透浓度会越来越高，到甲管下端的弯曲部分时 Na^+ 浓度逐渐下降，渗透浓度也相应下降。这样，不论是甲管还是乙管，从上而下来比较，溶液的渗透浓度均逐渐升高，即出现了逆流倍增现象，形成了渗透梯度。如果有渗透浓度较低的溶液从丙管向下流动，而且 M_2 膜对水能通透，对溶质不通透，水将因渗透作用而进入乙管，这样丙管内溶质的浓度将逐渐增加，从丙管下端流出的液体成了高渗溶液。

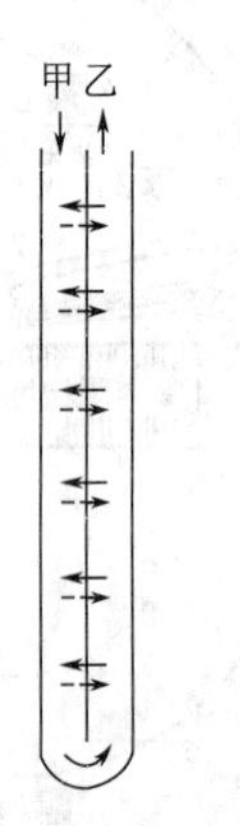

图 8-14　逆流系统示意图

甲管内液体向下流；乙管内液体向上流

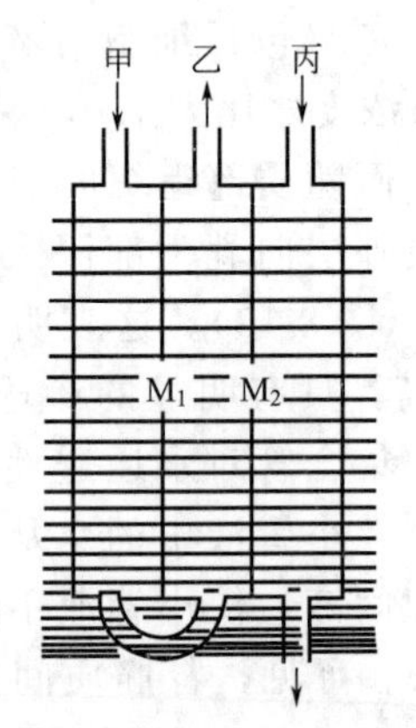

图 8-15　逆流倍增作用模型

甲管内液体向下流；乙管内液体向上流；丙管内液体向下流。M_1 膜能将液体中 Na^+ 由乙管泵入甲管，且对水不易通透；M_2 膜对水易通透

2. 肾小管和髓袢的逆流倍增作用

髓袢、集合管的结构排列与上述的逆流倍增的模型很相似。在外髓部，由于髓袢升支粗段能主动重吸收 Na^+ 和 Cl^-（图 8-16），而对水不通透，故升支粗段内小管液向皮质方向流动时，管内 NaCl 浓度逐渐降低，小管液渗透浓度逐渐下降；而升支粗段外围组织间液则变为高渗。髓袢升支粗段位于外髓部，故外髓部的渗透梯度主要是由升支粗段 NaCl 的重吸收所形成。愈靠近皮质部，渗透浓度越低；愈靠近内髓部，渗透浓度越高。

远曲小管及皮质部和外髓部的集合管对尿素不易通透，但小管液流经远曲小管及皮质部和外髓部的集合管时，在血管升压素（抗利尿激素，ADH）作用下，对水通透性增加，由于外髓部高渗，水被重吸收，所以小管液中尿素的浓度逐渐升高。当小管液进入内髓部集合

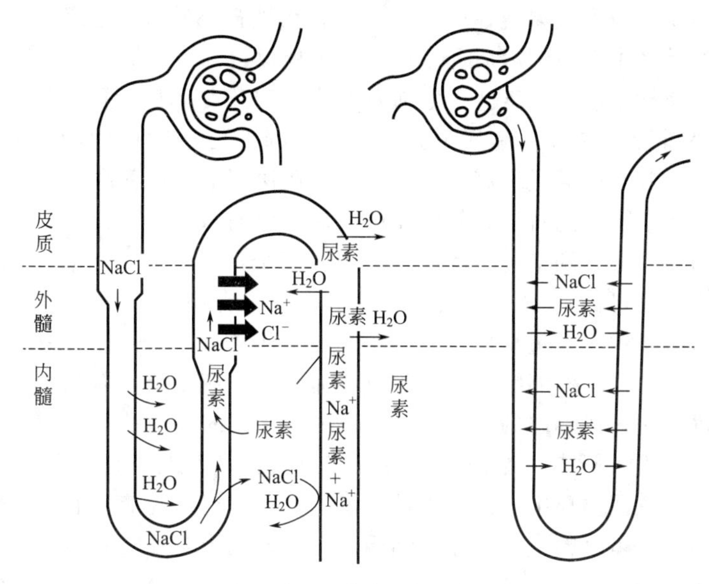

图 8-16 尿浓缩机制示意图

粗箭头表示升支粗段主动重吸收 Na^+ 和 Cl^-；粗线表示髓袢升支粗段和远曲小管前段对水不通透

管时，由于管壁对尿素的通透性增大，小管液中尿素就顺浓度梯度通过管壁向内髓部组织间液扩散，造成了内髓部组织间液中尿素浓度的增高，渗透浓度因之而增高。髓袢降支细段对尿素不易通透，而对水则易通透，所以在渗透压的作用下，水被"抽吸"出来，从降支细段进入内髓部组织间液。由于降支细段对 Na^+ 不易通透，小管液将被浓缩，于是其中的 NaCl 浓度愈来愈高，渗透浓度不断升高。当小管液绕过髓袢顶端折返流入升支细段时，它同组织间液 NaCl 浓度梯度明显地建立起来。由于升支细段对 Na^+ 易通透，Na^+ 将顺浓度梯度而被动扩散至内髓部组织间液，从而进一步提高了内髓部组织间液的渗透浓度。由此看来，内髓部组织间液的渗透浓度，是由内髓部集合管扩散出来的尿素以及髓袢升支细段扩散出来的 NaCl 两个因素造成的（图 8-16）。

从髓质渗透梯度形成全过程来看，髓袢升支粗段对 Na^+ 和 Cl^- 的主动重吸收是髓质渗透梯度建立的主要动力。尿素和 NaCl 是建立髓质渗透梯度的主要溶质。

3. 直小血管在保持肾髓质高渗中的作用

直小血管的功能可用逆流交换现象来理解（图 8-17），在图 8-17(a) 中，简单 U 形管的升支、降支之间不能进行热量交换，所以降支中的冷水在流到热源以前得不到加温，升支中的水温在离开热源以后也不能降低，故降支中冷水流过管底弯曲部时，可以从热源中带走相当多的热量。而图 8-17(b) 的 U 形管升、降支之间能够进行交换热量，升支中的热水因热量不断透入降支而逐渐降温，所以降支中的冷水在进入热源以前就被升支管壁透过来的热量所加温，这样，冷水流过 U 形管时，从热源带走的热量就很有限，所在热源损失掉的热量也很少。

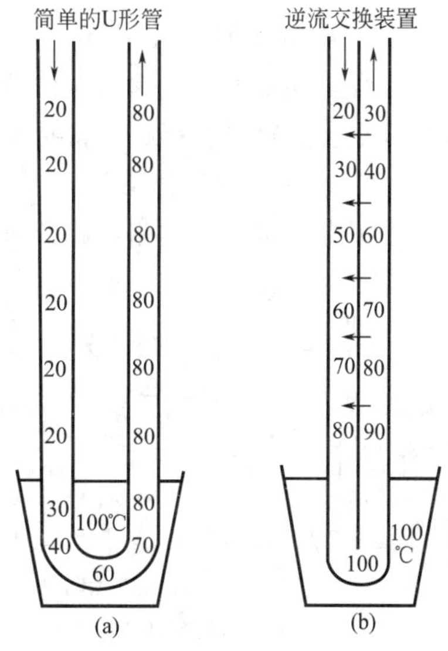

图 8-17 逆流交换作用的简单物理模型示意图

通过肾小管上述的逆流作用，不断有溶质（NaCl 和尿素）进入髓质组织间液形成渗透梯度，也不断有水被肾小管和集合管重吸收至组织间液。因此，必须把组织间液中多余的溶质和水被除去才能保持髓质渗透梯度。通过直小血管的逆流交换作用就能保持髓质渗透梯度。直小血管的降支和升支是并行的细血管，这种结构就是逆流系统。在直小血管降支进入髓质的入口处，其血浆渗透浓度约为 300mOsm/kgH_2O。由于直小血管对溶质和水的通透性高，当它在向髓质深部下行过程中，周围组织间液中的溶质就会顺浓度梯度不断扩散到直小血管降支中，而其中的水则渗出到组织间液，使血管中的血浆渗透浓度与组织间液达到平衡。因此，愈向内髓部深入，降支血管中的溶质浓度愈高。在折返处，其渗透浓度可高达 120mOsm/kgH_2O。如果直小血管降支此时离开髓质，就会把从进入直小血管降支中的大量溶质流回循环系统，而从直小血管内出来的水保留在组织间液。这样，髓质渗透梯度就不能维持。由于直小血管是逆流系统，因此，当直小血管升支从髓质深部返回外髓部时，血管内的溶质浓度比同一水平组织间液的高，溶质又逐渐扩散回组织间液，并且可以再进入降支，这是一个逆流交换过程。因此当直小血管升支离开外髓部时，只把多余的溶质带回循环中。此外，通过渗透作用，组织间液中的水不断进入直小血管升支，又把组织间液中多余的水随血流返回循环，这样就维持了肾髓质的渗透梯度。

被直小血管带回循环的不仅包括扩散入直小血管中多余的溶质和水，还包括被肾小管重吸收的一些物质，如葡萄糖、氨基酸和 HCO_3^- 等。这些物质被肾小管上皮细胞重吸收后，通过易化扩散进入细胞间液，最后进入管周毛细血管或直小血管而被带回血液循环。

综上所述，直小血管通过其逆流交换作用，即可以将肾小管重吸收的一部分溶质和水带回血液，又可以维持肾髓质中渗透浓度的稳态，维持肾髓质间质的渗透浓度梯度，保证了肾脏对尿液的稀释和浓缩功能的正常进行。

第五节　尿生成的调节

机体对尿生成的调节是通过对滤过、重吸收和分泌的调节改变尿液的成分和量，从而使机体内环境保持相对稳定。机体对尿生成功能的调节包括自身调节、神经调节和体液调节。

一、肾功能的自身调节

在没有外来的神经因素、体液因素作用的情况下，肾脏本身对肾血流量、肾小球滤过率以及肾小管的重吸收都存在自身调节机制。

1. 肾血流量的自身调节

在正常情况下，两侧肾脏的血流量相当于心输出量的 20%～25%。肾必须有足够的血流量，才能实现其维持体液成分和体液量稳态的功能。和其他器官相比，肾对其血流量的自身调节十分明显。动物实验表明，动脉血压在 10.7～24.0kPa（80～180mmHg）范围内变动时，肾小球毛细血管压和肾血流量都能够维持相对稳定的水平。这一现象目前多认为是由于入球小动脉平滑肌的紧张性可以在此血压变动范围内，随血压的升高而加强，随血压的下降而减弱的结果。因为入球小动脉平滑肌这种调节性作用，在去除其神经支配后仍然存在，故常称这一现象为肾血流量的自身调节（图 8-18）。

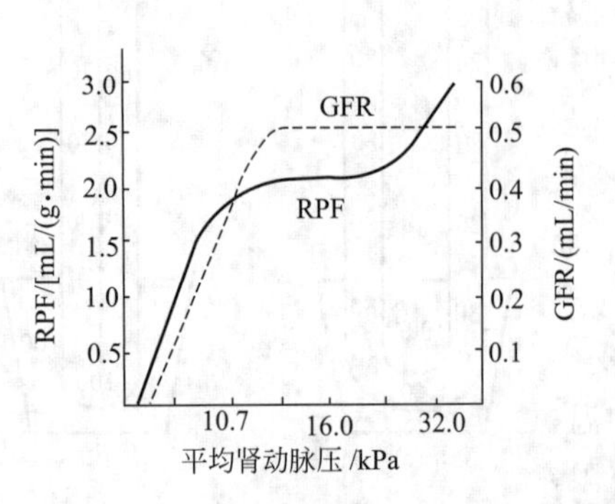

图 8-18　肾血流量和肾小球滤过率的自身调节

RPF—肾血浆流量；GFR—肾小球滤过率

肾血流量和肾小球滤过率的自身调节有很重要的生理意义，机体进行各种活动时，动脉血压常会发生变化。假如肾血流量和肾小球滤过率很容易随动脉血压的变化而改变的话，则肾对水分和各种溶质的排出就可能经常发生波动，从而影响机体水和电解质稳态的维持。可见，肾脏对肾血流量和肾小球滤过率的自身调节的生理意义是在一定范围内肾功能不随动脉血压的变化而改变。需要指出的是，肾的自身调节只是对肾血流量和肾小球滤过率进行调节的一种机制。在整体情况下，肾血流量和肾小球滤过率还受神经因素和体液因素的调节，在不同情况下可以发生一定的改变，以适应机体在不同生理活动时的需要。

2. 管-球反馈调节单个肾单位肾小球滤过率

肾小管-肾小球反馈（简称管-球反馈，TGF），是指在肾单位水平上对单个肾单位肾小球滤过率进行自身调节的一种机制。在一个肾单位中，其远端部分（如致密斑）小管液部分的成分是受到单个肾单位肾小球滤过率影响的，当肾小管内液体的流量和成分发生改变时，可以通过反馈机制调节同一肾单位的单个肾单位肾小球滤过率，其结果是使流经肾小管远端部分的小管液的成分只能在一个狭小的范围内变动。

TGF 的整个过程是在球旁器中完成的。微灌流实验证明，TGF 的感受部位在致密斑。当一个肾单位的远端小管中小管液的流量和成分发生变化，可被致密斑感受，并传递到该肾单位的肾小球，肾小球是 TGF 的效应部位，使入球小动脉阻力改变，进而导致该肾单位的肾小球滤过率的改变。一般认为，致密斑感受的信息是该处对 Na^+ 和 Cl^- 等离子的转运速率的改变。

TGF 的生理意义在于当一个肾单位的小管液流量过高或所含的 NaCl 量过多时，此信息可反馈到该肾单位的肾小球部分，使入球小动脉收缩，阻力增大，肾小球的滤过率降低，从而使肾小管液的流量和 NaCl 含量趋于恢复。

3. 球-管平衡

近端小管对溶质和水的重吸收量可随肾小球滤过率的变动而发生变化。实验证明，不论肾小球滤过率增加或减小，近端小管的重吸收率始终为肾小球滤过率的 65%～70%，这种定比重吸收的现象称为球-管平衡。定比重吸收的机制与管周毛细血管血压和胶体渗透压的改变有关。在肾血流量不变的前提下，当肾小球滤过率增加时，流入近端小管旁毛细血管的血量就会减少，血浆蛋白的浓度相对增高。由于毛细血管内血压下降而胶体渗透压升高，近端小管旁组织间液就能加速进入毛细血管，同时使组织间隙内静水压下降，因而通过紧密连接回漏至肾小管腔内的 Na^+ 和水也减少，结果导致 Na^+ 和水重吸收增加。当肾小球滤过率降低时，则发生相反的变化。因此，重吸收率始终随肾小球滤过率的增减而相应增减，保持 65%～70%的比例。

球管平衡的生理意义在于使尿中排出的溶质和水不至于因肾小球滤过率的增减而出现大幅度的变动。例如，假如 GFR 为 125mL/min 时，尿量为 1mL/min，如果没有球-管平衡机制，则当 GFR 增加到 126mL/min 时，尿量可增加 1 倍（2mL/min），Na^+ 的排出量也增加 1 倍；但由于存在球-管平衡机制，GFR 发生改变时不会引起尿量和尿钠排出量的明显改变。

4. 小管液中溶质的浓度改变对水重吸收的影响

小管液中溶质的渗透压是对抗肾小管重吸收水的力量。在近端小管部分，小管液是以等渗方式被重吸收的，也就是说，水伴随溶质一起被重吸收，因此水的重吸收受溶质重吸收情况的影响。如果小管液中存在较多不易被重吸收的或未被重吸收的溶质，使小管液中渗透压升高，妨碍肾小管对水的重吸收，尿量随之增加，这种现象称为渗透性利尿（osmotic diuresis)。另外，小管内 Na^+ 的重吸收要求在上皮的两侧有一定的 Na^+ 浓度差，因此当小管液中溶质浓度过高而使水的重吸收受到限制时，小管液中的 Na^+ 浓度就相应降低，使肾小管上皮两侧 Na^+ 的浓度差降低，因此 Na^+ 的重吸收减少，于是较多的 Na^+ 被滞留在小管液内，并通过渗透作用留住相应的水。在这种情况下，单位时间内进入髓袢的小管液量增多，进入髓袢的小管液的渗透浓度与血浆的渗透浓度接近，但 Na^+ 的浓度较低，因此髓袢升支粗段中 Na^+ 的重吸收减少，水的重吸收也相应减少。Na^+ 的重吸收减少则导致肾髓质的渗透浓度降低。由于最后进入远端小管和集合管的小管液流量增多，肾髓质的渗透浓度较低，因此尿量明显增加，尿中 Na^+ 和其他溶质的排出量也增加。体内许多物质，当其在肾小管内的量超过了肾小管的重吸收能力时，就会产生渗透性利尿效应。例如，糖尿病患者肾小球滤过液中葡萄糖含量增多，近曲小管不能将葡萄糖完全重吸收，小管液渗透压因此增高，结果妨碍了水和 NaCl 的重吸收而造成多尿。临床上有时给病人使用可被肾小球滤过但不被肾小管重吸收的物质，如 20%甘露醇等，以提高小管液溶质浓度，达到利尿和消除水肿的目的。

二、肾功能的神经调节

肾血管主要受交感神经支配。现在认为，肾交感神经活动对肾功能的作用主要有三方面。

1. 肾交感神经对肾血流量的影响

肾交感神经活动加强时，引起入球小动脉和出球小动脉收缩，但前者收缩更为显著，因此，肾小球毛细血管血流量减少，肾小球毛细血管血压下降，结果使肾小球滤过率减少；反之，当肾交感神经活动抑制时，肾小球毛细血管血流量增多，肾小球滤过率增加。

2. 肾交感神经对 Na^+ 等溶质重吸收的影响

肾交感神经兴奋时，神经纤维末梢释放去甲肾上腺素，与肾小管上皮细胞的受体结合，使肾小管（主要是近端小管）对 Na^+ 等溶质的重吸收增加，尿钠排出量减少。当交感神经活动抑制时，肾小管对 Na^+ 的重吸收就减少，尿钠排出量增加。

3. 肾交感神经对肾素分泌的影响

肾交感神经支配球旁器，其末梢释放去甲肾上腺素，与球旁器细胞的受体结合，使近球小体颗粒细胞释放肾素，引起循环血中血管紧张素Ⅱ和醛固酮含量增加，使肾小管对 NaCl 和水的重吸收增多。

三、肾功能的体液调节

肾脏的滤过、重吸收和分泌功能都受体内许多体液因素的调节。各种体液因素并不是孤立的，而是相互联系、相互配合，并与神经调节相关联。

1. 肾素-血管紧张素-醛固酮系统（RAAS）

肾素-血管紧张素系统在心血管活动的调节中起重要的作用，这一系统在肾脏功能的调节中也具有重要的作用，而且对肾上腺皮质球状带释放醛固酮的活动有密切关系，故称为肾素-血管紧张素-醛固酮系统。

(1) 肾素　肾素（renin）是由肾脏的球旁细胞合成、储存和释放的一种蛋白酶，其分泌除受肾交感神经支配外，还受肾内牵张感受器和致密斑感受器传入信号的调节。当动脉血压降低、循环血量减少时，肾内入球小动脉的压力降低，血流量减少，于是小动脉壁所受的牵张刺激减弱，激活了入球小动脉处的牵张感受器，使肾素释放量增加；同时，由于入球小动脉的压力降低和血流量减少，使肾小球滤过率减少，以致到达致密斑的 Na^+ 量也减少，于是激活了致密斑感受器，结果使肾素释放量增加。此外，某些体液因素，如去甲肾上腺素、肾上腺素等可促进肾素分泌；而前列腺素、血管紧张素Ⅱ等则能抑制其分泌。

肾素在血循环中作用于血浆中的血管紧张素原（angiotensinogen），产生一个十肽，即血管紧张素Ⅰ（angiotensinⅠ，AngⅠ），后者在血管紧张素转换酶的作用下脱去 2 个氨基酸残基，成为八肽，即血管紧张素Ⅱ（AngⅡ）。血管紧张素Ⅱ在氨基肽酶 A 的作用下，再失去一个氨基酸残基，成为七肽，即血管紧张素Ⅲ（AngⅢ），AngⅢ能刺激肾上腺皮质合成和释放醛固酮。

（2）血管紧张素　能调节尿生成的主要是血管紧张素Ⅱ和血管紧张素Ⅲ。

AngⅡ可产生强烈的缩血管作用，使外周阻力增大，动脉血压升高。在肾脏中，血管紧张素Ⅱ可使肾脏小动脉的血管平滑肌收缩，而且出球小动脉对 AngⅡ的敏感性比入球小动脉高，低浓度的 AngⅡ就可以使出球小动脉收缩。AngⅡ可直接刺激近端小管，增加其对 NaCl 的重吸收，减少 NaCl 的排出量。AngⅡ作用于脑内的一些部位的血管紧张素受体，可刺激血管升压素（抗利尿激素，ADH）的释放，使远曲小管和集合管对水重吸收增加。AngⅡ还可以刺激肾上腺皮质球状带，增加醛固酮的合成和释放，可以调节 Na^+ 的重吸收和 K^+ 的分泌。另外，AngⅡ作用于下丘脑的一些部位，引起渴觉和饮水行为。

（3）醛固酮　醛固酮（aldosterone）是肾上腺皮质球状带细胞合成和分泌的一种激素，其主要作用是促进远曲小管和集合管的主细胞重吸收 Na^+ 和分泌 K^+，具有保 Na^+、排 K^+ 的作用。由于水通常跟随 Na^+ 的重吸收而重吸收，所以醛固酮也能间接促进水的重吸收。

醛固酮的分泌除受血管紧张素调控外，也受血 K^+ 和 Na^+ 浓度改变的反馈性调节，当血 K^+ 浓度升高和/或血 Na^+ 浓度降低时，醛固酮分泌即增加；反之，当血 K^+ 浓度降低和/或血 Na^+ 浓度时升高，醛固酮分泌则减少。醛固酮的分泌对血 K^+ 浓度的改变更为敏感。

2. 血管升压素

血管升压素（vasopressin，VP）是由下丘脑视上核和室旁核等部位的神经元合成的一种激素。VP 合成后经下丘脑-垂体束运输到神经垂体储存，需要时释放入血。VP 是体内调节水平衡的一个重要激素。在肾脏，VP 能与远曲小管和集合管上皮细胞管腔膜上的 V_2 受体结合，通过鸟苷酸结合蛋白（G 蛋白）与腺苷酸环化酶的相继激活，使上皮细胞中 cAMP 生成增加，使位于管腔膜附近的含有水通道的小泡镶嵌在管腔膜上，增加管腔膜上的水通道，从而增加细胞管腔膜对水的通透性。由于 VP 具有明显的抗利尿作用，所以也被称为抗利尿激素（ADH）。当 VP 释放减少时，管腔膜上的水通道返回至细胞内原来部位，管腔膜上水通道减少或消失，因而管腔膜对水的通透性降低或不通透。此外，VP 也能增加髓袢升支粗段对 NaCl 的主动重吸收以及内髓质部集合管对尿素的通透性，从而增加髓质组织间液的溶质浓度，提高髓质组织间液的渗透压，有利于尿液的浓缩。

VP 的分泌主要受血浆晶体渗透压、循环血量和动脉血压的影响。血浆晶体渗透压升高，可刺激下丘脑前部室周器的渗透压感受器，引起血管升压素分泌增多，使肾对水的重吸收活动明显增强，导致尿液浓缩和尿量减少。相反，大量饮清水后，血液被稀释，血液晶体渗透压降低，则可引起血管升压素分泌减少，肾对水的重吸收减少，导致尿液稀释和尿量增加。大量饮清水后引起尿量增多的现象，称为水利尿（图 8-19），临床上可用来检测肾对尿的稀释能力。循环血量过多时，心房及胸腔内大血管被扩张，刺激了容量感受器，传入冲动经迷走神经传入中枢，可抑制下丘脑-神经垂体系统血管升压素的释放而引起利尿，由于排出过剩的水分，使血量恢复正常。动脉血压升高时，刺激颈动脉压力感受器，也可反射性抑

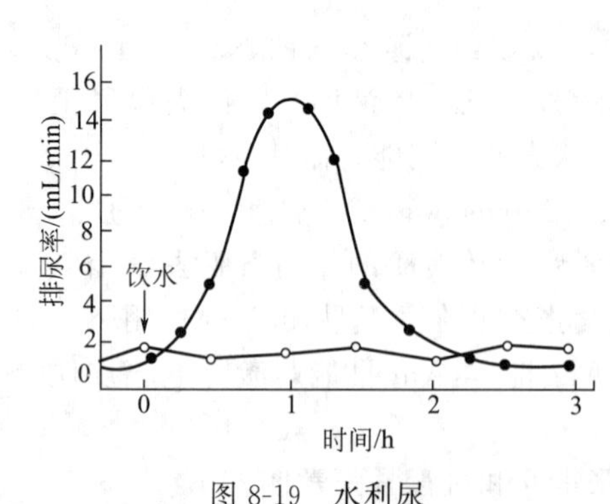

图 8-19　水利尿

一次饮 1L 清水（实心）和饮 1L 等渗盐水（空心）后的排尿率（箭头示饮水时间）

制血管升压素的释放。反之，当循环血量减少或动脉血压降低时，则发生相反的变化。此外，心房钠尿肽可抑制血管升压素的分泌；而血管紧张素Ⅱ、疼痛、情绪紧张、呕吐、低血糖、窒息等因素则能刺激其分泌。

3. 心房钠尿肽

心房钠尿肽（atrial natriuretic peptide，ANP）是心房肌合成和释放的一种多肽，其主要的生理作用是使血管平滑肌舒张和促进 NaCl 和水的排出。当体内血容量增加时，静脉回流量增加，心房壁受到的牵张程度增大，可促进心房钠尿肽的合成和释放。

4. 甲状旁腺素和降钙素

（1）甲状旁腺素（parathyroid hormone，PTH）是甲状旁腺分泌的激素，对肾脏的作用主要包括：抑制近端小管对磷酸盐的重吸收，促进其排泄；促进远曲小管和集合管对 Ca^{2+} 的重吸收，使尿钙减少；增强肾小管细胞内羟化酶的活性，使 25-羟维生素 D_3 转变为 1,25-二羟维生素 D_3。

（2）降钙素（calcitonin，CT）是甲状腺 C 细胞分泌的激素，对肾脏的作用主要包括：抑制肾小管对钙、磷的重吸收，促进钙、磷的排泄；抑制肾脏羟化酶的活性，阻止 25-羟维生素 D_3 的活化。

5. 其他因素

肾上腺素、去甲肾上腺素等都能使肾血管收缩。内皮细胞通过旁分泌释放一氧化氮和前列腺素使肾血管舒张。

第六节　排尿

尿液是连续不断生成的，由集合管进入肾盏、肾盂。肾盂内的尿液经输尿管送入膀胱后暂时储存，达到一定量时发生排尿，尿液经尿道排出体外。

一、输尿管的蠕动将肾盂内的尿液送入膀胱

输尿管壁的平滑肌可发生每分钟 1～5 次的周期性蠕动。这种蠕动可以将肾盂中的尿液送入膀胱。输尿管的末端斜行穿过膀胱壁，该段输尿管在平时受膀胱壁的压迫而关闭，仅在蠕动波到达时才开放。膀胱内压升高时，输尿管末端被压迫，尿液不会从膀胱倒流入输尿管和肾盂。

二、膀胱与尿道的神经支配

膀胱平滑肌（又称为逼尿肌）和尿道内括约肌受副交感神经及交感神经的双重支配。副交感神经节后神经元末梢释放乙酰胆碱（ACh），使逼尿肌收缩和尿道内括约肌舒张，故能促进排尿。交感神经纤维由腰段脊髓发出，经腹下神经到达膀胱，其末梢释放去甲肾上腺素，使逼尿肌松弛和尿道内括约肌收缩，故能阻抑膀胱内尿液的排放（图 8-20）。

尿道外括约肌是横纹肌，由脊髓发出的躯体神经纤维经阴部神经支配，其活动可受动物意识的控制。发生排尿反射时，阴部神经活动受到抑制，于是尿道外括约肌松弛。

膀胱和尿道的内感受器的传入神经在交感神经、副交感神经干中进入脊髓，其传入信息

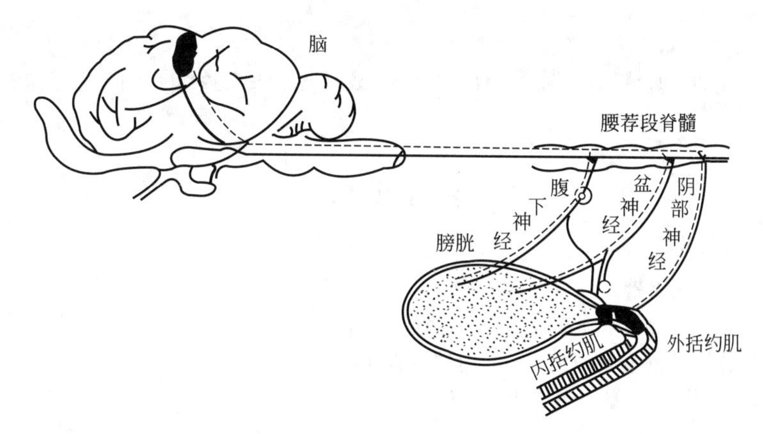

图 8-20　膀胱和尿道的神经支配

可由上行纤维传导大脑。尿道的传入神经行走在阴部神经内。

三、排尿反射

排尿反射是一种脊髓反射，但在正常情况下，排尿反射受脑的高级中枢控制，可以由意识抑制或促进。

当膀胱被充盈时，膀胱壁的牵张感受器受到牵拉刺激而兴奋，其传入神经纤维将此信息经盆神经传入脊髓的排尿反射低位中枢，进而上传到脑干和大脑皮质的高级中枢，产生尿意。是否立即排尿，受大脑皮质的高级中枢控制，膀胱的充盈程度以及周围环境等因素都会影响大脑皮质的整合。若要排尿，在大脑皮质的控制下，脊髓排尿中枢兴奋，冲动沿盆神经传出，到达膀胱逼尿肌，使逼尿肌发生强烈收缩，膀胱内压升高，而尿道内括约肌舒张，同时阴部神经的传出活动抑制，尿道外括约肌松弛，这样，膀胱内的高压尿液经尿道排出体外。由于膀胱收缩和尿液经过尿道时刺激膀胱和尿道壁上的感受器，其传入神经进入脊髓，通过反射再进一步加强膀胱逼尿肌的收缩和尿道外括约肌的松弛，这一过程不断反复进行，直至膀胱内的尿液全部排完。排尿结束后，引起排尿反射的刺激因素被解除，初级中枢在高级中枢的调控下受到抑制，逼尿肌紧张性减弱，内外括约肌紧张性加强，膀胱又进入蓄尿状态。

排尿的最高中枢在大脑皮质，易形成条件反射。在畜牧生产实践中，可以训练动物养成定点排尿的习惯，便于饲养管理。

本 章 小 结

• 肾脏以泌尿的形式排出代谢产物和异物，是机体重要的排泄器官之一，参与维持机体内环境相对稳定。

• 尿的化学组成主要有水、无机物、有机物。水占绝大部分，无机物主要是氯化物、碳酸盐、磷酸盐，有机物主要是尿素、尿酸、肌酐等。

• 尿的生成包括原尿和终尿两个过程，血浆中的一部分物质经过肾小球的滤过膜形成原尿。原尿经过肾小管和集合管的重吸收、分泌和排泄，绝大部分水和有用物质重吸收进入血液，并分泌和排泄无用物质形成终尿。

• 尿的浓缩和稀释是肾脏的主要功能之一，对维持动物机体水平衡和渗透压稳定具有重要意义。尿的浓缩与稀释是与血浆渗透压比较而言，高于血浆渗透压为高渗尿，否则为低渗尿。

• 当尿储存到一定量时，引起排尿反射。泌尿过程是连续的，但是排尿是间断的，排尿由神经反射完成。

复习思考题

1. 简述尿的生成过程。
2. 简述影响尿生成的因素。
3. 分析快速静脉注射大量生理盐水时，尿量有何变化？为什么？
4. 分析向兔静脉注射20%葡萄糖20mL时尿量有何变化？为什么？
5. 大量出汗或腹泻后，尿量有何变化？为什么？

第九章　神经生理

学习目标

1. 学习神经元的基本结构与功能，了解神经纤维传导兴奋的特征。

2. 掌握突触的概念以及化学突触传递的原理。

3. 了解神经递质与受体，掌握反射及反射弧的基本概念。

4. 了解感受器的一般生理特性和大脑皮质的感觉功能，掌握特异性投射系统和非特异性投射系统的基本概念。

5. 学习神经系统各级中枢脊髓、脑干、小脑、大脑皮质对躯体运动的调节。大脑皮质是调节躯体运动的最高级中枢。

6. 学习交感神经和副交感神经以及各级神经中枢对内脏活动的调节，大脑皮质也是内脏活动的最高级中枢。

7. 学习并掌握条件反射和非条件反射的概念，了解条件反射的形成过程和生理意义。

动物体是一个复杂的有机体，各个器官系统密切配合成为一个完整的整体，动物体又生活在一个经常变化的环境中，这就要求机体必须迅速而精确地进行调节，来适应外环境的变化，维持正常的生命活动。机体活动的完整统一性和对环境的适应性主要依赖神经系统和内分泌系统的调节，其中神经系统是机体内起主导作用的调节系统。它整合或协调各种同时或相继接受的传入信息，使机体各种功能活动有规律地进行，以适应环境变化，发挥迅速而准确的调节作用。

高等动物的神经系统由亿万个神经细胞和神经胶质细胞组成。按部位不同可以将神经系统分为中枢神经系统和外周神经系统两部分。中枢神经系统包括脑和脊髓，外周神经系统按功能不同，可分为躯体神经和内脏神经，这两种神经又各有其中枢和外周部分，外周部分又分为感觉（传入）神经和运动（传出）神经。内脏的传出神经又叫植物性神经，包括交感神经和副交感神经。

第一节　神经元与神经胶质细胞

一、神经元

（一）神经元的基本结构与功能

神经细胞是高度分化的细胞，能够感受刺激和传导兴奋，是构成神经系统的结构和功能的基本单位，又称为神经元（neuron）。神经元由胞体和突起组成（图 9-1）。突起又分为轴突和树突两种。树突一般短而粗，分支多，这些短的分支扩大了神经元接受信息的面积。轴突细而长，仅有一条，也称为神经纤维（nerve fiber）。

神经元是高度分化的细胞，它的基本功能是：①能感受体内、体外各种刺激而引起兴奋或抑制。②对不同来源的兴奋或抑制进行分析综合。③神经元通过其突起与其他神经元、其他器官、组织之间相互联系，把来自内、外环境改变的信息传入中枢，加以分析、整合或储

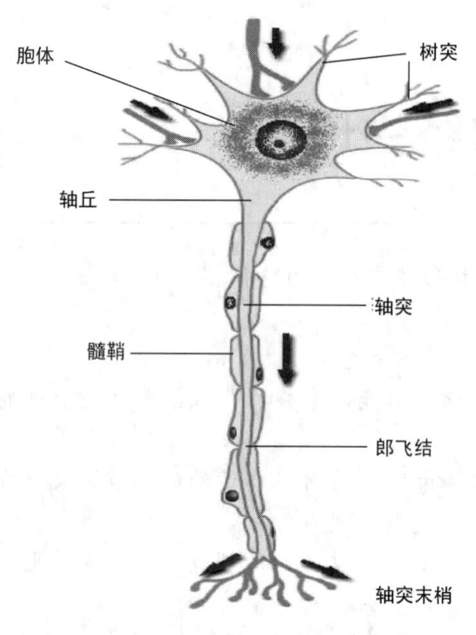

图 9-1　神经元结构模式图

存，再经过传出通路把信号传到其他器官、组织，产生一定的生理调节和控制效应。

（二）神经纤维的兴奋传导

神经纤维是由神经细胞的轴突构成的，具有高度的兴奋性和传导性。当神经纤维的任何一个部位受到适宜刺激时，都能产生兴奋，并且能够沿着神经纤维传播，还能传向另一个神经细胞或肌肉、腺体等效应器官。

1. 神经纤维传导兴奋的特征

（1）完整性　兴奋能够在同一神经纤维上传导，首先要求神经纤维在结构和功能上是完整的。当神经纤维被切割、撕裂、挤压或受到各种有害的物理、化学刺激（局部应用麻醉药）时，均可使兴奋传导受阻。

（2）绝缘性　一条神经干内有无数神经纤维，但每条纤维传导兴奋时基本上互不干扰，即一条神经纤维与另一条神经纤维之间彼此绝缘，不能直接互相传导。这是因为局部电流主要在一条纤维上构成回路，加上各纤维之间存在结缔组织的缘故。

（3）双向性　当神经纤维的任何一点受到刺激而产生神经冲动时，冲动就从受到刺激的部位开始，沿着纤维向两端传播，一直到达末梢。这是因为局部电流可在刺激点的两端发生，并继续传向远端。

（4）相对不疲劳性　神经纤维长时间地传导冲动而不易发生疲劳。在实验条件下连续电刺激神经数小时至十几小时，神经纤维始终能保持其传导兴奋的能力。相对突触传递而言，神经纤维的兴奋传导表现为不易发生疲劳，这与其消耗能量极少有关。

（5）不衰减性　冲动在同一条纤维内传导时，不论传导的距离多长，冲动的强度、频率和传导速度都自始至终保持相对恒定。这种特性对于完成正常的神经调节功能非常重要。因为冲动的频率和强度是神经冲动具有信息意义的基本因素，而冲动传导速度是影响反射速度的重要因素。

2. 神经纤维兴奋传导的速度

不同种类的神经纤维，其传导兴奋的速度有很大的差别，这与神经纤维的直径、有无髓鞘、髓鞘的厚度以及温度有关。神经纤维的直径越大，传导速度越快。有髓纤维传导兴奋的速度快，无髓纤维传导兴奋的速度慢。

3. 神经纤维的分类

神经纤维的分类方法很多。根据神经纤维的分布，可将其分为中枢神经纤维和外周神经纤维。根据传导方向，分为传入神经、传出神经和联络神经纤维。根据结构，将其分为有髓神经纤维和无髓神经纤维。根据神经纤维的传导速度、峰电位时程等特性，将哺乳动物的外周神经纤维分为A、B、C三类。根据纤维直径和来源分类，将传入神经分为Ⅰ、Ⅱ、Ⅲ、Ⅳ四类。

二、神经胶质细胞

神经胶质细胞（neuroglia）广泛分布于中枢神经系统和外周神经系统内，数量很大，约为神经元的数十倍，是神经系统的重要组成部分。胶质细胞虽有突起，但是没有轴突，也不产生动作电位。神经胶质细胞具有分裂能力，能够吞噬因损伤而解体破碎的神经元，并能修补填充、形成瘢痕。神经胶质细胞具有绝缘和屏障作用，可构成神经元轴突的髓鞘，可防止神经冲动传导时的电流扩散，起到绝缘作用。神经胶质细胞还有营养、支持神经细胞的作用。

第二节　神经元间的功能联系

神经系统内有数以亿计的神经元。神经系统的功能不可能依靠单个神经元的活动来完成，而是神经元互相联系起来，联合进行活动的结果。一个神经元发出冲动可以传递给另一个（或很多个）神经元。同样，一个神经元也可以接受许多神经元传来的冲动。

一、突触

一个神经元的轴突末梢与其他神经元的胞体或突起相接触，它们接触的部位存在一定间隙。两个神经元相接触的部位所形成的特殊结构称为突触（synapse）。神经元之间的兴奋传递就是依靠突触传递而完成的。此外，兴奋还能从一个神经元传递给产生效应的细胞，如肌细胞或腺细胞，神经元与效应器细胞相接触而形成的特殊结构称为接头，如神经-肌肉接头。在突触前面的神经元叫突触前神经元，在突触后面的神经元叫突触后神经元。神经冲动由一个神经元通过突触传递到另一个神经元的过程叫作突触传递。

（一）突触类型

1. 根据突触接触的部位分类

（1）轴-树型突触　前一神经元的轴突与后一神经元的树突相接触而形成突触。这类突触最为多见。见图 9-2。

（2）轴-体型突触　前一神经元的轴突与后一神经元的胞体相接而形成的突触。这类突触也较常见。见图 9-2。

（3）轴-轴型突触　前一神经元的轴突与后一神经元的轴突相接触而形成突触。这类突触较少见。见图 9-2。

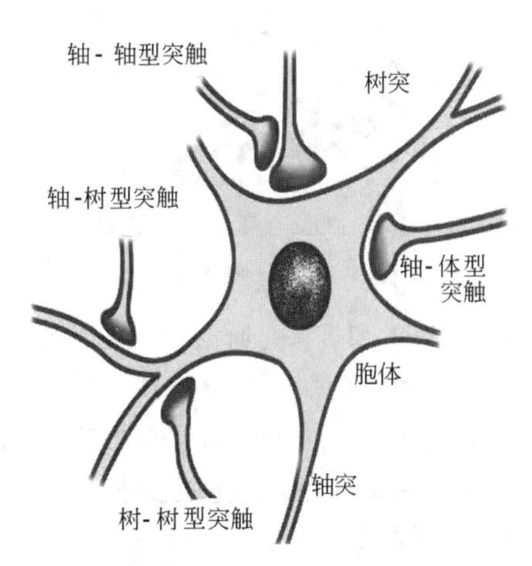

图 9-2　突触形成部位模式图

2. 根据突触传递信息的方式

可将突触分为化学突触和电突触。机体内大多数突触传递是化学突触，通过突触前神经元的末梢分泌传递物质，使突触后膜的离子通透性发生变化，产生突触后电位。一般来说，化学传递比电传递有更大的可塑性，而且可以把比较小的突触前电流放大成比较大的突触后电流。电突触的突触前膜和突触后膜紧紧贴在一起形成缝隙连接，电流经过缝隙连接从一个细胞很容易流到另一个细胞（图 9-3）。

3. 按照突触的功能分类

可将突触分为兴奋性突触和抑制性突触。神经冲动经过兴奋性突触的传递，引起突触后膜去极化，产生兴奋性突触后电位；经过抑制性突触的传递，引起突触后膜超极化，产生抑制性突触后电位。电突触大都是兴奋性突触，化学突触有兴奋性的，也有抑制性的。大多数轴-体型突触是抑制性突触。

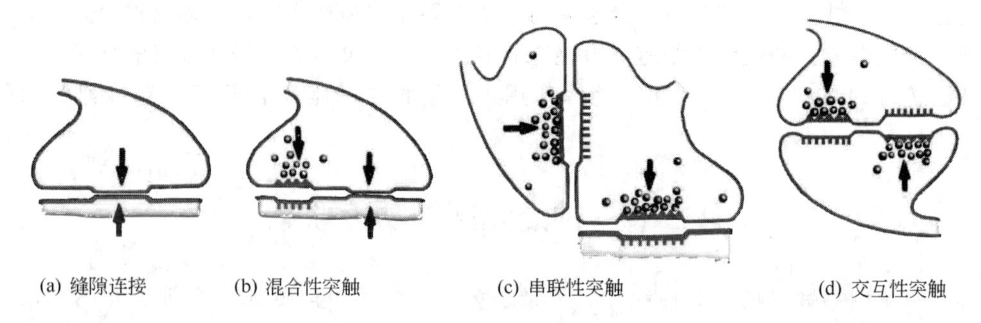

图 9-3　几种突触的模式图

（二）突触的传递机制

用电子显微镜观察一个典型的突触由突触前膜、突触间隙和突触后膜三个部分组成。

1. 化学突触的微细结构

（1）突触前膜　突触前神经元的轴突末梢首先分成许多小支，每个小支的末梢部分膨大呈球状而为突触小体，贴附在下一个神经元的胞体或树突的表面。突触小体外面有一层突触前膜包裹，比一般神经元膜厚约 7.5nm，突触小体内部除含有轴浆外，还有大量线粒体和突触小泡。突触小泡内含有兴奋性递质或抑制性递质。

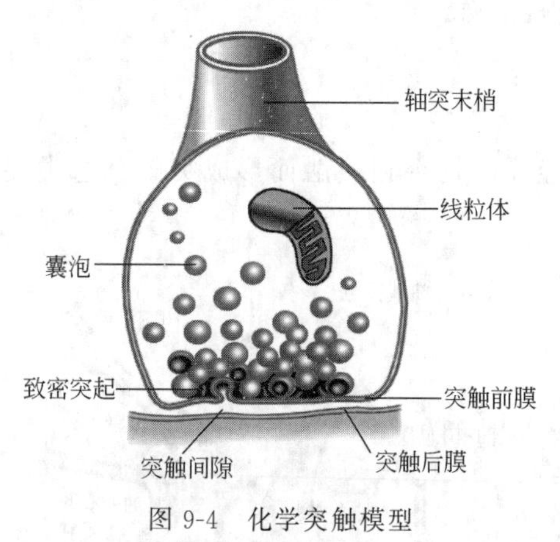

图 9-4　化学突触模型

（2）突触间隙　它是突触前膜和突触后膜之间的空隙，突触间隙宽约 20～40nm，间隙内有黏多糖和黏蛋白。

（3）突触后膜　指与突触前膜相对的后一种神经元的树突、胞体或轴突膜。突触后膜比一般神经元膜厚约 7.5nm，上有相应的特异性受体（图 9-4）。

2. 化学性突触传递的机理

（1）兴奋性突触传递　在兴奋性突触中，当神经冲动从突触前神经元传到突触前末梢时，突触前膜兴奋，突触小泡释放兴奋性递质。递质通过突触间隙扩散到后膜，与突触后膜上的受体结合，提高后膜对 Na^+ 和 K^+ 的通透性，尤其是对 Na^+ 的通透性，Na^+ 内流，导致局部膜的去极化。

突触后膜的膜电位在递质作用下发生去极化改变，使该突触后神经元对其他刺激的兴奋性升高，这种电位变化称兴奋性突触后电位。这是一种发生在突触后膜局部的电位。电位变化的幅度取决于传入冲动的强弱。单个兴奋性突触产生的一次兴奋性突触后电位，所引起的去极化程度很小，达不到阈电位水平，不足以引发突触后神经元的动作电位。只有许多兴奋性突触同时产生一排兴奋性后电位，或者单个兴奋性突触接连地产生一连串兴奋性突触后电位，突触后神经元把许多兴奋性电位总合起来，达到所需要的阈值，才能发展成为可传播的动作电位而进入兴奋状态。前一种情况叫做兴奋性突触后电位的空间总和；后一种情况叫做兴奋性突触后电位的时间总和（图 9-5）。

（2）抑制性突触的传递　在抑制性突触中，当神经冲动传到突触前末梢时，突触小泡释放出抑制性递质。递质通过扩散穿过突触间隙，与突触后膜的受体结合，使后膜上的 Cl^- 内流和 K^+ 外流，从而使膜电位发生超极化（图 9-6）。

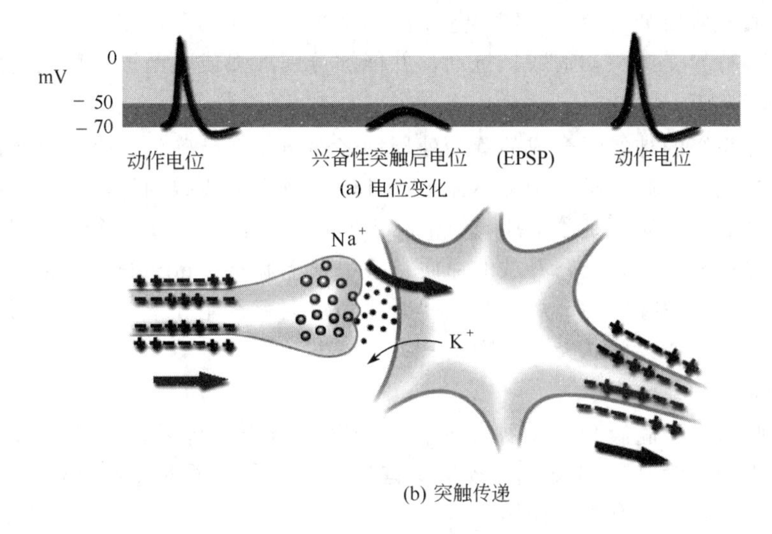

图 9-5　兴奋性突触传递示意图

突触后膜的膜电位在递质作用下产生超极化改变，使该突触后神经元对其他刺激的兴奋性下降，这种电位变化称为抑制性突触后电位。抑制性突触后电位也有空间和时间的总和作用。

3. 电突触的传递

电突触的传递是通过电的作用，突触前神经元的动作电位到达神经末梢时，通过局部电流的作用引起突触后膜产生动作电位，并以局部电流进行传播（图 9-7）。

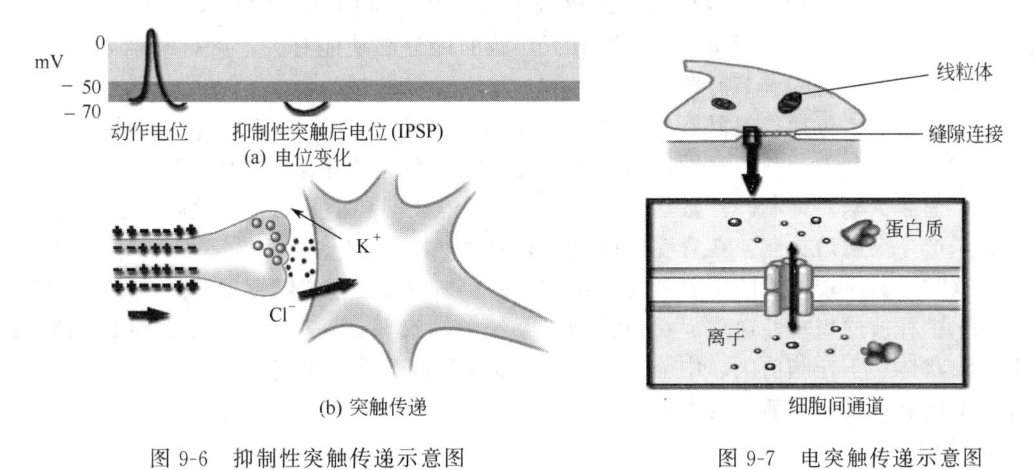

图 9-6　抑制性突触传递示意图

图 9-7　电突触传递示意图

二、神经递质及受体

（一）神经递质

神经递质（neurotransmitter）是指突触前神经元合成并在末梢处释放，经突触间隙扩散，特异性地作用于突触后神经元或效应器细胞上的受体的一些化学物质。随着神经科学的迅速发展，目前被认为是神经递质的化学物质已增加到几十种。只有具备下列条件者才可以被认为是神经递质，这些条件是：①突触神经元应具有合成递质的前提和酶系统，并能合成该递质；②递质储存于突触小泡内，当兴奋冲动抵达末梢时，小泡内递质能释放入突触间隙；③递质释放后经突触间隙作用于后膜上的特异受体而发挥其生理作用，人为施加递质至突触后神经元或效应器细胞旁，应能引起相同的生理效应；④存在使该递质失活的酶或其他失活方式；⑤有特异受体激动剂或拮抗剂，并能够分别加强或阻断该递质的突触传递活动。

1. 外周神经递质

由外周神经系统的神经元合成的称为外周神经递质。现已确认，全部植物性神经的节前纤维、副交感神经的节后纤维、全部躯体运动神经以及支配汗腺和舒血管平滑肌的交感神经节后纤维，所释放的递质都是乙酰胆碱（acetylcholine，ACh），上述纤维称为胆碱能纤维。绝大部分的交感神经节后纤维，释放的递质是去甲肾上腺素（noradrenaline，NA），称为肾上腺素能纤维。植物性神经的节后纤维除胆碱能和肾上腺素能纤维外，还有第三类纤维，其末梢释放的递质是嘌呤类和肽类化学物质。

2. 中枢递质

（1）乙酰胆碱　脊髓腹角运动神经元、脑干网状结构前行激动系统等部位的一些神经元，均以乙酰胆碱作为神经递质，多数呈兴奋作用。这种递质对中枢神经系统的感觉、运动、学习、记忆等功能均有重要作用。

（2）单胺类　包括去甲肾上腺素、多巴胺和 5-羟色胺。

① 去甲肾上腺素。在外周神经系统中分布比较广泛，全身各组织器官几乎都有交感神经纤维分布，其末梢释放的递质绝大多数都是去甲肾上腺素。在中枢神经系统内，去甲肾上腺素的胞体主要集中在延髓和脑桥，发出的前行和后行纤维支配前脑和脊髓。去甲肾上腺素在中枢神经系统内主要起抑制性递质的作用，也有兴奋性递质的类型。

② 巴胺。多巴胺主要由黑质制造，沿黑质-纹状体分布，在纹状体内储存，与躯体运动的协调机制有关，一般起抑制性作用。

③ 5-羟色胺。主要由脑干背侧的中缝核群产生，其纤维向前投射到纹状体、丘脑、下丘脑、大脑皮质，与睡眠、情绪反应、调节下丘脑的内分泌功能有关；后行纤维到达脊髓，与躯体运动和内脏活动的调节有关。

（3）氨基酸类　包括谷氨酸、甘氨酸和 γ-氨基丁酸等。谷氨酸是兴奋性递质，广泛分布于大脑皮质和脊髓内，与感觉冲动的传递及大脑皮质内的兴奋有关。甘氨酸在脊髓腹角的浓度最高，引起突触后抑制。γ-氨基丁酸在大脑皮质的浅层和小脑的含量较高，引起突触后膜超极化，产生突触后抑制，在脊髓内还能引起突触前抑制。

（4）肽类　其中较重要的是 P 物质和脑啡肽。P 物质存在于脊髓背根神经节内，是痛觉传入纤维末梢释放的兴奋性递质。在中枢神经系统的高级部位，P 物质有明显的镇痛作用。脑啡肽在纹状体、下丘脑前区、中脑灰质等部位含量最高，在脊髓背角也有较高的浓度，它可能是调节痛觉纤维传入活动的中枢递质。

（二）受体

受体（receptor）是指细胞膜或细胞内能与某些化学物质（如递质、激素等）发生特异性结合并诱发生物学效应的特殊生物分子。能与受体发生特异性结合并产生生物效应的物质称为激动剂，只发生特异性结合但不产生生物效应的化学物质则称为拮抗剂，两者统称为配体。一般认为受体与配体的结合具有以下三个特性：①特异性。特定的受体只能与特定的配体结合，激动剂与受体结合后能产生特定的生物学效应，特异性结合并非绝对，而是相对的。②饱和性。分布于细胞膜上的受体数量是有限的，因此它能结合配体的数量也是有限的。③可逆性。配体与受体的结合是可逆的，可以结合也可以解离。

1. 胆碱能受体

在周围神经系统，释放乙酰胆碱作为递质的神经纤维称胆碱能神经纤维。在中枢神经系统中，以乙酰胆碱作为递质的神经元，称为胆碱能神经元，胆碱能神经元在中枢的分布极为广泛。

凡是能与乙酰胆碱结合的受体，都叫胆碱能受体（cholinoceptor）。根据其药理特性，胆碱能受体可分为两种。

（1）毒蕈碱受体　毒蕈碱是一种从有毒伞菌科植物中提出的生物碱，对植物性神经节中的受体几乎没有作用，但能模拟释放乙酰胆碱对心肌、平滑肌和腺体的刺激作用。所以这些作用称为毒蕈碱样作用（M样作用），相应的受体称为毒蕈碱受体（M受体），它的作用可被阿托品阻断。毒蕈碱受体分布在胆碱能节后纤维所支配的心脏、肠道、汗腺等效应器细胞和某些中枢神经元上。当乙酰胆碱作用于这些受体时，可产生一系列植物性神经节后胆碱能纤维兴奋的效应，它包括心脏活动的抑制、支气管平滑肌的收缩、胃肠平滑肌的收缩、膀胱逼尿肌的收缩、虹膜环形肌的收缩、消化腺分泌的增加以及汗腺分泌的增加和骨骼肌血管的舒张等。

（2）烟碱受体　这些受体存在于所有植物性神经节神经元的突触后膜和神经-肌肉接头的终板膜上。小剂量的乙酰胆碱能兴奋植物性神经节神经元，也能引起骨骼肌收缩，而大剂量乙酰胆碱则阻断植物性神经节的突触传递。这些效应不受阿托品影响，但可被从烟草叶中提取的烟碱所模拟，因此这些作用称为烟碱样作用（N样作用），其相应的受体称为烟碱受体（N受体）。

2. 肾上腺素能受体

凡是能与去甲肾上腺素或肾上腺素结合的受体均称为肾上腺素能受体。肾上腺素能受体主要分为α型肾上腺素能受体（α受体）和β型肾上腺素能受体（β受体）两种。α受体又再分为α_1受体和α_2受体两个亚型，β受体再分为β_1受体、β_2受体和β_3受体三个亚型。肾上腺素能受体的分布极为广泛，在周围神经系统、多数交感神经节后纤维末梢到达效应细胞膜上都有肾上腺素能受体，但在某一效应器官上不一定都有α受体和β受体，有的仅有α受体，有的仅有β受体，也有的兼有两种受体（表9-1）。肾上腺素能受体不仅对交感末梢的递质起反应，对肾上腺髓质分泌进入血液的肾上腺素和去甲肾上腺素以及进入体内的儿茶酚胺药物也起反应。

表9-1　肾上腺素能受体的分布与效应

效应器官		受体	效应
心脏		β_1	心率加快、收缩力加强
血管	冠状血管	α	收缩
		β_2	舒张(以舒张为主)
	骨骼肌血管	α	收缩
		β_2	舒张(以舒张为主)
	腹腔内脏血管	α	收缩
		β_2	舒张(以舒张为主)
	脑、肺血管	α	收缩
	皮肤黏膜血管	α	收缩
支气管平滑肌		β_2	舒张
胃肠	胃平滑肌	β_2	舒张
	小肠平滑肌	α、β	舒张(以β为主)
	括约肌	α	收缩
膀胱	膀胱壁平滑肌	β	舒张
	膀胱括约肌	α	收缩
子宫平滑肌		α	收缩(有孕子宫)
		β_2	舒张(无孕子宫)
眼	瞳孔开张肌	α	收缩
	睫状肌	β	舒张

三、反射活动

（一）反射与反射弧

1. 反射的概念和分类

神经系统活动的基本形式是反射（reflex）。所谓反射，是指机体在中枢神经系统参与下，对内、外环境变化所做出的规律性应答。例如异物碰到角膜即引起眨眼反应。

巴甫洛夫在前人的基础上，进一步研究了大脑皮质的功能，提出了条件反射学说，将反射分为条件反射和非条件反射两类。非条件反射是指生来就有、数量有限、比较固定和形式低级的反射活动。同种家畜都有完全相同的非条件反射。例如食物反射、性反射、防御反射等。非条件反射是动物在长期的种系发展中形成的。它的建立可无需大脑皮质的参与，通过皮质下各级中枢就可以完成。它使动物能初步适应环境，对于个体生存和种系生存具有重要意义。条件反射是指通过后天学习和训练而形成的反射。它是反射活动的高级形式，是动物在个体生活过程中，按照所处的生活条件，在非条件反射的基础上不断建立起来的，其数量无限，可以建立，也能消失。高等动物形成条件反射的主要中枢部位在大脑皮质。

2. 反射弧的组成

反射的结构基础和基本单位是反射弧（reflex arc）。反射弧包括感受器、传入神经、神经中枢、传出神经、效应器五个部分组成（图9-8）。反射弧的任何环节及其联结受到破坏或者功能障碍，都将使这一反射不能出现或者紊乱，导致相应器官的功能调节异常。

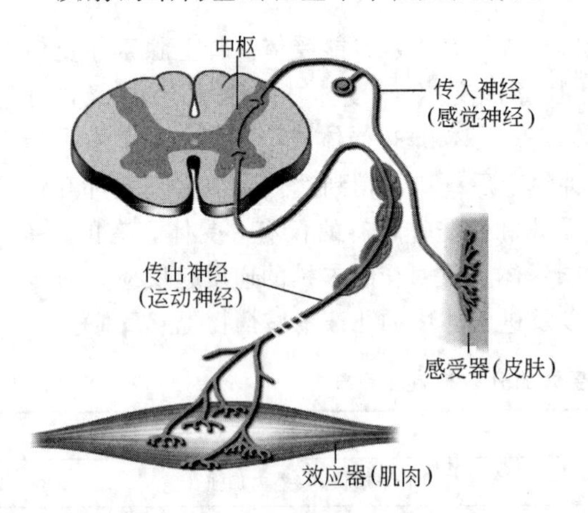

图 9-8　反射弧的组成

感受器一般是神经末梢的特殊结构，起换能器的作用，把刺激的能量转换为细胞的兴奋，引起冲动的发放。效应器是指产生效应的器官，如骨骼肌、平滑肌、心肌和腺体等。反射中枢通常指中枢神经系统内调节某一特定生理活动的细胞群。每一个反射的反射中枢都有三类神经元组成：①接受传入冲动的感觉神经元；②直接把冲动传到效应器的运动神经元；③把感觉神经元的冲动传到运动神经元中去的联络或者中间神经元。反射中枢的范围可以相差很大。一般而言，较简单的反射活动，参与的中枢范围比较狭窄。例如角膜反射的中枢在脑桥。但调节一个复杂的生命活动，参与的中枢范围很广，例如调节呼吸运动的中枢分布在延髓、脑桥、下丘脑以至大脑皮质等部位。传入神经由传入神经元的突起（包括周围突和中枢突）所构成，这些神经元的胞体位于背根神经节和脑神经节内，它们的周围突与感受器相连，感受器接受刺激转变为神经冲动，冲动沿周围突传向胞体，再沿其中枢突传给中枢。传出神经是指中枢传出神经元的轴突构成的神经纤维。

3. 反射的基本过程

一定的刺激被一定的感受器所感受，感受器即发生兴奋；兴奋以冲动的形式经传入神经传向中枢；通过中枢的分析和综合活动，中枢产生兴奋过程；中枢兴奋又经一定的传出神经到达效应器；最终效应器发生某种活动的改变。在自然条件下，反射活动需要反射弧结构的完整，如果反射弧中任何一个环节中断，反射将不能进行。

神经中枢的活动可以通过神经纤维直接作用于效应器，在某些情况下传出神经也可以作用于内分泌腺，通过内分泌腺分泌激素，再间接作用于效应器。这时内分泌调节成为神经的延伸部分。反射效应在内分泌腺的参与下，往往变得比较缓慢、广泛而持久。

（二）中枢兴奋的基本特征

在每一个反射活动中，中枢神经系统内的兴奋过程都必须以神经冲动的形式，从一个神经元通过突触传递给另一个神经元。因此，兴奋过程通过突触时的传递特征就在很大程度上成为反射活动的基本特征。

1. 中枢兴奋的单向传导

在中枢神经系统中，兴奋只能沿着一定的方向进行单向传导，即由传入神经元传到感受神经元，再由感受神经元传到中间神经元，最后传到传出神出神经元。

2. 中枢神经兴奋传导的延搁

完成任何反射都需要一定的时间。从刺激作用于感受器起，到效应器开始出现反应为止所需要的时间，叫做反射时（reflex time），这是兴奋通过反射各个环节所需的时间总和。兴奋在中枢内通过突触的传导速度明显减慢，叫做兴奋传导的中枢延搁（central delay）。

3. 中枢兴奋的总和

在突触传递中，突触前末梢的一次冲动引起释放的递质不多，只引起突触后膜的局部去极化，产生兴奋性突触后电位，如果同一突触前末梢连续传来多个冲动，或多个突触前末梢同时传来一排冲动，则突触后神经元可将产生的突触后电位总和（summation）起来，待达到阈电位水平时，就使突触后神经元兴奋，前者称为时间总和，后者称为空间总和。所以在反射活动中，传出冲动的频率与传入冲动的频率往往并不一致。

4. 中枢兴奋的扩散和集中

从机体不同部位传入中枢的神经冲动，常常在最后集中传递到中枢的比较局限的部位，这种现象称为中枢兴奋的集中。这是由于同一种神经元的胞体和树突可以接受来自许多神经元的突触联系，称为聚合原则。这种联系有可能使许多神经元的作用都引起同一个神经元的兴奋而发生总和，也可能使许多来源于不同神经元的兴奋和抑制在同一个神经元上发生整合（图 9-9）。

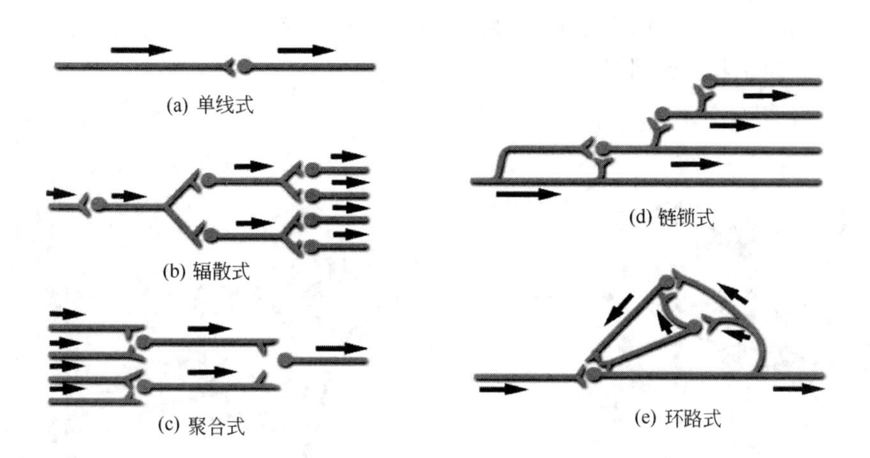

图 9-9　中枢神经元的联系

从机体某一部位传入中枢的神经冲动，常常并不局限于只在中枢的某一局部发生兴奋，而是使兴奋在中枢内由近及远的广泛传播，这种现象称为中枢兴奋的扩散。这是由于一个神经元的轴突可以通过分支与其他许多神经元建立突触联系，称为辐散原则。这种联系有可能使一个神经元的兴奋引起许多神经元的同时兴奋或抑制。

例如，食物对视觉、听觉、味觉、口腔触觉等各感受器所引起的刺激传进中枢后，集中传递到延髓的唾液分泌中枢，引起唾液分泌反应。这是中枢兴奋集中的表现。局部皮肤受到强烈刺激后所产生的兴奋传到中枢后，在中枢内广泛地传播到各处，引起机体的许多骨骼肌发生防御性收缩反应，甚至心血管系统、消化系统、呼吸系统、排泄系统等的活动都发生改变。这是中枢兴奋扩散的反应。

5. 中枢兴奋的后作用

中枢兴奋由刺激引起，但是当刺激的作用停止后，中枢兴奋并不立即消失，反射常常会延续一段时间，这种特征称为中枢兴奋的后作用。这是由于反射中枢内的某些中间神经元存在着环形的兴奋性突触联系，兴奋冲动通过环形联系，一方面可能由于反复的兴奋反馈，使兴奋得到效应上的增强和时间上的延续，即使原先刺激已经停止，传出通路仍可在一定时间范围内持续发放冲动。

（三）中枢抑制

在中枢神经系统内，经过突触传递，突触后神经元兴奋，也可能抑制。抑制过程是中枢神经系统的另一种基本活动。表现为机体内某些反射活动减弱或抑制，抑制过程并不是简单的静止或休息，而是与兴奋过程相对立的主动的神经活动。中枢抑制（central inhibition）有许多与中枢兴奋相类似的基本特征。例如，抑制的发生也需要由刺激引起，抑制也有扩散、集中、总和和后放等。根据中枢神经系统内抑制发生的机制不同，可分为突触前抑制和突触后抑制。

1. 突触后抑制

在突触传递中，如果突触后膜发生超极化，产生抑制性突触后电位，使突触后神经元兴奋性降低，不易去极化而呈现抑制。则称为突触后抑制（postsynaptic inhibition）。突触后抑制根据神经元联系方式不同，又可分为传入侧支性抑制和回返性抑制。

（1）传入侧支性抑制　指一条感觉传入纤维的冲动进入脊髓后，一方面直接兴奋某一中枢神经元，另一方面通过侧支兴奋另一抑制性中间神经元，通过抑制性中间神经元的活动转而抑制另一中枢神经元（图 9-10）。例如，动物运动时，伸肌的传入冲动进入中枢后，直接兴奋伸肌的运动神经元，同时发出侧支兴奋一个抑制性中间神经元，转而抑制同侧屈肌的运动神经元，导致伸肌收缩而屈肌舒张。

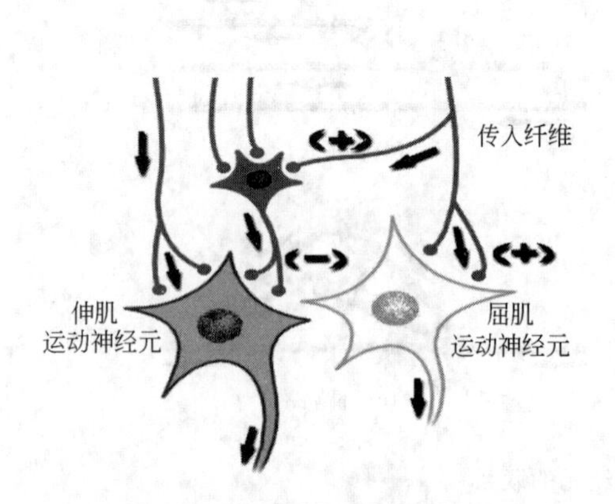

图 9-10　传入侧支性抑制模式图

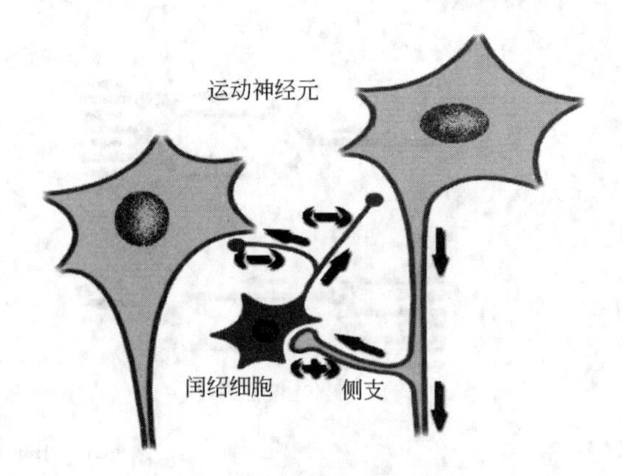

图 9-11　回返性抑制示意图

（2）回返性抑制　指某一中枢的神经元兴奋时，其传出冲动在沿轴突外传的同时，又经其轴突侧支兴奋另一抑制性中间神经元，后者的兴奋沿其轴突返回作用于原先发放冲动的神经元（图 9-11）。回返性抑制的结构基础是神经元之间的环式联系。回返性抑制在中枢神经系统内广泛存在，它使神经元的兴奋能及时终止，起着负反馈的调节作用。

2. 突触前抑制

当突触后膜受到突触前末梢的影响，使后膜上的兴奋性突触后电位（excitatory postsynaptic potential，EPSP）减小，导致突触后神经元不易或不能兴奋，出现抑制，称为突触前抑制（presynaptic inhibition）。这种抑制的发生不在突触后膜而在突触前膜，因为此时的突触后膜并不产生抑制性突触后电位，使突触后神经元的兴奋性降低。突触前抑制的结构基础为轴-轴型突触，通过突触后膜活动而发生（图 9-12）。轴突末梢 A 与运动神经元构成轴-体型突触，轴突末梢 B 与轴突末梢 A 构成轴-轴型突触，但与运动神经元不直接形成突触。若仅兴奋末梢 A，则引起运动神经元产生兴奋性突触后电位；若仅兴奋末梢 B，则运动神经元不发生反应。若末梢 B 先兴奋，一定时间后末梢 A 兴奋，则运动神经元产生的兴奋性突触后电位明显减小（5mV）。可见轴突 B 的活动能抑制轴突 A 对运动神经元的兴奋作用。

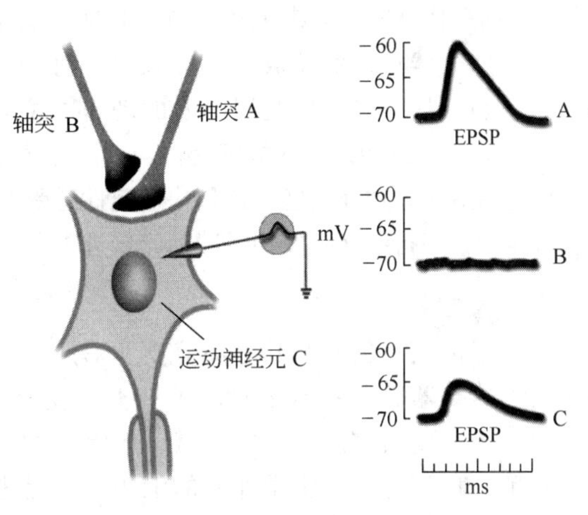

图 9-12　突触前抑制示意图

第三节　神经系统的感觉功能

动物接受外界事物和机体内环境中的各种各样的刺激，首先是由感受器或感觉器官感受，然后将各种刺激形式的能量转换为神经冲动沿传入神经传导，并通过各自的神经通路传向中枢。经过中枢神经系统的分析和综合，从而形成各种各样的感觉。

一、感受器

1. 感受器的分类

根据刺激的来源可将感受器分为内感受器（exteroceptor）和外感受器（interoceptor）两大类。每大类又可分为几小类。

- 感受器
  - 内感受器
    - 本体感受器（如肌梭、肌腱、关节）
    - 内脏感受器
      - 温度感受器
      - 机械感受器（压力、牵拉等）
      - 痛觉感受器
  - 外感受器
    - 化学感受器（味觉、嗅觉）
    - 声感受器（听觉）
    - 光感受器（视觉）
    - 皮肤感受器
      - 温度感受器
      - 机械感受器（压觉、触觉）

2. 感觉器的一般生理特性

（1）适宜刺激　一种感受器只对某一种特殊形式的刺激能量敏感性特别高，而对其他形式的刺激能量敏感性很低，或不发生反应，这种敏感性最高的能量形式的刺激就叫做适宜刺激（adequate stimulus）。其他不发生反应或敏感性很低的刺激叫做不适宜刺激。例如视网膜的适宜刺激为光波，皮肤上温度感受器的适宜刺激是温度变化等。

（2）感受器的换能作用　感受器接受刺激发生兴奋，使刺激的能量转化为神经上的电活动，这就是感受器的换能作用。感受器起着换能器的作用，它将刺激的物理能量、化学能量转换成生物能量，即转变为膜电位的变化。无论什么形式的刺激能量输入感受器，转换的最后结果都是相同的，当刺激达一定水平时，就能使感觉神经末梢产生动作电位并传播出去。

（3）感受器冲动的发放　一般来说，对于不同程度的阈上刺激，感受器将产生不同程度的兴奋，刺激加强时，感受器触发的动作电位的频率增高，但动作电位的大小不变。

（4）感觉的适应　大多数感受器当刺激持续作用时，感觉逐渐减弱，有的甚至消失，这个过程叫感觉的适应，这样的感受器称快适应性感受器。少数感受器在受到持续性的恒定刺激时，几乎以恒定的频率持续地触发神经冲动，传进中枢，这样的感受器叫做慢适应性感受器。

二、感觉投射系统

每一个传入神经元及其外周分支所形成的全部感受器，构成一个感觉单位。每个感觉单位所含的感受器数目各不相同，每一类感受器都有一定的传入通路以传导感受器发放的冲动，最后传递到大脑皮质特定区域。但除嗅觉以外的所有传入纤维在达到大脑皮质以前都终止于丘脑。丘脑是各种感觉冲动的汇集点，是进入大脑皮质的大门，来自外部环境和机体内部的信息几乎都通过丘脑。

根据丘脑向各部分大脑皮质投射特征的不同，可把感觉投射系统分为两类，即特异性投射系统和非特异性投射系统。

1. 特异性投射系统

特异性投射系统（specific projection system）是指从机体各感受器发出的神经冲动，进入中枢神经系统后，由固定的感觉传导路，集中到达丘脑的一定神经核，由此发出纤维投射到大脑皮质的各感觉区，产生特定的感觉。经典的感觉传导是由三级神经元的接替完成的。第一级神经元位于脊髓神经节或有关的脑神经节内，第二级神经元位于脊髓背角或脑干的有关神经核内，第三级神经元在丘脑。

特异性投射系统的功能是传递精确的信息到大脑皮质引起特定的感觉，并激发大脑皮质发出传出神经冲动。

2. 非特异性投射系统

特异性投射系统的第二级神经元的部分纤维或侧支进入脑干网状结构，与其内的神经元发生广泛的突触联系，并逐渐上行，抵达丘脑后弥散地投射到大脑皮质的广泛区域。这一感觉投射系统失去了专一的特异性感觉传导功能，是各种不同感觉的共同上传途径，称为非特异性投射系统（unspecific projection system）（图 9-13）。

非特异性投射系统主要起着两种作用：一是激动大脑皮质的兴奋活动，使机体处于醒觉状态，所以该系统又称为脑干网状结构的上行激动系统。二是调节皮质各感觉区的兴奋性，使各种特异性感觉的敏感度提高或降低。

要在大脑皮质产生感觉，有赖于特异性和非特异性两个系统的互相配合。只有通过非特异性投射系统的冲动，才能使大脑皮质的各感觉区保持一定的兴奋性。同时，只有通过特异性投射系统的各种感觉冲动，才能在大脑皮质产生特定的感觉。

三、大脑皮质的感觉功能

大脑皮质是感觉的最高中枢。它接受机体各部分传来的冲动，进行精细地分析和综合后

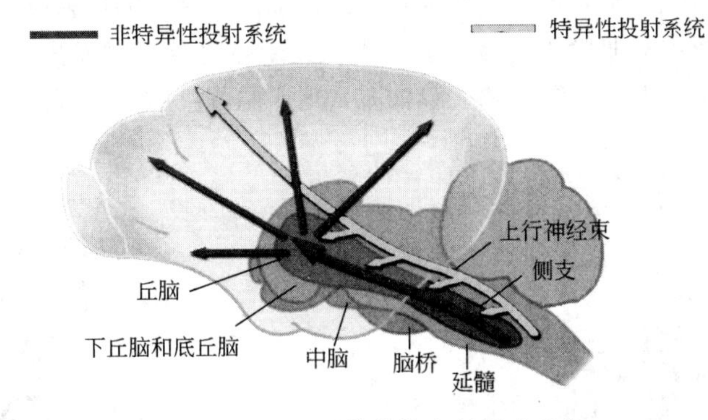

图 9-13　网状结构上行激动系统

产生感觉，并发生相应的反应。不同的感觉在大脑皮质有不同的代表区。

大脑皮质的感觉区主要有：产生触觉、压觉、温度觉和痛觉的皮肤感觉和肌肉、关节等本体感觉的躯体感觉区在顶叶的中央后部；视觉感觉区在枕叶皮质；听觉感觉区在颞叶外侧；嗅觉感觉区在边缘叶的前梨状区和大脑基底的杏仁核；味觉感觉区在颞叶外侧裂附近；内脏感觉区在边缘叶的内侧面和皮质下的杏仁核等部。大脑皮质的这些感觉区的功能性差别只是相对的，并不是绝对的。它只能表明在一定区域内对一定功能有比较密切的联系，并不意味着各感觉区之间互相孤立和各不相关。事实上，它们之间在功能上经常密切联系，协同活动，产生各种复杂的感觉。

第四节　神经系统对躯体运动的调节

躯体运动是在中枢神经系统的调控下，以骨骼肌收缩活动为基础来进行姿势和位置改变的。它是动物对外界进行反应的主要活动，能够使机体迅速地适应生存条件。各级中枢对骨骼肌活动的调节如下。

一、脊髓

脊髓是躯体运动的最基本中枢，有骨骼肌最基本的脊髓反射如屈肌反射和牵张反射的中枢，能完成简单的躯体反射。

1. 屈肌反射和对侧伸肌反射

用去掉脑髓的动物做实验，针刺左侧后肢跖部皮肤，可引起该肢屈曲，这种现象称为屈肌反射（flexor reflex）。此反射的发生，是左侧后肢皮肤传入神经进入脊髓后，通过一个中间神经元使屈肌收缩。同时传入神经的一些侧支通过一个抑制性中间神经元，终止于支配左后肢伸肌的运动神经元，使伸肌弛缓。结果左后肢产生屈曲动作。如果刺激很强，不仅同侧后肢弯曲，同时还引起对侧后肢伸直，称为对侧伸肌反射（crossed extensor reflex）。这种反射是通过脊髓中枢交互抑制实现的。

这两种反射的生理意义在于，被刺激侧肢体屈曲，以躲避伤害，对侧肢体伸直，以维持机体重心不致跌倒。

2. 牵张反射

当骨骼肌被牵拉时，肌腱内感受器受到刺激而兴奋，产生的冲动传进脊髓后，将引起被牵拉的骨骼肌发生反射性收缩，这种反射称为牵张反射（stretch reflex）。它的特点是反射弧中的感受器和效应器都存在于同一条骨骼肌中，而它的基本中枢也局限于脊髓的一定节段中，参与牵张反射的只有几个神经元。牵张反射是实现骨骼肌运动的最基本的反射(图 9-14)。

牵张反射又分为腱反射和肌紧张。腱反射是指快速牵拉骨骼肌时发生的牵张反射。例如，敲击股四头肌时，股四头肌发生收缩，膝关节伸直，这叫膝跳反射也叫腱反射（图 9-15)。

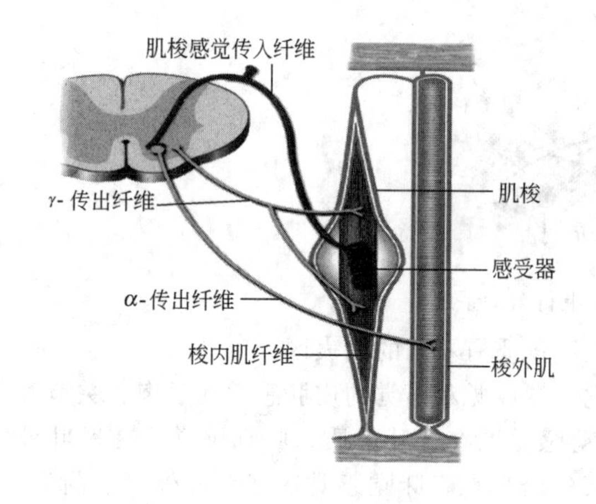

图 9-14　牵张反射示意图

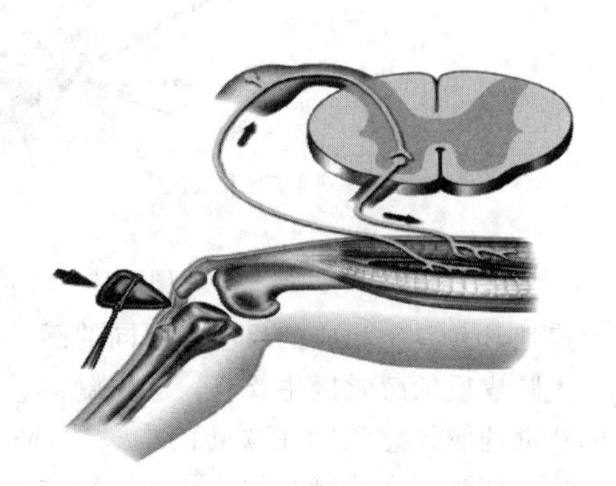

图 9-15　腱反射示意图

肌紧张是指缓慢地持续牵拉肌腱时发生的牵张反射，即被牵拉的肌肉发生缓慢而持久的收缩，以阻止被拉长。肌紧张是同一肌肉内不同的肌纤维交替性收缩的结果，所以肌紧张活动能持久而不宜疲劳。实验证明，无脑髓鸡由于缺乏高级中枢的控制，脊髓不能保证鸡的正确姿势，两腿虽可反射性地交替收缩，但不能走路。不过翅膀的反射运动能很好地协调，与正常相似。

二、脑干

1. 脑干网状结构

脑干网状结构是由散在分布的神经元和纵横交错的神经网络构成的神经结构，其主体在脑干的中央部，起自延髓后缘，穿过延髓、脑桥、中脑、下丘脑直到丘脑的腹部。网状结构中的神经纤维向后方与脊髓的神经元相连，向前方与大脑皮质神经元相连接。脑干网状结构神经元与其他神经元有广泛的突触联系。脑干网状结构包括易化区和抑制区（图 9-16)。加强肌紧张和肌肉运动的区域称为易化区，抑制肌紧张的区域为抑制区。易化肌紧张的区域除脑干网状结构外，还有前庭核、小脑前叶等，它们共同组成易化系统。抑制肌紧张的中枢部位除网状结构抑制区外，大脑皮质运动区、纹状体与小脑前叶等脑干外神经结构也参与抑制系统的组成。一般来说，网状结构抑制区本身无自发活动，它在接受上述高位中枢传入的始动作用时，才能发挥后行抑制作用。而网状结构易化区一般具有持续的自发放电活动，这可能是由于前行感觉传入冲动的激动作用引起的。

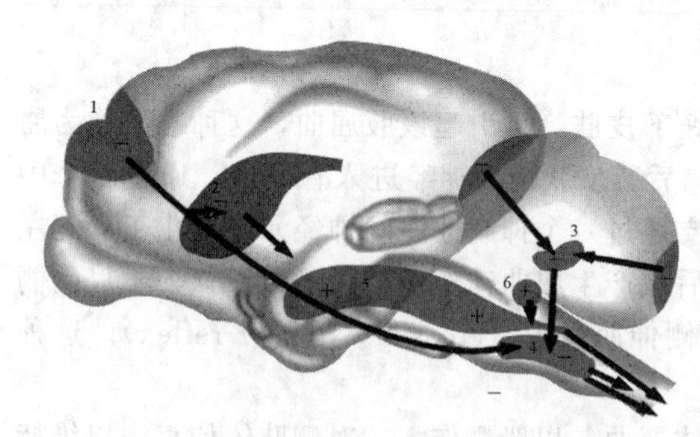

图 9-16　猫脑干网状结构易化区和抑制区

2. 脑干对姿势反射的调节

中枢神经系统调节骨骼肌的肌紧张，或者进行相应的运动，以保持或改变动物体在空间的姿势，称为姿势反射（postural reflex)。

（1）状态反射　动物头部与躯干部的相对位置或头部在空间的位置改变，引起的躯体肌肉紧张性改变的反射活动，为状态反射（attitudinal reflex）。状态反射不易表现出来，所以只在去大脑动物才明显可见。

（2）翻正反射　当动物摔倒或者从空中仰面下落时，能迅速翻转为四肢落地的姿势，称为翻正反射（righting reflex）。翻正反射由一系列反射活动组成，它是由迷路感受器以及颈部感受器接受刺激，在中脑水平整合作用下完成的（图 9-17）。最初是由于头在空间的位置不正常，使迷路耳石膜受刺激，引起头部翻正；头部翻正后引起头和躯干的相对位置不正常，刺激颈部的本体感受器，导致躯干的位置也翻正。由于视觉可以感知身体位置的不正常，因此动物翻正反射主要是由于视觉传入信息引起的。

此外，脑干网状结构是中枢神经系统中最重要的皮质下整合调节机构。它对脊髓运动神经元有抑制和加强两方面的作用，对牵张反射和姿势反射等躯体运动有重要的整合调节作用。

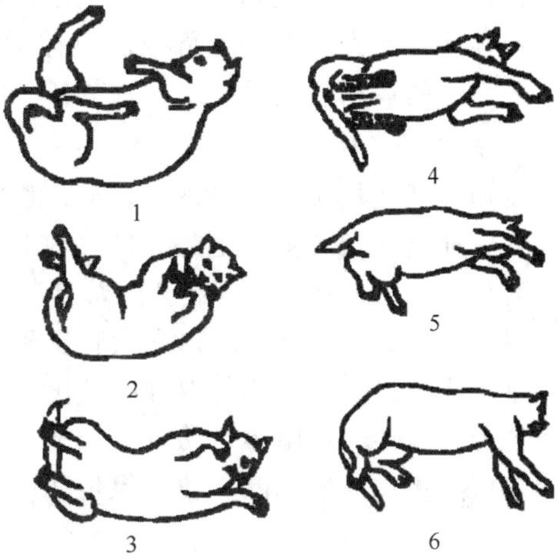

图 9-17　猫从空中下坠过程中的翻正反射

三、小脑

小脑对维持姿势、调节肌紧张、协调和形成随意运动都有重要作用，并有纤维与脊髓、延髓、脑桥、中脑及大脑相联系。根据动物的进化，小脑可分为三个部分，即前庭小脑（古小脑）、脊髓（旧）小脑和皮质（新）小脑（图 9-18）。

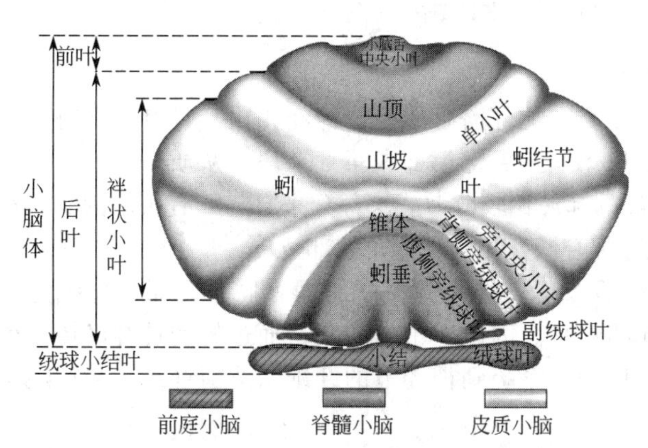

图 9-18　灵长类动物小脑分叶平展模式图

（1）维持身体平衡　主要是古小脑的功能。古小脑主要指绒球小结叶，绒球小结叶的身体平衡功能与前庭核活动有密切关系，又叫前庭小脑。当动物绒球小结叶被破坏后，动物平衡失调，站立不稳，体躯摇摆，容易跌倒。

（2）调节肌紧张　主要是旧小脑的功能。旧小脑由小脑前叶和后叶的中间带构成，主要接受脊髓小脑束的纤维投射，因此又叫脊髓小脑。小脑前叶存在肌紧张调节的易化区与抑制区。当动物的这部分小脑发生病变时，易化作用减弱，表现为肌肉软弱无力、肌紧张降低，出现运动障碍，称为小脑共济失调。

（3）调节随意运动　新小脑的主要功能是调节随意运动和肌肉张力。新小脑也称皮质小脑，主要指小脑后叶的外侧部。新小脑损伤后，常出现同侧肢体的肌肉张力减退或肌肉无力现象，另一个突出的表现是随意运动失调，随意运动的速度、范围、强度和方向都不能很好地控制。

四、大脑

大脑皮质是中枢神经系统控制和调节骨骼肌活动的最高中枢，它是通过锥体系统和锥体外系统来实现对躯体运动的调节。大脑皮质的某些区域与骨骼肌运动有密切关系。如刺激哺乳动物大脑皮质十字沟周围的皮质，可引起躯体广泛部位的肌肉收缩，这个部位叫运动区。皮质运动区呈现左右交叉关系，即左侧运动区支配右侧躯体的骨骼肌，右侧运动区支配左侧躯体的骨骼肌。另外，皮质运动区还具有精确的功能定位，即刺激一定部位的皮质引起一定部位的肌肉收缩。

1. 锥体系统

锥体系统（pyramidal system）是指大脑皮质发出并经延髓锥体而后行达脊髓的传导束，锥体系统是大脑皮质后行控制躯体运动的直接通路。其中一部分纤维经脑干交叉到对侧，与脊髓的运动神经元相连，调节各小组骨骼肌参与的精细动作。

2. 锥体外系统

皮质下某些核团（如尾核、壳核、苍白球、红核等）由后行通路控制脊髓运动神经元的活动。其通路在延髓锥体之外，叫做锥体外系统（extrapyramidal system）。锥体外系统主要是协调肌肉群的运动，保持正常姿势。

锥体系统和锥体外系统都是大脑皮质调节骨骼肌活动的后行途径。前者是调节单个肌肉的精细动作，后者是协调肌肉群的动作。正常情况下，大脑皮质发出的运动信息，通过这两个系统分别后传，使躯体运动协调准确。家畜的锥体系统不如锥体外系统发达。当锥体系统受损伤时，机体虽然也能运动，但是动作不协调、不准确。

第五节　神经系统对内脏活动的调节

调节内脏活动的神经结构称为植物性神经系统。植物性神经系统应该包括传入神经、中枢和传出神经，习惯上主要指支配内脏和血管的传出神经，并将其分为交感神经和副交感神经。大多数内脏器官都受交感神经和副交感神经的双重支配（图 9-19）。

一、交感神经和副交感神经的特征

支配内脏器官的交感神经和副交感神经与支配骨骼肌的躯体神经相比，具有以下特征。

① 交感神经起源于脊髓胸腰段（自胸段第 1 至腰部第 2 或第 3 节段）灰质侧角，经相应的腹根传出，进入交感神经节；副交感神经的起源比较分散，一部分来自脑干有关的副交感神经核（Ⅲ、Ⅶ、Ⅸ、Ⅹ），另一部分起自于荐部脊髓，相当于侧角的部位。

② 植物性神经纤维离开中枢神经系统后，不直接与所支配的器官联系，而是先抵达神经节交换神经元，再发出纤维到达所支配的器官。因此，中枢的兴奋通过植物性神经传到效应器，必须经过两个神经元，通常把从中枢神经系统到神经节的纤维叫节前纤维，从神经节到效应器的纤维叫节后纤维。

③ 当刺激交感神经的节前纤维时，效应器发生反应的潜伏期长，停止刺激后，它的作用还可以持续几秒或几分钟。刺激副交感神经节前纤维引起效应器反应，潜伏期短，而且刺激停止后，反应持续的时间也短。

二、植物性神经的功能

1. 对同一器官的双重支配

大多数器官都接受交感神经和副交感神经的双重支配，只有少数器官只接受一种神经支配。在具有双重支配的器官中，交感神经和副交感神经的作用往往是拮抗的，一种神经兴奋则引起另一种神经抑制。例如对心搏活动，交感神经使之加速、加强，而副交感神经却使之变慢、减弱。这种作用使神经系统能够从正反两方面调节内脏活动，使内脏的工作状态能适

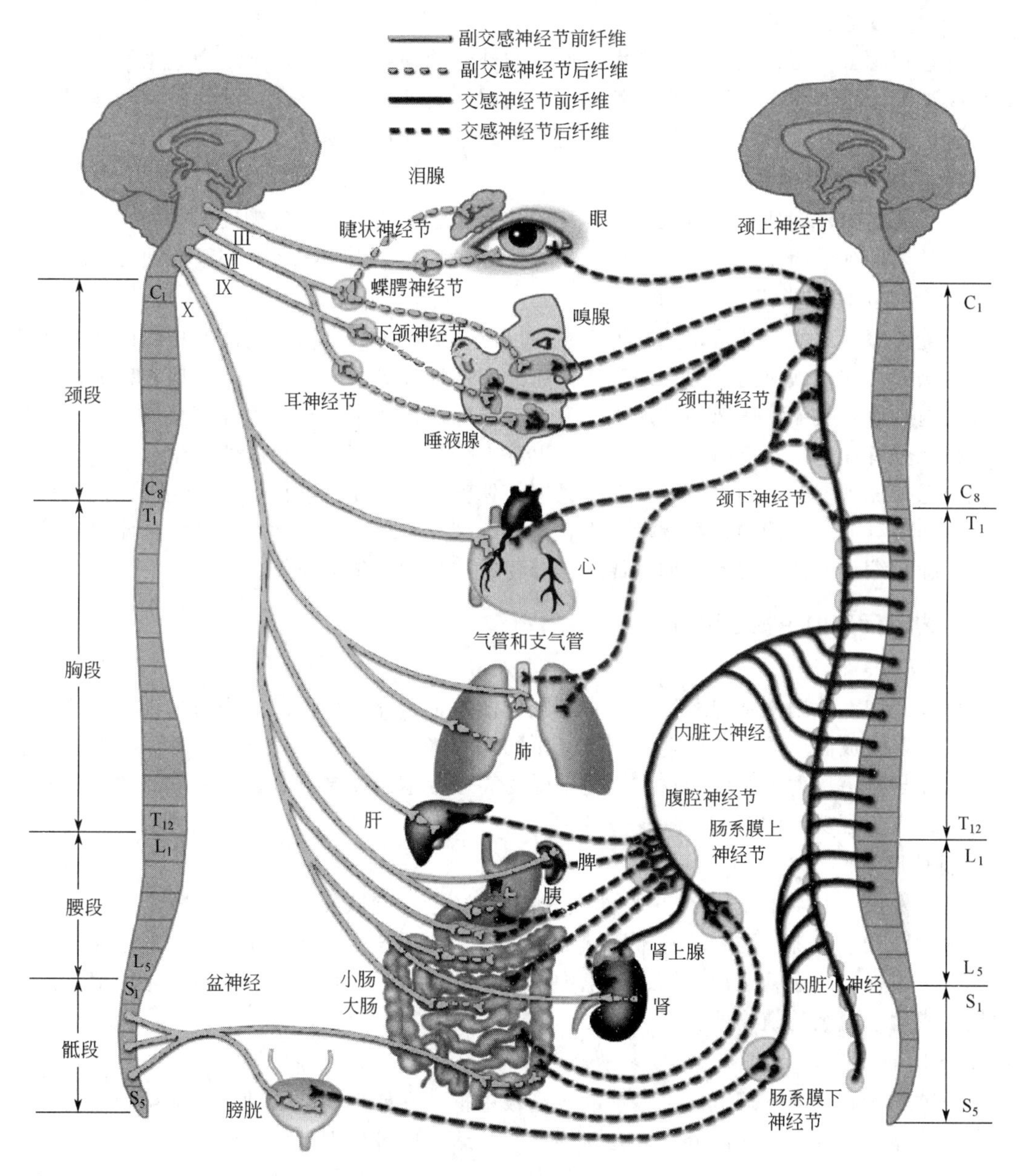

图 9-19　植物性神经分布示意图

应机体当时的需要（表 9-2）。

表 9-2　植物性神经的生理作用

器官	交感神经	副交感神经
循环系统	心率加快、收缩加强	心率减慢、收缩减弱
	腹腔内脏血管、皮肤血管、唾液腺血管收缩，肌肉血管收缩或舒张	部分血管舒张
呼吸系统	支气管平滑肌舒张	支气管平滑肌收缩
消化系统	抑制胃运动、促进括约肌收缩	增强胃运动、促进消化腺分泌
泌尿系统	膀胱平滑肌舒张、括约肌收缩	膀胱平滑肌收缩、括约肌舒张
眼	瞳孔散大	瞳孔缩小
皮肤	竖毛肌收缩、汗腺分泌	
代谢	促进糖的分解、促进肾上腺髓质分泌	

2. 紧张性支配

在静息状态下，植物性神经经常发放低频的神经冲动到效应器，称之为紧张性支配。例如，切断支配心脏的迷走神经，心跳就加快，说明迷走神经对心脏起持续性的抑制作用，去除了紧张性作用后，心跳加速。交感神经对心脏的紧张性作用相反。

3. 效应器所处功能状态的影响

植物性神经的外周性作用与效应器本身的功能状态有关。例如胃幽门如果原来处于收缩状态，刺激迷走神经能使之舒张，如果原来处于舒张状态，则刺激迷走神经能使之收缩。

4. 对整体生理功能调节的意义

在环境急骤变化的条件下，交感神经系统可以动员机体许多器官的潜在功能以适应环境的急变。例如，在剧烈肌肉运动、缺氧、失血或寒冷环境等情况下，机体出现心率加速，皮肤与腹腔内脏血管收缩，血液储存库排出血液以增加循环血量，红细胞计数增加、支气管扩张、肝糖原分解加速以及血糖浓度上升、肾上腺素分泌增加等生理功能的变化。

副交感神经系统的活动主要在于保护机体、休整恢复、促进消化、积蓄能量以及加强排泄和生殖功能等方面。例如，在相对静止状态下，副交感神经的活动相对增加，此时心脏活动抑制，瞳孔缩小，消化功能增加以促进营养物质吸收和能量补充等。

三、内脏活动的中枢性调节

1. 脊髓

交感神经和部分副交感神经发源于脊髓灰质侧角，因此脊髓可以成为植物性反射的初级中枢。它可以完成简单的内脏反射，例如基本的血管张力反射、排粪反射、排尿反射、勃起反射、出汗与竖毛反射等。但是这些反射平时受高位中枢的控制，依靠脊髓本身的活动不足以很好地适应生理功能的需要。

2. 低位脑干

由延髓发出的植物性神经传出纤维支配头面部的所有腺体、心、支气管、喉、食管、胃、胰腺、肝和小肠等。同时，脑干网状结构中存在许多与内脏活动功能有关的生命活动中枢，如呼吸中枢、心血管运动中枢、咳嗽中枢、呕吐中枢、吞咽中枢、唾液分泌中枢等。这些中枢完成比较复杂的植物性反射活动。

3. 下丘脑

下丘脑是大脑皮质下调节内脏活动的较高级中枢。它能把内脏活动和其他生理活动联系起来，调节体温、水平衡、内分泌、营养摄取、情绪反应等生理过程。

（1）体温调节　下丘脑是体温调节的基本中枢。但体内、外温度发生变化时，可通过体温中枢对产热或散热机能进行调节，使体温恢复正常。

（2）水平衡调节　下丘脑是水平衡调节中枢，主要通过控制血管升压素的合成与分泌调节水平衡。另外还可以控制饮水，共同调节水平衡。

（3）摄食行为调节　下丘脑外侧区和腹内侧区分别存在摄食中枢和饱中枢。如果摄食中枢破坏，动物拒绝摄食；破坏饱中枢，动物食欲大增，逐渐肥胖。

（4）调节内分泌活动　下丘脑有许多神经元具有内分泌功能，可分泌多种激素，进入血液，并通过垂体门脉循环到腺垂体，促进或抑制腺垂体激素的分泌，进而调节其他内分泌腺的活动。

4. 大脑皮质

大脑半球内侧面皮质与脑干连接部和胼胝体旁的环周结构称边缘叶，边缘叶和与它相关的某些皮质下神经核合称为大脑边缘系统。边缘系统是调节内脏活动的重要中枢，它对各低级中枢的活动起着调整作用，其调节作用复杂而多变。

第六节 脑的高级神经活动

反射活动是中枢神经系统的基本活动形式。反射活动又分为条件反射和非条件反射。大脑皮质是中枢神经系统的最高级部位，它不但对机体的非条件反射起着重要的调节作用，而且还能形成条件反射。一般把后者的神经活动叫做高级神经活动（higher nervous activity）。

一、非条件反射与条件反射

1. 非条件反射

非条件反射（unconditioned reflex）是动物在种族进化过程中，适应内、外环境变化通过遗传而获得的先天性反射，是动物生来就有的。它是神经系统反射活动的低级形式，有固定的神经反射路径，不易受外界环境影响而改变。其反射中枢大部分在皮质下部位。能引起非条件反射的刺激称为非条件刺激。如食物接触动物口腔，就会引起唾液的分泌。食物是非条件刺激，唾液分泌是非条件反射。非条件反射的数量有限，只是一些基本的如食物反射、防御反射和内脏反射。这些反射只能保证动物的基本生存，很难适应复杂的环境变化。

2. 条件反射

条件反射（conditioned reflex）是通过后天接触环境、训练等而建立起来的反射。它是反射活动的高级形式，是动物在个体生活过程中获得的外界刺激与机体反应间的暂时联系。它没有固定的反射路径，易受客观环境的影响而改变。反射中枢在大脑皮质。凡能引起条件反射的刺激称条件刺激。条件刺激在条件反射形成之前，对这个反射还是一个无关刺激，只有与某种反射的非条件刺激相伴或提前出现，并经过多次重复之后能引起某种反射，才能成为条件刺激，即单独作用时，就能引起与非条件刺激相同的反射活动。

二、条件反射的形成

条件反射是一个复杂的过程，是建立在非条件反射基础上的。以猪吃食为例，食物入口引起唾液分泌，这是非条件反射。如果食物入口之前，给予哨声刺激。最初哨声与食物没有关系，只是作为一个无关刺激而出现，并不引起唾液分泌。但是，如果哨声与食物总是同时出现，经过多次结合之后，只给哨声刺激也可引起唾液分泌，便形成了条件反射。这时的哨声就不再是与吃食物无关的刺激了，而成为食物到来的信号。可见，形成条件反射的基本条件就是条件刺激与非条件刺激在时间上的结合，这一结合过程称强化。任何条件刺激与非条件刺激结合应用，都可以形成条件反射。但条件刺激必须与非条件刺激多次反复紧密结合，条件刺激必须出现于非条件刺激之前或同时，条件反射才能形成，反之难以形成。

条件反射是在非条件反射的基础上形成的。当条件反射形成之后，条件刺激的神经通路与非条件反射的反射弧之间出现了一种新的暂时性的联系（图 9-20），也就是暂时性接通了两个反射弧，目前关于暂时性接通机制尚有争论。

三、影响条件反射形成的因素

条件反射的形成受许多条件的限制，归纳起来有两个方面。

1. 刺激

条件刺激必须与非条件刺激多次反复紧密结合；条件刺激必须在非条件刺激之前或同时

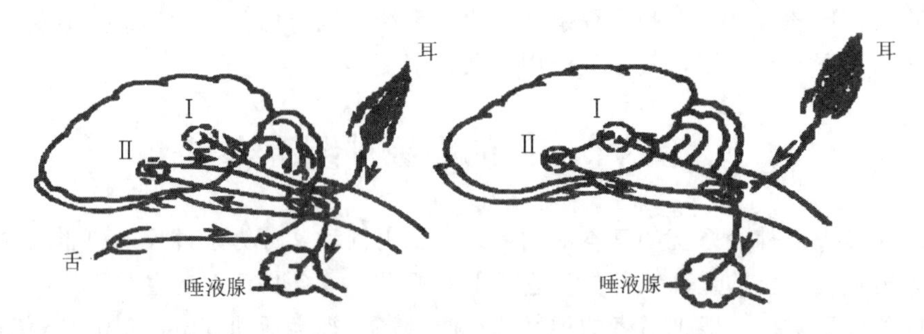

图 9-20 条件反射的形成示意图

出现；条件刺激的强度要弱于非条件刺激。例如动物饥饿时，由于饥饿加强了摄食中枢的兴奋性，食物刺激的生理强度就大大提高，从而有利于形成条件反射。

2. 机体状态

建立条件反射的动物必须是健康的，大脑皮质必须清醒。昏睡或病态的动物是不易形成条件反射的。此外，还应避免其他刺激对动物的干扰。

四、条件反射的生理意义

① 动物在后天生活过程中建立大量的条件反射，可大大地扩充机体的反射活动范围，增强机体活动的预见性和灵活性，从而提高机体对环境的适应能力。

② 条件反射既数量无限，又有一定的可塑性，既可加强，又可消退。随着环境的变化，动物不断地形成新的条件反射，消退不适合生存的旧条件反射。人类也可以利用这种可塑性，使动物按人们的意志建立大量的条件反射，便于科学的饲养管理，提高动物的生产性能。

本 章 小 结

• 高等动物的神经系统由神经元和神经胶质细胞组成。神经系统是机体主要的功能调节系统，神经元是神经系统的基本结构和功能单位，神经元的轴突构成神经纤维。神经纤维具有兴奋性和传导性。当它受到适宜刺激时能产生兴奋，并能沿着神经纤维传导。

• 神经元和神经元之间没有原生质的联系，神经元之间互相接触，形成突触。通过突触，神经冲动才能从一个神经元传到下一个神经元。由于突触传递有化学递质的参与，因而具有兴奋性和抑制性突触传递。

• 神经元之间的突触传递必须以神经递质为中介，才能完成信息的传递。神经递质根据其产生的部位可分为中枢神经递质和外周神经递质。神经递质必须与突触后膜或效应器细胞上的受体结合，才能发挥它的作用。

• 神经活动的基本方式是反射，它是机体在神经系统地参与下，对刺激所发生的全部规律性反应。反射在反射弧内进行。

• 感受器受到内、外环境的刺激后，可以转化为神经冲动，并沿着传入神经传到各级中枢。丘脑的感觉投射系统可分为特异性投射系统和非特异性投射系统。大脑皮质是感觉的最高级中枢。

• 任何的躯体运动，都是由许多骨骼肌的协调和配合收缩来完成的，也都是在神经系统各级中枢（脊髓、脑干、小脑、大脑皮质）的调节下才能完成。各级神经中枢对躯体运动的调节各不相同。大脑皮质是躯体运动的最高级中枢。

• 一般内脏活动的调节都受交感神经和副交感神经的双重支配，其作用是拮抗的。内脏活动受神经系统各级中枢的调节，大脑皮质也是内脏活动的最高级中枢。

• 脑的高级神经活动是指能够形成条件反射。反射可分为条件反射和非条件反射，非条件反射是动物生来就有的，数量不多，有固定的反射弧。条件反射是动物出生后，经过后天训练、适应环境逐渐形成的。条件反射可建立，也可消退。条件反射的建立，极大地扩大了机体的反射活动范围，增加了动物活动的预见性和灵活性，更好地适应了环境的变化。

复习思考题

1. 神经纤维兴奋传导有哪些特征？
2. 什么是突触？突触传递有何特征？
3. 试述兴奋性突触与抑制性突触传递的传递原理。
4. 何为牵张反射？
5. 特异性投射系统和非特异性投射系统有何不同？
6. 小脑的主要功能是什么？
7. 交感神经和副交感神经的功能有何不同？它们的神经末梢释放何种化学递质？
8. 神经系统如何调节内脏活动？
9. 条件反射与非条件反射的区别是什么？

第十章　肌肉生理

学习目标

1. 了解骨骼肌的物理特性与生理特性，掌握神经肌肉间的兴奋传递、骨骼肌收缩的机理。

2. 掌握等张收缩、等长收缩、单收缩、收缩总和、强直收缩等概念。

动物的肌肉组织可以明显地区分为两类。第一类是附着在骨骼上的骨骼肌（横纹肌）。它约占动物体重的50%。骨骼肌的活动受躯体神经的直接控制。它的功能是控制各种关节的活动，借以完成躯体运动、呼吸动作，保持各种正常姿势以及维持躯体平衡和其他各种复杂的运动等。第二类是存在于内脏中的内脏肌（平滑肌）。它受植物性神经的直接支配。它的功能是维持各种内脏的正常形状和位置，完成各种内脏的活动。心肌可以看做是特殊类型的横纹肌，但在另一些方面又近似平滑肌。

有关内脏与心肌的特性与功能，已经分别在有关章节中阐述了，本章着重对骨骼肌的特性和它的活动加以说明。

1. 骨骼肌的物理特性

骨骼肌具有展性、弹性、黏性等物理特性。当骨骼肌受到外力牵拉时，就被拉长，这就是展性。当外力解除后，它又会缓慢恢复原状，这就是弹性。骨骼肌的展性和弹性都不是很完全的。但肌肉变形时由于分子内部摩擦很大，产生一定的阻力，所以变形缓慢而不完全，这种特性叫做黏性。

骨骼肌的展性和弹性是保证肌肉收缩的必要条件；而黏性则使收缩产生阻力，导致收缩能力减弱。骨骼肌的功能状态良好时，展性和弹性增大而黏性减小，因而肌肉收缩迅速而有力。相反，当骨骼肌的功能状态不良时，展性和弹性减小而黏性增大，因而收缩减慢减弱，甚至暂时失去收缩能力。骨骼肌的展性、弹性和黏性比平滑肌小，所以骨骼肌收缩时的长度变化比平滑肌小，而收缩速度比平滑肌快。

2. 骨骼肌的生理特性

骨骼肌有兴奋性、传导性和收缩性等生理特性。兴奋性是一切活组织都具有的共性。传导性是肌肉组织和神经组织共同具有的特性。而收缩性是肌肉组织独有的特性。

骨骼肌的兴奋性较心肌和平滑肌为高。其主要特点是：在正常情况下，它只能接受躯体运动神经传来的冲动而兴奋。因此，骨骼肌与支配它的神经的联系破坏后，就失去运动能力而陷入瘫痪。在不同状态下，骨骼肌的兴奋性会发生变化。例如，适当拉长肌肉使兴奋性增大，疲劳使兴奋性下降。骨骼肌受到神经纤维传来的冲动而发生兴奋后，也像心肌一样，会暂时失去兴奋的能力，出现不应期。但骨骼肌的不应期比心肌短得多。

骨骼肌具有传导兴奋的能力。肌纤维上任何一点发生兴奋，都能沿着肌纤维传播。但传播的范围只局限于同一条肌纤维内，不能传播到另一条肌纤维中去。这一点与心肌不同，它是神经系统对骨骼肌收缩进行精细调节的重要条件。此外骨骼肌传导兴奋的另一个特点是传导速度比心肌和平滑肌快。

骨骼肌兴奋后，能够在外形上表现明显的缩短现象，这种特性叫做收缩性，它是骨骼肌最重要的生理特性。骨骼肌的各种生理功能都是通过收缩活动而实现的。其特点是：速度快、强度大，但不能持久。

兴奋性、传导性和收缩性三种生理特性是互相联系和不可分割的。正常时，骨骼肌纤维的某一点先接受神经纤维传来的神经冲动而兴奋，然后兴奋沿着这条肌纤维迅速传播，引起整条肌纤维兴奋，最后使整条肌纤维发生收缩反应。

第一节 神经-肌肉接头及其兴奋传递

一、神经-肌肉接头的结构特点

运动神经元是通过神经-肌肉接头将神经冲动传递给骨骼肌。运动神经纤维末梢和肌细胞（即肌纤维）相接触的部位，称为神经-肌肉接头或运动终板（motor end plate）。包括三个部分的结构：突触前膜、突触后膜和突触间隙。一条运动神经纤维末梢，经反复分支，其分支可达几十至几百条以上，每一分支都支配一条肌纤维，当某一神经元兴奋时，其冲动可引起它所支配的全部肌纤维收缩。每个运动神经元和它所支配的全部肌纤维称为运动单位。当神经分支的末端接近肌纤维时，失去髓鞘，并再分成更细的分支，即神经末梢，裸露的神经末梢嵌入相应的特化了的肌膜皱褶之中，上边覆盖雪旺神经细胞。这种特化了的肌膜称为终板膜，即神经-肌肉接头的后膜，而神经末梢的膜则称为神经-肌肉接头的前膜。前、后膜之间有 20nm 的间隙，称为突触间隙（图 10-1）。神经末梢内存在大量突触小泡和线粒体，突触小泡内含有乙酰胆碱（acetylcholine，ACh），末梢膜有较多电压门控 Ca^{2+} 通道。后膜上有较多的蛋白质分子，它们最初被称为 N 型乙酰胆碱受体，现已证明它们是一些化学门控通道，具有能与乙酰胆碱特异性结合的亚单位和附着其上的胆碱酯酶。

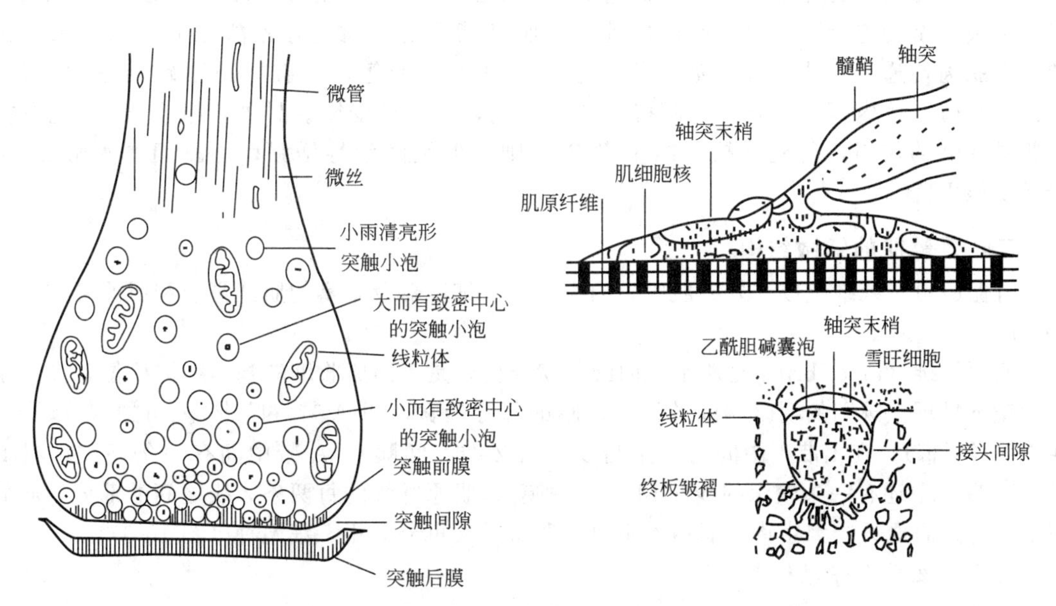

图 10-1 神经-肌肉接头和普通突触超微结构示意图

二、神经-肌肉接头的兴奋传递

当神经冲动传到运动神经末梢时，立即引起轴膜去极化，改变轴膜对 Ca^{2+} 的通透性，使细胞外液中的Ca^{2+}进入轴突内，内流的Ca^{2+}与钙调蛋白结合成聚合物，后者将激活轻链激酶，从而使轻链磷酸化；然后激活ATP酶，分解ATP，通过小泡周围类肌纤球蛋白的收缩，促使小泡移向前膜而释放。在此，Ca^{2+}可能有两方面作用，一方面降低轴浆黏度，有利于突触小泡的移动；另一方面，清除突触前膜上的负电荷，从而导致突触小泡与轴膜有效碰撞、融合，并在结合处发生裂口，小泡内递质（ACh）全部释放。这种以小泡为单位的递质释放形式叫量子释放。释放出的ACh扩散通过突触间隙与突触后膜的受体结合，其受体存在于特殊通道蛋白质的两个α-亚单位上，每分子的通道将结合两个分子的乙酰胆碱，由此引起蛋白质分子内部构象的变化会导致通道结构开放。这种通道开放时的截面，比Na^+、K^+通道截面都大，因而可允许Na^+、K^+甚至少量Ca^{2+}的同时通过，于是发生Na^+的跨膜内流和K^+的跨膜外流，总的结果表现为后膜的去极化。这一终板膜的去极化，称为终板电位。终板电位以电紧张的形式影响终板膜周围的一般肌纤维膜。当终板电位使一般肌纤维膜的静息电位达到阈电位时，即发生动作电位。这一动作电位再通过兴奋-收缩偶联，引起肌纤维的收缩。在轴突末梢释放的乙酰胆碱，一般在1～3ms内就被受体附近的胆碱酯酶破坏，每个神经冲动传到末梢，只释放一次递质，也只能与受体发生一次结合，并产生一次终板电位和动作电位，所以神经冲动与动作电位以1∶1的传递方式进行，这是神经、肌肉间兴奋传递的一个重要规律，它不同于中枢神经系统内的突触传递。这对于肌肉能够准确完成适应性收缩反应极为重要。

影响神经-肌肉接头传递的因素很多，主要有：①细胞外液Ca^{2+}浓度升高时，乙酰胆碱释放量增加，有利于兴奋传递；相反，Ca^{2+}浓度降低时，则影响兴奋传递。但Ca^{2+}也不能过高，否则会因Ca^{2+}在轴突上与Na^+产生竞争性抑制作用，而不利于轴突膜产生兴奋。另外，Mg^{2+}浓度升高，也会阻止乙酰胆碱释放，而不利于兴奋传递。②乙酰胆碱与受体结合是触发终板-肌原纤维电位的关键，而受体阻断剂，如箭毒类药物可与后膜乙酰胆碱受体结合，使受体数减少，从而造成传递阻滞。所以，注射箭毒类药物，可使神经-肌肉接头兴奋传递受阻而出现肌肉松弛。③胆碱酯酶能及时清除乙酰胆碱，保证兴奋由神经向肌肉传递。有些药物，如有机磷农药、新斯的明等，均有抑制胆碱酯酶的作用，使乙酰胆碱在体内蓄积，导致后膜持续性去极化，使传递受阻。另外，维生素B_1也有抑制胆碱酯酶的作用，若机体缺乏维生素B_1，则胆碱酯酶活性增强，乙酰胆碱水解加速，传递功能下降。

三、骨骼肌的细微结构

骨骼肌由肌纤维组成，外有肌膜，内有肌浆、细胞器及丰富的肌红蛋白和肌原纤维（图10-2）。

肌原纤维（myofibril）是肌细胞内细丝状结构，是骨骼肌收缩的基本结构单位，在光学显微镜下呈现很规则的明暗相间的横纹，暗的部分较宽，叫A带（暗带）。明的部分较窄，叫I带（明带），在I带正中间有一条暗纹，叫Z线（间膜）。A带中间有一条亮纹，叫H带，H带正中还有一条较深的线叫M线（中膜）。肌原纤维的每两条Z线之间的部分，叫做肌节。每条肌原纤维都由许多肌微丝组成，肌微丝又可分为粗、细两种（图10-3）。

1. 粗肌丝的分子结构

粗肌丝主要由肌球蛋白（myosin），又称肌凝蛋白组成。肌球蛋白是长约150nm的高度不对称蛋白质，分子构型像豆芽状，由一个细长的双螺旋杆状部和一端呈二分叉的球形膨大的头部组成。在生理状态下，大约200～300个肌球蛋白分子聚合形成一条粗肌丝，组成粗肌丝时各个肌球蛋白分子的杆状部平行排列成束，方向与肌原纤维长轴平行，形成粗肌丝

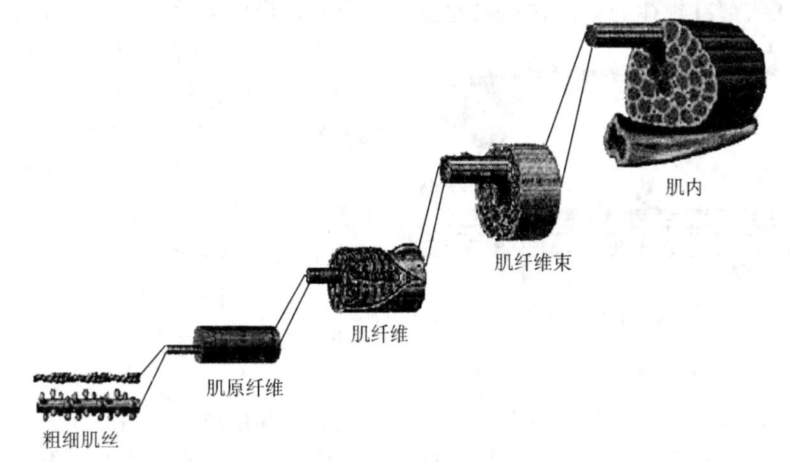

图 10-2　骨骼肌结构示意图

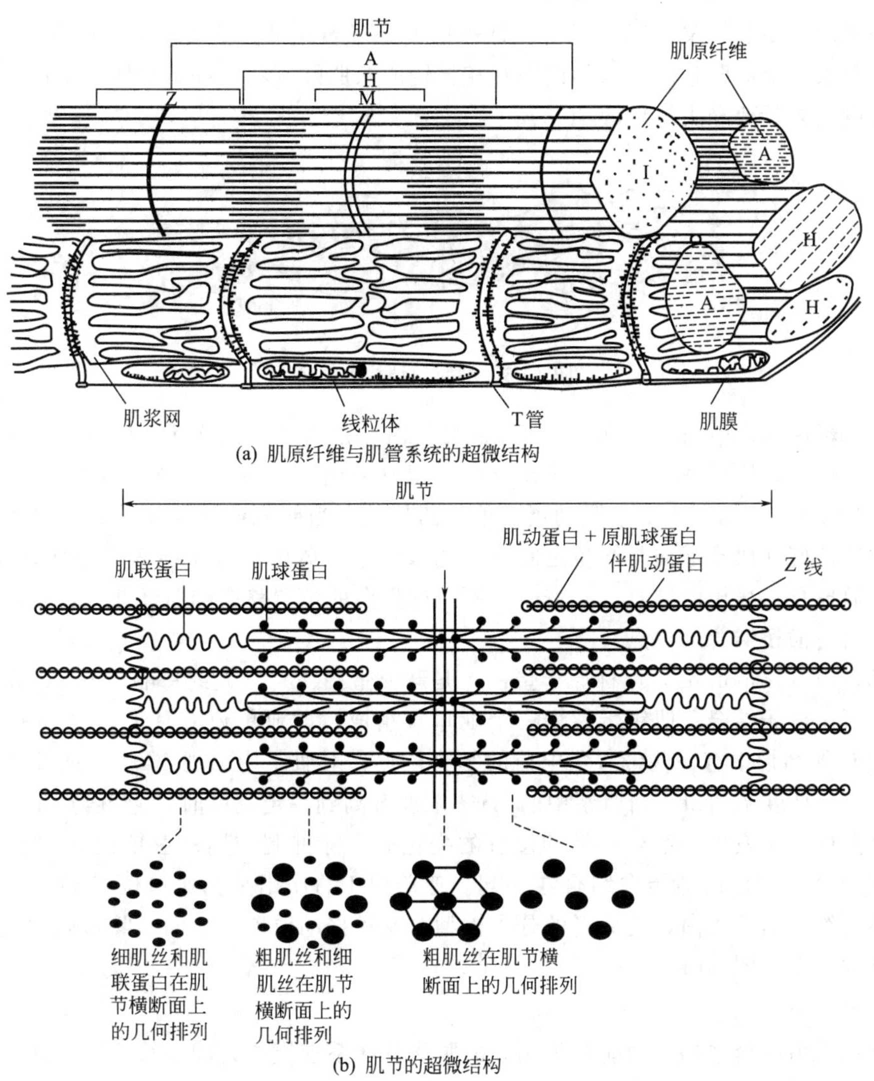

(a) 肌原纤维与肌管系统的超微结构

(b) 肌节的超微结构

图 10-3　骨骼肌肌原纤维和肌节超微结构示意图

的主干；球状头部有规律的露出在粗肌丝主干的表面，形成横桥（cross bridge）（图 10-4）。

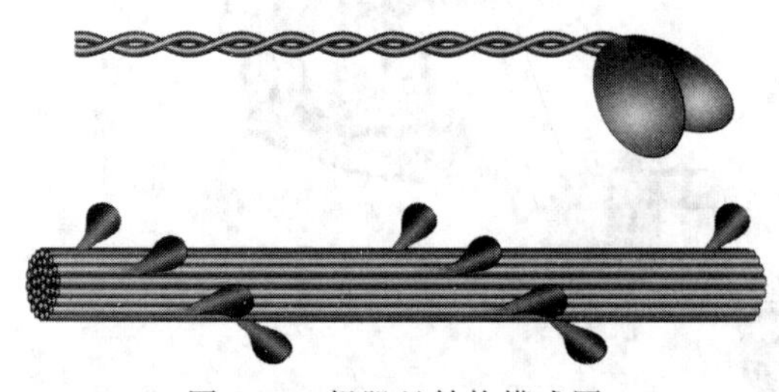

图 10-4 粗肌丝结构模式图

肌球蛋白分子由 2 条重链 4 条轻链组成。两条重链的大部分呈双股 α-螺旋，构成分子的杆状部，重链的其余部分与 4 条轻链共同构成二分叉的球形头部，即横桥。横桥有两个主要功能：一是能在一定条件下，与细肌丝中的肌动蛋白可逆结合，并随之发生构型改变；二是当它与肌动蛋白结合后，可被激活而具有 ATP 酶活性，能分解 ATP 供能。

2. 细肌丝的分子结构

细肌丝由肌动蛋白、原肌球蛋白和肌钙蛋白组成；其中肌动蛋白直接参与收缩，与粗肌丝中的肌球蛋白同被称为收缩蛋白；原肌球蛋白和肌钙蛋白不直接参与收缩，但对收缩蛋白具有调控作用，所以合称为调节蛋白。

肌动蛋白（actin，又叫肌纤蛋白）是球形大分子蛋白质。在肌浆中，300～400 个肌动蛋白连接起来，形成两条串珠状的链，互相扭绕成双股螺旋状的纤维型肌动蛋白高聚物，它是构成细肌丝的骨架和主体（图 10-5）。

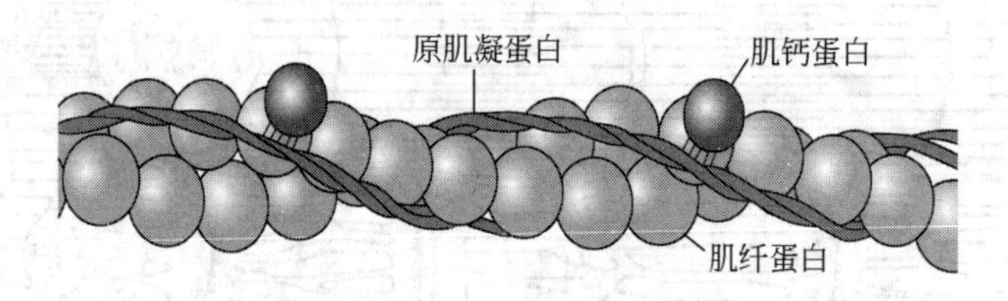

图 10-5 细肌丝结构模式图

原肌球蛋白（tropomyosin），也叫原肌凝蛋白，是由 2 条肽链互相扭绕组成的双螺旋结构。在细肌丝中，原肌球分子位于肌动蛋白双螺旋的沟中，各个分子头尾相接，排列成串，每个分子长 49nm，相当于 7 个肌动蛋白单位的长度。当肌原纤维处于静息状态时，原肌球蛋白的位置恰好在肌动蛋向与横桥之间，因此每个原肌球蛋白分子掩盖 7 个肌动蛋白单体，阻碍它与肌球蛋白横桥的结合。兴奋时，原肌球蛋白的位置移向细肌丝双螺旋的深部，暴露出肌动蛋白与横桥结合的位点。

肌钙蛋白（troponin），也称原宁蛋白，是球形蛋白质。它大约每隔 40nm 的距离就与一个原肌球蛋白分子结合。肌钙蛋白由三个亚单位组成，即亚单位 C、亚单位 T 和亚单位 I。在亚单位 C 的结构中有一些带有负电荷的结合位点，对肌浆中出现 Ca^{2+}（或其他二价正离子和 H^{+}）有高度亲和力。当肌浆中的 Ca^{2+} 浓度升高到一定程度时，它就与 Ca^{2+} 结合，使整个肌钙蛋白分子发生一系列构型和位置的变化而解除抑制作用。亚单位 T 的作用是使整个肌钙蛋白分子与原肌球蛋白结合在一起。亚单位 I 的作用是当亚单位 C 与 Ca^{2+} 结合时，把信息传递给原肌球蛋白，使后者的分子构型改变和移动位置，从而解除对肌动蛋白与横桥结合的抑制作用（图 10-6）。

3. 肌管系统

肌管系统由两套结构、功能各不相同的膜质管状系统组成，即横管系统（又称横管或 T 管）以及纵管系统（也称纵管或 L 管，又称肌质网）。

横管是由肌细胞膜向内呈漏斗状凹陷形成。凹陷的部位一般在 Z 线处（两栖类）或在 A

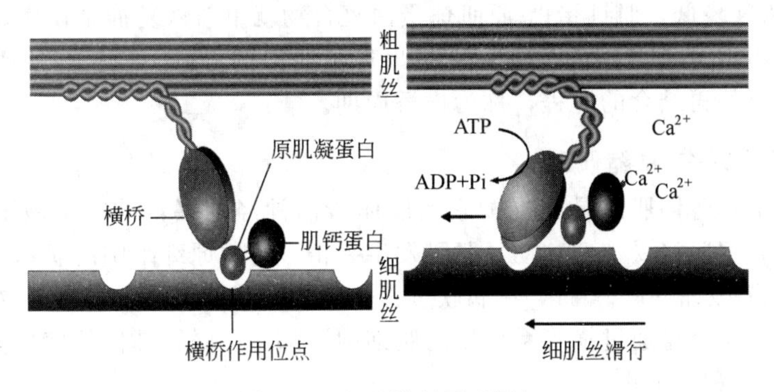

图 10-6 肌丝滑行原理图解

带与 I 带交界处（哺乳类）。它们是与肌原纤维相垂直的横行小管，直径约 20～30nm，穿行在肌原纤维之间，形成环形肌原纤维管道。各条 T 管互相沟通，管腔通过肌膜凹陷处的小孔与细胞外液相通。细胞外液能通过 T 管系统的开口深入肌细胞内部，与每条肌原纤维内的肌浆进行物质交换，但并不与肌浆直接相通。

纵管是由薄膜构成的连续和闭锁的管状系统，扩布在整个肌浆内。相当于其他细胞的内质网，但没有核糖体，而且有特殊的排列方式，其管腔直径 50～100nm。包括在 A 带上的纵管大都沿着肌原纤维的长轴纵行排列，在 A 带中央部，纵管由分支互相吻合，使整个纵管系统交织成网。在 A 带两端与 I 带连接处（即在横管附近），纵管管腔横向膨大，形成终池，与横管靠近，但并不相通。每条横管与来自两侧肌节的终池，共同构成三联管，在肌原纤维上有规律地重复交替排列。

横管是兴奋传递的通路。兴奋时出现在肌细胞膜上的动作电位，能沿着横管系统迅速传进细胞内部。纵管系统是肌细胞内的 Ca^{2+} 库，膜上有钙泵，能通过对 Ca^{2+} 的储存、释放和回收，触发和终止肌原纤维收缩。三联管是横管和纵管衔接的部位，能使横管系统传递的膜电位变化与纵管终池释放回收 Ca^{2+} 的活动偶联起来。

四、骨骼肌的收缩机制

根据骨骼肌的微细结构的形态特点以及它们在肌肉收缩时的改变，Huxley 等在 20 世纪 50 年代初就提出了用肌小节中粗、细肌丝的相互滑行来说明肌肉收缩的机制，被称为滑行理论，其主要内容是：肌肉收缩时虽然在外观上可以看到整个肌肉或肌纤维的缩短，但是在肌细胞内并无肌丝或它们所含的分子结构的缩短或卷曲，而只是在每一个肌小节内发生了细肌丝向粗肌丝之间的滑行，亦即由 Z 线发出的细肌丝在某种力量的作用下主动向暗带中央移动，结果各相邻的 Z 线都互相靠近，肌小节长度变短，造成整个肌原纤维、肌细胞乃至整条肌肉长度的缩短。从分子水平来说，滑动的基本过程是：在静息时，肌球蛋白的头部（即横桥）经常保持着负荷一分子 ATP 的状态，但由于肌钙蛋白-原肌球蛋白复合物的抑制作用，它不能与肌动蛋白结合。当亚单位 C 与 Ca^{2+} 结合并全部解除抑制作用后，负荷 ATP 的横桥就立即与肌动蛋白结合成肌动球蛋白。这时横桥中的 ATP 酶被激活，分解 ATP，释放出 ADP 和无机磷酸，并利用释出的能量，使原来与粗肌丝保持直角的横桥向 H 带方向扭曲，牵引细肌丝向 A 带中央滑动（图 10-6），肌节因而缩短。接着，肌球蛋白在接受另一个 ATP 分子后，使横桥断裂，然后又在细肌丝另一部位与肌动蛋白单体结合，重复上述过程，牵引细肌丝进一步向内滑行。在肌浆内保持较高 Ca^{2+} 浓度和能不断供给 ATP 的条件下，横桥的连接、扭曲、断裂和再形成的过程才能反复进行，使肌节和整个肌细胞明显缩短。如果

肌浆内 Ca^{2+} 的浓度降低，肌钙蛋白-原肌球蛋白复合物就重新恢复抑制作用。原肌球蛋白又回到横桥和肌动蛋白分子之间的位置，于是出现了肌肉的舒张。横桥与肌动蛋白结合、摆动、复位和新位点的再结合的过程，称为横桥周期。

五、骨骼肌的兴奋-收缩偶联

在整体情况下，骨骼肌总是在支配它的躯体传出神经的兴奋冲动刺激下导致肌细胞收缩。因此，把从骨骼肌接受神经冲动、肌膜发生兴奋，与肌原纤维中的肌丝活动联系起来的中介过程，叫兴奋-收缩偶联。Ca^{2+} 在偶联过程中起了关键性作用。目前认为，它至少包括三个主要过程：动作电位通过横管系统传向肌细胞深部；三联管部位的信息传递；纵管系统对 Ca^{2+} 储存、释放和再聚集。

当神经冲动经神经-肌肉接头引起肌膜兴奋后，产生的动作电位能沿着横管膜一直传播到细胞深部，到达三联管和肌节附近。横管膜的电位变化，引起邻近的终池膜结构中的某些带电基团移位和某些蛋白质的构型发生变化，使膜对 Ca^{2+} 的通透性突然升高，于是储存在终池中的 Ca^{2+} 顺着浓度梯度外流，肌浆中的 Ca^{2+} 浓度迅速升高到 5×10^{-4} mol/L 的水平，从而触发肌丝滑行的一系列过程。

动作电位消失后，随着肌细胞膜和横管膜的电位恢复到静息状态，终池对 Ca^{2+} 的通透性降低，肌质网膜上的钙泵（Ca^{2+}-Mg^{2+}-ATP 酶）在 Ca^{2+} 和 Mg^{2+} 存在的情况下，分解 ATP 供能，同时把肌浆中的 Ca^{2+} 泵回肌质网内，通过钙泵的主动转运，肌浆内的 Ca^{2+} 浓度重新下降到 5×10^{-6} mol/L 以下。这时，与肌钙蛋白（亚单位 C）结合的 Ca^{2+} 重新解离，肌钙蛋白-原肌球蛋白复合物的抑制作用恢复，肌细胞转入舒张状态（图 10-7）。

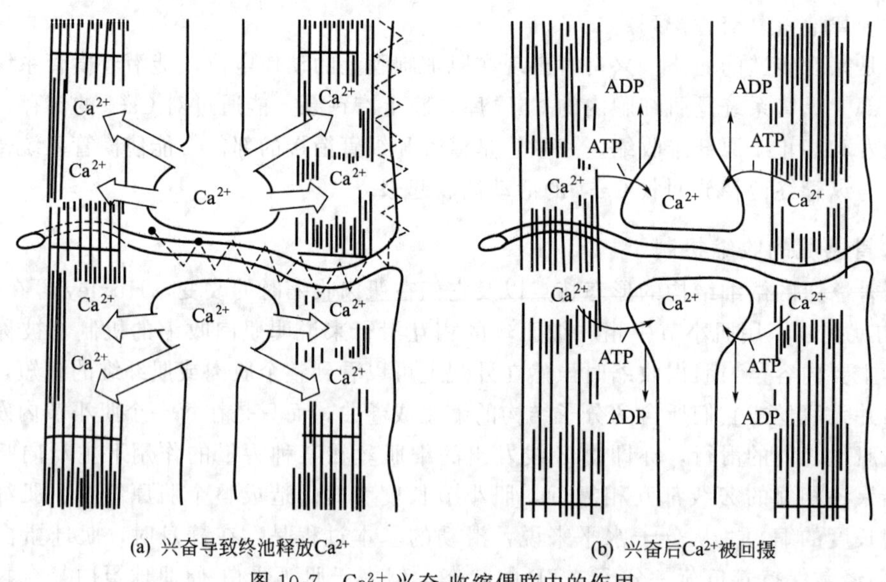

图 10-7　Ca^{2+} 兴奋-收缩偶联中的作用

第二节　骨骼肌收缩的外部表现

一、骨骼肌的收缩形式

1. 等张收缩和等长收缩

肌肉兴奋后会发生长度和张力两种变化。对以长度变化为主而张力基本不变的收缩，称为等张收缩。对以张力变化为主而长度基本不变的收缩，称为等长收缩。在正常情况下，机体内没有单纯的等张收缩和等长收缩，而是两种不同程度的复合收缩。

2. 单收缩

在实验条件下，肌肉受到一次刺激所引起的一次收缩，称为单收缩（single twitch）。单收缩包括潜伏期、缩短期和舒张期三个时期（图 10-8）。从给予刺激到肌肉开始收缩的一段时间，称为潜伏期。在此期间，肌肉发生着兴奋-收缩偶联的复杂过程。从肌肉开始收缩达到最大限度的一段时间称为缩短期。在此期间肌肉内发生肌丝滑行，产生张力和缩短的主动过程。从肌肉最大限度收缩到恢复至原来的长度和张力的一段时间称为舒张期。在正常机体内一般不发生单收缩，因为支配肌肉活动的神经不发放单个冲动而是发放一连串的冲动。

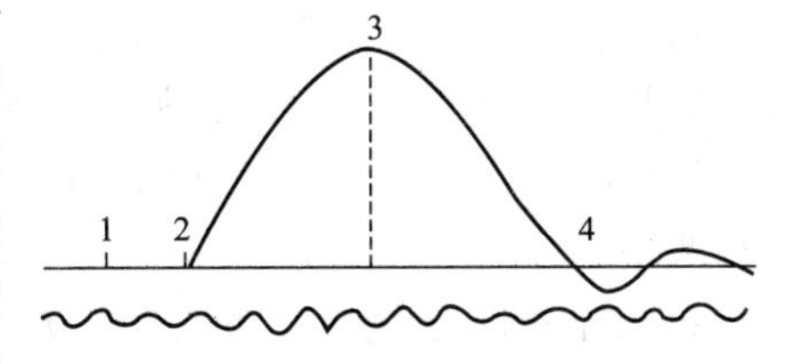

图 10-8　肌肉的单收缩曲线

1—给予刺激；1～2—潜伏期；2～3—收缩期；3～4—舒张期

3. 收缩总和与强直收缩

在实验条件下，给肌肉一连串的刺激，若后一次刺激落在前一刺激所引起收缩的舒张期内，则肌肉不再舒张，而出现一个比前一次收缩幅度更高的收缩（图 10-9），这种现象称为收缩总和。

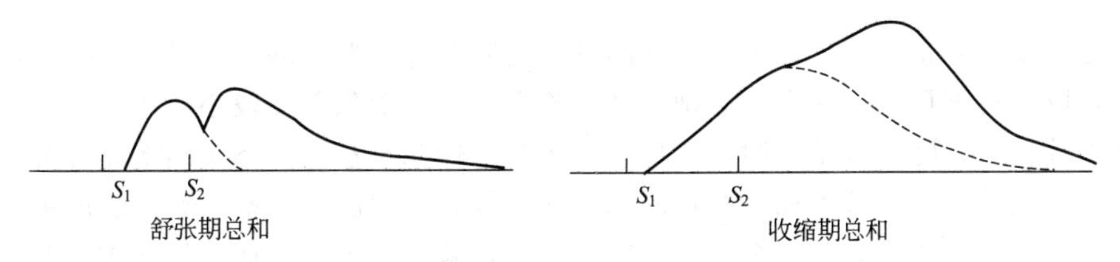

图 10-9　肌肉的收缩总和

随着刺激频率的增大，肌肉不断地进行综合，直至肌肉处于持续的缩短状态。这种收缩称为强直收缩。在刺激频率较低时，描记的收缩曲线呈锯齿状态。这样的收缩称为不完全强直收缩。当刺激频率升高时，可描记出平滑的收缩曲线，这样的收缩称为完全强直收缩，见图 10-10。引起完全强直收缩所需的最低刺激频率称为临界融合频率。应当指出的是，收缩与兴奋是两个不同的生理过程。在强直收缩中，收缩可以融合，但兴奋并不融合，它们仍然是一连串各自分离的动作电位（图 10-10）。正常机体内骨骼肌的收缩都是不同程度的强直收缩。

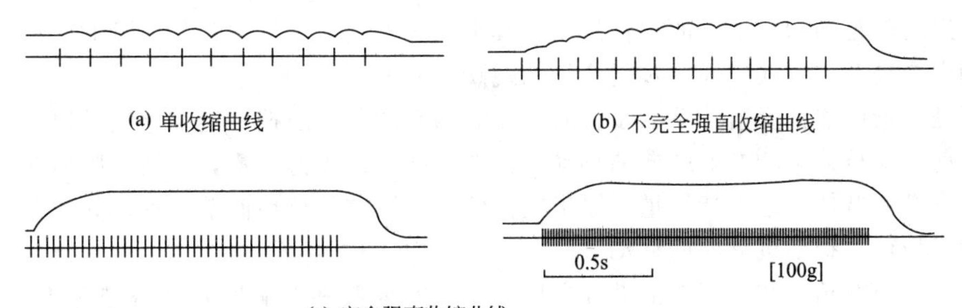

图 10-10　肌肉强直收缩曲线

二、运动的力学装置

骨、关节和骨骼肌在机体的不同部位形成不同的杠杆（即力学装置）。有的杠杆利于产生快速和幅度大的移位运动，有的杠杆利于用较小的力量来承受较大的重量。在动物体内也有物理学的三种杠杆。一般以第一种和第三种杠杆为多，第二种杠杆很少。

第一种杠杆是支点在重点和力点的中间，多见于保持平衡活动的部位。例如颈部背侧肌肉和寰枕关节组成的杠杆，寰枕关节为支点，头部重量为重点，颈背侧肌肉为力点，形成一个双臂杠杆，维持头部和颈部的平衡。肌肉收缩力的作用点距离支点越远，保持平衡所需力量就越小。

第二种杠杆是重点在力点和支点之间，多见于肢蹄着地负担体重的部位。如后肢蹄着地时，蹄为支点，跟骨为力点，体重为重点。此时的力臂较重臂长，肌肉收缩只要产生较小的张力，就可负担较大的重量。

第三种杠杆是力点在重点和支点之间，多见于完成快速动作的部位。如肘关节屈曲的动作，臂二头肌为力点，肘关节为支点，肘关节以下的重量为重点。此时的重臂长于力臂，只要肌肉稍微用力收缩，即能轻快地完成大幅度的屈肘运动。

三、躯体运动的类型

躯体借助力学装置完成各种静力和动力的运动，主要有三种类型。

1. 站立

站立是动物在静止时的正常姿势。它的基础是四肢伸肌群内的肌纤维轮流收缩，产生一定的张力，以支持体重和保持身体平衡。动物站立时，一般只需要较小的肌肉张力，其中尤以马、骡为甚。马、骡前肢站立时，肘部以下整个肢体几乎在同一条垂线上，各关节有坚实的腱连接，腕关节和指关节的屈肌和伸肌都直接从臂骨或肩胛骨下端开始，肩肘关节有强健的腱质固定。因此，依靠肌肉收缩产生的较小张力，就能固定前肢而支持体重，并能长时间站立而不易疲劳。

2. 就地运动

就地运动是指动物就地的卧倒、起立、蹴踢、直立、翻滚和爬跨等运动而言的。这些运动比站立复杂得多，是由一系列的躯体运动反射组成的连锁反射。如动物卧倒时，头部首先低下，反射地使前后肢屈曲，紧接头部偏转。偏侧肢肌肉紧张度增加，对侧肌肉紧张度降低，躯体卧地。各种动物卧地姿势虽不相同，但其卧倒过程是大同小异的，它是一个反射引起另一个反射的连锁运动。

3. 地面运动

地面运动就是动物在地面的移位运动，其主要方式是步行。快步是步行的变型，跳跃是地面运动中较复杂的方式，而跑步是步行和跳跃之间的中间型。

步行是复杂的连锁反射。动物步行时，左右两侧的前后肢按一定顺序交叉地进行伸屈运动。当左前肢支持体重和右前肢向前移动时，右后肢着地支持体重，左后肢则向前推进。紧接着向前推进的肢体着地支持体重，原来支持体重的肢体则离地向前移动。如此两肢体交替运动就构成步行，推动机体向前移动。

（1）快步　对角两肢（即右前肢和左后肢，或左前肢和右后肢）交替进行快速的移动。有的动物后脚迹达到前脚迹，有的则达不到。

（2）跑步　比快步更快的步伐，有的动物形成两前肢或两后肢同时离地和落地，前后交替进行。

（3）跳跃 动物在平跳过沟或飞越障碍物时，先腾起前躯，前肢离地屈曲；同时两后肢先蹬地，然后急速伸展，使身体腾空而跃。当着地时，先仰头伸直前肢，然后着地以支持体重，接着两后肢着地，以达到飞越沟或障碍物的目的。

在上述运动中，头部在空间的位置具有十分重要的作用。因为头部位置的改变会通过内耳的平衡感受器和颈部肌肉的牵张感受器，反射地调节四肢肌群的收缩活动。例如头下垂时，后肢伸肌的紧张性增强，头上举时，后肢伸肌的紧张性减弱。由于头下垂，引起后肢伸肌紧张性增强，就能使躯体向前移动和拉动重物。所以，头部下垂是动物任何向前运动所必需的，掌握了头部位置与四肢肌群紧张度的关系，就能正确驾驶役畜，防止蹶踢的伤害。

四、运动时机体的生理变化

动物在运动时，机体各器官、系统的生理功能都要相应的发生变化。通过这些适应性变化，使机体的内环境在运动情况下达到新的平衡，以保证神经、肌肉的活动能够持续进行。

1. 循环系统的变化

运动时，由于肌肉和一切参与运动的器官都进行着强烈的代谢活动，需要有大量氧和营养的供应，并运走代谢中所产生的废物，于是通过心、血管和肌肉传入冲动的刺激，反射性地引起交感神经活动增强，肾上腺素分泌增多。在交感神经和肾上腺素的协同作用下，一方面，心跳加快加强，同时再加上肌肉的舒缩，促进静脉血流回心，增加回心血量，因而心输出量增加；另一方面，肌肉的小动脉和毛细血管舒张。这两方面的作用，都可使肌肉的血量供应增加，保证了肌肉在运动氧和营养的需要。

2. 呼吸功能的变化

运动时，氧的消耗和二氧化碳的产生都显著增加，相应的就需要增加肺的通气量，因而呼吸频率和强度都增加。剧烈运动时，呼吸和循环功能虽然增强，但常常满足不了肌肉活动所需的氧量，于是就出现一部分无氧酵解的产物（主要是乳酸）蓄积在肌肉内，这种现象叫做“氧债”。偿还这个氧债，常需要在运动完毕后一段时间内呼吸循环继续保持在较高水平，以氧化蓄积的乳酸等产物。

受过调教训练的动物，由于胸廓发达，肺活量增加，氧的吸收率和利用率提高，故呼吸频率增加不多或恢复加快。

3. 消化功能的变化

适度的运动有促进消化的作用，但剧烈运动时，由于中枢神经系统的抑制作用以及体内血液的重新分配，消化腺的分泌活动和胃肠运动减弱，不利于消化吸收。因此，动物在饲喂后立即进行使役是不适当的。

4. 体温和排泄功能的变化

肌肉活动时，产热增加，特别是剧烈运动，虽然大量出汗，但产热常超过散热，故体温稍有升高。休息一段时间后，可恢复正常体温。

5. 骨骼和肌肉的变化

经常运动的动物，骨骼发育良好，骨质坚实，关节灵活；肌肉体积增大，肌纤维变粗，其中的能量储备和能源物质含量增多，酶系统的活性提高。这些变化不仅保证了繁重持久的运动，而且由于能量和氧的储备，促进了细胞内的氧化，乳酸积聚减慢，从而延缓了疲劳的发生。

6. 血液成分的变化

剧烈运动时由于大量出汗，丧失水分，血液变稠，红细胞相对增多；又由于体内产酸增加，碱储量降低；大量消耗能量，血糖含量降低。

综上所述，运动对循环系统、呼吸系统、消化系统、排泄系统以及运动系统本身的生理活动，产生较大的影响。同时，这些系统的生理活动发生改变，又会反过来制约运动。

五、疲劳

1. 疲劳及其发生的机理

动物在持久的肌肉活动过程中，出现工作能力下降甚至完全消失，这种现象叫做疲劳。

在实验的条件下，直接刺激肌肉，经过一系列的收缩后，其潜伏期、缩短期和舒张期都见延长，收缩的程度也逐渐减少，所能完成的工作也逐渐降低，最后不再收缩。这种离体的肌肉疲劳，叫做肌疲劳。它的发生，主要是由于肌肉所储存的能量物质的大量消耗和肌肉收缩所生成的产物（如乳酸）蓄积过多所致。此外，肌细胞膜兴奋性降低，以及兴奋-收缩偶联功能低下，也是肌疲劳产生的生理基础。如用任氏液冲洗已疲劳的肌肉，仍可消除这种疲劳。持续刺激神经-肌肉标本的神经，肌肉可出现疲劳现象，其后如立即再直接刺激肌肉本身，肌肉仍能发生较好的收缩，证明肌肉本身并未疲劳。由于神经干具有相对不疲劳性，故这种疲劳常认为发生在神经-肌肉接头处。这种现象叫传递性疲劳。

在完整机体内，骨骼肌的任何活动都是反射活动，是神经系统中枢部位产生的兴奋，通过传出纤维传到肌肉而引起的。在正常情况下，完整机体所发生的疲劳，不发生在感受器或传入神经，也不发生在传出神经或效应器，而是在于神经中枢部位，故叫做中枢性疲劳。这是因为中枢部位内有大量突触存在，由于氧和糖供应不足，就可引起疲劳。

应该指出，在整体情况下，中枢神经系统的功能状态是影响疲劳发生发展的主要因素。上述任何形式的疲劳发生后，若在氧供给充足的条件下，都可通过休息得到恢复。

2. 疲劳的防止与延缓

为了防止和延缓疲劳的出现，首先要有适宜的负重和运动速度。如负重过大，运动速度过快，都会迅速出现疲劳。所以在行军中，马、骡负重要适宜，步度配合要适当，这不但可以完成较多的工作，同时对延缓疲劳的发生也起很大作用。其次，调教和训练也是延缓疲劳发生的有效措施。因为调教后，可形成一系列条件反射，从而减少能量的消耗。锻炼可增强体力。再次，大脑皮质兴奋性的提高有助于防止或减轻疲劳，例如，疲劳的马、骡，在回厩舍的途中，运步加快，显得精神，就是大脑皮质兴奋性提高减轻疲劳的结果。

本 章 小 结

• 骨骼肌具有展性、弹性、黏性等物理特性。骨骼肌有兴奋性、传导性和收缩性等生理特性。

• 运动神经元是通过神经-肌肉接头将神经冲动传递给骨骼肌。运动神经纤维末梢和肌细胞（即肌纤维）相接触的部位，称为神经-肌肉接头或运动终板。

• 每个神经冲动传到末梢，只释放一次递质，也只能与受体发生一次结合，并产生一次终板电位和动作电位，所以神经冲动与动作电位以 1∶1 的传递方式进行，这是神经、肌肉间兴奋传递的一个重要规律。

• 肌原纤维是肌细胞内细丝状结构，是骨骼肌收缩的基本结构单位，每条肌原纤维都由许多肌微丝组成，肌微丝又可分为粗、细两种，粗肌丝主要由肌球蛋白又称肌凝蛋白组成，细肌丝由肌动蛋白、原肌球蛋白和肌钙蛋白组成。

• 根据骨骼肌的微细结构的形态特点以及它们在肌肉收缩时的改变，Huxley等在20世纪50年代初就提出了用肌小节中粗、细肌丝的相互滑行来说明肌肉收缩的机制，被称为滑行理论。

• 骨骼肌接受神经冲动、肌膜发生兴奋，与肌原纤维中的肌丝活动联系起来的中介过程，叫兴奋-收缩偶联。Ca^{2+}在偶联过程中起了关键性作用。

复习思考题

1. 名词解释：等张收缩、等长收缩、强直收缩、完全强直收缩、运动终板、兴奋-收缩偶联、疲劳。
2. 简述骨骼肌的兴奋-收缩偶联过程。
3. 何谓终板电位？有何特点？
4. 简述兴奋是怎样从运动神经传到肌肉的？
5. 兴奋通过神经-肌肉接头的传递有何特点？
6. 试用滑行学说解释肌肉收缩的机制。
7. 试述运动时机体的主要生理变化。

第十一章　内 分 泌

学习目标

1. 了解内分泌激素的分类、激素作用的特征和激素分泌的调节，掌握激素的基本概念和激素作用的机制。

2. 理解和掌握腺垂体、神经垂体激素的生理作用，了解激素分泌的调节。

3. 了解甲状腺激素的合成与释放、甲状腺激素分泌的调节，掌握甲状腺激素的生理作用。

4. 了解动物机体血钙平衡的调节，掌握甲状旁腺激素和降钙素的生理作用。

5. 了解肾上腺激素分泌的调节，掌握肾上腺皮质和髓质激素的生理作用。

6. 掌握胰岛素和胰高血糖素的生理作用，了解它们对血糖平衡的调节。

7. 了解性腺活动的调节，掌握雌激素、孕激素、雄激素的生理作用。

第一节　概述

一、内分泌和激素的概念

内分泌系统是除神经系统外机体内又一大调节系统，它以分泌各种激素（hormone）的体液性调节方式进行，速度较慢，但作用的持续时间较长。它与神经系统紧密联系和密切配合，共同调节机体的各种功能活动，以维持内环境相对稳定。

内分泌是指内分泌细胞将所产生的激素直接分泌到体液中，并以体液为媒介对靶细胞产生效应的一种分泌形式。内分泌细胞集中的腺体称为内分泌腺（endocrine gland）。内分泌腺体的分泌作用过程不需要类似外分泌腺的导管结构，因此也称无管腺。激素是细胞与细胞之间传递信息的化学信号物质。激素的种类很多，来源复杂，按其化学本质可分为以下几类。

1. 胺类激素

胺类激素多数是氨基酸的衍生物，如肾上腺素、去甲肾上腺素、甲状腺激素等。

2. 多肽和蛋白类激素

多肽和蛋白类激素种类繁多，分布范围广泛，如腺垂体激素、胰岛素等。

3. 脂类激素

脂类激素指以脂质为原料合成的激素，主要包括类固醇激素和脂肪酸衍生激素，如肾上腺皮质分泌的糖皮质激素和盐皮质激素、性腺分泌的性激素、前列腺素等。

二、激素作用的特征和机制

（一）激素的一般特征

（1）激素作用的特异性　激素随着血液或淋巴分布于机体各部分，与组织细胞广泛接触，但是它仅对某些器官、腺体和组织细胞起作用。激素选择性作用的特点称为激素作用的特异性。被激素作用的器官、腺体、细胞，好比激素的“靶”，分别称为激素的靶器官、靶腺和靶细胞。事实上，激素只能与被作用的细胞膜或细胞质中的特异性受体结合而表现出激素作用的特异性特点。有些激素如生长激素、甲状腺激素等，虽然对全身的组织细胞都发生作用，似无局限的靶器官，但是这类激素也只能与细胞膜上或胞质中特异性受体相结合，引起一定生理效应。因此，它们的作用在分子水平上仍然是具有特异性的。

（2）激素的高效能生物放大作用　在生理状态下，激素在血中浓度很低，多在 10^{-12}～10^{-7} mol/L 的数量级。激素与受体结合后，通过引发细胞内信号转导程序，经逐级放大，可产生效能极高的生物学效应。

（3）激素间的相互作用　各种内分泌腺分泌激素的作用是相互联系、相互影响的。有些激素间作用相互增强；肾上腺素、胰高血糖素、糖皮质激素都影响糖代谢，使血糖升高。有的激素间相互拮抗。胰岛素降低血糖的作用与上述激素相拮抗。

有些激素本身对某些器官或组织细胞无直接效应，但却为其他激素的作用创造条件，以便使其他激素发挥作用，称允许作用。

（二）激素作用的机制

1. 类固醇激素作用机制——基因表达学说

类固醇激素是脂类激素的主要成分，分子较小，呈脂溶性，可以直接透过靶细胞而进入细胞浆中。类固醇激素在进入细胞后，有些激素如糖皮质激素先与胞浆体受体结合，形成激素-胞浆受体复合物。这种复合物经构型改造后获得通过靶细胞核膜的能力进入核内，再与核受体结合，进而启动或抑制 DNA 的转录过程，促进或抑制 mRNA 的表达。mRNA 又透出核膜进入胞浆，诱导或抑制特定蛋白质或酶的合成，从而引起了相应的生理效应（图 11-1）。

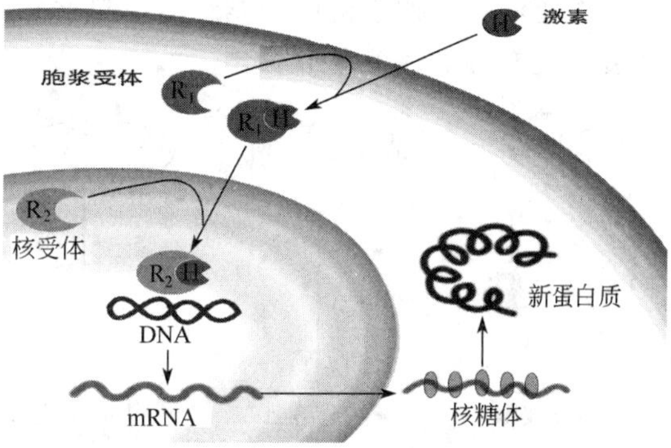

图 11-1　类固醇激素作用机制

其他类固醇激素如雌激素、孕激素、雄激素进入靶细胞后，可直接穿越核膜，与相应的核受体结合，以调节基因的表达。

2. 含氮激素作用机制——第二信使学说

含氮激素包括胺类激素与多肽和蛋白类激素。Sutherland 学派在 1965 年提出第二信使学说，认为激素是第一信使，与靶细胞膜上具有立体构型的专一性受体结合后，激活靶细胞膜上的腺苷酸环化酶系统。在 Mg^{2+} 的参与下，促使靶细胞浆中的三磷酸腺苷（ATP）分子转变为环腺苷酸（cAMP）。cAMP 作为第二信使，激活蛋白激酶系统（包括蛋白激酶 C、蛋白激酶 G 等），进而激活靶细胞内各种底物的磷酸化反应，引起靶细胞特定的生理效应，如腺细胞的分泌、肌细胞收缩、细胞膜通透性改变以及细胞内的各种酶促反应（图 11-2）。

后来的研究证明，第二信使除 cAMP 外，还有环鸟苷酸（cGMP）、三磷酸肌醇（IP_3）、二酰甘油（DG）等均可作为第二信使。近年来发现，G 蛋白在跨膜信息传递中的作用，激素受体与激素结合的部分在细胞外表面，而腺苷酸环化酶在膜的胞浆面，它们之间存在着一种起偶联作用的调节蛋白质——鸟苷酸结合蛋白，简称 G 蛋白。

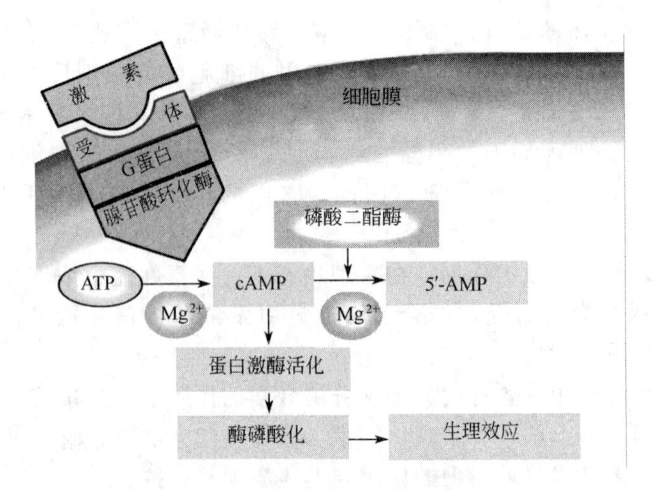

图 11-2　含氮激素的作用机制

在含氮激素对靶细胞发挥调节的过程中，一系列的连锁反应依次发生，第一信使的作用在逐步被放大，形成一个效能很高的生物放大系统，因此，激素在血液中的浓度很低，而靶细胞最终出现的生理效应却非常显著。

三、激素分泌的调节

内分泌激素在调节机体功能活动中起重要作用。激素的分泌随体内、外环境变化发生相应改变，受神经和体液调节。

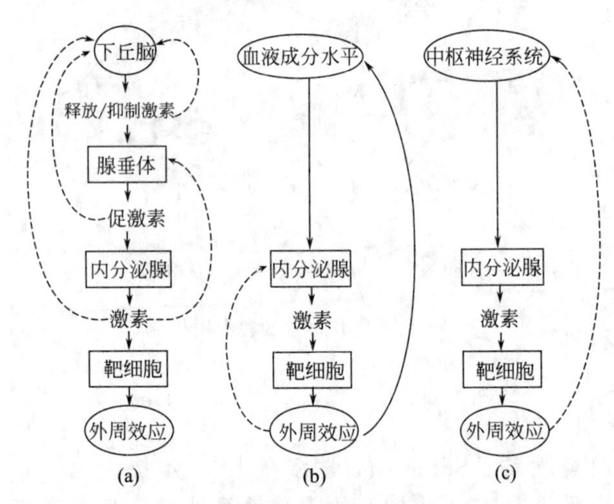

图 11-3　激素分泌的调节
(a) 内分泌腺间的反馈调节；(b) 血液成分的调节；(c) 神经系统的调节

(一) 神经调节

当内、外环境发生变化时，中枢神经系统根据感觉神经传入的信息，可直接或间接地调节激素的分泌。神经活动对激素分泌的调节对于机体具有特殊的意义。如胰岛、肾上腺髓质等腺体和许多散在的内分泌细胞都有神经纤维支配。应激状态下，交感神经系统活动加强，肾上腺髓质分泌增加，以适应环境的突然变化［图 11-3(c)］。

(二) 体液调节

1. 内分泌腺之间的反馈性调节

内分泌腺之间通过负反馈作用，进行自我调节，保持相对平衡状态。如某一种激素作用于靶腺，引起靶腺分泌效应。当这种分泌效应达到一定水平时，便反馈抑制某一种激素的作用，从而使靶腺分泌效应降低；而降低到一定程度时，反馈抑制作用减弱，该种激素的分泌又加强。这样，反馈调节使内分泌腺活动水平不致过高或过低，从而其保持正常生理范围。

下丘脑分泌 9 种调节肽，它们可分为释放激素和抑制激素两类。分别调控腺垂体激素的分泌（表 11-1），而腺垂体主要分泌 6 种激素，再分别调控各个内分泌腺激素的活动。

表 11-1　下丘脑激素及其主要作用

种类	英文缩写	主要作用
促甲状腺激素释放激素	TRH	促进促甲状腺激素的释放
促性腺激素释放激素	GnRH	促进促性腺激素的释放
促肾上腺皮质激素释放激素	CRH	促进促肾上腺皮质激素的释放
生长激素释放激素	GHRH	促进生长激素的释放
生长激素释放抑制激素	GHRIH	抑制生长激素的释放
催乳素释放因子	PRF	促进催乳素的释放
催乳素释放抑制因子	PIF	抑制催乳素的释放
促黑素细胞激素释放激素	MRH	促进促黑素细胞激素的释放
促黑素细胞激素释放抑制激素	MIH	抑制促黑素细胞激素的释放

反馈调节的形式可分为三种：①长反馈，一般指靶腺激素返回性影响，使下丘脑相应的释放激素分泌减少，从而调节靶腺激素的分泌。② 短反馈，一般指垂体的促激素返回性地影响下丘脑释放激素的分泌。③超短反馈，下丘脑的释放激素达到一定浓度时，反馈抑制下丘脑本身的分泌［图 11-3(a)］。

2. 血液成分的影响

很多激素都参与体内物质代谢过程的调节，而物质代谢引起血液中某些物质的变化又反过来影响内分泌腺的活动［图 11-3(b)］。比如：胰岛素可降低血糖，而血糖浓度过低，胰岛活动减弱，胰岛素分泌减少，从而维持血糖水平的稳态；血钙浓度与甲状旁腺活动，血钠、血钾浓度与肾上腺皮质活动均有类似现象。

第二节　脑垂体

脑垂体分为腺垂体和神经垂体两个主要部分。脑垂体与下丘脑在结构与功能上的联系非常密切，可视为下丘脑-垂体功能单位。下丘脑的一些神经元兼有神经元和内分泌细胞的功能，它们可将从大脑或中枢神经系统其他部位传来的神经信息，转变为激素的信息，通过垂体门脉系统传到垂体，将神经调节与体液调节紧密地结合起来，从而形成下丘脑-垂体功能单位（图 11-4）。

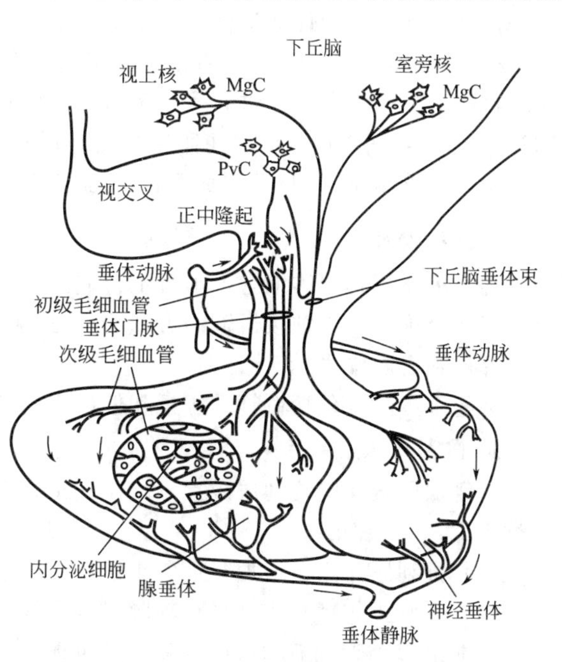

图 11-4　垂体结构示意图

一、腺垂体的激素及其生理功能

腺垂体是腺组织，包括远侧部、中间部和结节部三个区域。远侧部是腺垂体的主要部分，有多种具有内分泌功能的腺细胞。神经垂体是神经组织，分为神经部和漏斗部两部分（图 11-4）。腺垂体和神经垂体的内分泌功能不同，但是都与下丘脑有着结构与功能上的密切联系。

在腺垂体的远侧部和结节部的腺组织中能分泌出含氮激素，主要包括生长激素、催乳素、促甲状腺素、促肾上腺皮质激素、促黑素细胞激素、促卵泡激素和黄体生成素。

1. 生长激素（growth hormone，GH）

生长激素是一种具有种属特异性的蛋白质激素，主要生理作用是促进生长发育，促进骨、软骨、肌肉以及肾、肝等其他组织细胞分裂增殖，促进蛋白质合成。幼年时若缺乏生长激素，则生长发育停滞，人和动物会患侏儒症，而生长激素过多会患巨人症。

生长激素对于物质代谢有广泛的作用。生长激素促进蛋白质合成、减少蛋白质分解。生长激素可加速脂肪分解，增强脂肪酸的氧化分解，提供能量，使组织特别是肢体的脂肪量减少。生长激素还抑制外周组织摄取和利用葡萄糖，提高血糖水平。生长激素分泌过多时，可因血糖升高引起糖尿。

2. 催乳素（prolactin，PRL）

催乳素与生长激素结构相似，也是一种蛋白质激素。催乳素的作用极为广泛，在哺乳动物的主要作用是促进乳腺发育，发动并维持乳腺分泌乳汁。还可以促进生长、调节水盐代谢和性腺功能。

3. 促甲状腺激素（thyroid-stimulating hormone，TSH）

促甲状腺激素是糖蛋白，主要作用是促进甲状腺细胞的增生及其活动；促进甲状腺激素的合成和释放。

4. 促肾上腺皮质激素（adrenocorticotropic hormone，ACTH）

促肾上腺皮质激素是一种多肽类激素，主要生理作用是促进肾上腺皮质的生长发育；促进糖皮质激素的合成和释放。

5. 促黑素细胞激素（melanophore-stimulating hormone，MSH）

促黑（素细胞）激素是垂体中间部产生的一种肽类激素，主要作用是促进黑素细胞生成黑色素，MSH 使两栖类黑素细胞中的黑素颗粒扩散，使皮肤和被毛的颜色加深。

6. 促性腺激素

促性腺激素分为促卵泡激素（follicle-stimulating hormone，FSH）和黄体生成素（luteinizing hormone，LH），两者都是糖蛋白。在 LH 和雌激素的协同作用下，FSH 可促进雌性动物卵巢生长发育，促进排卵；对于雄性动物，可促进曲细精管发育，促进精子生成。LH 与 FSH 协同作用，可促使卵巢分泌雌激素、卵泡发育成熟并排卵；使排卵后的卵泡形成黄体，分泌孕酮。LH 促进睾丸间质细胞发育并产生雄激素。

二、神经垂体

神经垂体不含腺体细胞，本身不合成激素。所谓神经垂体激素是由下丘脑视上核和室旁核神经元分泌的。以轴浆运输的方式经下丘脑-垂体束运送到神经垂体储存。在有适宜刺激下，释放到血液中去。

神经垂体激素包括血管升压素和催产素，其性质和生理功能如下。

1. 血管升压素

血管加压素又叫抗利尿激素（antidiuretic hormone，ADH），与催产素的结构相似，为肽类激素。

（1）抗利尿作用　增加肾远曲小管、集合管对水的重吸收，使尿量减少。

（2）升血压作用　使全身小动脉强烈收缩，血压升高。生理状态下，血中 ADH 浓度很低，不能引起血管收缩和血压升高。在机体脱水或失血时，分泌增多，对血压的升高和维持有一定的调节作用。

抗利尿激素的分泌主要受血浆晶体渗透压、循环血量和血压变化的调节。

2. 催产素（oxytocin，OXT）

（1）对乳腺的作用　促使乳腺腺泡周围的肌上皮细胞和导管平滑肌收缩，将乳汁排出。吸乳头或挤乳时可诱导催产素的释放，加速乳汁从腺泡中排出。

（2）对子宫的作用　促使妊娠子宫强烈收缩，有利于胎儿产出；另外，在交配时促进子宫收缩，有利于精子向输卵管移动，到达受精部位。

在临床上，催产素在分娩困难时可用来助产，也可用于阻止产后子宫出血。

第三节　甲状腺

一、甲状腺激素的生理作用

甲状腺位于甲状软骨附近，哺乳动物的甲状腺为一对或一个（猪），甲状腺主要由大小不等的囊状腺泡构成，腺泡壁为单层立方上皮细胞，外面包有一薄层结缔组织膜，滤泡周围有丰富的毛细血管和淋巴管。腺泡腔中充满了含有甲状腺激素（thyroid hormones，TH）的胶质分泌物（图 11-5）。在甲状腺腺泡之间和腺泡上皮细胞之间有滤泡旁细胞，又称 C 细胞，分泌降钙素。

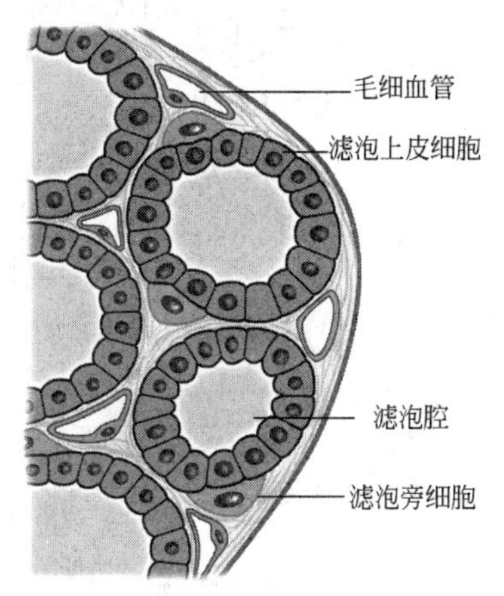

图 11-5　甲状腺结构示意图

甲状腺腺泡上皮细胞膜上具有高效率的碘泵，摄取能力很强。碘离子进入上皮细胞之后，被氧化成活化的碘，再与酪氨酸结合，形成单碘酪氨酸和二碘酪氨酸。然后 2 分子的二碘酪氨酸缩合成 1 分子的甲状腺素四碘甲腺原氨酸 T_4；1 分子的单碘酪氨酸和 2 分子的二碘酪氨酸缩合成 1 分子的三碘甲腺原氨酸 T_3。

合成的 T_4、T_3 结合在甲状腺球蛋白的分子上，储存于腺泡腔中。当机体需要时，在蛋白水解酶作用下甲状腺激素被游离出来进入血液，与血浆蛋白结合，运至全身。血液中甲状腺素多数是结合形式存在，很少呈游离状态，但却是有生物活性的部分。

甲状腺激素主要有甲状腺素（T_4）、三碘甲腺原氨酸（T_3）两种，它们都是酪氨酸的碘化物。T_4 含量多，活性小；T_3 含量小，活性约为 T_4 的 5 倍。T_4 至靶细胞内首先脱碘成为 T_3，然后与受体蛋白结合发挥生理作用。

甲状腺激素中的碘主要从饲料中获得。饲料缺碘会影响甲状腺激素的合成，出现甲状腺肿。

甲状腺激素的作用十分广泛，主要有两个方面，即调节代谢和生长发育。

1. 产热效应

甲状腺激素可促进糖和脂肪的分解代谢，提高基础代谢率，使大多数组织，特别是心脏、肝脏、肾脏、骨骼肌的耗氧量和产热量增加，基础代谢率提高。甲状腺激素分泌过多时，机体的代谢率过高，出现烦躁不安、心率加快、对热环境难以忍受、体重下降。

2. 对物质代谢的影响

（1）蛋白质代谢　甲状腺激素促进蛋白质的合成。T_3、T_4 不足时，蛋白质合成减少，肌肉无力。T_3、T_4 分泌过多时，又促进蛋白质分解，特别是骨骼肌和骨的蛋白质分解，导致骨质疏松和血钙升高。

(2) 糖代谢　甲状腺激素促进小肠对糖的吸收，促进糖原分解，抑制糖原合成，并且加强肾上腺素、胰高血糖素、皮质醇和生长激素的升糖作用。

(3) 脂肪代谢　甲状腺激素促进脂肪氧化。

3. 对生长发育的影响

甲状腺激素是促进组织分化、机体生长、发育和成熟的重要因素，特别是对脑和骨骼的发育尤其重要。幼年缺乏甲状腺激素，会出现智力低下、生长停滞，形成“呆小症”。甲状腺激素还可以促进性腺发育，幼年动物缺乏甲状腺素可使性腺发育停止，不出现副性征。成年动物缺乏甲状腺素将影响雄性动物的精子成熟、雌性动物的发情和排卵。

4. 对神经和心血管的影响

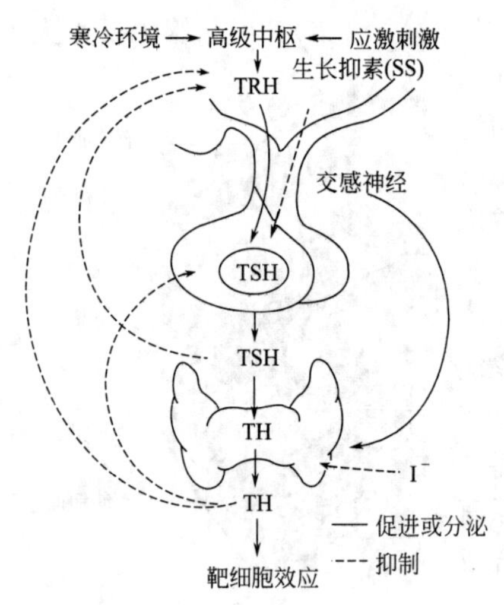

图 11-6　甲状腺活动的调节

甲状腺激素对成年动物的神经系统也有作用。甲状腺功能亢进时，中枢神经系统兴奋性增高，表现为不安、过敏、易激动、睡眠减少、肌肉颤动等。甲状腺功能低下时，中枢神经系统兴奋性降低，出现感觉迟钝、反应缓慢、学习记忆能力下降、嗜睡等症状。另外，甲状腺激素可使心率加快、心输出量增加。

二、甲状腺活动的调节

甲状腺激素的分泌主要受下丘脑-垂体-甲状腺轴调节（图 11-6），此外，甲状腺还可以进行一定程度的自身调节。

1. 下丘脑-腺垂体对甲状腺的调节

下丘脑接受神经系统其他部位传来的信息，分泌促甲状腺激素释放激素（TRH），作用于腺垂体分泌促甲状腺激素（TSH），促甲状腺激素促进甲状腺激素（TH）的合成与释放。

2. 甲状腺激素的反馈调节

血液中游离的 TH 浓度发生变化时，对腺垂体促甲状腺激素的分泌起着经常性的反馈调节，TH 浓度高时，使促甲状腺激素分泌减少。

3. 自身调节

甲状腺具有适应碘的供应变化、调节自身对碘的摄取和合成甲状腺激素的能力。食物中长期缺碘可引起甲状腺激素分泌不足，并产生代偿性甲状腺肿。

第四节　甲状旁腺与调节钙、磷代谢的激素

参与调节钙、磷代谢的激素主要有甲状旁腺素、降钙素和 1,25-二羟维生素 D_3，三者共同作用于骨、肾和小肠黏膜，调节血浆的钙、磷水平。

一、甲状旁腺

甲状旁腺位于甲状腺附近，通常有两对。甲状旁腺由主细胞和嗜酸性细胞组成。主细胞合成和分泌甲状旁腺激素（parathyroid hormone，PTH）。嗜酸性细胞数量少，功能目前还

不清楚。

甲状旁腺激素（PTH）的生理作用如下。

（1）对骨骼作用　甲状旁腺激素能促使骨钙溶解进入血液，使血钙增高。甲状旁腺素可加强破骨细胞活动、促进破骨细胞增殖并抑制成骨细胞活动两方面作用而实现的。

（2）对肾脏的作用　促进肾小管对钙的重吸收，抑制肾小管对磷的重吸收而随尿排出增多。

（3）对小肠的作用　甲状旁腺素能激活肾脏的羟化酶，形成具有活性的维生素 D_3，进而促进小肠对钙的吸收，使血钙升高。动物皮肤中有维生素 D_3 原，即 7-脱氢胆固醇，经日光中紫外线照射可转变为维生素 D_3。

甲状旁腺素的分泌主要受血钙水平的调节。血钙水平稍有下降，可迅速增加甲状旁腺素的分泌，促进骨钙释放，肾小管重吸收钙活动增强，使血钙浓度迅速回升。相反，血钙浓度升高时，甲状旁腺素分泌减少。

二、降钙素

降钙素（calcitonin，CT）由哺乳动物甲状腺的滤泡旁细胞（又叫 C 细胞）和其他脊椎动物的鳃后体分泌，是多肽类激素。

降钙素的生理作用如下。

（1）对骨的作用　降钙素使破骨细胞活动减弱，成骨细胞活动增强，抑制骨钙吸收，导致骨组织钙盐沉积增加，使血钙降低。

（2）对肾脏的作用　降钙素抑制肾小管对钙、磷的重吸收，增加排出。

（3）对小肠的作用　通过抑制肾内的羟化酶，间接抑制小肠对钙的吸收。

降钙素的分泌也受血钙浓度的调节。血钙浓度升高，降钙素分泌增多，使血钙浓度下降；血钙浓度降低，降钙素分泌减少，使血钙浓度恢复正常。

第五节　肾上腺

肾上腺位于肾脏前缘，由结构和功能不同的两层腺体组织构成，外层是皮质部，由外向内可分为球状带、束状带和网状带，内层是髓质部（图 11-7）。

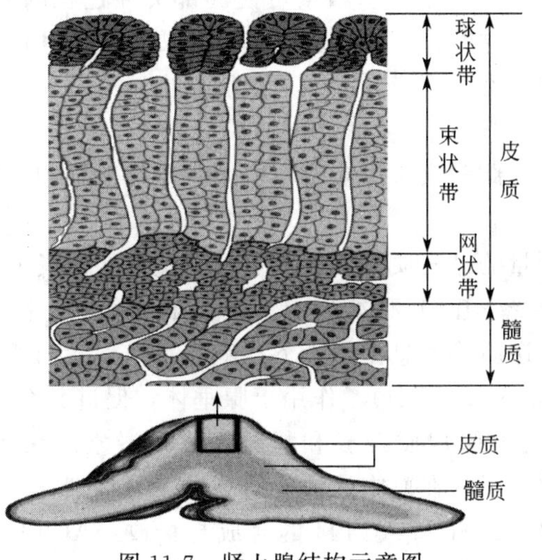

图 11-7　肾上腺结构示意图

一、肾上腺皮质

肾上腺皮质分泌的激素简称皮质激素，属于固醇类激素。皮质激素分为三类，即盐皮质激素（mineralocorticoid，MC）、糖皮质激素（glucocorticoids，GC）和性激素（gonadal hormone），分别由球状带、束状带和网状带的细胞分泌。

1. 盐皮质激素

盐皮质激素以醛固酮为代表，主要作用是调节水盐代谢。主要的生理作用如下。

① 促进肾小管、集合管对钠的重吸收，抑制钾的重吸收，即保钠排钾作用。

② 由于钠的重吸收，水的重吸收也随之增加，保钠储水。

盐皮质激素分泌过多可引起高钠低钾，细胞外液增多；分泌减少可引起低钠高钾，脱水。

盐皮质激素的分泌主要受肾素-血管紧张素系统的调节。另外，血钠、血钾浓度变化也影响醛固酮的分泌，血钠浓度降低或血钾浓度升高均能刺激醛固酮的释放，通过保钠排钾作用，调节细胞外液和血钠、血钾水平的稳态。

2. 糖皮质激素

糖皮质激素主要是皮质醇，主要生理功能如下。

（1）调节物质代谢　对蛋白质、糖和脂肪三大营养物质的代谢均起到调节作用。

① 蛋白质代谢。促进肝外组织，特别是肌肉组织中的蛋白质分解，产生氨基酸进入肝脏，生成肝糖原。糖皮质激素过多会引起肌肉消瘦、生长缓慢、骨质疏松等现象。

② 糖代谢。促进糖异生，增加肝糖原的生成；抑制组织对葡萄糖的利用，提高血糖浓度。

③ 脂肪代谢。促进脂肪分解和脂肪酸氧化。皮质功能亢进时，可使体内脂肪重新分布，使四肢脂肪减少，躯干和头面部脂肪增多。

（2）增强机体对有害刺激的耐受力　机体对受到体外各种有害刺激，如感染、中毒、创伤、失血、寒冷等，通过大脑到下丘脑，经腺垂体以促进肾上腺皮质激素分泌（主要是糖皮质激素），从而提高机体对有害刺激的适应力和抵抗力。此称为应激反应或抗紧张作用。

（3）抗炎症、抗过敏作用　糖皮质激素可使局部炎症过程的程度减轻，抑制抗原-抗体反应引起的一些过敏反应。这些作用必须大量使用糖皮质激素才能显现出来。如果长期大量使用糖皮质激素，由于抑制炎症反应，减弱白细胞趋向感染部位，减少抗体的产生，又降低机体抵抗力。

（4）对血细胞的作用　此激素量过多时使血液中嗜酸粒细胞、淋巴细胞减少，淋巴组织萎缩。

在临床上可使用大剂量的糖皮质激素，用于抑制免疫、抗炎、抗过敏、抗中毒等治疗。

糖皮质激素分泌主要受下丘脑-垂体-肾上腺皮质轴的调节。各种应激刺激作用于神经系统的不同部位，通过神经递质将信息汇聚于下丘脑，释放促肾上腺皮质激素释放激素（corticotrophin-releasing hormone，CRH），作用于腺垂体，促进其合成和释放促肾上腺皮质激素（ACTH），进而促进肾上腺皮质合成和释放糖皮质激素。在下丘脑-垂体-肾上腺轴中，糖皮质激素有负反馈作用，当其在血中的浓度升高时，可反馈作用于下丘脑 CRH 神经元和腺垂体 ACTH 细胞，减少 CRH 和 ACTH 的合成与释放。ACTH 也可反馈性地抑制 CRH 神经元的活动。糖皮质激素分泌的调节见图 11-8。

二、肾上腺髓质

肾上腺髓质分泌肾上腺素（epinephrine）和去甲肾上腺素（norepinephrine），它们是酪氨酸衍生物的胺类，由于分子结构中都有儿茶酚基，因此又称儿茶酚胺。肾上腺素和去甲肾上腺素多以囊泡的形式储存于嗜铬细胞中，交感神经兴奋时，释放入血液。主要生理功能如下。

（1）对心血管作用　肾上腺素能使心搏加快、加强，心输出量增加。去甲肾上腺素主要使大部分器官中小动脉收缩，外周阻力增加，血压上升。

（2）对内脏平滑肌的作用　使胃肠、支气管平滑肌松弛，胃肠运动减弱，支气管扩张，瞳孔散大。这些作用与交感神经的作用类似，参与动物对不良刺激如争斗、疼痛、缺氧、失血等做出应激反应，结果是动员机体的能量储备，加速心血管和呼吸运动，这些反应都是由于肾上腺髓质激素释放入血与交感神经系统兴奋所引起的。

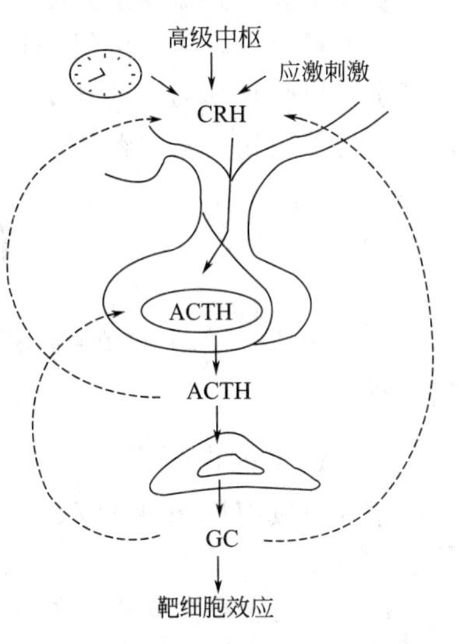

图 11-8　糖皮质激素分泌的调节

（3）对糖代谢的影响　肾上腺素促进糖原分解，减少葡萄糖的利用，使血糖水平升高。

肾上腺髓质受交感神经节前纤维的支配，交感神经兴奋可引起髓质激素释放。

第六节　胰　　岛

胰腺可分为外分泌部和内分泌部。外分泌部由许多腺泡和导管组成，分泌物胰液通过导管排入小肠。内分泌部位于外分泌部的腺泡群间，由大小不等的细胞群组成，形似小岛，因此称为胰岛。胰岛的分泌物直接扩散到毛细血管。

动物的胰岛细胞依其形态和染色特点，可分为 5 类，即 A 细胞、B 细胞、D 细胞、PP 细胞和 D_1 细胞。其中 A 细胞约占胰岛总数的 20%，能分泌胰高血糖素；B 细胞约占 60%～75%，能分泌胰岛素。两者功能相反，共同维持血糖的正常水平。D 细胞分泌生长抑素，仅占 5%，此外，还有极少量的 PP 细胞分泌胰多肽和 D_1 细胞分泌血管活性肠肽。

一、胰岛素

胰岛素（insulin）是蛋白质激素，其主要作用是降低血糖，调节糖代谢，是促进合成代谢、促进能量储存的激素。其主要作用概括如下。

① 促进组织细胞对葡萄糖的摄取和利用，加速肝糖原和肌糖原合成，抑制糖异生，促进葡萄糖转变为脂肪酸，降低血糖。胰岛素缺乏时，血糖水平升高，若超过肾脏重吸收葡萄糖的能力，将出现尿糖，引起糖尿病。

② 促进脂肪的合成及储存，抑制脂肪分解。

③ 促进蛋白质的合成及储存，抑制蛋白质分解。

二、胰高血糖素

胰高血糖素（glucagon）是多肽类激素，主要生理作用是升高血糖，是促进分解代谢的激素。其主要作用概括如下。

① 促进肝糖原分解，促进糖的异生，使血糖水平升高。

② 促进脂肪分解，促进脂肪酸氧化，使酮体增多。

③ 抑制蛋白质合成，促进氨基酸转化为葡萄糖。

胰岛素和胰高血糖素分泌主要受血糖水平的调节。血糖水平升高，可直接刺激胰岛素的分泌。血糖水平降低，可促进胰高血糖素的分泌。另外，胃肠道激素、生长激素、糖皮质激素等也可以引起胰岛素的分泌。胰岛素的分泌还受迷走神经和交感神经的支配。迷走神经兴奋时，可促进胰岛素的释放。交感神经兴奋时，则抑制胰岛素的释放。

第七节　性腺的内分泌

性腺包括雄性动物的性腺睾丸和雌性动物的性腺卵巢，它们具有分泌激素和产生生殖细胞的双重功能。

一、睾丸的内分泌

睾丸间质细胞分泌雄激素，主要是睾酮（testosterone）。支持细胞分泌抑制素和雌激素。

雄激素的主要生理作用如下。

① 促进雄性生殖器官（曲细精管、输精管、附睾、副性腺等）的发育，并维持其成熟状态。刺激副性征的出现，并维持其正常状态。

② 促进精子的生成。延长精子的存活时间。

③ 维持正常性行为和性欲。

④ 促进蛋白质合成。促进肌肉的生长发育。促进骨骼生成和钙、磷沉积。促进红细胞生成。

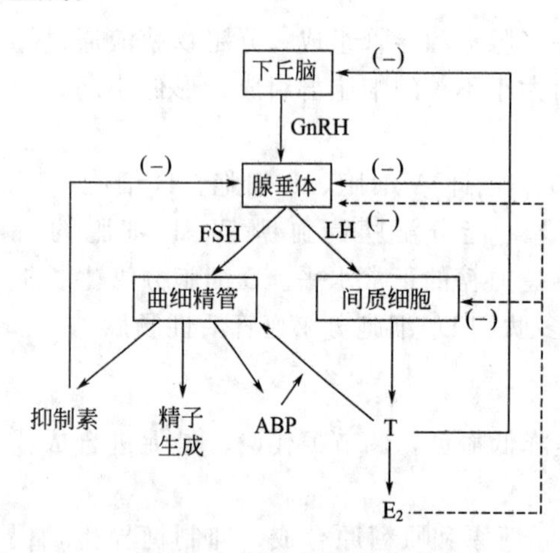

图 11-9　睾丸活动的调节

幼龄动物去势（切除睾丸）后，附性器官停止发育，缺乏性欲，安静温顺，物质代谢下降，脂肪沉积，便于使役和肥育。雄激素在临床上用于治疗雄性性欲不强和性功能减退症。

雄激素分泌的调节：睾丸分泌雄激素受下丘脑-垂体-性腺轴的调控。在内、外环境的刺激下，下丘脑释放促性腺激素释放激素（gonadotropin-releasing hormone，GnRH）作用于腺垂体，促进黄体生成素（LH）的释放，LH 作用于间质细胞，加速睾酮的合成与释放。雄激素在血中达一定浓度时，可反馈作用于下丘脑的腺垂体，分别抑制 GnRH 和 LH 的分泌，使血中睾酮维持一定水平（图 11-9）。

二、卵巢的内分泌

卵巢分泌雌激素、孕激素和少量的雄激素、抑制素。

1. 雌激素

雌激素是一类化学结构相似的类固醇激素，包括雌二醇（estradiol，E_2）、雌酮（estrone）、雌三醇（estriol）等，其中雌二醇活性最强。雌激素的生理作用如下。

① 促进生殖器官的发育和副性征的出现，促进排卵，促进输卵管上皮增生，分泌与运动加强。

② 促进子宫发育，子宫黏膜生长增厚，提高子宫对催产素的敏感性，使子宫收缩，有助于分娩。

③ 雌激素刺激乳腺导管系统的增生，促进乳腺发育。

④ 促进阴道上皮细胞的增生和角化，增强抵抗力。

⑤ 促进蛋白质合成，促进成骨细胞的活动，促进骨骼生长。

在畜牧兽医生产实践中，雌激素可促使动物增重、诱导发情、人工刺激泌乳、治疗胎盘滞留和人工流产。

2. 孕激素

孕激素由黄体、胎盘（马和绵羊）和排卵前的卵泡分泌，孕激素中以孕酮（progesterone，又称黄体酮）的分泌量最大，活性最高。孕激素的主要生理作用如下。

① 在雌激素作用的基础上，使子宫内膜增厚、腺体分泌，以利于胚胎附植。降低子宫平滑肌对催产素的敏感性，抑制子宫收缩，安宫保胎。

② 在雌激素作用的基础上，促进乳腺腺泡发育，为妊娠后泌乳做准备。

③ 小剂量的孕酮可刺激排卵，高水平的孕酮则可抑制发情和排卵。

在畜牧兽医生产实践中，孕激素主要用于诱导同期发情，治疗因黄体功能失调引起的习惯性流产。

3. 松弛素

松弛素（relaxin）是妊娠时期由黄体和有些动物（如兔）的胎盘分泌的，属多肽类激素。其分泌量随妊娠时间而增长，至末期则大量出现。生理作用是扩张子宫，松弛骨盆韧带，软化子宫颈，使子宫颈和产道扩张，有利于分娩。

4. 抑制素

抑制素（inhibin）是由卵泡的颗粒细胞分泌的一种糖蛋白类激素，主要生理作用是负反馈调节腺垂体促卵泡激素（FSH）的合成与释放，降低血中FSH的浓度，从而影响卵泡发育。降低抑制素的水平可提高内源性FSH的水平，引起动物的发情和超数排卵。

5. 卵巢激素分泌的调节

卵巢的内分泌活动受下丘脑-垂体-性腺轴的调节（图11-10）。下丘脑分泌促性腺激素释放激素（GnRH），作用于腺垂体分泌促性腺激素（FSH、LH），作用于性腺，调节性腺的分泌以及生殖活动。雌激素、孕激素和抑制素对下丘脑和腺垂体都有负反馈调节。

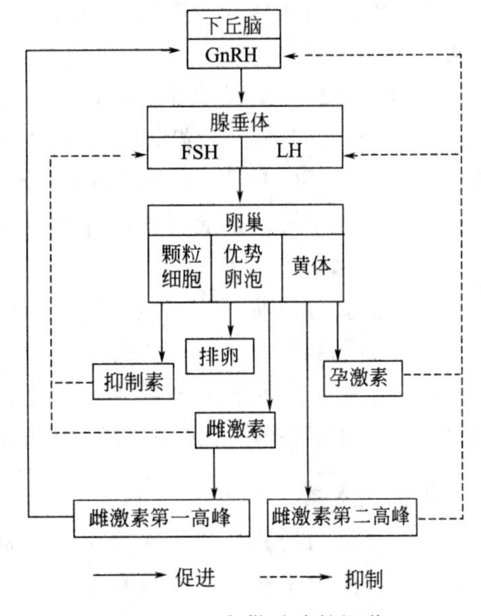

图11-10　卵巢活动的调节

第八节　其他内分泌腺激素

一、前列腺素

前列腺素（prostaglandin，PG）最早从精液中发现，并认为由前列腺分泌，称为前列腺素。后来发现前列腺素广泛存在于各种组织，如肺、脑、心、肾、肠等许多器官都可以产生前列腺素。前列腺素是不饱和脂肪酸的衍生物，具有广泛的生理作用。

前列腺素的种类很多，分布广泛，作用复杂，代谢快，半衰期只有1～2min，是典型的组织激素，只具有调节局部组织的功能。

在非灵长类哺乳动物中，$PGF_{2\alpha}$有溶黄体作用，在畜牧兽医生产实践中常用$PGF_{2\alpha}$引起动物同期发情和超数排卵。$PGF_{2\alpha}$和PGF_2均有促使子宫颈松弛、子宫平滑肌收缩的作用，常用于同期分娩。也可用于子宫收缩、催产和子宫复原。前列腺素可用于治疗卵巢囊肿、子宫内膜炎、子宫积水等症状。

二、松果腺及其激素

松果腺又名松果体。幼年动物松果腺较大，随着年龄增长而逐渐退化。松果腺是一个重要的神经内分泌器官。

松果腺分泌褪黑素（melatonin，MT）和肽类激素。褪黑素有抑制性腺发育的作用，对幼龄动物具有防止性早熟的作用。褪黑素可通过下丘脑-垂体-性腺轴发挥作用。延长光照，可抑制松果腺分泌，从而促进性腺的活动。褪黑素可使鱼类和两栖类皮肤黑素细胞的黑色颗粒聚集，皮肤颜色变浅，以适应外界环境的色彩变化。

三、胎盘及其激素

胎盘既是胎儿与母体物质交换的器官，又是内分泌器官。胎盘分泌多种激素，参与妊娠的调节。

母马的胎盘分泌促性腺激素，称为孕马血清促性腺激素（pregnant mare serum gonadotropin，PMSG）。母马在妊娠35～40d时，胎盘开始分泌PMSG，70d左右达到高峰，140d停止分泌。PMSG具有LH和FSH的双重活性，FSH的活性更强。PMSG促进卵巢中一批卵泡发育成熟和排卵，形成黄体并分泌孕酮以维持妊娠。PMSG在畜牧兽医生产实践中被广泛用于多种动物的超数排卵。

孕妇胎盘分泌促性腺激素，叫人绒毛膜促性腺激素（human chorionic gonadotropin，HCG），为糖蛋白，分子量比PMSG小，能经肾小球滤过到尿中。HCG的作用与LH相似，促使卵泡成熟、排卵和生成黄体，刺激黄体分泌孕酮；对于雄性动物，能够刺激睾丸间质细胞的发育并分泌睾酮。HCG可用于动物的超数排卵，治疗睾丸发育不良。

四、外激素

外激素是动物分泌到体外的化学物质，可调节其他个体行为和生理功能特异性反应。外激素不同于体内激素，体内激素仅在分泌激素的动物体内发挥作用，而外激素则在动物个体之间传递信息。

外激素的作用大致有两类。一类是作用于神经系统，使接收者迅速产生行为上的改变，如昆虫的性外激素对异性产生的引诱作用；另一类是引起生理上的变化，如雄鼠对雌鼠的动情影响，使雌鼠的发情周期发生变化。

五、胸腺及其激素

胸腺在动物出生后继续发育至性成熟，随后逐渐萎缩。胸腺是淋巴组织，又有内分泌功能，可分泌多种肽类物质，如胸腺素（thymosin）、胸腺分泌刺激素（thymulin）等。胸腺分泌激素的主要功能是保证免疫系统的发育，控制T淋巴细胞的分化成熟，促进T淋巴细胞的活动，参与机体免疫功能的调节。在鸟类与胸腺类似的组织称为腔上囊，也叫法氏囊，参与机体的体液免疫过程。

六、脂肪激素

在动物体内，脂肪细胞的数量非常巨大，主要生成脂肪，为动物机体提供能量。但是，近些年发现脂肪细胞可以分泌几十种细胞因子或脂肪激素，调节动物机体的生理功能。下面主要介绍瘦素。

1994 年，Zhang 等学者利用定位克隆技术，成功克隆了小鼠的肥胖基因（obese gene，简称 ob 基因）以及人类的同源序列，ob 基因的蛋白质产物被命名为瘦素（leptin）。实验显示，缺乏瘦素的动物，代谢速率降低，食量增加，导致肥胖。而给这些动物注射瘦素后，可以提高代谢速率，进食量下降，体重降低。进一步的实验证实，瘦素可作用于下丘脑摄食中枢，调节摄食与能量代谢。

瘦素是由白色脂肪组织释放的一种多肽类激素，通过降低食物摄入与增加能量消耗，在维持体重稳定方面发挥重要作用。瘦素分泌进入血液后，通过与瘦素受体结合而发挥作用，瘦素受体广泛存在于人的下丘脑、肝脏、肾脏、心脏、肺和胰岛细胞等组织器官表面。瘦素主要通过与下丘脑受体结合发挥其中枢作用——抑制食欲、减少能量摄入、增加能量消耗和降低体重。瘦素的外周作用包括调节糖代谢的平衡、促进脂肪分解和抑制脂肪合成、参与造血及免疫功能的调节、促进生长等。许多研究表明，在一些啮齿类先天肥胖动物和过量摄食导致的肥胖动物中，脂肪组织 ob RNA 表达增加，血浆瘦素水平升高，并对外源性瘦素有抵抗性，说明这些动物体内对瘦素的反应减弱或无反应、产生了瘦素抵抗。目前，瘦素抵抗发生的机制还没有完全阐明，仅仅认为瘦素抵抗与瘦素受体突变、瘦素转运、瘦素信号抑制、血管内缺陷、转换缺陷等具有相关性，从而形成各种假说。但瘦素抵抗的发现，对于肥胖机制的研究有着重大的意义，使人类对于肥胖症的认识有了飞跃的发展，从而给肥胖症的治疗提供了思路与契机。

本 章 小 结

内分泌系统是由内分泌腺体、内分泌组织和散在的内分泌细胞组成的一个信息传递系统，它与神经系统联系和配合，共同调节机体的各种功能活动，以维持内环境相对稳定。

• 由内分泌激素按其化学本质可分为三类：胺类激素、多肽和蛋白类激素、脂类激素。

• 不同激素的作用机制不同，胺类激素和多肽蛋白类激素的作用机制是第二信使学说，而脂类激素的主要成分类固醇激素的作用机制是基因表达学说。

• 激素分泌调节的方式主要有三种：神经控制、内分泌腺之间的负反馈、血液成分的影响。

• 脑垂体包括腺垂体和神经垂体。腺垂体分泌生长素、催乳素、促甲状腺素、促肾上腺皮质激素、促黑素细胞激素、促卵泡激素和黄体生成素。神经垂体不含腺体细胞，本身不合成激素。所谓神经垂体激素是由下丘脑视上核和室旁核神经元分泌的。神经垂体激素包括血管升压素和催产素。腺垂体分泌的激素除了调节动物机体的生长发育、乳腺分泌以外，对各个内分泌腺的激素分泌和腺体发育都有影响。

• 甲状腺、甲状旁腺、肾上腺、胰岛、性腺所分泌的激素，各具不同的生理功能，主要调节动物机体的物质代谢、能量代谢，还对动物血钙平衡、血糖平衡、水盐代谢、性腺发育和性活动等生理活动都有调节作用，这些激素的分泌受到严格的调节。

• 其他内分泌腺如前列腺、松果腺、胎盘、胸腺所分泌的激素和外激素，也分别具有不同的生理功能。

复习思考题

1. 试述含氮激素和类固醇激素的作用机制。
2. 腺垂体分泌哪些激素？各有何生理作用？
3. 神经垂体激素有何生理作用？
4. 简述甲状腺激素的主要生理作用。
5. 简述糖皮质激素的主要生理作用。
6. 简述胰岛素的生理作用。
7. 调节钙代谢的激素主要有哪些？简述它们的主要作用。
8. 肾上腺可分泌哪些激素？各有何生理作用？
9. 简述雄激素的主要生理作用。
10. 简述雌激素和孕激素的主要生理作用。

第十二章 生 殖

学习目标

1. 理解性成熟、体成熟和性季节的概念及对于生产实践的意义。
2. 掌握雄性和雌性生殖生理的规律及特点。
3. 能运用动物生殖生理的规律特点为畜牧业生产实践服务。

第一节 概 述

生殖（reproduction）是动物借以繁衍种系的重要生命活动。哺乳动物的生殖依靠两性生殖器官的活动和两性生殖细胞的结合来实现。生殖过程包括生殖细胞的生成、交配、受精、着床、妊娠、分娩和哺乳等重要环节。

雄性动物的生殖主要是生成精子，储存精子，精子进入雌性动物生殖道，以期达到使卵子受精的目的。雌性动物的生殖主要是生成卵子、发情并排卵、受精、妊娠、分娩和哺乳等。

一、性成熟和体成熟

1. 性成熟

哺乳动物生长发育到一定时期，生殖器官已基本发育完全，并具备了繁殖能力，这时期叫做性成熟（sexual maturity）。性成熟动物出现明显的副性征，性腺产生生殖细胞和分泌性激素，表现出性行为。在性成熟之前，雌性动物初次发情时称为初情期（puberty）。而雄性动物的初情期很难判断，仅根据性成熟前的某一性表现（不是真正典型的性行为，不射精或无性成熟精子），不能就定为初情期。在初情期时，雌性动物虽有发情症状，但是不完全，实际上是性成熟的开始。在初情期之后经过一定时期，才达到性成熟。从初情期到性成熟，往往要经过数月（猪、羊）或1～2年（牛、马）的时间。一般情况下，小动物比大动物性成熟早，雄性动物比雌性动物性成熟早。各种动物达到性成熟的年龄不同，即使同一种类的动物也因温度、营养、异性个体、群体因素、遗传因素等的不同各有差异（表12-1）。如气候温暖、营养好、异性个体和杂交，可使初情期提前。

2. 体成熟

性成熟后，动物身体仍在发育，直到具有成年动物固有的形态和结构特点，这时期称为体成熟。畜牧实践中，开始配种年龄相当于体成熟年龄或体成熟之后。目的是防止生长发育停滞，防止降低其生产性能，防止所繁殖的后代体格弱小，造成品种退化，给畜、禽生产带来严重的损失。如果采用胚胎移植技术来繁殖，则不考虑取卵雌性动物的配种年龄。

表12-1 动物性成熟和体成熟的年龄

动物种类	性成熟/月龄	体成熟/月龄	动物种类	性成熟/月龄	体成熟/月龄
猪	3～8	8～12	犬	6～8	12～18
羊	6～8	12～18	兔	4～5	4～8
牛	8～12	18～24	骆驼	36～48	60
马	12～18	36～48			

二、性季节（配种季节）

一些动物发情的季节性强，而一些动物常年都可以发情。

1. 季节性发情

部分动物只在发情季节发情和排卵，并可出现发情周期。非发情季节亦称乏情期。根据发情季节动物发情周期的多少，可将季节性发情动物分为季节性多次发情和季节性单次发情两类。

（1）季节性多次发情　有些动物，如马、驴、骆驼、山羊和梅花鹿等，有一定的发情季节，在发情季节内如未妊娠，则可重复多次发情，直至发情季节结束。

（2）季节性单次发情　另一些动物，如犬、熊等，在发情季节仅有一次发情周期。

2. 全年发情

部分动物，如牛、猪、兔等，在一年中除妊娠期外都可能出现周期性的发情，称为全年发情，即一年中发情周期反复出现。雄性动物随雌性动物的发情而出现性活动，各种雄性动物本身不受季节性的限制。

季节性发情的动物，在较粗放条件下饲养或接近原始类型的品种，发情的季节性较明显；而集约化饲养或驯化程度较高的动物，季节性的限制不甚明显。决定季节性发情的主要因素是光照和温度及异性个体的存在，各种刺激通过不同的途径，最终调节卵巢中卵子和性激素的产生，从而影响发情。

第二节　雄性生殖生理

雄性动物的生殖活动是由雄性生殖系统来完成的，主要包括精子的产生、成熟、精液的排放等系列活动，该活动是在神经与内分泌的调节下进行的。

一、雄性生殖器官的功能

1. 睾丸的功能

睾丸能产生精子和分泌雄性激素。

（1）睾丸的生精作用　睾丸曲细精管是产生精子的场所，曲细精管内的 1 个精原细胞经多次分裂可生成许多个精子（sperm）。生成的精子经直细精管、睾丸网移向附睾储存，并在其中发育成熟和获得运动能力。储存在附睾的精子，在动物射精时，随精液排出。如不射精，精子在附睾中经一定时间后即衰老、死亡并被吸收。

精子在生成过程中，从曲细精管壁上的支持细胞获得支持和营养。要保证精子有良好的受精能力和获得优良的后代，必须考虑雄性动物的年龄、环境温度和饲养管理等因素。各种雄性动物最大繁殖年龄见表 12-2。

表 12-2　各种雄性动物最大繁殖年龄

动物种类	牛	羊	猪	马
最大繁殖年龄	8～12 岁	5～6 岁	6～8 岁	15～20 岁

（2）睾丸的内分泌功能　睾丸的间质细胞能合成和分泌雄激素，包括睾酮、5-双氢睾酮，它们都是类固醇激素。

2. 附睾的功能

附睾的主要功能是精子的转运、浓缩、成熟和储存。

（1）储存和转运精子　精子在附睾体部成熟，输送至附睾尾储存。在动物射精时，把精子排到输精管，最后随精清排出。

（2）使精子成熟　精子由曲细精管转移到附睾后，经过一个特殊的生化过程，未成熟的精子发生代谢转变而逐渐成熟。

（3）使精子浓缩　来自睾丸的稀薄精子悬浮液通过附睾时，其中的水分被吸收，到附睾尾变为极浓的精子悬浮液。

（4）分泌某些物质进入附睾液　如甘油磷酸胆碱、肉毒碱等。

（5）吸收睾丸液中某些成分　如衰老的精子及其崩解产物。使附睾液能维持正常的渗透压，保持其内环境的稳定，有利于精子存活。

在附睾内储存的精子，经2个月以后还具有受精能力。但精子储存过久，则受精能力会降低甚至使精子死亡。故长期没有采精的种公畜，第一次采得的精液品质不好。如果频繁采精，会出现发育不成熟的精子，故要掌握好采精的频度。

3. 输精管的功能

在求偶或试情时，精子由于输精管的蠕动而从附睾尾被送到输精管壶腹，配种时能将精子排到尿生殖道内。

4. 副性腺的功能

副性腺的分泌物共同组成精液的液体部分，即通常所说的精清部分。雄性动物射精时，副性腺的分泌有一定的顺序，这对保证受精有着重要作用。尿道球腺首先分泌，以冲洗并润滑尿道，然后附睾排出精子，前列腺分泌，以促进精子在雌性生殖道内的活动能力；最后排出精囊腺分泌物，在阴道内凝结，可防止精液从阴道外流，这对交配后保证受精有着重要作用。

二、授精

雄性动物的精液输入雌性动物生殖道的过程称为授精，包括自然授精和人工授精。自然授精是通过交配实现的。交配是实现自然授精所必需的性行为。雄性动物的交配行为由一系列的性反射构成。性反射包括以下五种。

（1）性向反射　由于雄性激素的作用，而引起雄性动物愿意接近雌性动物并引发动物的性活动。

（2）勃起反射　主要变化为阴茎充血、勃起，突出于包皮囊。某些性刺激通过雄性动物的嗅觉、视觉、听觉和触觉等，引起腰荐部脊髓的勃起中枢兴奋，进而引起阴茎海绵体充血，使阴茎勃起。

（3）爬跨反射　雄性动物爬跨在雌性动物后躯上面，同时有拥抱动作，因此又称为“拥抱反射”。

（4）抽动反射　由臀部肌肉的强烈收缩所形成，是将阴茎插入雌性动物阴道所必需的动作，而以阴茎接触到阴道时表现最为明显。

（5）射精反射　附睾尾、输精管、副性腺、尿道和阴囊等由于腰荐部脊髓射精中枢的兴奋而引起强烈的分泌或收缩，结果使精液排出。射精过程中，动物非常安静。其过程的长短，因动物的种别及射精量的大小而有所不同。牛、羊射精很快，几乎只有几秒；马约1.5～2min；猪需5～10min以上。

上述性活动是训练种公畜进行人工采精的生理基础。如在利用假阴道采精时，必须模拟发情母畜的阴道状况，使假阴道具有类似真阴道的温度、润滑性和压力，这样才能引起射精反射，采集到精液。

三、精液

精液呈乳白色，是混浊而黏稠的液体，有特殊臭味，呈弱碱性（pH 7.2～7.3），渗透压和血浆相似（即相当于0.9%氯化钠溶液）。各种动物每次交配时的射精量，平均为牛4～5mL，水牛2～3mL，羊1～2mL，猪200～400mL，马50～100mL。精液由精子和精清共同组成。在交配过程中，雄性动物以射精方式将精液射入雌性动物生殖道内。

1. 精子

各种动物的精子形态、大小虽有所不同，但其长度为55～75μm。以牛的精子体积为例，它大约只有一个卵子体积的二万分之一。各种动物精子的形态、大小基本都呈蝌蚪状。精子是雄性动物的生殖细胞，由头、颈、尾三部分构成。头部是扁平卵圆形的结构，内有一个细胞核，其前面为顶体（头帽），后面为核后帽所覆盖。核由与蛋白质相结合的脱氧核糖核酸（DNA）组成。精子的颈部很短（10～15μm），呈柱状，内有中心体，是给精子提供能量的部分。尾部是精子最长的部分（约30μm），是精子的运动器官。精子形态出现任何异常，如头狭窄、双头、双尾和尾部弯曲等畸形，都说明精子品质不良。

精子具有独立运动的能力，其活动力是活精子的重要特征。精子在精液内运动，其活泼程度可以影响受胎率，精子的活动性是评定精子质量的标准之一。只有那些随着尾部摆动以旋转态直线前进运动的精子才具有受精能力，而呈现原地转圈和原地抖动等运动形式的精子不能与卵细胞结合。

精子离开机体后，受外界许多因素如温度、光线、渗透压、酸碱度和各种化学物质的影响。这些因素的变化，都能影响精子的活力，甚至造成精子死亡。对精子最适宜的pH为7.0左右。温度在0℃以下，精子呈不活动状态，好似假死，过高的温度（如一般动物的精子在48℃时很快死亡）、在阳光下直射、置于低渗溶液或高渗溶液中以及剂量很小的消毒液中，精子均可很快死亡。了解这些因素对谨慎处理精液是非常必要的。

在低温时，精子的代谢活动受到抑制，能量消耗减少；当温度恢复时，仍能保持活动力，继续进行代谢，这正是清液冷冻和低温保存的主要理论根据。把精子保存在－196～－78℃很长时间（牛的精子保存时间可长达20年），解冻后精子仍具有活动力，这对充分利用优良公畜的精液具有十分重要的意义。

2. 精清

精清由附睾液和副性腺分泌物混合而成，是精液的液体部分。其中含有果糖、枸橼酸、磷脂化合物、蛋白酶、磷酸酶以及钠、钾、钙、镁等无机盐。

精清在动物生殖过程中，主要的生理作用如下。

（1）精清有运送和稀释精子的作用　便于精子被输入雌性动物生殖道。因为由附睾分泌出来的精液很浓稠，不经稀释无法运行。

（2）精清能增强精子的活力　供给精子能源，保持一定的酸碱度。这主要是精清中含有几种化学成分所起的作用，比如果糖就是精子能量的来源。

（3）刺激雌性动物生殖道发生运动，以便于精子运行到受精部位。这是由于精清中含有能使平滑肌收缩的前列腺素和精囊素共同作用的结果。

（4）精清有凝固和液化作用　如马、驴、猪射出的精液，部分有凝固现象，以后又能液化，这主要是酶活动的结果。马、猪在自然交配的情况下，精液凝固作用能防止精液倒流。

精子在附睾内储存，经2个月以后还具有受精能力。但精子储存过久，则受精能力会降低甚至使精子死亡。故长期没有采精的种公畜，第一次采得的精液品质不好。如果频繁采精，会出现发育不成熟的精子，故要掌握好采精的频度。

第三节　雌性生殖生理

雌性生殖过程包括卵泡的发育、成熟、排卵、受精、妊娠、分娩等环节。

一、雌性生殖器官的功能

1. 卵巢的功能

卵巢是雌性动物的主性器官。它能产生并排出成熟的卵子，分泌雌激素、孕激素等卵巢激素。

（1）卵巢的生卵作用　卵巢内卵细胞和卵泡（follicle）的发育是同时进行的，原始卵泡经过初级卵泡、次级卵泡和成熟卵泡几个发育阶段而逐渐突出于卵巢表面，在此过程中，卵母细胞也随之发育成为成熟的卵细胞。

突出于卵巢表面的成熟卵泡，在特定的时间条件下，随着卵巢表面上皮细胞和卵泡膜细胞溶解、破裂，将卵子随同卵泡液排出的过程，叫做排卵（ovulation）。大多数动物是卵巢周期性自发排卵；而一些动物（如兔、犬、猫、骆驼等）必须通过交配刺激才能诱发排卵，称为刺激性排卵。排卵后，破裂的卵泡逐渐转化为黄体（corpus luteum），并开始分泌孕激素。

（2）卵巢的内分泌功能　卵巢细胞（卵泡内膜细胞及黄体细胞）能分泌雌激素、孕激素等类固醇激素，妊娠期间还能分泌松弛素。

2. 输卵管的功能

① 接纳卵子，转送卵子和精子。

② 是精子获能、卵子受精、卵裂和早期胚胎发育的场所。

③ 其分泌细胞的分泌物参与形成管腔液，提供完成受精和早期胚胎发育的环境。

3. 子宫的功能

（1）不同时期子宫肌的运动具有不同的生理作用

① 发情期。在卵巢激素和交配等因素的作用下，子宫肌的节律性收缩有利于精子向输卵管方向泳动。

② 妊娠期。子宫肌处于相对静止状态，有利于胎儿发育。

③ 分娩时。子宫肌强力收缩，促进胎儿排出。

（2）受精卵在附植以前，子宫分泌物滋养着发育的胚泡，同时，子宫还参与形成胎盘，提供胚胎及胎儿发育所需的营养物质。

（3）其所分泌的前列腺素能使卵巢黄体溶解。

（4）子宫颈分泌黏液，发情期量增多；妊娠时分泌物变得胶黏，闭塞子宫颈管，可以防止微生物侵入。

（5）子宫内膜的分泌物为精子获能提供有利的环境。

4. 阴道

阴道是交配器官，在某些动物（如牛、羊）是交配时精液的注入场所。它又是胎儿和胎盘产出时能扩张的产道。

5. 尿生殖前庭

尿生殖前庭中的前庭腺分泌一种黏稠的液体，在发情时活动旺盛。阴蒂由勃起组织构成，具有丰富的感觉神经末梢，受性刺激后发生勃起。

二、发情周期

哺乳动物在性成熟后，其卵巢活动、生殖器官和性行为出现周期性变化。发情周期（estrous cycle）是指从一次发情开始到下一次发情开始，或由这一次排卵到下一次排卵的间隔时间。发情周期又称为性周期（sexual cycle），性周期内不仅生殖器官发生变化，而且体内也发生一系列的生理变化。掌握动物性周期的规律，有助于适时配种，提高母畜的受胎率。

哺乳动物有终年多次发情、季节多次发情、终年单次发情三种。各种动物发情周期长短不同，牛、猪等平均为 21d；绵羊为 16～17d；山羊 20～21d；马平均为 21d；驴为 21～25d；啮齿动物较短，一般为 4～5d。

1. 发情周期的分期

发情周期一般可分为四个时期。

（1）发情前期　动物表现安静，无交配欲。但生殖器官出现一系列变化，如卵巢内的卵泡迅速生长成熟，子宫角蠕动增强，阴道上皮增生加厚，生殖道腺体活动加强，分泌增多，但还看不到从阴道流出黏液。处于发情准备阶段。

（2）发情期　是性活动的高潮阶段，动物表现出明显的发情症状，如兴奋不安，食欲减退，时常鸣叫或爬跨其他个体，有交配欲。卵巢内成熟卵泡破裂并排卵；子宫和输卵管有蠕动，腺体分泌加强，子宫颈口开张，阴唇肿胀，阴道黏膜充血，阴道内流出大量黏液。所有这些变化，都有利于精子和卵子的运行和受精。

各种动物发情持续的时间为：马 4～5d；黄牛 1～2d；水牛 1～3d；绵羊 24～36h；山羊 32～40h；猪 2～3d。

（3）发情后期　此期动物恢复安静并拒绝交配。排卵后的卵泡形成黄体，并开始分泌孕激素。子宫为接受胚泡和它的营养做准备，子宫内膜的子宫腺增殖。此时，如果排出的卵细胞受精，动物就进入妊娠期，发情周期也就停止，直到分娩以后再重新出现。如未受精，就进入间情期。

（4）间情期　动物卵巢黄体处于不活动状态。卵泡未发育，生殖器官和腺体处于相对不活动状态。黄体退化后，又重新开始新的发情周期。如黄体持续存在，间情期则延长（表 12-3）。

在雌性动物的发情周期中，其卵巢内的卵泡和黄体交替存在，即卵泡发育和黄体形成两个过程往复出现。因此，又可将发情周期分为卵泡期和黄体期两个时期。卵泡期是上一个发情周期的黄体开始退化到下一个发情周期排卵之前的时期。黄体期是从卵泡破裂排卵后形成黄体，直到黄体萎缩退化的时期。

表 12-3　动物的发情周期、发情期和排卵时间

种类	发情周期	发情期	排卵时间	种类	发情周期	发情期	排卵时间
牛	21d	13～17h	发情结束后 12～15h	山羊	20～21d	32～40h	发情开始 30～36h
狗	春、秋各一次	7～9d	发情开始后 12～24h	猪	19～21d	2～3d	发情开始 35～45h
猫	周期不明显	4d	交配后 24～30h（诱导排卵）	马	19～25d	4～5d	发情结束前 1～2d
绵羊	16～17d	24～36h	发情开始 24～30h				

2. 激素在发情周期中的作用

（1）促卵泡激素（follicle-stimulating hormone，FSH）　在发情前期促进卵泡细胞增殖

和膜层发育，使卵泡分泌卵泡液。

（2）黄体生成素（luteinizing hormone，LH）　在动物发情前期，与促卵泡激素共同促进雌激素合成和卵泡成熟，激发排卵，并使排卵后的卵泡转变成黄体。

（3）雌激素（estrogen，E）　在动物发情期，卵泡雌激素分泌增加，雌激素一方面使子宫内膜增殖，子宫腺分泌增加；另一方面在少量孕酮的协同下作用于中枢神经系统，引起动物发情。

（4）孕激素（progestogen，P）　在发情后期，卵泡破裂转变成黄体，并分泌孕激素。一定量的孕酮负反馈抑制垂体 FSH 的分泌，使新的卵泡不再发育，因而动物也不再发情而进入间情期。

（5）前列腺素（prostaglandin，PG）　前列腺素是广泛存在于动物体内的一类组织激素，根据其分子结构不同，可分为 A、B、D、E、F、G、H 等型。在间情期，子宫内膜产生的 $PGF_{2\alpha}$，可将黄体组织破坏，使其溶解，使孕酮对垂体 FSH 分泌的抑制作用减弱或消除，在 FSH 的作用下，随着卵泡的发育和雌激素分泌量的增加，动物又进入一个新的发情周期。

第四节　排卵与受精

一、排卵

突出于卵巢表面的成熟卵泡，由于不断增多的卵泡液的压迫和卵泡液中蛋白分解酶的作用，卵泡壁变薄，最后破裂。卵泡液和成熟的卵子从破裂卵泡排出的过程叫做排卵（ovulation）。排卵的地方，可在卵巢任何部分的表面，马仅限于排卵窝处。

排卵是由腺垂体分泌促黄体生成素的作用引起的，有两种类型。

1. 自发性排卵

牛、马、猪、羊等动物卵泡发育成熟后即自然发生排卵的现象称自发性排卵。

2. 诱发性排卵

猫、兔等动物只有交配才能诱发黄体生成素达到高峰，卵泡发育成熟后必须通过交配刺激才能发生排卵的现象，称诱发性排卵。

牛、马等动物每次发情一般只有 1 个卵泡成熟，只排出 1 个卵子，左、右两侧卵巢交替出现，少数可排出 2 个卵子。而猪、山羊、犬、兔等动物，每次发情有几个卵泡同时成熟，排出 2 个以上卵子。每次发情成熟的卵泡数目在很大程度上决定着动物的产仔数。

排出的卵子经腹腔至漏斗状的输卵管伞进入输卵管。牛、羊的输卵管伞不发达，不能完全包围卵巢，但由于输卵管和子宫韧带的收缩可使伞接近卵巢，然后借输卵管上皮的纤毛摆动，把卵子吸入输卵管内，而猪和马的输卵管很发达，排卵时伞部充血，并将卵巢完全包围在伞中，保证排出的卵子进入输卵管。

成熟卵泡破裂后，卵泡壁塌陷，卵泡腔内充满因卵泡膜血管破裂流出的血液而形成的血凝块，称为红体。以后，卵泡上皮细胞又逐渐形成新的细胞层，代替血凝块，并在细胞的原生质内蓄积黄色颗粒，使破裂的卵泡形成黄体。黄体存在的时间要看是否受精。如未妊娠，不久黄体就萎缩退化，最后形成一个白色物，叫做白体。若卵子已受精，黄体就继续生长，叫做妊娠黄体。马妊娠 150d 左右，黄体开始萎缩，到妊娠 7 个月后完全消失；而反刍动物、杂食动物及肉食动物的黄体直至妊娠末期才逐渐萎缩。

二、受精

受精（fertilization）是指精子和卵子结合而形成合子的过程，受精部位在输卵管上 1/3

处。受精的必要条件是精子运送到受精部位与卵子相遇，并且精子必须获能。

1. 精子的运行

精子的运行是指精子在雌性动物生殖道内由射精部位向受精部位运动的过程。

（1）精子运行的动力　精子的运行除靠本身的前进运动外，更重要的是借助于子宫和输卵管的收缩和蠕动。趋近卵子时，精子本身的运动十分重要。

（2）精子保持受精能力的时间　精子在雌性动物生殖道内保持受精能力的时间一般为24～48h，但马和犬例外，在母马生殖道内精子可存活144h，而在母犬生殖道内精子可存活90h。

（3）精子的受精获能过程　精子在雌性生殖道内经过某种变化才具有进入透明带和使卵子受精的能力，这一变化过程叫做精子的受精获能过程。一般认为，精子获能的主要意义在于使精子准备顶体反应，并促进其穿过透明带。一般情况下，交配往往发生在发情开始或盛期，而排卵发生在发情结束时或结束后。因此精子一般先于卵子到达受精部位，在这段时间内精子可以自然地完成获能过程。

2. 卵子的运行

（1）卵子运行的过程　排卵时，卵子随卵泡液被纳入输卵管伞部，并借助于伞部上皮细胞纤毛的颤动和平滑肌的收缩，很快进入输卵管。卵子在输卵管内运行时发生分裂并逐渐成熟，出现卵黄膜、透明带及间隙等变化。卵子在输卵管前半段通过很快，到输卵管后半段时，卵子的运行显著变慢。通常，通过整个输卵管的时间为50～98h。而到达受精部位的时间，马约为6～8h；牛8～12h；绵羊为16～24h；猪为8～10h。

（2）卵子保持受精能力的时间　卵子在输卵管内保持受精能力的时间就是卵子运行至输卵管峡部以前的时间。各种动物卵子保持受精能力的时间有所不同，一般来说，猪为8～10h，牛8～12h，马为6～8h，绵羊为16～24h。排卵时间：牛在发情结束后12～15h，羊在发情开始后24～30h，猪在发情开始后35～45h，马在发情终止前24～48h。卵子受精能力的丧失不是突然的，而是在到达受精部位以后逐渐衰老的。如果卵子在衰老期受精，则胚胎的活力不强或完全不能受精。因此，适时配种，使受精部位有充沛活力的卵子在等待，这样可提高雌性动物的受胎率。卵子在输卵管如未受精，则继续下行，并逐渐衰老，其外包裹一层输卵管分泌物——蛋白膜，能阻碍精子进入，使卵子完全丧失受精能力。

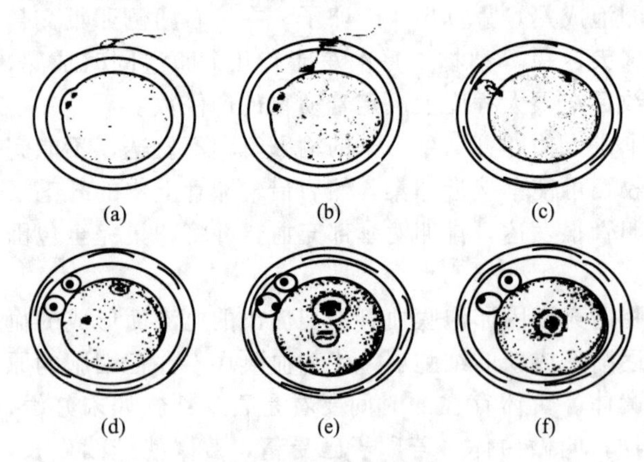

图12-1　受精过程

(a) 精子发生顶体反应并接触透明带；(b) 精子释放顶体酶，水解透明带，进入卵黄周隙触及卵黄膜；(c)、(d) 精子头膨胀，并排出第二极体；(e) 雌、雄原核形成；(f) 原核融合，向中央移动，核膜消失，并准备第一次卵裂

3. 受精过程

进入雌性生殖道的精子一般均要运行到输卵管壶腹部与卵子相遇而受精（图12-1）。

（1）精子和卵子相遇　雄性动物一次射精中精子的总数达几亿或几十亿个，但到达壶腹部的数目却很少，一般不超过1000个。射精后精子到达受精部位的时间说法不一。实践证明：牛2～13min，羊几分钟到几小时，马24min，猪15～30min。

（2）精子进入卵子　精子和卵子相遇之后放出透明质酸酶，溶解卵子周围的放射冠，穿过放射冠到达透明带，然后靠精子的活力和蛋白水解酶的作用穿过透明带。同时，精子失去顶体，精子头部与卵黄表面接触，激活卵子，使其开始发育，卵子表面产生突起，然后精子的头进入卵黄膜。

（3）原核形成和配子配合　精子进入卵子后，头部膨大，细胞核形成雄原核。同时，卵子受到精子的激活，进行第二次减数分裂，其核在放出第二极体后，形成雌原核。2个原核相互靠近并对接，体积缩小，同时融合，各自形成的染色体相互混合，形成二倍体的合子核而完成受精过程。至此，一个新的个体即受精卵形成。一般从精子入卵到完成受精的时间为12～20h。

（4）透明带反应和卵黄封阻作用　透明带在第一个精子进入后发生变化，使以后的精子不容易进入，这种变化叫做透明带反应（zona reaction）。同时卵黄在接纳一个精子后不再接纳精子，这一作用叫做卵黄封阻作用，也起着防止多精子受精的作用。

在受精过程中，两性生殖细胞之间进行着有规律的选择，进而决定着后代的生活力。只有生活力强大的合子才能发育成生活力强大的新个体。

第五节　妊　　娠

妊娠（pregnancy）是指从受精开始，经过胚胎和胎儿生长发育，到胎儿产出为止的过程。妊娠期主要生理变化如下。

一、胚胎早期发育

胚胎的早期发育经过卵裂，形成桑葚胚、囊胚或胚泡，然后附植于子宫内。

卵受精后不久，即开始卵裂。受精卵沿输卵管向子宫移动时，进行细胞分裂而没有生长过程，叫做卵裂。哺乳动物的卵裂进行较慢，受精卵（合子）第一次分裂为两个细胞（卵裂球），以后每个细胞再分裂，但它们并不一定完全同时进行分裂，因此可以见到有3、5、7等单数的细胞存在。当分裂到32个卵裂球时，在透明带内形成密集的细胞团，呈桑葚状，故称为桑葚胚。桑葚胚的体积与卵细胞相似，其营养物质主要靠自身的卵黄质。桑葚胚形成后，在细胞团中逐渐形成一个充满液体的腔，叫囊胚腔，此时的胚胎称为囊胚。囊胚进一步发育生长，一部分细胞构成了整个囊胚的壁，即胚胎的外层，以后成为滋养层（将来发育为胎膜和胎盘）；另一部分细胞在囊胚腔的一端聚集成团，称为内细胞群或胚结，将来发育为胎儿的部分。囊胚初形成时，外面仍有透明带。进入子宫角后，囊胚腔内液体增多，透明带崩解，囊胚的体积很快增大，变成透明的泡状，因此又称为胚泡（图12-2）。牛的胚泡期在排卵后第8天，猪约为第6天，畜牧实践中，此期可进行胚胎移植，以提高良种雌性动物的利用率。在囊胚阶段，透明带消失之后，到胚泡附植之前，胚胎发育所需的营养物质，主要是靠子宫乳。

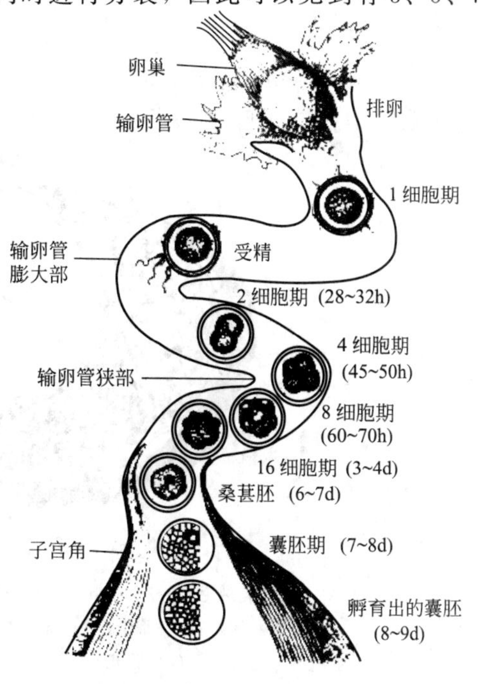

图12-2　受精卵在输卵管中下降的示意图

二、胚泡的附植

胚泡在子宫内经一段游离时间后，逐渐固定下来，并与子宫内膜逐渐发生组织和生理上的联系，称为附植。胚泡的附植是一个逐渐的过程，开始疏松，最后变得非常紧密。附植的部位为子宫中最有利于胚胎发育的地方。牛、羊排一个卵受胎时，常在同侧子宫角的下 1/3 处附植，而排两个卵子都受胎时，则平均分布于两个子宫角中；猪多趋于平均分布于两个子宫角内；马排一个卵受胎时，多在同侧子宫角的基部，也有少数附植在对侧子宫角基部的。胚泡附植的时间，即卵受精后，到胚泡与子宫发生紧密联系的时间：牛约为 45～75d，羊约为 16～22d，猪约为 20～30d，马约为 3～3.5 个月。完成附植，形成完整胎盘系统后，至出生前，胎儿主要靠胎盘与母体进行选择性的物质交换。

三、胎膜与胎盘

1. 胎膜

附植后的胚泡继续发育，在其表面逐渐形成一个由羊膜、尿囊膜和绒毛膜组成的结构，称为胎膜。胎儿出生后胎膜即被摒弃。

（1）羊膜　羊膜包围着胎儿，形成羊膜囊，囊内充满羊水，胎儿浮于羊水中。羊水有保护胎儿和分娩时有润滑产道的作用。

（2）尿囊膜　尿囊膜在羊膜囊的外面，形成囊腔，叫尿囊，内有尿囊液。尿囊与胎儿的脐尿管相通，有储存胎儿代谢产物的作用。牛、羊和猪的尿囊分成两支伸向左、右，且未完全包围羊膜。马、驴的尿囊呈盲囊状，完全包围羊膜，其胎儿和羊膜均浮于尿囊液中。

（3）绒毛膜　绒毛膜位于最外层，紧贴在尿囊膜上，表面有绒毛。牛、羊的绒毛散布于绒毛膜的表面，并聚集成许多乳头状的突起，叫绒毛叶。除绒毛叶外，绒毛膜其余部分是平滑的。猪和马的绒毛分布于整个绒毛膜的表面。牛、羊的胎膜和胎水见图 12-3。

2. 胎盘

胎盘（placenta）是由胎儿的绒毛膜和母体的子宫内膜共同构成的。牛和羊的胎盘为绒毛叶胎盘（子叶型胎盘）（图 12-4），是由绒毛叶和子宫肉阜互相嵌合而成的。猪

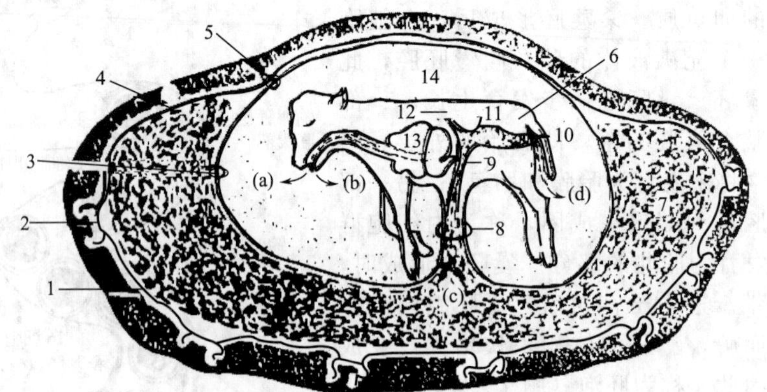

图 12-3　牛、羊的胎膜和胎水模式图

1—尿囊绒毛膜；2—子叶；3—尿膜羊膜；4—子宫壁；5—羊膜绒毛膜；6—胎儿；
7—尿膜腔及尿水；8—脐带；9—脐带管；10—尿道；11—膀胱；12—肾；13—肺；14—羊水
(a) 胎儿吞咽羊水；(b) 气管及口腔分泌物到羊膜腔；
(c) 膀胱尿液通过脐尿管进入尿膜腔；(d) 膀胱尿液通过尿道进入羊膜腔

和马的胎盘为弥散型胎盘，是由绒毛膜上密布的绒毛与子宫内膜的凹陷部分互相嵌合而成。

胎盘是一个功能复杂的器官，它在妊娠期间有多种功能。胎盘是胎儿与母体进行物质交换的器官。胎儿与母体之间的血液并不直接流通，它们之间的物质交换是靠渗透和弥散作用来实现的。胎盘的渗透和弥散作用是具有选择性的，它既能保证胎儿获得有益的物质，又可保护胎儿不受有害物质（如细菌、寄生虫等）的侵害。此外，胎盘还具有内分泌功能，它所产生的雌激素、孕激素和促性腺激素等对于维持妊娠是非常重要的。另外，母马胎盘分泌的孕马血清促性腺激素（PMSG）在妊娠 40d 左右见于母马血液中，妊娠 55～75d 保持分泌高峰，以后逐渐减少，在 150d 左右消失。在畜牧生产中，PMSG 被广泛用于牛、羊、猪等动物的催情和超数排卵。

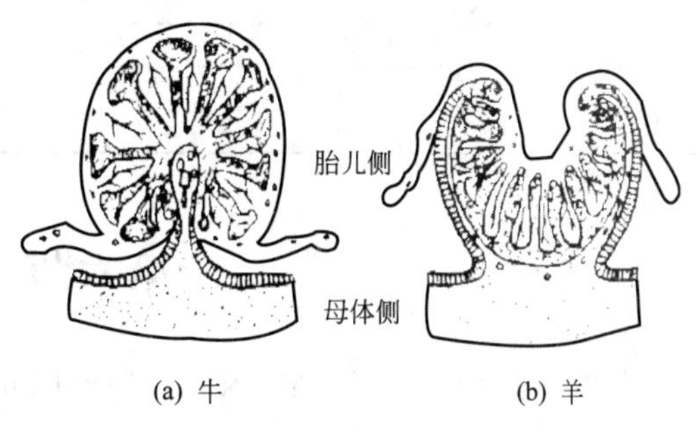

图 12-4　牛、羊的子叶型胎盘

四、妊娠时母体的变化

雌性动物妊娠后，为了适应胎儿的生长发育，各器官系统的生理功能都要发生一系列的变化。

（1）妊娠黄体分泌大量孕酮，促进受精卵附植、抑制排卵和降低子宫平滑肌的兴奋性；在雌激素的协同下，刺激乳腺腺泡生长，使乳腺发育完全，为泌乳做好准备。

（2）随着胎儿的生长发育，子宫的体积和重量都逐渐增加，子宫黏膜为适应胎儿发育，进一步增生、加厚。子宫颈分泌黏液，形成黏液塞，封闭子宫颈通道。腹腔内脏器官受到子宫挤压向前移动，引起消化、呼吸、循环及排泄等功能发生一系列适应性的变化：呈现浅而快的胸式呼吸；出现代偿性心肌肥大；血浆容量增加，血液凝固能力提高，血沉加快；排粪及排尿次数增加，尿中出现蛋白质；腹下和四肢出现水肿；到妊娠末期，血中碱储减少，出现较多的酮体，形成生理性的“妊娠性酮血症”；腹围逐渐增大，到妊娠后期更加明显；乳腺迅速增大，临产前有胀奶现象。

（3）母体为适应胎儿发育的特殊需要，妊娠期间某些内分泌腺的活动加强，出现甲状腺、甲状旁腺、肾上腺和垂体的妊娠性增大和功能亢进。妊娠前期食欲旺盛，对饲料的消化和吸收能力提高，因而母畜显肥壮，被毛平直而光亮。妊娠后期，由于胎儿迅速生长，母体需更多的营养，如果此时饲料和饲养管理条件稍差，母畜就会逐渐消瘦。

五、妊娠期

妊娠期是指从卵受精开始至胎儿娩出为止的时间。妊娠期的长短，随动物的种类、品种、胎儿性别和数目、年龄和饲养管理等条件而不同。家猪比野猪的妊娠期短，双胎的比单胎的妊娠期短，雌性胎儿的妊娠期比雄性胎儿的短，年老的妊娠期比年轻的短，母马怀驹的妊娠期比怀骡的短。各种动物的妊娠期见表 12-4。

表 12-4　各种动物的妊娠期　　d

动物种类	平均妊娠期	变动范围	动物种类	平均妊娠期	变动范围
猪	115	110～140	驯鹿	225	195～243
牛	282	240～311	犬	62	59～65

续表

动物种类	平均妊娠期	变动范围	动物种类	平均妊娠期	变动范围
水牛	310	300～327	猫	58	55～60
羊	152	140～169	兔	30	28～33
马	340	307～402	骆驼	365	335～395
驴	380	360～390			

第六节　分　　娩

分娩（parturition）是指发育成熟的胎儿和胎膜（胎衣）通过雌性生殖道产出的过程。

一、分娩过程

随着妊娠期将近结束，雌性动物将发生一系列的分娩预兆，如有的动物分娩前1～2d常有透明索状物从生殖道中垂下来，有的动物有做窝现象并排出初乳。分娩过程通常可分为三个时期。

1. 开口期

随着子宫节律性收缩，子宫颈逐渐变软、开张，把胎儿和胎膜挤入子宫颈，迫使子宫颈开放，部分胎膜突入阴道，最后胎膜因受到强烈压迫而破裂，流出部分胎水，胎儿的前部也顺着液流进入骨盆腔。这个时期仅有阵缩，而无努责。

2. 胎儿排出期

指从子宫颈完全开张到胎儿排出为止的时期。此时，子宫更为频繁而持久地收缩，且在腹肌和膈肌的协同作用下，子宫内压极度升高，驱使胎儿经阴道排出体外（图12-5）。在反刍动物，胎儿排出时仍与胎膜附着。

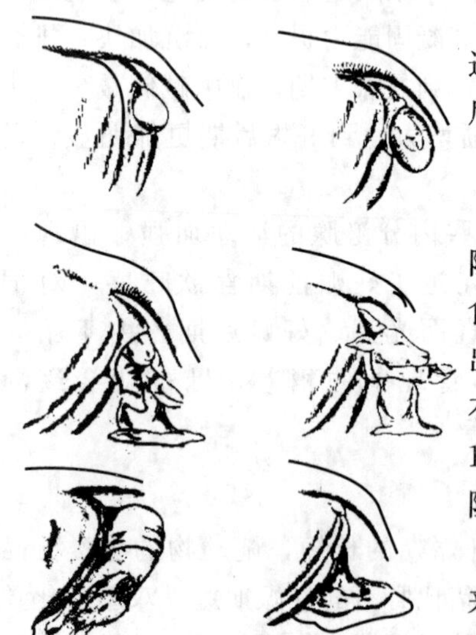

图12-5　母牛的分娩过程

子宫肉阜继续供应来自母体的氧，直到幼畜产出后才逐渐脱离。在猪和马，大部分胎盘的联系在第一阶段开始后不久就被破坏。

3. 胎衣排出期

胎儿排出后，阵缩继续进行，使胎衣与子宫壁分离，随后排出体外。各种动物胎衣排出期的长短差别较大，肉食动物的胎衣随着胎儿同时排出；猪在产仔完后很快就排出胎衣（10～60min）；马在胎儿排出后20～60min排出胎衣；牛在胎儿排出后往往2～8h才排出胎衣，一般不超过12h；水牛3～5h。胎衣排出后，子宫收缩压迫血管裂口，阻止继续出血，分娩即结束，然后进入产后期。

胎儿从子宫中娩出是以子宫肌和腹壁肌的收缩为动力来实现的。当妊娠接近结束时，由于胎儿及其运动刺激子宫内的机械感受器，通过神经和体液的作用，子宫肌收缩逐渐增强，呈现节律性收缩与间歇，叫做阵缩。把腹壁肌的强烈收缩，称为努责。阵缩的强度、持续时间与频率随分娩时间逐渐增加。阵缩使胎儿和胎盘的血液循环不致因子宫肌的长期收缩而发生障碍，可有效地保护胎儿。如果子宫肌的连续收缩没有间歇，胎儿和胎盘的血液循环将因子宫肌长期收缩而发生障碍，会引起胎儿的窒息和死亡。

二、激素在分娩中的作用

1. 催产素

分娩时使经过雌激素作用的子宫收缩，以协助胎儿的产出。

2. 雌激素

分娩时直接刺激子宫肌发生节律性收缩，并增强子宫肌对催产素的敏感性，引起前列腺素释放，使孕激素分泌减少。

3. 松弛素

使雌激素致敏的骨盆韧带松弛，骨盆扩张，亦可使子宫颈松软，产生弹性和扩张。

本　章　小　结

• 哺乳动物的生殖依靠两性生殖器官的活动和两性生殖细胞的结合来实现。生殖过程包括生殖细胞的生成、交配、受精、着床、妊娠、分娩和哺乳等重要环节。

• 哺乳动物生长发育到一定时期，生殖器官已基本发育完全，并具备了繁殖能力，这时期叫做性成熟。性成熟后，动物身体仍在发育，直到具有成年动物固有的形态和结构特点，这时期称为体成熟。一些动物发情的季节性强，而一些动物常年都可以发情。

• 雄性动物的生殖活动是由雄性生殖系统来完成的，主要包括精子的产生、成熟、精液的排放等系列活动，该活动是在神经与内分泌的调节下进行的。

• 雌性生殖过程包括卵泡的发育、成熟、排卵、受精、妊娠、分娩等环节。

复习思考题

1. 为什么动物刚达到性成熟还不能进行配种？
2. 精清在生殖过程中起什么作用？
3. 通过哪些变化确定雌畜的发情期？
4. 动物的排卵方式有哪些？
5. 如何掌握各种动物配种的时机？
6. 简述受精的过程。

第十三章　泌　　乳

学习目标

1. 掌握动物的泌乳规律。
2. 能运用动物的泌乳规律为畜牧业生产实践服务。

泌乳（lactation）是哺乳动物特有的生理活动，它包括乳的生成和排出两个既独立又相互联系的过程。雌性动物分娩后，乳腺（mammary glands）即随之大量泌乳，以保证仔畜的存活和生长发育的营养需要。由于此时的仔畜既不能采食，又不能消化成年动物的饲料，母乳便成为其主要的营养来源。因此，泌乳便是动物延续后代的一项重要生理过程。

雌性动物分娩后的泌乳能持续一段时间，这一时期称为泌乳期。一般动物泌乳供哺育仔畜，故又称哺乳期。各种动物的泌乳期不同，猪约 60d，牛约 90～120d，而乳牛长达 300d 左右。泌乳结束后不再泌乳的时期，称为干乳期。因此，泌乳又是成年动物特定时期发生的短期生理过程。

第一节　乳腺的功能结构

乳腺是乳房中能分泌乳汁的葡萄状腺体，是皮肤的衍生物。母牛有 2 对乳腺，母马、母羊仅有 1 对，都位于耻骨部的腹下壁上、两大腿之间（图 13-1）。母猪的乳腺数依品种而异，一般为 5～10 对，位于胸后部和腹正中线两侧，前后成列，左右对称。雌性动物乳腺发育后形成完整而隆起的乳房。下面以牛的乳腺为例，说明其形态结构。

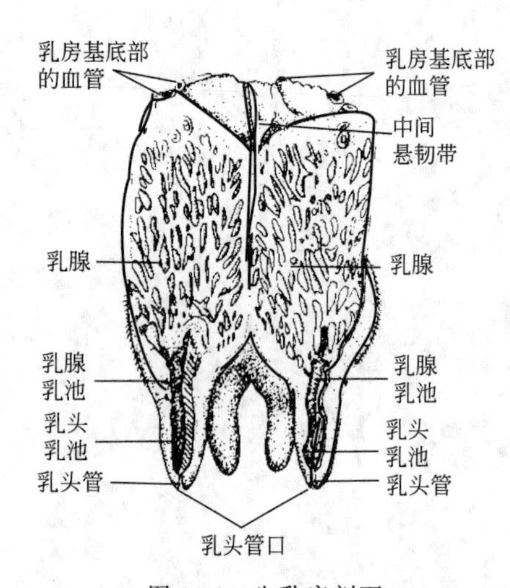

图 13-1　牛乳房剖面

母牛的 4 个乳腺紧密结合在一起。左、右以纵沟为界，前、后以横沟为界。每个乳腺均可分为基底部、体部及乳头部。基底部紧贴腹壁，向下膨大的部分为乳腺的体部，乳头多呈圆柱形或锥形，乳头顶端有一个乳头孔，为乳头管的开口。

乳腺最外面是皮肤，薄而柔软，有长而稀疏的被毛，母牛乳房的后上方至阴门之间，呈线状毛流的皮肤纵褶，称为乳镜，对鉴定乳牛产乳能力有重要意义。皮肤褶内面是浅筋膜，浅筋膜的深面含有丰富弹性纤维的深筋膜。深筋膜在两侧乳腺间形成乳房中隔，并向腹下壁延伸，形成悬吊乳腺的悬韧带。

乳腺内部由间质和实质两部分组成。

① 间质指来源于深筋膜的结构组织小梁（它们把乳腺分为许多小叶）和包围在腺泡周围的结缔组织和脂肪组织。在间质内还含有血管、神经和淋巴管。间质具有保护和支持实质的作用。

② 实质包括腺泡和导管。乳腺泡呈泡状或管状，泌乳期的腺泡是中空的，形成腺泡腔，

腔的周围是腺上皮细胞，具有泌乳的功能。腺上皮细胞的外面，分布有呈星状的分支和管道与腔道（图 13-2）。导管起始于与腺泡腔相连的细小乳导管，然后再汇合成各级输出管，最后汇入乳池。乳池是乳房下部及乳头内储藏乳汁的较大腔道，经乳头末端的乳头管向外界开口。乳汁由乳池、再经乳头管排出，乳头管的开口处有括约肌控制。

牛、羊的每一乳腺各有一个乳池和乳头管，而马每个乳头有前、后两个乳池及乳头管。猪的每个乳头区域各有 2～3 个乳池及乳头管，但乳池不很发达。

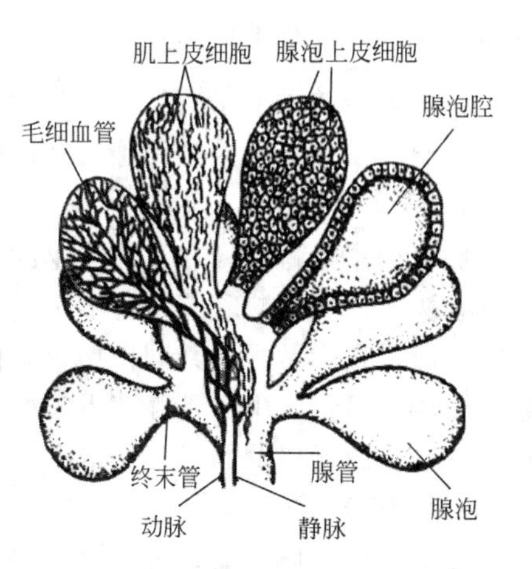

图 13-2　乳腺泡及腺管模式图

腺泡和细小乳导管的外层围有一层星状的肌上皮细胞，互相连接成网状，当这些细胞收缩时，可使蓄积于腺泡中的乳汁排出，较大的乳导管和乳池周围则由平滑肌构成，这些肌肉的收缩参与乳的排出过程。围绕乳头管的平滑肌在乳头末端排列成环状，形成乳头管括约肌，使乳头孔在不排乳时保持闭锁状态。

乳腺的血液供应非常丰富。这些血液在牛、羊、马是来自阴部外动脉的分支，其次是会阴动脉。在杂食兽和肉食兽还可来自肋间动脉和胸外动脉。由这些动脉最后分支成的毛细血管，稠密地包绕着每一个乳腺泡，为其提供充足的营养物质和氧气，以保证其合成乳的需要。乳房的静脉系统较动脉发达，在乳房基部形成静脉环。由各乳腺泡处形成的静脉血，最后由阴部外静脉、乳房前静脉和腹壁皮下静脉三对静脉流出。

乳腺中亦有丰富的传入神经和传出神经。传入神经主要为感觉神经纤维，包含于第一和第二腰神经的腹支、腹股沟神经和会阴神经中。传出神经属交感系，交感神经来自肠系膜神经丛，包括支配血管和平滑肌的运动神经，也有认为还含有支配腺组织的分泌神经纤维。

乳房和乳头的皮肤上有大量的机械感受器和温觉感受器，对揉摸和温水等非常敏感；而乳腺内的腺泡、乳导管、血管等则具有丰富的化学、压力等感受器。所有这些神经纤维和各种感受器保证了对泌乳的反射性调节。

第二节　乳腺的发育及其调节

一、乳腺的发育

雌雄动物在幼年期，乳腺没有明显差别。随着动物的生长发育，雌性动物乳腺中的结缔组织和脂肪组织增多，使乳腺的体积明显超过雄性动物，但乳腺中的腺组织还没有发育。当雌性动物性成熟后，卵巢开始分泌雌激素，促使乳腺的导管系统生长发育，逐渐形成分支复杂的细小导管系统，乳房体积进一步膨大，但乳腺泡一般还没有形成。随着每次发情周期的出现，乳房继续生长发育。到了妊娠期，卵巢和胎盘分泌的孕酮促使乳腺导管数量增多，特别是每一个小的乳导管的末端出现了没有分泌腔的腺泡。到妊娠中期，导管和腺泡的体积不断增大，腺泡出现分泌腔，乳腺的结缔组织和脂肪组织逐渐被腺泡和导管系统所代替。乳腺中的血管和神经纤维数量也显著增多。到妊娠末期，腺泡的上皮出现分泌功能。临近分娩时，腺泡分泌初乳。分娩后，乳腺泡开始正常的泌乳活动。经过一定的泌乳期后，腺泡的体积逐渐缩小，分泌腔逐渐消失，细小的乳腺导管萎缩，乳腺实质慢慢被结缔组织和脂肪组织所代替，称为乳腺回缩（mammary involution），于是，泌乳量逐渐减少，乳房体积缩小，最后泌乳停止。到第二次妊娠后，乳腺实质重新生长发育，并于分娩后开始第二次泌乳活动。为了完成上述乳腺的改建过程，母牛需要40～60d的干乳期。当母牛在第6～8次泌乳期中达到乳腺的最大发育程度和泌乳量的最高峰后，每次分娩后的泌乳量逐渐减少，乳腺的发育程度减退。所以，乳腺的生长发育呈现明显的周期性变化，这与卵巢的发育和周期性的性活动及妊娠过程密切联系。

二、乳腺发育的调节

乳腺的发育既受内分泌腺活动的控制，也受中枢神经系统的调节。

1. 体液调节

卵巢分泌的雌激素和黄体分泌的孕酮参与调节乳腺的发育。因此，把未达到性成熟的雌性动物去势，将引起乳腺发育不全。乳腺导管系统的发育主要依靠雌激素，而乳腺泡的发育则需要雌激素和孕酮的共同作用，它们之间还须保持一定的比例。据称按1∶1000注射雌激素和孕酮，可使乳牛的乳腺获得良好的发育。此外，催乳素、生长素、促肾上腺皮质激素、肾上腺皮质激素以及胎盘分泌的激素也参与刺激乳腺的发育。

2. 神经调节

刺激乳房的感受器，可发出神经冲动到中枢神经系统，然后再通过下丘脑-垂体系统或直接支配乳腺的传出神经，显著地影响乳腺的发育。畜牧实践中，通过按摩初胎母牛或怀胎母猪的乳房，可增强乳腺的发育和产后泌乳量。实验证明，神经系统对乳腺组织有营养作用：在性成熟前切断母山羊的乳腺神经，将阻止其乳腺的继续发育；在妊娠期切断神经，则乳腺泡发育不良；在泌乳期切断乳腺神经，则大部分腺泡处于不活动状态。

第三节　乳的分泌及其调节

一、乳的分泌

乳是由乳腺分泌的。乳腺主要从雌性动物分娩后开始泌乳。把乳腺的分泌细胞从血液中摄取营养物质生成乳汁后，分泌入腺泡腔内的过程，称为乳的分泌（milk secretion）。具有泌乳功能的细胞是乳腺腺泡和细小乳导管的分泌上皮细胞。乳的分泌包括一系列新的物质合成及复杂的选择性吸收过程。母牛的乳汁与血液比较，糖的含量大90倍以上，脂肪大20倍，钙大13倍，镁大4倍以上；同时乳中的蛋白质较血液中少一半，钠仅及血液中的1/7。生成1L乳汁，大约要有400～500L的血液流过乳房。

1. 乳腺的选择性吸收过程

乳中的球蛋白、酶、激素、维生素、无机盐和某些药物，是乳腺的分泌上皮细胞对血浆进行选择性吸收后，加以浓缩而形成的结果。

2. 乳腺的合成过程

乳中的蛋白质、脂肪和糖与血浆比较，不仅数量有明显差异，而且性质也不相同，乳汁的上述营养成分是乳腺从血液中吸取原料经过复杂的生化过程合成的。

（1）乳蛋白　包括酪蛋白、β-乳球蛋白和α-乳清蛋白，其原料均来自血液中的游离氨基酸，这些氨基酸在上皮细胞内被核糖体聚合成短链肽，再在高尔基体内缩合，形成酪蛋白颗粒和β-乳球蛋白，再由高尔基体携带至上皮细胞表面，最后这些合成物进入腺泡腔成为乳的组成成分。不过，少量乳蛋白（占总乳蛋白5%～10%，如γ-酪蛋白、免疫球蛋白和血清白蛋白）可以从血液直接吸收。

（2）乳糖 合成乳糖的主要原料是血液中的葡萄糖。在乳糖合成酶的催化下，一部分葡萄糖先在乳腺内转变成半乳糖，然后再与葡萄糖结合生成乳糖。反刍动物瘤胃内发酵产生的丙酸，也是合成乳糖的原料，对乳的生成具有重要意义。

（3）乳脂 合成乳脂的原料多种多样，不同动物可以利用不同的原料合成乳脂。但合成乳脂的主要原料为血浆中的中性脂肪和脂肪酸以及葡萄糖。反刍动物还可利用瘤胃发酵产生的乙酸和其他低分子脂肪酸合成乳脂，但反刍动物的乳腺不能利用葡萄糖合成脂肪酸。甘油三酯中的甘油主要由葡萄糖转变获得，也可来自血液甘油三酯中的甘油。乳脂几乎完全呈甘油三酯状态。组成甘油三酯的脂肪酸是C_4～C_{18}饱和脂肪酸以及不饱和脂肪酸油酸。

乳腺中营养物质的合成过程，都是在ATP提供能量和酶的参与下完成的。除合成功能外，乳腺还具有重吸收乳内某些营养物质的能力。

由上可知，泌乳动物的血液成分在很大程度上决定着乳的质量，而泌乳动物的日粮构成、消化系统的活动状况、循环系统活动状况等，都可直接影响血液的成分，从而间接影响乳的生成。因此，有关器官发生疾病时常常使产乳量降低。此外，乳的生成还受乳腺内压的影响，当乳腺的腺泡腔和导管系统充满乳汁时，可使乳腺内压迅速升高，以致压迫乳腺内毛细血管，阻碍对乳腺的血液供应，使泌乳能力减弱。而哺乳或挤乳后，乳腺内压下降，泌乳能力增强，故及时挤乳能提高产乳量。有资料表明，在挤乳后的9～11h内泌乳处于高潮，并相当稳定，然后快速下降，如果不进行挤乳，那么在上次挤乳后的35h之后泌乳就会停止。

二、乳分泌的调节

泌乳期间乳的分泌包括引起泌乳和维持泌乳两个过程，乳汁的生成和分泌受神经因素和体液因素的调节。神经系统的影响既可直接通过传出神经通路来实现，也可借助于神经-体液途径来实现。催乳素、肾上腺皮质激素和催产素都是影响泌乳的重要激素。脑垂体前叶的催乳素在妊娠期间被胎盘和卵巢分泌的大量雌激素和孕激素所抑制，在分娩后，孕激素水平突然下降，结果催乳素迅速释放，并对乳的生成产生强烈的促进作用，于是引起泌乳。以后血液内含有一定水平的催乳激素，才能维持泌乳。雌畜的哺乳或挤乳对乳房产生的刺激，使乳腺感受器兴奋，冲动沿传入神经到达脑部，兴奋下丘脑的有关中枢，然后通过神经-体液途径解除中枢对垂体前叶的抑制作用，使催乳素释放增加，从而对乳的分泌活动产生调节性影响。因此，乳从乳腺有规律的几乎完全排空是维持泌乳的必要条件。

甲状腺和肾上腺皮质通过调节机体的代谢，也影响乳的生成过程。甲状腺素能提高机体的新陈代谢，因而对乳的生成有显著的促进作用。肾上腺皮质激素对机体的蛋白质、糖类、无机盐和水代谢都具有显著的调节作用，所以，对乳生成也有一定的影响。甲状腺和肾上腺皮质对乳生成的调节活动，分别受垂体前叶所分泌的促甲状腺激素和促肾上腺皮质激素的控制。

除神经、激素作用外，有人认为神经系统直接通过支配乳腺的分泌神经纤维和营养神经纤维影响乳的生成过程。

如果支配乳腺的神经受到损伤，也可引起乳腺血液供应缺乏，使产乳量降低。

乳的生成还受大脑皮质的影响，增强兴奋过程，可加强乳的分泌。突然改变泌乳动物的生活环境和饲养管理条件、心脏给予不良刺激都能影响乳的生成。据报道，动物的神经活动类型与泌乳性能有一定的关系。乳牛的神经活动过程强的、均衡而灵活的个体，具有较高的产乳量、平衡的泌乳曲线，产乳量的昼夜变化也较小；而弱型的乳牛，泌乳能力最差。总之，由于神经和激素的作用，使雌畜在一定阶段里保持泌乳功能。

三、影响泌乳的激素

1. 雌激素

主要促使初情期后的动物乳腺中导管系统生长发育。

2. 孕激素

主要促使妊娠动物乳腺腺泡系统发育；在其他激素的参与下，促使乳腺小叶腺泡的充分发育。

3. 催乳素

在其他激素的参与下，促进乳腺发育，启动和维持泌乳。

4. 催产素

是排乳反射的重要体液因素，可使乳腺腺泡和细小乳导管肌上皮细胞收缩，使腺泡乳流向乳池。

第四节　初乳与常乳

一、初乳

雌性动物分娩后3～5d内所分泌的乳叫初乳（colostrum）。初乳色黄而浓稠，稍有咸味和特殊的臭味，煮沸时可以凝固。初乳内各种成分的含量与常乳相差悬殊，干物质含量明显较高。如蛋白质在牛达17%，绵羊及猪达20%左右，都超出常乳数倍之多。初乳内含有非常丰富的球蛋白和白蛋白，而酪蛋白较少。摄食初乳后，蛋白质能通过初生动物肠壁而被吸收入血，有利于迅速增加初生动物的血浆蛋白。初乳中含有白细胞及大量免疫球蛋白、酶、维生素及溶菌酶等，特别是由于各种动物的胎盘不能转送抗体，新生动物主要依赖初乳内丰富的免疫球蛋白（γ-球蛋白）形成机体的被动免疫，以增强新生动物抵抗疫病的能力。初乳中的维生素A和维生素C的含量比常乳约多10倍，维生素D的含量约多3倍。初乳中含有较多的无机盐，尤其富含镁盐，镁盐有轻泻作用，能促进初生动物排出胎便（粪）。由此可见，喂给初生动物以初乳，具有重要的生理意义。

分娩后1～2d内，初乳的化学成分接近于初生动物的血液，以后初乳的成分逐日变化，蛋白质和无机盐的储量逐渐减少，酪蛋白在蛋白质中的比例逐步上升，乳糖储量不断增加，经6～15d变为与常乳相同。现将乳牛产犊后初乳化学成分的逐日变化列于表13-1。

表13-1　乳牛初乳化学成分的逐日变化情况　%

初乳化学成分	产犊后天数						
	1d	2d	3d	4d	5d	8d	10d
干物质	24.58	22.0	14.55	12.76	13.02	12.48	12.53
脂肪	5.4	5.0	4.1	3.4	4.6	3.3	3.4
酪蛋白	2.68	3.65	2.22	2.88	2.47	2.67	2.61
白蛋白及球蛋白	12.40	8.14	3.02	1.80	0.97	0.58	0.69
乳糖	3.31	3.77	3.77	4.46	3.88	4.89	4.74
矿物质	1.20	0.93	0.82	0.85	0.81	0.80	0.79

由于胎儿是依靠母体血液获得营养物质的，出生后，则须从母乳中获取营养，初乳成分的逐渐变化使初生动物逐渐适应新的营养方式。所以，初乳几乎是初生动物不可替代的食物。

二、常乳

初乳期过后，乳腺所分泌的乳，称常乳（normal milk）。

各种哺乳动物的乳都含有水、蛋白质、脂肪、糖、无机盐、酶和维生素等成分（表13-2）。常乳中含有幼畜生长发育所必需的一切营养成分，所以是哺乳期幼畜理想的营养物质。乳的化学成分受各种因素的影响，包括动物种类、品种、饲料、饲养管理条件、季节、气候、泌乳期、年龄、个体特性等。

乳中的蛋白质主要为酪蛋白，其次是乳白蛋白和乳球蛋白。当酪蛋白在胃内遇酸后，就会与钙离子结合沉淀而使乳凝固，有利于延长其在胃内的消化时间。乳白蛋白的性质与血液中的白蛋白相似，但是并不完全相同。乳球蛋白的性质则与血液的球蛋白相同。

乳中的脂肪叫乳脂，乳脂是油酸、软脂酸和其他低分子脂肪酸的甘油三酯，它们形成很小的脂肪球悬浮于乳汁中。强烈振动时，脂肪球外面包裹的磷脂蛋白薄膜破坏，脂肪球就互相黏合而析出。乳中也含有少量磷脂、胆固醇等类脂。

乳中唯一的糖类是乳糖，能被乳酸菌分解形成乳酸。

乳中的无机盐包括钠、钾、钙、镁的氯化物、磷酸盐和硫酸盐等。钙和磷的比例一般为1.2∶1，有利于钙的吸收利用，但乳中铁的含量非常不足，所以哺乳的猪应有少量含铁的物质补给，否则会发生仔猪缺铁性贫血。

表13-2 几种动物乳的化学成分 %

动物类别	水	蛋白质	脂肪	乳糖	矿物质
乳牛	87.2	3.5	3.8	4.8	0.7
牦牛	82.0	5.0	6.5	5.6	0.9
水牛	82.2	4.5	7.3	5.2	0.8
绵羊	82.1	5.8	6.7	4.6	0.8
山羊	86.9	3.5	4.1	4.6	0.9
骆驼	86.4	3.5	4.5	4.9	0.7
鹿	65.9	10.4	19.7	2.6	1.4
猪	83.1	7.1	5.6	3.1	1.1
马	89.0	2.0	2.0	6.7	0.3
兔	69.5	15.5	10.5	2.0	2.5

第五节 排　　乳

哺乳或挤乳可引起乳腺容纳系统紧张性改变，使蓄积在腺泡和乳导管系统内的乳汁迅速流向乳池，这一过程称为排乳（milk ejection）。

一、乳的蓄积

乳在乳腺泡的上皮细胞内形成后，连续地分泌入腺泡腔，当乳充满腺泡腔和细小乳导管时，依靠腺泡周围的肌上皮和导管系统平滑肌的反射性收缩，将乳周期性地转移入乳导管和乳池内。乳腺的全部腺泡腔、导管、乳池构成蓄积乳的容纳系统。

乳牛于挤乳后5～8h内，乳在乳腺容纳系统逐渐蓄积，刺激压力感受器，反射性使乳腺肌组织的紧张性下降，这时乳房内压并不明显升高。但当乳腺容纳系统被乳充满到一定程度后，乳汁继续积聚将使乳腺容纳系统被动地扩大，这时内压迅速升高，以致压迫乳腺中的毛细血管和淋巴管，阻碍乳腺的血液供应，结果使乳的生成速度显著减弱。当哺乳或挤乳时，才开始排乳。排乳后，乳房内压下降，乳的生成增强，挤乳后3～4h，乳的生成最为旺盛，以后逐渐减弱。因此，乳的生成过程与乳的排出过程之间存在着密切联系又相互制约的关系。

二、排乳过程

排乳是一种复杂的反射过程。哺乳或挤乳时刺激雌畜的乳头感受器，使其兴奋，并沿传入神经传到腺泡及乳导管，一方面引起下丘脑视上核分泌催产素入垂体后叶并释放入血，催产素经血液循环运送到乳腺，引起腺泡和细小乳导管的肌上皮细胞收缩，腺泡乳受压迫后就流入导管系统和乳池；另一方面，通过传出神经引起腺泡和细小乳导管周围的肌上皮收缩，也使腺泡乳流入导管系统；接着大导管和乳池的平滑肌强烈收缩，乳池内压迅速升高，乳头括约肌开放，于是乳汁排出体外。在挤乳期间，乳池内压力保持较高水平（35～50mmHg），并有6～12mmHg的规律性波动，从而保证腺泡乳不断地流入导管和乳池（图13-3）。

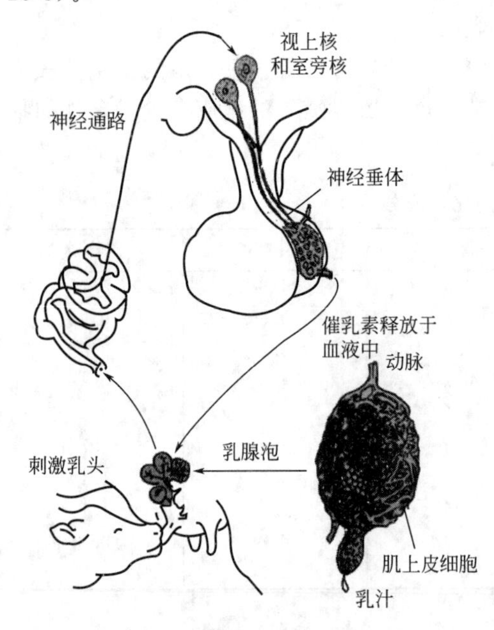

图13-3 催产素的分泌调节示意图

哺乳或挤乳时，最先排出的乳是乳池乳，当乳头括约肌开放时，乳池乳只需借本身的重力作用就可以排出。乳牛的乳池乳一般约占泌乳量的1/3～1/2。而我国的黄牛、牦牛、水牛的乳池乳甚少，有的甚至完全没有。之后，由排乳反射从腺泡及乳导管流向乳池而排出的乳，称为反射乳(或腺泡乳)，约占总乳量的1/2～2/3。黄牛和牦牛的反射乳不能一次排尽，一般达2～3期之多。哺乳或挤乳刺激乳房不到1min，就可引起牛的排乳反射，但引起猪的排乳反射需要较长时间，仔猪用鼻吻突冲撞母猪乳房2～5min之后才产生排乳，反射逐步由前端乳头向后端乳头扩布，排乳持续约30～60s。

每次哺乳或挤乳后总有少量的乳留在乳房内，这部分乳称为残留乳。残留乳将与新生成的乳汁混合，在下次哺乳或挤乳时排出。

哺乳或挤乳开始时，乳腺泡的肌上皮细胞与各级乳导管平滑肌剧烈收缩。牛一般持续3～5min，所以挤乳必须迅速进行，争取挤出更多的腺泡乳，尽量使乳房中的乳汁比较彻底地排出。这样，不但直接提高本次的挤乳量和乳脂率，而且还提高下次乳的生成速度和乳脂率。

三、排乳的调节

排乳过程是由条件反射和非条件反射组成的复合反射。在排乳过程中，由于非条件刺激，如挤乳、按摩、吸吮等，兴奋了乳房感受器，冲动沿精索外神经至脊髓背根传至延髓，再进入下丘脑的视上核和室旁核，这是排乳反射中枢的基本中枢，在大脑皮质也有相应的代表区。

排乳反射的传出途径有二。

(1) 外周途径　传出神经纤维一部分存在于精索外神经内，另一部分存在于交感神经中，直接支配乳腺肌上皮和乳导管平滑肌纤维的活动。

（2）中枢途径　通过下丘脑调节垂体释放催产素进入血液，引起乳腺泡和细小乳导管周围的肌上皮收缩，使腺泡乳排出。

排乳反射与大脑皮质有密切的关系。排乳反射过程中各个环节都能形成条件反射。挤乳的时间、地点、挤乳设备、挤乳操作、挤乳员的出现等，都能作为条件刺激形成乳牛的条件反射。这些条件反射对于排乳活动有明显的影响。例如，利用条件反射方法可使母猪给仔猪的哺乳次数比原先（10～12 次/d）增加 1 倍，从而提高了母猪的产乳量。相反，异常刺激如喧扰、闲人、新挤乳员、不正确的操作、疼痛等，都能抑制排乳反射，使产乳量下降。这是因为上述不良刺激，可阻止垂体后叶释放催产素，并能引起肾上腺髓质释放肾上腺素，使乳房的小动脉收缩，因此血流量减少，到达肌上皮细胞的催产素不足。结果使腺泡乳排出减少，产乳量下降，甚至完全不排乳。此外，排乳抑制反应与动物的神经类型有密切的关系，不均衡和弱型的乳牛，产乳量下降较多。我国的黄牛、牦牛和水牛，如管理不当，容易出现明显的排乳抑制现象。

本　章　小　结

• 泌乳是哺乳动物特有的生理活动，它包括乳的生成和排出两个既独立又相互联系的过程。

• 乳腺是乳房中能分泌乳汁的葡萄状腺体，是皮肤的衍生物。乳腺内部由间质和实质两部分组成。乳腺的血液供应非常丰富。乳腺中亦有丰富的传入神经和传出神经。

• 乳腺的发育既受内分泌腺活动的控制，也受中枢神经系统的调节。

• 乳是由乳腺分泌的。乳腺主要从雌性动物分娩后开始泌乳。把乳腺的分泌细胞从血液中摄取营养物质生成乳汁后，分泌入腺泡腔内的过程，称为乳的分泌。

• 泌乳期间乳的分泌包括引起泌乳和维持泌乳两个过程，乳汁的生成和分泌受神经因素和体液因素的调节。

• 雌性动物分娩后 3～5d 内所分泌的乳叫初乳。初乳色黄而浓稠，稍有咸味和特殊的臭味。初乳期过后，乳腺所分泌的乳称常乳。

• 哺乳或挤乳可引起乳腺容纳系统紧张性改变，使蓄积在腺泡和乳导管系统内的乳汁迅速流向乳池，这一过程称为排乳。排乳过程是由条件反射和非条件反射组成的复合反射。

复习思考题

1. 以牛的乳房为例说明其位置、形态和构造。
2. 乳汁是如何生成的？
3. 初乳与常乳有何不同？
4. 简述排乳的过程。

第十四章　家禽的生理特点

学习目标

1. 了解家禽血液的理化特性和血细胞的分类及功能。
2. 了解家禽心脏、血管生理及其活动的调节。
3. 了解家禽呼吸运动及其调节。
4. 了解家禽能量代谢及其影响因素、体温及其调节。
5. 了解家禽尿液生成的特点及尿液的理化特性。
6. 了解家禽神经系统的组成及其功能。
7. 掌握家禽消化和吸收生理。
8. 掌握家禽内分泌腺的功能。
9. 重点掌握家禽不同于家畜的生殖生理特点。

禽类与哺乳动物，在结构和功能上都存在许多不同的特点。了解禽类生理活动的规律对促进养禽业的发展和禽类的疾病防治具有重要意义。

第一节　血液生理

一、血液的理化特性

禽类血液的理化特性如下。

(1) 血色　由于红细胞中含有血红蛋白，家禽血液也呈红色。动脉血含氧多，呈鲜红色；静脉血含氧少，呈暗红色。当禽类出现呼吸、循环等系统功能障碍时，血液中含氧量可明显下降，出现鸡冠等部位发绀现象。

(2) 相对密度和黏滞性　禽类全血相对密度在1.045～1.060。母鸡血浆相对密度明显低于公鸡，这是因为母鸡血浆中含脂类较多的缘故。由于雄性血液中红细胞数量多于雌性，所以雄性血液黏滞性大于雌性，如公鸡为3.67，母鸡为3.08。

(3) 渗透压　血浆总渗透压约相当于159mmol/L氯化钠溶液。但胶体渗透压比哺乳动物的低，如鸡和鸽的血浆胶体渗透压值分别为1.47kPa和1.079kPa。

(4) 血浆的化学成分　禽类血浆蛋白含量比哺乳动物低，并随种别、年龄、性别和生产性能不同而有一定差异（表14-1）。

表14-1　鸡和鸽的血浆蛋白量

禽类	蛋白总量/(g/L)	白蛋白(A)/(g/L)	球蛋白(G)/(g/L)	A/G
母鸡(产蛋期)	51.8	25.0	26.9	0.93
母鸡(停产期)	53.4	20.0	33.4	0.60
公鸡	40.0	16.6	25.3	0.66
鸽	23.0	13.8	9.5	14.5

血浆非蛋白含氮化合物含量平均为14.3～21.4mmol/L。其中尿素含量很低，仅0.14～

0.43mmol/L，几乎没有肌酸。

（5）血糖　禽类血糖可高达 12.8～16.7mmol/L。母鸡为 7.2～14.5mmol/L，公鸡为 9.5～11.7mmol/L，鸭和鹅在 8.34mmol/L 左右。

（6）血脂　成年鸡血浆总脂肪含量因生理和营养状况不同而不同。产蛋鸡较停产母鸡、公鸡和雏鸡显著增高。

（7）无机盐　血浆中的无机盐与哺乳动物比较，含有较多的钾和较少的钠，成年禽类血浆钠含量为 130～170mmol/L，钾为 3.5～7.0mmol/L。血浆的总钙含量在成年的雄禽为 2.2～2.7mmol/L，但在产蛋的雌禽比雄禽和未成熟的雌禽要高 2～3 倍。成年鸡的血浆无机磷含量为 1.9～2.6mmol/L。

二、血细胞

禽类的血细胞分为红细胞、白细胞和凝血细胞。

1. 红细胞

红细胞为有核、椭圆形的细胞。其体积比哺乳动物的大，但数目较少，细胞计数在 $(2.5\sim4.0)\times10^{12}$ 个/L，一般雄性（除鹅和雄鸡外）的数目较多（表 14-2）。

表 14-2　几种家禽红细胞数目和血红蛋白含量

种别	性别	红细胞/($\times10^{12}$个/L)	血红蛋白/(g/L)	种别	性别	红细胞/($\times10^{12}$个/L)	血红蛋白/(g/L)
鸡	雄	3.8	117.6	鸽	雄	4.0	159.7
	雌	3.0	91.1		雌	2.2	147.2
北京鸭	雄	2.7	142.0	火鸡	雄	2.2	125.0～140.0
	雌	2.5	127.0		雌	2.4	132.0
鹅		2.7	149.0	鹌鹑	雌	3.8	146.0

红细胞在全血中的容积百分比受年龄、性别、激素、缺氧等因素的影响。把雄激素投给鸡和鹌鹑，可使未成熟的雄性和雌性的红细胞增加。相反，给予雌激素则减少成年雄性的红细胞数目，但对去势和正常两性鹅的红细胞数目，雄激素都没有明显影响，而雌激素却有抑制红细胞生成的作用。红细胞数目的改变影响红细胞比容数值。

研究证明，血红蛋白分子中的血红素结构在所有家畜和家禽都完全相同。红细胞破坏后血红蛋白释放出来，进一步被分解为珠蛋白、铁和胆绿素。由于禽类（鸡的研究表明）肝脏中葡萄糖醛基转移酶水平很低，而且胆绿素还原酶很少，所以，禽类胆汁中的胆红素很少。

禽类红细胞在循环血液中生存期较短，鸡为 28～35d，鸭为 42d，鸽子为 35～45d，鹌鹑为 33～35d。禽类红细胞生存时间短与其体温和代谢率较高有关。

2. 白细胞

禽类白细胞包括有颗粒白细胞和无颗粒白细胞两类共五种。

（1）异嗜性粒细胞　又称假嗜酸颗粒白细胞，鸡的这种细胞为圆形，胞质中分布有暗红色嗜酸性杆状或纺锤状颗粒，这种细胞具有活跃的吞噬能力。

（2）嗜酸粒细胞　这种细胞在血液中较少，禽类患寄生虫病时，其数目明显增加。

（3）嗜碱粒细胞　细胞质中含有大而明显的嗜碱性颗粒。血液中嗜碱粒细胞很少，约占白细胞总数的 2%左右。

（4）淋巴细胞　禽类血液中淋巴细胞占白细胞总数的 40%～70%。细胞呈球形。淋巴细胞可分为大淋巴细胞和小淋巴细胞。家禽的淋巴样细胞来自骨髓，它迁移到胸腺后可分化生成 T 淋巴细胞（T 细胞），迁移到泄殖腔背侧的法氏囊后，可分化产生 B 淋巴细胞（B 细胞）。T 细胞和 B 细胞再转移到淋巴结，当抗原侵入淋巴结时，与 T 细胞特异性受体结合，使 T 细胞分裂，产生特异性效应细胞（免疫小淋巴细胞），具有免疫功能。当抗原侵入淋巴结，与 B 细胞特异性受体结合时，B 细胞增殖、分化出能产生抗体的浆细胞，浆细胞产生的抗体也具有免疫功能。因此，淋巴细胞具有细胞免疫和体液免疫两种免疫能力。

（5）单核细胞　这种细胞是血液中体积最大的细胞，直径平均为 12μm，最大可达 20μm。这种细胞有趋化性和一定的吞噬能力，可形成巨噬细胞。

白细胞总数在大多数禽类为（20～30）$\times 10^9$ 个/L，其中淋巴细胞的比例最高。各类白细胞在血液中的数目和百分比随禽种类不同而不同（表 14-3）。

表 14-3　禽类血液白细胞总数和分类比例

种别	性别	数目/($\times 10^9$ 个/L)	分类/%				
			异嗜性粒细胞	嗜酸粒细胞	嗜碱粒细胞	淋巴细胞	单核细胞
鸡	雄	16.6	25.8	1.4	2.4	64.0	6.4
	雌	29.4	13.3	2.5	2.4	76.1	7.57
北京鸭	雄	24.0	52.0	9.9	3.1	31.0	3.7
	雌	26.0	32.0	10.2	3.3	47.0	6.9
鹅		18.2	50.0	4.0	2.0	36.2	8.0
鸽		13.0	23.0	2.2	2.6	65.6	6.6
鹌鹑	雄	19.7	20.8	2.5	0.4	73.6	2.7
	雌	23.1	21.8	4.3	0.2	71.6	2.7

幼年鸡较成年鸡的白细胞总数低。室外饲养的鸡较室内笼养鸡白细胞总数多。禽类和哺乳动物一样，一些疾病会使白细胞总数增加或减少以及百分比改变。例如鸡患白痢和伤寒时，白细胞增多，尤其单核细胞明显增多。结核菌在鸡体内引起异嗜性粒细胞增多而淋巴细胞减少。

3. 凝血细胞

禽类的凝血细胞（thrombocyte）相当于哺乳动物的血小板，参与凝血过程。凝血细胞比红细胞数量少。在每升血液中，鸡约为 26.0×10^9 个，滨白鸡为 31.0×10^9 个，鸭为 30.7×10^9 个。细胞呈椭圆形，细胞浆中央有一个圆形的核。凝血细胞内含有较多的 5-羟色胺（5-HT），当组织受损时，5-HT 可引起损伤部位的血管收缩。

三、血液凝固

禽类血液凝固较为迅速，如鸡全血凝固时间平均为 4.5min。血凝的根本变化是可溶性纤维蛋白原转变为不溶性纤维蛋白。一般认为禽血液中存在有与哺乳动物相似的凝血因子，但有人认为禽类血浆中缺乏Ⅸ和Ⅻ两个因子，鸡的凝血因子Ⅴ和Ⅶ很少甚至没有。肝素对鸡血液有很好的抗凝效果。

第二节　循环生理

禽类血液循环系统进化水平较高，主要表现在：动静脉完全分开，完全的双循环，心脏容量大，心跳频率快，动脉血压高和血液循环速度快。

一、心脏生理

禽类心脏和哺乳类一样，也分为左、右心房和左、右心室四个部分，通过心脏的节律性收缩和舒张活动，推动血液循环。

1. 心率

禽类的心率比哺乳动物高（表 14-4）。

幼禽心率较高，随年龄的增加心率有下降趋势。公鸡的心率比母鸡和阉鸡低，但鸭和鸽的心率性别差异不显著。禽类的心率晚上很低，随光照和运动而增加。

表 14-4 几种家禽的心率 次/min

种别	年龄	性别	心率	种别	年龄	性别	心率
鸡	7 周	雄	422	鹅	成年		200
		雌	435	鸭	4 月	雄	194
	13 周	雄	367			雌	190
		雌	391		12～13	雄	189
	22 周	雄	302			雌	175
		雌	357	鸽	成年	雄	202
		阉	350			雌	208

2. 心输出量

禽类心输出量和性别有关。按每千克体重计，母鸡的心输出量较大。公鸡的心输出量大于母鸡。环境温度、运动和代谢状况对心输出量有显著影响。短期的热刺激，能使心输出量增加，但血压降低。急冷，也可引起心输出量增加，血压升高。鸡在热环境中生活 3～4 周后发生适应性变化，心输出量不是增加而是明显减少。鸭潜水后比潜水前心输出量明显下降。

二、血管生理

禽类血液在动脉、毛细血管和静脉内流动的规律和哺乳动物的相同。

1. 血压

禽类血压因禽种、性别、年龄而有差异。成年公鸡的收缩压为 25.3kPa（190mmHg），舒张压为 20.0kPa（150mmHg），脉压为 5.3kPa（40mmHg）。鸡血压性别差异自 10～13 周龄时开始显现，原因可能与性激素有关。实验表明，成年公鸡用雌激素后，血压降到接近正常母鸡水平。鸡血压还随年龄增大而增高，如从 10～14 个月到 42～54 个月的阶段，血压明显上升。鸡的血压受季节的影响，随着季节转暖，血压有下降的趋势。这种血压的季节性变化，主要是环境温度的作用，而与光照变化无关。据观察，习惯于高温的鸡，其血压明显低于生活在寒冷环境下的鸡。

血压和心率之间没有明显关系，虽然同种之间（如家鸡和火鸡）血压存在相当大的变异，可心率变化不大。雄性鸡与雌性鸡相比，血压较高但心率较慢。

2. 血液循环时间

禽类血液循环时间比哺乳动物短。鸡血液流经体循环和肺循环一周所需时间为 2.8s，鸭为 2～3s，潜水时血流速度明显减慢，循环时间增至 9s。

3. 器官血流量

单位时间内流过某一器官的血流量与该器官的功能活动强度以及代谢水平有关。鸡的实验表明，母鸡生殖器官的血流量占心输出量的 15%以上。比例较高的还有肾、肝和十二指肠。

4. 组织液的生成和回流

血液流经毛细血管时，经过物质交换，部分血浆、水分和其他物质进入组织间隙，生成组织液。少量组织液进入淋巴管成为淋巴液。家禽体内淋巴管丰富，在组织内分布成网，毛细淋巴管逐渐汇合成较大的淋巴管，然后汇合成一对胸导管，最后开口于左、右前腔静脉。

三、心血管活动的调节

禽类心脏受迷走神经和交感神经支配。与哺乳动物不同的是，禽类在安静情况下，迷走神经和交感神经对心脏的调节作用比较平衡；而在哺乳动物，迷走神经对心脏产生经常持久的抑制作用，呈明显的“迷走紧张”状态，交感神经的促进作用较弱。

禽体大部分血管接受交感神经支配，调节禽类心脏和血管的基本中枢位于延髓。

与哺乳动物相比，禽类的颈动脉窦和颈动脉体位置低得多，恰在甲状旁腺后面，颈总动脉起点处，锁骨动脉根部前方。虽然压力感受器和化学感受器参与血压调节，但敏感性较差，调节作用似乎不重要。

激素等化学物质对心血管的作用大体与哺乳动物的情况相同。肾上腺素和去甲肾上腺素可使鸡血压升高。催产素对哺乳动物的作用使血管收缩，血压上升，但对鸡却是起降低血压的作用，可能是血管舒张的结果。有资料报道，禽类血液中5-羟色胺和组胺水平比哺乳动物高，给鸡注射组胺或5-羟色胺，可使血压明显下降。

第三节　呼吸生理

禽类呼吸过程和哺乳动物一样，包括肺的通气、气体在肺和组织中的交换以及气体在血液中的运输。禽类呼吸系统由呼吸道和肺两部分构成。呼吸道包括鼻、咽、喉头、气管、鸣管、支气管及其分支、气囊及某些骨骼中的气腔（图14-1）。

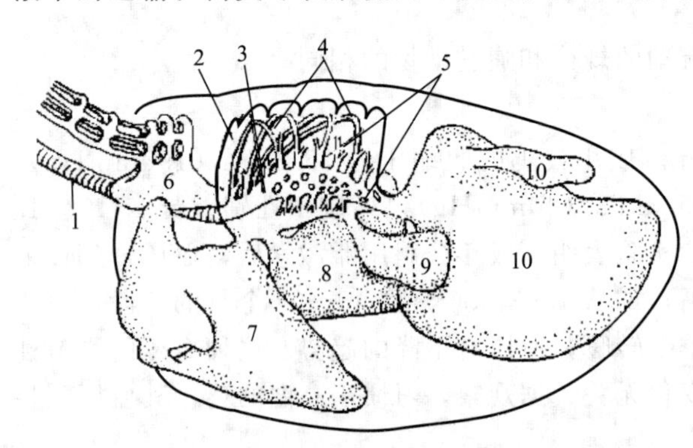

图14-1　禽类气囊模式图

1—气管；2—肺；3—初级支气管；4—三级支气管；5—次级支气管；6—颈气囊；7—锁骨间气囊；8—前胸气囊；9—后胸气囊；10—腹气囊和腹气囊的肾憩室

（1）鼻腔　禽类鼻腔较狭窄，鼻腔黏膜有黏液腺和丰富的血管，对吸入气体有加温和湿润作用。黏膜上有嗅神经分布，但禽类嗅觉不发达。

（2）喉　禽类喉没有会厌软骨和甲状软骨，也没有发声装置。禽类的发声器官是鸣管，在气管分叉为两支气管的地方。

（3）气管　禽类气管在肺内不分支成气管树，而是分支成1～4级支气管。各级支气管间互相连通。

（4）肺　约1/3嵌于肋间隙内。因此，扩张性不大。肺各部均与易于扩张的气囊直接通连。所以，肺部一旦发生炎症，易于蔓延，症状比哺乳动物严重。

一、呼吸运动

禽类没有像哺乳动物那样的膈肌，胸腔和腹腔仅由一层薄膜隔开，胸腔内的压力几乎与腹腔内完全相同，没有经常性负压存在。

禽类肺的弹性较差，被固定在肋骨间，打开胸腔后并不萎缩。呼吸主要通过强大的呼气肌和吸气肌的收缩来完成。吸气时胸腔容积加大，气囊容积也加大，肺受牵拉而稍微扩张，气囊内压力下降，气体即进入肺，再由肺进入气囊。呼气肌收缩时则发生相反的过程。

禽类气管系统分支复杂，毛细气管壁上有许多膨大部，叫肺房，是气体交换的场所。气体通过各级支气管进入气囊。根据研究，禽类呼吸时，吸气和呼气时均有气体进入气囊并通过肺部交换区，所以，无论是吸气过程或呼气过程都在肺部进行气体交换，提高了呼吸效率。

每次吸入或呼出的气量，称为潮气量。鸡约为15～30mL，鸭约为38mL左右。每分钟肺通气量在莱航鸡为550～650mL，芦花鸡约337mL。由于禽类气囊的存在，呼吸器官的容积明显增加。据测定鸡达300～500mL，鸭约为530mL，因此，每次呼吸的潮气量仅占全部气囊容量的8%～15%。

禽类的呼吸频率变化比较大，它取决于体格大小、种类、性别、年龄、兴奋状态及其他因素。通常体格越小，呼吸频率越高。禽类呼吸频率见表14-5。

表14-5 几种家禽的呼吸频率 次/min

性别	鸡	鸭	鹅	火鸡	鸽
雄	12～20	42	20	28	25～30
雌	20～36	110	40	49	25～30

气囊是禽类特有的器官，是肺的衍生物。禽类一般有9个气囊，其中包括一个不成对的锁骨气囊、一对颈气囊、一对前胸气囊、一对后胸气囊和一对腹囊。这些气囊充满于腹腔内脏和体壁之间。气囊和支气管及肺相通。气囊的容积很大，占全部呼吸器官总容积的85%～90%，较肺容积大5～7倍。

禽类的气囊除了作为空气储存库外，还有下列许多重要功能：①气囊内空气在吸气和呼气时均通过肺，从而增加了肺通气量，适应于禽体旺盛的新陈代谢需要。②储存空气，便于潜水时在不呼吸情况下，仍旧能利用气囊内的气体在肺内进行气体交换。③气囊的位置都偏向身体背侧，飞行时有利于调节身体重心，对水禽来说，有利于在水上漂浮。④依靠气囊的强烈通气作用和广大的蒸发表面，能有效地发散体热，协助调节体温。

但是，由于气囊的血管分布较少，因此不进行气体交换。

二、气体交换与运输

禽类支气管在肺内不形成支气管树。支气管在肺内为一级支气管，然后分支形成二级和三级支气管，三级支气管又叫副支气管，各级支气管互相连通。副支气管的管壁呈辐射状的分出大漏斗状微管道，并反复分支形成毛细气管网，在这些毛细气管的管壁上有许多膨大部，即肺房，相当于家畜的肺泡。同时，由副支气管动脉分支形成毛细血管并与毛细气管紧密接触，形成很大的气体交换面积，按肺每单位体积的交换面积计算，比家畜至少大10倍，按每克体重计算，母鸡交换面积达17.9cm^2，鸽高达40.3cm^2。

气体交换的动力也是动静脉血液中氧和二氧化碳的分压差。鸡的静脉血氧分压约为6.7kPa（50mmHg），肺和气囊中为12.5kPa（94mmHg），于是氧从肺进入血液，血液离开肺时即成为含氧丰富的动脉血。

禽类气体在血液中的运输方式基本上与哺乳动物的相同，只是前者氧离曲线偏右，表明在相同氧分压条件下，血氧饱和度比哺乳动物小，即血红蛋白易于释放氧，以供组织利用。

三、呼吸运动的调节

禽类呼吸中枢位于脑桥和延髓的前部。与哺乳动物相似，延髓是禽类呼吸的基本中枢。从脑桥的紧靠后部切除脑时，呼吸完全停止，刺激上述部位时则可兴奋呼吸。中脑前部背区有喘气中枢，刺激时出现浅快的急促呼吸。在丘脑圆核附近还有抑制中枢，刺激时引起呼吸变慢。

有实验证明，禽类肺和气囊壁上存在有牵张感受器，感受肺扩张的刺激，经迷走神经传入中枢，引起呼吸变慢，所以在禽类，肺牵张反射也可以调整呼吸深度，维持适当的呼吸频率。

血液中的二氧化碳和氧含量对呼吸运动有显著的影响。肺内存在二氧化碳感受系统，还有颈动脉体化学感受器。血液中 CO_2 分压上升时，这些感受器兴奋，所产生的冲动沿迷走神经传入，可兴奋呼吸。缺氧使呼吸中枢抑制，但可通过外周化学感受器兴奋呼吸。切断鸡两侧迷走神经可以消除或显著降低缺氧引起的呼吸频率增加。鸡在热环境中发生热喘呼吸，常使副支气管区的通气显著加大，并导致严重的 CO_2 分压过低，甚至造成呼吸性碱中毒。

第四节 消 化

禽类的消化器官包括喙、口腔、唾液腺、食管、嗉囊、腺胃、肌胃、小肠、大肠（盲肠、直肠）和泄殖腔，以及肝脏和胰腺。可见家禽的消化器官在某些方面与家畜明显不同。禽类消化器官的特点是没有牙齿而有嗉囊和肌胃，没有结肠而有两条发达的盲肠。肝脏和胰腺在消化系统中所占的比例也明显高于家畜（图 14-2）。

一、口腔及嗉囊内的消化

1. 口腔内的消化

家禽由于嗅觉和味觉不发达，寻找食物主要依靠触觉和视觉。家禽主要采食器官是角质化的喙。鸡喙为锥形，便于啄食谷粒；鸭和鹅的喙扁而长，边缘呈锯齿状互相嵌合，便于水中采食。

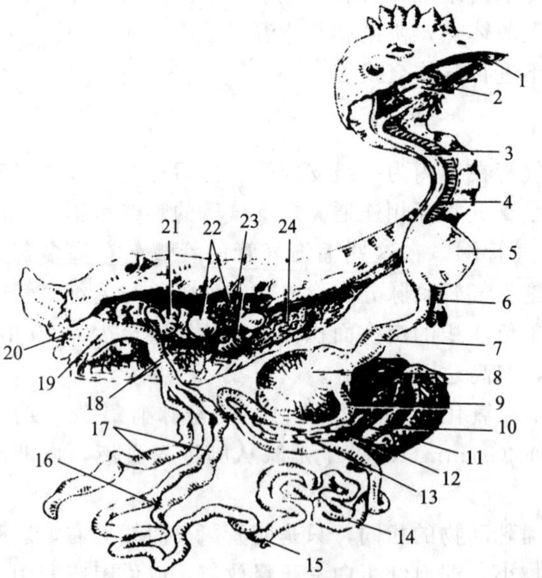

家禽口腔内无牙齿，采食不经过咀嚼，食物进入口腔后依靠舌的运动迅速咽下。口腔壁和咽壁分布有丰富的唾液腺，其导管开口于口腔黏膜，主要分泌黏液。在吞咽时有润滑食物的作用，便于咽下。唾液中含有微量的淀粉酶。成年鸡一昼夜分泌唾液平均为 12mL，分泌量的变化范围在 7～25mL。唾液呈弱酸性反应，平均 pH 值为 6.75。

家禽的食管相对长且直径大并易扩张，便于未咀嚼的食物通过，吞咽食物和水时，主要靠抬头伸颈，借助食物和水的重力以及食管内的负压，送入嗉囊。

图 14-2 鸡的消化器官

1—口腔；2—咽；3—食管；4—气管；5—嗉囊；6—鸣管；7—腺胃；8—肌胃；9—十二指肠；10—胆囊；11—肝肠管和胆囊肠管；12—胰管；13—胰腺；14—空肠；15—卵黄囊憩室；16—回肠；17—盲肠；18—直肠；19—泄殖腔；20—肛门；21—输卵管；22—卵巢；23—心；24—肺

2. 嗉囊内的消化

嗉囊是食管的扩大部分，位于颈部和胸部交界处的腹面皮下。鸡的嗉囊发达，鸭和鹅没有真正的嗉囊，只在食管颈段形成一纺锤形扩大部，还有的食虫禽类嗉囊不发达或没有。嗉囊壁的结构与食管相似，黏膜也由外纵肌层和内环肌层组成，进行收缩和运动。嗉囊的主要功能是储存、润湿和软化食物。唾液淀粉酶、食物中的酶和某些细菌都可能在嗉囊内对淀粉进行消化，嗉囊内食物常呈酸性，平均pH值在5.0左右。

嗉囊内的环境适于微生物生长繁殖，其中乳酸菌占优势。微生物主要对饲料中的糖类进行发酵分解，产生有机酸，这些有机酸只有小部分可在嗉囊内被吸收，大部分随食物至下段消化道再被吸收。

家禽进食时，咽下的食物有一部分经过嗉囊时并不停留而直接进入腺胃，另一部分则停留在嗉囊内。这一过程取决于胃的充盈程度和收缩状态。食物在嗉囊停留的时间取决于食物的性质、数量和饥饿程度，一般停留的时间约2h，最长可达16h左右。嗉囊内的食物依靠嗉囊肌的蠕动而进入腺胃，胃空虚时发出的神经冲动引起嗉囊收缩和排空；而胃充盈时则产生抑制作用。嗉囊受迷走神经和交感神经支配，切断两侧迷走神经则嗉囊肌肉麻痹，运动减弱或者消失，刺激迷走神经则嗉囊强烈收缩，食物排放加快。刺激交感神经对嗉囊和食管的影响不明显。

切除嗉囊对家禽的消化功能有不良影响，切除嗉囊的鸡采食量明显减少，消化率降低，一些食物未经消化就随粪便排出。

鸽（雌和雄）在育雏期间，嗉囊能分泌一种乳白色液体叫嗉囊乳，它含有大量蛋白质、脂肪、无机盐、淀粉酶和蔗糖等。鸽能逆呕出这种液体，用以哺育20d以内的幼鸽。

二、胃内的消化

1. 腺胃内的消化

禽类的腺胃或称前胃容积小，呈纺锤形，前端与下段食管和嗉囊相连，后面与肌胃相通。腺胃的壁厚，腺体主要位于黏膜层内。黏膜内有30～40个大型腺体。腺胃相当于哺乳动物胃的前半部，有2种类型的细胞，而不是像哺乳动物那样具有三种类型。一种是分泌黏液的黏液细胞；另一种是分泌黏液、HCl和胃蛋白酶原的细胞，这些细胞构成了复腺。禽类的胃液呈连续性分泌，鸡的分泌量大约是8.8mL/(kg·h)，显著高于哺乳动物。同时，酶的浓度较高，而胃蛋白酶浓度每毫升胃液的单位数比多数哺乳动物低，但按每千克·每小时计，胃蛋白酶分泌量却比哺乳动物高。胃液的pH值波动范围在0.5～2.5。

腺胃较小，食物通过腺胃的蠕动，迅速进入肌胃，食物一般不在腺胃内停留，也不进行消化。腺胃的生理功能是分泌胃液，胃液随食物进入肌胃，在肌胃和十二指肠内发挥作用。

腺胃分泌受神经和体液因素的调节。刺激迷走神经或注射乙酰胆碱、毛果芸香碱等引起胃液分泌量和胃蛋白酶含量增加，而刺激交感神经则引起少量分泌。

许多体液因素影响禽类的胃液分泌，禽类幽门区有G细胞，可分泌胃泌素。它影响腺胃的分泌活动。胃泌素与促胰酶素在化学结构上相似并具有相似的生物活性。在哺乳动物，胃泌素主要促进胃液分泌，促胰酶素主要促进胰腺和肝的分泌活动。在禽类，促胰酶素具有较强的刺激胃酸分泌的作用。在禽类由于幽门区含G细胞少，促胰酶素可能起到弥补胃泌素的作用，以维持胃分泌活动的适当水平。蛙皮素、胰多肽对胃液分泌都有一定的刺激作用。组胺和五肽胃泌素对胃液分泌也有影响。

消化道中的食物、饮水量、麻醉、兴奋和某些药物等因素均可影响胃液分泌。饥饿或禁食12～24h，鸡和鸭的胃液分泌减少。

2. 肌胃内的消化

肌胃呈扁圆形的双凸透镜状，主要由坚厚的平滑肌构成，它是禽类体内非常发达的特殊器官。肌胃平滑肌含有较丰富的肌红蛋白，呈深红色，肌纤维与腱膜相连。肌胃黏膜中有许多小腺体，能分泌可迅速硬化的胶样分泌物，覆盖在黏膜表面，形成一层坚硬的角质膜，并具有粗糙的摩擦面。角质膜的作用是保护胃壁在研磨坚硬饲料时不受损伤。肌胃进行消化活动时，角质膜不断因磨损而消失，也不断由腺体分泌而补充。角质膜的坚硬程度与饲料性质密切相关，粗硬饲料引起腺体分泌增强，形成较坚硬的角质膜。肌胃不分泌具有消化作用的胃液。

肌胃的主要功能是对饲料进行机械性磨碎，同时使饲料与腺胃分泌液混合，进行化学性消化。家禽没有牙齿，饲料的磨碎主要在肌胃内进行。摄食谷类的家禽，肌胃特别发达，适合于谷类等较坚硬食物的磨碎。肌胃内常保持一定数量的小沙砾或其他坚硬的小颗粒，借以增强磨碎食物的作用，小沙砾对消化并非必需，但缺乏时，将使坚硬饲料的消化时间延长，消化率降低。

肌胃内容物比较干燥，含水量平均占44.4%，pH值约为2～3.5，适于胃蛋白酶的水解作用。肌胃的收缩具有自动节律性，平均每20～30s收缩一次。饥饿时收缩节律变慢，但持续时间延长；进食时，收缩节律加速。肌胃收缩时在胃腔内形成很高的压力，据测定，鸡为18.6kPa（140mmHg），鸭为23.9kPa（180mmHg），鹅为35.2kPa（265mmHg），这样高的压力不但能有效地磨碎坚硬饲料，而且使贝类等外壳被压碎，甚至金属小管也可能被捻转扭曲。

肌胃主要接受迷走神经纤维的支配。刺激迷走神经，肌胃收缩增强，刺激交感神经使运动减弱。

三、小肠内的消化

小肠是家禽进行化学消化的主要场所，也是营养物质吸收的主要部位。家禽的小肠前接肌胃，后连大肠。全部肠壁都有肠腺，全部肠黏膜也都有绒毛。家禽的肠道相对较短，鸡的体长与肠长之比大约只有1∶4.7，食物在消化道内停留的时间也比哺乳动物短，一般不超过一昼夜，但家禽肠内的消化活动进行得比家畜强烈。家禽在小肠内的消化过程基本与哺乳动物相似。

1. 胰液的分泌

胰液通过2条（鸭、鹅）至3条（鸡）胰导管输入十二指肠，胰液的性状、组成及消化酶种类与哺乳动物的相似。家禽的胰腺相对比家畜大得多，这表明小肠内的消化过程进行得很强烈。

鸡的胰液分泌是连续的。平时分泌水平稍低，仅为0.4～0.8mL/h。饲喂后第1h内的分泌水平可增至3mL/h，持续9～10h后，逐渐恢复至原来的水平。

胰液分泌的调节与哺乳动物基本相同，包括神经和激素的作用。迷走神经与胰液分泌的关系尚无直接证明，在禁食的鸡采食后胰液立即开始分泌，如果切断支配胰腺的迷走神经，尽管胰液分泌量最终也升高，但并不立即分泌。这种现象说明迷走神经影响着胰液的分泌。在禽类，促胰液素是主要体液刺激因素。

2. 胆汁的分泌

禽类的肝脏连续不断地分泌胆汁。鸡在不进食期间，由肝脏分泌的胆汁一部分流入胆囊储存、浓缩，另有少量直接经肝胆管流入小肠，进食时胆囊胆汁和肝胆汁流入小肠显著增加，持续3～4h。切断迷走神经后上述现象消失，表明家禽的胆汁分泌与排出受神经反射性调节。鸡的小肠提取物能产生像哺乳动物的缩胆囊素的作用。在禽类的十二指肠和空肠已发现产生缩胆囊素细胞，这种激素的作用主要是在采食后引起胆汁从胆囊中排出。然而，有人认为禽血管活性肠肽也刺激胆汁分泌，蛙皮素可刺激胆囊收缩。因此，缩胆囊素并非唯一的刺激胆汁排放的因素。

禽类胆汁呈酸性（在鸡 pH 值 5.88、在鸭 pH 值 6.14），含有淀粉酶。胆汁中所含的胆汁酸主要是鹅胆酸、少量的胆酸和异胆酸，缺少脱氧胆酸。鹅胆酸和胆酸分别与牛磺酸结合形成结合胆酸。胆色素主要是胆绿素，胆红素很少，胆色素随粪便排出，而胆盐大部分被重吸收，再由肠-肝循环促进胆汁分泌。

3. 小肠液的分泌和作用

禽类的小肠黏膜分布有肠腺，鸡缺乏十二指肠腺。但在某些禽类则可能存在与哺乳动物的十二指肠腺相同或类似的管状腺。肠腺分泌弱酸性至弱碱性的肠液，其中含有黏液、蛋白酶、淀粉酶、脂肪酶和双糖酶。成年鸡肠液的基本分泌率平均约为 1.1mL/h，机械刺激和给予促胰液素引起分泌率显著增加，刺激迷走神经和注射毛果芸香碱引起浓稠肠液的分泌，但对分泌率的影响却很小。

4. 小肠运动

禽类的小肠有蠕动和分节运动两种基本类型。逆蠕动比较明显；常使食糜往返于肠段之间，甚至可逆流入肌胃。小肠运动的作用与哺乳动物相同。

小肠运动受神经、体液、机械刺激和胃运动的影响。

四、大肠内的消化

禽类的大肠包括两条盲肠和一条直肠。直肠末端开口于泄殖腔。泄殖腔内由 4 个彼此以孔道相连的部分组成。直肠开口于肠管的延续部分叫粪道；粪道以后是泄殖腔、输尿管和输精管（或输卵管）开口；泄殖腔以后就是与肛门相连的扩张部叫原肛；泄殖腔的第四部分是一个盲囊，叫腔上囊，它是激活 B 淋巴细胞的重要器官，由一个狭窄的孔道与原肛相通。

食糜经小肠消化后，一部分可进入盲肠，其他进入直肠，开始大肠消化。

大肠的消化主要是在盲肠内进行的。饲料中的粗纤维素在盲肠内进行微生物的发酵分解，此过程尤其是对食草禽类更为重要。盲肠内 pH 值在 6.5～7.5，有严格的厌氧条件，食糜在盲肠内停留时间较长，一般为 6～8h，这些条件都适宜于微生物的生长繁殖。微生物主要是革兰阴性杆菌。微生物将纤维素分解为挥发性脂肪酸，其中以乙酸的比例为最高，其次是丙酸和丁酸，还有少量的高级脂肪酸。这些有机酸可在盲肠内被吸收，在肝脏内进行代谢。另外，盲肠内还产生 CO_2 和 CH_4 等气体。

在盲肠内的细菌还能分解饲料中的蛋白质和氨基酸，产生氨，并能利用非蛋白氮合成菌体蛋白质，还能合成 B 族维生素和维生素 K 等。

盲肠也有蠕动和逆蠕动，盲肠的蠕动从小肠交接处开始，到达盲肠的盲端；而逆蠕动则开始于盲肠尖端，止于前端。食糜可以从直肠逆流入盲肠，但不进入小肠，由此推断此时回盲括约肌是关闭的。

盲肠内容物是均质和腐败状的，一般呈黑褐色，这是与直肠粪便的不同点。

家禽的直肠较短，直肠的主要功能是吸收食糜中的水分和盐类，最后形成粪便进入泄殖腔，与尿混合后排出体外。

五、吸收

家禽对营养成分的吸收与哺乳动物基本相似，主要通过小肠绒毛进行。禽类的小肠黏膜形成"乙"字形横皱襞，因而扩大了食糜与肠壁的接触面积，延长食糜通过的时间，使营养物质被充分吸收。

1. 碳水化合物的吸收

碳水化合物主要在小肠上段被吸收，特别是当食物中的碳水化合物是六碳糖时更如此。由淀粉分解产生的葡萄糖的吸收慢于直接来自饲料中的葡萄糖，因为当食糜进入空肠下段时，仅有60%的淀粉被消化。D-葡萄糖、D-半乳糖、D-木糖、3-甲基葡萄糖、D-甲基葡萄糖和D-果糖都以主动转运方式被吸收。糖主动吸收的机理与哺乳动物相似，也是通过同向协同转运系统。值得一提的是，食物的抑制因子、禽类的年龄以及小肠的pH值均影响糖类的吸收。

2. 蛋白质分解产物的吸收

蛋白质的分解产物大部分以小分子肽的形式进入小肠上皮刷状缘，然后再分解成氨基酸而被吸收。外源性蛋白质水解成的氨基酸大部分在回肠前段吸收，而内源性蛋白质的分解产物则大部分在回肠后段吸收。家禽小肠上皮中已发现有分别吸收中性、碱性和酸性氨基酸的载体系统。中性氨基酸载体系统转运的氨基酸，彼此之间有竞争性抑制现象。有些氨基酸能同时通过两种不同的方式吸收。氨基酸的吸收速度不是取决于分子量的大小，而是由极性或非极性侧链所决定的，具有非极性侧链的氨基酸吸收的速度比有极性侧链的氨基酸快。大多数氨基酸是以主动方式被吸收。

3. 脂肪的吸收

脂肪一般需要分解为脂肪酸、甘油或甘油一酯、甘油二酯后被吸收。脂类的消化终产物大部分在回肠上段吸收。由于禽类肠道的淋巴系统不发达，绒毛中没有中央乳糜管，因此脂肪的吸收不像哺乳动物那样通过淋巴途径，而是直接进入血液。

胆酸的重吸收也主要发生在回肠后段。分泌的胆酸大约93%被小肠吸收。小鸡吃生大豆能明显地抑制脂肪的吸收。

4. 水和无机盐的吸收

禽类主要在小肠和大肠吸收水分和盐类，嗉囊、腺胃、肌胃和泄殖腔也有少许吸收作用。

各种盐类的吸收除受口粮中含量的影响外，还受其他因素的影响。钙的吸收受1,25-二羟维生素D_3、钙结合蛋白的影响。用维生素D处理维生素D缺乏的鸡可增加磷的吸收。产蛋鸡对铁的吸收高于非产蛋鸡和成年公鸡。非产蛋鸡与成年公鸡无差异。

第五节 能量代谢和体温

一、能量代谢及其影响因素

1. 能量代谢

禽类的能量代谢基本同于哺乳动物，能量来源于饲料中的化学潜能。采食饲料中的总能，除去粪、尿和食物特殊动力作用消耗的能量外，其余70%～90%的能量用于维持生命的基本活动和生长、产蛋和肌肉做功。

测定禽类基础代谢时，要求条件为处于清醒、安静、饥饿48h状态，环境温度保持在20～30℃。基础代谢水平通常用每千克体重或每平方米体表面积在1h内的产热量来表示。几种家禽的基础代谢率见表14-6。

表 14-6　几种家禽的基础代谢率

种别	体重/kg	代谢率/[kJ/(kg·h)]	种别	体重/kg	代谢率/[kJ/(kg·h)]
鸡	2.0	20.9	火鸡	2.0	20.9
鹅	5.0	23.4	鸽	0.3	502.4

生产中还常用代谢体重来计算能量代谢率。

$$Q=KW^{0.75}$$

式中，Q 为静止能量代谢率，kJ/(kg·d)；K 为常数；W 为身体质量，kg；0.75 为指数，便于计算。

2. 影响能量代谢的因素

(1) 年龄　刚孵出的雏鸡代谢率比成年鸡低，孵出后头 1 个月代谢率增高并超过成年鸡，然后再逐渐下降到成年鸡水平。

(2) 性别与繁殖活动　成年公鸡的基础代谢率以单位体表面积计算，较母鸡高 6%～13%。产蛋时母鸡的代谢水平上升。

(3) 食物的特殊动力作用　又称热增耗。动物进食后，尽管仍处于安静状态，其产热量有“额外”增加的现象。食物的特殊动力作用与营养水平和日粮组成有关，其 80%热量产生在内脏器官。

(4) 温度　环境温度对能量代谢有显著影响。环境温度低，代谢率增加，用于维持需要的能量增加。有试验表明，环境温度升高 1℃，饲料消耗减少 1.6%，但高于 29.5℃时，产蛋性能下降。

(5) 换羽　鸡在换羽期间，能量代谢水平最高，较平时增加 45%～50%。

(6) 昼夜节律　禽类的能量代谢水平呈现明显的昼夜变化。成年鸡通常在 8 时左右最高，20 时左右最低，夜间的产热水平降低 18%～30.0%。

(7) 季节　一年内鸡的代谢水平，以春夏较高，秋冬较低。这种季节性变化与产蛋活动有关。

二、体温

1. 禽类的体温

家禽是恒温动物，其深部体温比哺乳动物高。测量家禽体温，可用温度计插入直肠内测定，近年来有用无线电遥测技术测定禽类体温。不同禽类的体温见表 14-7。

表 14-7　几种成年家禽直肠温度

种别	正常范围/℃	种别	正常范围/℃	种别	正常范围/℃
鸡	40.5～42.0	鹅	40.0～41.0	鸽	41.3～42.2
鸭	41.0～43.0	火鸡	41.0		

体温的生理性波动除了与禽体大小有关外，还有下列因素可影响体温。

(1) 环境温度　在一般环境温度条件下，家禽的体温能够维持相对恒定。不过高温气候时，由于蒸发散热不足，可使体温升高。而在低温时，由于战栗性产热增加，也可使深部体温上升。雏鸡的体温调节能力较差，过热和受冷将引起体温波动。

(2) 昼夜生理节律　大多数禽类的体温有明显的昼夜波动。以成年鸡为例，体温以零时最低（40.3℃），17 时左右最高（41.6℃），昼夜温差可达 1℃。这表明禽类体温的昼夜波动与禽类的活动和光照有关。如果是夜间活动的禽类，它们的最高体温发生在环境温度低的午夜，而不是白天。这说明禽类体温的昼夜节律变化主要是和活动有关。

2. 禽类的产热和散热

禽类主要的体热来源是肝脏和骨骼肌。环境温度在适当范围内，代谢水平基本稳定，鸡的等热区为16～28℃；火鸡为20～28℃；鹅为18～25℃。生理状况对等热区有很大影响。以鸡为例，初生雏为33～35℃；1周龄时为30～33℃；2周龄时为27～30℃。

羽毛和群集对等热区温度有明显影响。

3. 体温调节

家禽的体温调节中枢位于下丘脑前部-视前区。中枢接收来自温度感受器的信息。禽类的喙部和腰部存在感受器。脊髓和脑干中存在对温度敏感的神经元，它们是中枢温度感受器。当环境温度改变或禽体深部温度变化时，这些温度监测装置就向体温调节中枢传递信息，然后引起体温反应。如果环境温度超过临界水平上限，禽类表现为站立，双翅下垂，这样可降低羽毛的绝热效能；腿部、冠和肉垂血管舒张；有的甚至表现呼吸加快，张口热喘以加强散热。在低温情况下，表现羽毛蓬松，以增加绝热效应；伏坐并藏头于翼下，以防裸露部位散热过多。此时，肢体周期性地血流增加（冷时血管舒张）以避免冻伤。

研究表明，体温调节中枢的神经递质可能主要是5-羟色胺和去甲肾上腺素。5-羟色胺可能通过激活中枢神经的产热通路，使鸡体温升高，而去甲肾上腺素可激活散热通路或阻抑产热通路使鸡体温降低。但这两种物质从不同的哺乳动物实验看，其结果往往相反。

4. 家禽对环境温度变化的反应

（1）温度耐受性　家禽能耐受高温环境。气温高时，主要靠热喘呼吸来散发热量，所以空气湿度大就会妨碍蒸发散热。气温在27℃，母鸡直肠温度开始升高，呼吸频率增加：高于29.5℃时，蛋鸡产蛋性能明显受到影响；气温升到38℃时，鸡常常不能耐受。

（2）适应和风土驯化　禽类在寒冷环境或炎热条件下可表现风土驯化，以适应环境。冷环境中发生心率变慢、血流外周阻力增加，但随着风土驯化又逐渐恢复正常，与此同时，去甲肾上腺素和甲状腺素分泌增加，基础代谢升高，绝热装置改善。在炎热环境中，许多功能要进行调整，如体重减轻、呼吸频率增加、心跳加快和全身血流外周阻力减少，如驯化后这些反应就不明显。

第六节　排　　泄

禽类的泌尿器官由一对肾脏和两条输尿管组成，没有肾盂和膀胱。因此尿在肾脏内生成后经输尿管直接排入到泄殖腔，在泄殖腔与粪便一起排出体外（图14-3）。

一、尿生成的特点

禽类肾小球有效滤过压比哺乳动物低，约为1～2kPa（7.5～15mmHg）。因此，滤过作用不如哺乳动物重要。经肾小球滤过作用生成的原尿，在经过肾小管时，其中99%的水分、全部葡萄糖、部分氯、钠、碳酸氢盐以及其他血浆成分被重吸收。

禽类肾小管的分泌与排泄作用在尿生成过程中较为重要。禽类蛋白质代谢的主要终产物是尿酸，而不是尿素。尿酸氮可占尿中总氮量的60%～80%，这些尿酸90%左右是由肾小管分泌和排泄的。除此之外，还分泌和排泄马尿酸、鸟氨酸、对乙氨基苯甲酸、甲基葡萄糖苷酸和硫酸酚酯等。

二、尿的理化特性、组成和尿量

禽尿一般是淡黄色、浓稠状半流体，但有时饮水多可变为稀薄。pH值变动范围为

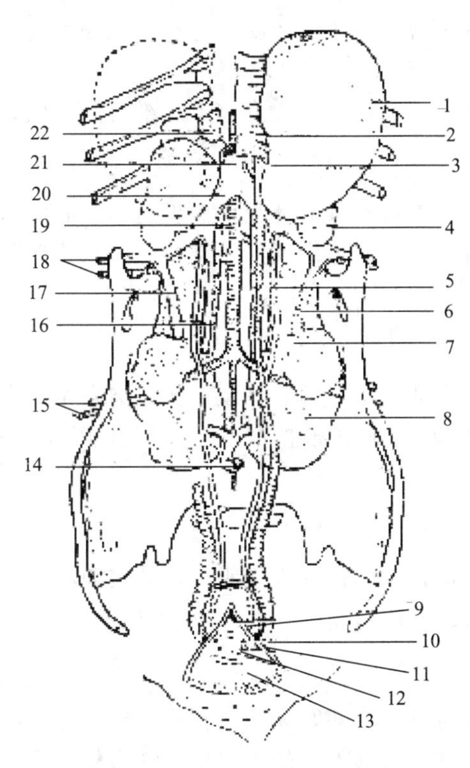

图 14-3 雄鸡的泌尿生殖系统

（右侧睾丸及部分输精管除去，泄殖腔剖开）

1—睾丸；2—睾丸系膜；3—附睾；4—肾的前叶；5—输精管；6—肾的中叶；7—输尿管；8—肾的后叶；9—粪道；10—输尿管口；11—射精管及口；12— 泄殖道；13—肛道；14—肠系膜后静脉；15—坐骨动脉及静脉；16—肾后静脉；17—肾门后静脉；18—股动脉及静脉；19—主动脉；20—髂总静脉；21—后腔静脉；22—右肾上腺

5.4～8.0。在产卵期，钙沉积形成蛋壳，尿呈碱性。pH 值约为 7.6。一般情况下，鸡的尿呈弱酸性，pH 值约为 6.2～6.7，尿比重为 1.0025，鸭的尿比重为 1.0018。尿生成后进入泄殖腔，在泄殖腔内可进行水的重吸收，所以渗透压较高。禽尿与哺乳动物尿在组成上的主要区别在于禽尿内尿酸含量多于尿素，肌酸含量多于肌酸酐。

禽类尿量少，成年鸡的昼夜排尿量约为 60～180mL。

第七节 神经系统

禽类的外周神经系统与哺乳动物基本相似。分为脑神经、脊神经和植物性神经。禽类粗大的神经相对的较少，因此，神经传导速度较慢。成年鸡为 50m/s（哺乳动物最快为 120m/s）。

脊神经支配皮肤感觉和肌肉运动，都具有较明显的节段性排列特点。

禽类的羽毛具有较复杂的平滑肌系统，其中有的使羽毛平伏，有的使羽毛竖起，二者又都可使羽毛旋转。平伏肌和竖毛肌均受交感神经支配，刺激交感神经可引起收缩，导致羽毛平伏或竖起。

一、脊髓

禽类的脊髓生理基本与哺乳动物相同。切断脊髓短期内发生脊震，切断部位以下所有反射消失，以后典型的保护性脊髓反射和维持禽体平衡的尾部运动反射相继出现，禽由于失去较高级中枢控制，不能保持正常的姿势。两腿反射运动可交替发生，但不能走路，两翅膀反射运动尚能协调，与正常时相似。

禽类脊髓的上行传导路径不发达，少数脊髓束纤维可达延髓，所以外周感觉较差。

二、延髓

禽类延髓发育良好，具有维持及调节呼吸、血管运动、心脏活动等生命活动的中枢。

延髓的前庭神经核除参与外眼肌运动反射，维持和恢复头部及躯体的正常姿势外，还与迷路联系，调节空间方位的平衡。

三、小脑

禽类的小脑相当发达，全部摘除小脑后，颈、腿肌肉发生痉挛，尾部紧张性增加，不能行走和飞翔。摘除一侧小脑则同侧腿部僵直。因此，禽类小脑与控制身体各部的肌紧张有关。

四、中脑

禽类视觉较其他动物发达，破坏视叶则失明，视叶表面有运动中枢，与哺乳动物前脑的运动中枢相同，刺激视叶引起同侧运动。

五、间脑

在禽类，丘脑以下部位与身体各部躯体神经相连，破坏丘脑引起屈肌紧张性增高。

丘脑下部与垂体紧密联系。丘脑下部的视上核和室旁核所产生的催产素沿神经细胞轴突运送到神经垂体储存，丘脑还控制着腺垂体的活动。丘脑下部存在体温中枢和营养中枢（包括饱中枢和摄食中枢）。破坏腹内侧的饱中枢，可引起鸡、鹅贪食变胖；反之，破坏外侧部的摄食中枢，会导致厌食，使禽类消瘦死亡。

六、前脑

禽类纹状体非常发达，而皮质相对较薄。切除前脑后，家禽仍可出现站立、抓握等非条件反射，但不能主动采食谷粒，对外界环境的变化无反应，出现长期站立不动等现象，可见禽类的高级行为是由皮质主宰的。

禽类也可建立条件反射。切除前脑皮质后，仍能建立视觉、听觉和触觉的条件反射。鸡也具有神经活动类型等特征。

第八节　内分泌

禽类内分泌腺包括垂体、甲状腺、甲状旁腺、肾上腺、胰岛、性腺、鳃后腺、胸腺和松果腺，这些内分泌腺有的功能尚不完全清楚。

一、垂体

垂体是一个重要的内分泌腺，它所分泌的激素对正常代谢与协同其他内分泌腺对机体活动调节是必需的。垂体有前叶（腺垂体）和后叶（神经垂体），而没有中间叶。下丘脑的肽能神经元在调节垂体前叶的功能方面起到关键性作用。外环境的变化、内环境因素（包括血中激素的浓度）的变化、外周神经活动和机体内在生物节律的改变，通过传入神经可以改变肽能神经元的活动。下丘脑-垂体系统的整合，转换信息，引起腺垂体分泌相应的激素。下丘脑与腺垂体之间的联系也是通过垂体门脉系统。

1. 腺垂体

腺垂体的细胞根据所含的颗粒不同，可分为糖蛋白颗粒和单纯蛋白颗粒两种类型。观察在不同生理状态下的细胞结构，以及采用电镜和光镜观察比较，目前能分辨出6种细胞。

腺垂体分泌的激素可分为两种类型，糖蛋白类和蛋白质或多肽类。黄体生成素、促卵泡激素和促甲状腺素是糖蛋白激素。而生长激素、催乳素和促肾上腺皮质激素属于蛋白质激素。这些激素的主要作用如下。

(1) 促卵泡激素（FSH）和黄体生成素（LH） 鸡的FSH和LH的特性和作用与哺乳动物相似。

(2) 促甲状腺激素（TSH） 禽类TSH的作用与哺乳动物相似，TSH能促进甲状腺分泌甲状腺素，采用分离的牛的TSH和鸵鸟的TSH处理1日龄雏鸡，5h后血中甲状腺激素水平提高。哺乳动物的TSH能增加鸡胚胎血中甲状腺激素的浓度。哺乳动物的TSH还能刺激甲状腺对碘的摄取。

(3) 生长激素（GH） 按照分离哺乳动物生长激素的方法也能分离鸡的生长激素。它的相对分子质量在2200～2300，等电点为7.5。

生长激素的作用主要是影响生长和短期内调节代谢活动，垂体切除可明显导致生长鸡的生长缓慢，若用胰蛋白酶处理制备的牛的生长激素可提高鸡的生长率。生长激素也可增加肌糖原的合成。

(4) 催乳素（PRL） 鸡与火鸡的催乳素已被提纯。在禽类，催乳素对机体有多方面的调节作用，包括生殖活动、肾上腺皮质活动、渗透压调节、生长和皮肤代谢。催乳素并不影响公鸡的性腺活动，但抑制母鸡的生殖活动，一般认为催乳素抑制母鸡的性腺功能。

抱窝鸡的腺垂体和血中催乳素浓度升高，表明催乳素影响着禽类的就巢性。禽的催乳素可促使鸽的嗉囊腺分泌嗉囊乳。催乳素也影响鸡的皮肤，特别是对尾脂腺影响明显，这方面与哺乳动物的催乳素对皮脂腺的影响相似。另外，催乳素还会促使鸡换羽等。

(5) 促肾上腺皮质激素（ACTH） ACTH刺激肾上腺皮质的活动，用提纯的哺乳类动物的ACTH和鸡的垂体提取物粗品处理肾上腺皮质，可促进皮质酮和醛固酮的分泌。用猪的ACTH处理未成年鸡则引起血中可的松浓度出现暂时性升高，重复多次注射则抑制生长、降低肾上腺的胆固醇和使淋巴组织退化。

2. 神经垂体

禽类的神经垂体主要释放8-精催产素和释放少量的8-异亮催产素。8-精催产素为禽类所特有，并具有催产和加压作用，这包括对输卵管刺激、水滞留和血管收缩等方面。增加血浆渗透压或钠离子浓度可刺激鸡8-精催产素的分泌。母鸡产蛋前血中8-精催产素升高，神经垂体内含量减少，证明这一激素与产蛋有关。8-异亮催产素的生理作用目前尚不清楚。

8-精催产素主要由在下丘脑视上核前部的神经细胞生成，8-异亮催产素则在视上核侧区，特别是室旁核部位生成。

二、甲状腺

禽类的甲状腺为成对器官，椭圆形，呈暗红色，外表有光泽，位于颈部外侧、胸腔外面的气管两旁。

禽类甲状腺激素的生成、储存和释放基本上与哺乳动物相同。下丘脑释放的促甲状腺素释放激素控制着腺垂体分泌促甲状腺激素，从而又影响着甲状腺的活动。禽类血清中运输T_3和T_4与哺乳动物不同，禽类缺少甲状腺激素结合α_2-球蛋白。因此，T_4在血中浓度

(13～19nmol/L) 明显低于哺乳类 (130nmol/L)。禽类血液中与 T_3 和 T_4 结合的蛋白质中70%～75%是清蛋白，10%是 α-球蛋白，其余为前清蛋白。由于禽类 T_4 与血中蛋白亲和力低，循环血中 T_4 的比例比哺乳动物低，使之半衰期短。尽管 T_4 在血中浓度低，但是当甲状腺受刺激，发生反应时 T_4 是非常重要的。

成年母鸡血液内的 T_3 与 T_4 的比率约 10∶1。火鸡在破壳时和孵化期间血中 T_3 和 T_4 浓度增加，而明显地提高了代谢率。T_3 与 T_4 影响着禽的生长发育，若切除甲状腺，则引起生长缓慢、羽毛结构改变、性腺功能减退。遗传或营养方面导致的甲状腺功能低下或甲状腺功能亢进都会引起生长停滞。营养不良和饥饿可引起 T_3 与 T_4 在血中浓度降低，而 TSH 浓度不发生改变。成年母鸡切除甲状腺后产蛋率减少，体内脂肪过度沉积。

甲状腺激素的分泌率除受年龄、性别和营养等因素影响外，在很大程度上受环境的影响，如光照周期及昼夜变化影响甲状腺激素的分泌，黑暗期甲状腺的分泌和碘的摄取增加，黎明前达最大值。光照期在外周组织中 T_3 与 T_4 脱碘，因此，T_4 浓度降低，T_4 向 T_3 转化。环境温度明显地影响着 T_3 与 T_4 在血中的浓度，在寒冷情况下，T_3 与 T_4 的代谢迅速增加。T_4 向 T_3 转化加强，耗氧量增加，产热量增加，以适应冷环境。当鹌鹑暴露在高温情况下，甲状腺的血流减少和血中 T_4 浓度降低，T_3 浓度在较小范围内波动。血中 T_3 与 T_4 的浓度亦随季节发生变化。

三、甲状旁腺

甲状旁腺所分泌的甲状旁腺素，其化学结构、生物合成和分泌基本上与哺乳动物相同。甲状旁腺素的主要功能是维持钙在体内的平衡，它对于蛋壳形成、肌肉收缩、血液凝固、酶系统、组织的钙化和神经、肌肉兴奋性的维持是必需的。切除甲状旁腺后会引起血钙下降，神经、肌肉的兴奋性增加，出现抽搐。

细胞外液的钙离子浓度是甲状旁腺素分泌的主要刺激物。另外还有其他因素，如镁、儿茶酚胺和前列腺素也影响甲状旁腺素的分泌。在禽类，甲状旁腺素的靶器官与哺乳动物一样是骨骼和肾脏。给产蛋鸡喂高钙口粮（含钙 50g/kg）则抑制甲状旁腺素的分泌。

四、鳃后腺

禽类的鳃后腺是成对的内分泌器官，呈椭圆形、两面稍凸而不规则的粉红色腺体，位于颈部两侧、甲状旁腺之后。

鳃后腺的内分泌细胞叫 C 细胞，通常呈索状或线状排列，这种 C 细胞分泌降钙素(CT)。降钙素由 32 个氨基酸组成，相对分子质量为 3000。

降钙素在血中的浓度随年龄发生变化。如日本鹌鹑血中 CT 的浓度在 6 周龄时很高，然后逐渐下降。成年雄性鹌鹑血中 CT 浓度高于雌性。鸡的 CT 分泌主要受高钙的刺激而引起，但也表明，当用高钙口粮饲喂时，CT 不能维持血钙处于正常浓度。

五、肾上腺

禽类的肾上腺位于肾头叶的前中部，紧接肺的后方。它们的颜色从浅黄色到橘黄色，形状为三角形或椭圆形。肾上腺皮质和髓质虽然没有严格分开，但仍然分泌不同的激素，具有不同的生理功能。

禽类肾上腺皮质分泌的激素，根据其功能可分为糖皮质激素和盐皮质激素，其生理作用与哺乳动物相似。摘除肾上腺后，鸡、鸭常在 6～20h 内死亡。

肾上腺髓质分泌肾上腺素和去甲肾上腺素。成年禽类的髓质主要分泌去甲肾上腺素。这两种激素的生理作用与哺乳动物相同。

六、胰岛

禽类胰腺悬于U形十二指肠袢中，它能合成和分泌消化酶，经2～3条胰导管运输到十二指肠。它也能分泌肽类激素入血。

在禽类，胰岛的内分泌细胞根据染色不同，可将细胞分为A、B、D和PP型。胰岛的B细胞分泌胰岛素。鸡的胰岛素氨基酸排列顺序与牛的胰岛素相比有6个氨基酸位置不同。火鸡的胰岛素具有相同的一级结构，而鸭的胰岛素有3个位置的氨基酸是不同的。

胰岛素的生物合成与哺乳动物相似。在鸡的胰腺，胰岛素的浓度仅为10～30ng/mg（湿重），而哺乳动物是100～150ng/mg（湿重）。胰岛的A细胞分泌胰高血糖素，鸡和火鸡的胰高血糖素的氨基酸顺序除第28位是丝氨酸而不是天冬氨酸外，其余与哺乳动物相同。鸭的胰高血糖素在第16位上是苏氨酸而不是丝氨酸，其余顺序与哺乳动物也相同。

有关胰高血糖素在胰腺内含量报道不一。鸡胰腺中的大量D细胞分泌生长抑素，因此，鸡胰腺中生长抑素含量高于鼠类20多倍。在胰岛内也发现有PP细胞，这种细胞能分泌禽类胰多肽，它是由36个氨基酸组成的，与牛的胰多肽相比，在第20位上氨基酸不同。

在禽类，胰岛素的生理作用是降低血糖。不过禽类对胰岛素反应的敏感性远比哺乳动物低。胰高血糖素方面比胰岛素更有效。较为合理的解释是，在禽类血糖浓度相对较高，是哺乳动物的2～3倍。全部切除禽的胰腺则引起暂时性高血糖。

尽管胰岛素对禽类碳水化合物调节是必需的，但它对代谢过程影响并不十分广泛，也不像哺乳动物那样敏感。饥饿时，胰高血糖素浓度明显增加。高血糖可引起胰岛素浓度增加，饥饿时，胰岛素分泌减少，组织对胰岛素的敏感性相应地降低。胰岛素除能使血糖稍降低外，还可增加血中游离脂肪酸和血中尿酸的浓度，促进氨基酸代谢。

胰腺分泌激素的调节和协调作用的控制是由三方面所决定的，即外周代谢产物、胰腺内调节和神经调节。在鸡和其他一些禽类，胰岛素在控制碳水化合物代谢和脂类代谢方面并不是十分重要的。这些禽类的胰腺对高血糖等信号敏感性低，然而，胰岛素的释放对乙酰胆碱很敏感，这表明副交感神经对胰岛素的释放起到重要作用。

七、性腺

1. 雌禽

母鸡可产生三种性激素，即雌激素、雄激素和孕激素。胚胎时肾上腺是这些激素的重要来源。母鸡成年后，卵巢是主要来源。这些类固醇激素对母鸡在生理和解剖上有广泛而持久的效应。几乎没有一个系统不受这些激素的影响，如鸡冠的生长；生殖器官的生长发育；叫声、行为、脂肪沉积、羽毛的形状、色素等。根据这些外部特征可以区分出公鸡和母鸡。在肝内，脂蛋白的合成直接受雄激素的控制。而孕激素在LH的释放和排卵方面起调节作用。同时，这些类固醇激素直接影响着钙的代谢。

在产蛋鸡，卵巢的间质细胞，包括卵泡膜细胞和颗粒细胞可以合成和分泌类固醇激素，在LH的作用下，颗粒细胞仅产生孕酮。卵泡膜的间质细胞可将孕酮转化为雄烯二醇和睾酮，然后再分别转变成雌酮和17β-雌二醇。

雌激素的生理作用可归纳如下：①促使输卵管发育，耻骨松弛和肛门增大，以利于产卵。②促使蛋白分泌腺增生，并在雄激素及孕酮的协同下使其分泌蛋白。③在甲状旁腺素的协同作用下，控制子宫对钙盐动用和蛋壳的形成。④使羽毛的形状和色泽变成雌性类型。⑤使血中的脂肪、钙和磷的水平升高，为蛋的形成提供原料。

禽类产卵后不形成黄体，孕酮只引起排卵和释放黄体生成素，大量注射孕酮反而阻断排卵和产蛋，也能导致换羽。

2. 雄禽

睾丸分泌的雄激素主要是睾酮。它主要由睾丸间质细胞分泌。精细管中的支持细胞也能分泌少量睾酮。睾酮的生理作用可归纳如下：①维持雄禽的正常性活动。②控制雄禽的第二性征发育，如肉冠和肉髯的发育、啼鸣等。③影响雄禽的特有行为，如交配、展翼、竖尾以及在群体中的啄斗等。④促进新陈代谢和蛋白质合成。

雄鸡被阉割后，新陈代谢降低 10%～15%，血液中红细胞数和血红蛋白的含量下降、脂肪沉积增多，肉质改善。

八、松果腺

禽类松果腺的细胞不同于鱼类、两栖类和爬行类，是常见的光感受器官，且与哺乳动物相似，主要为分泌功能，它分泌褪黑激素。

褪黑激素的含量在黑暗期最高，而在光照期最低，呈现生理昼夜节律性变化。

研究证明，禽类褪黑激素可影响睡眠、行为和脑电活动，以及促使吡哆醛激酶形成更多的吡哆醛磷酸化物。此外，还抑制鹌鹑性腺和输卵管的生长。注射褪黑激素使生长鸡性腺减轻，并抑制鸡的黄体生成素释放激素的活性等。

第九节　生　　殖

家禽的生殖生理在许多方面不同于家畜。禽类生殖的最大特点是卵生。禽类属于雌性异型配子（染色体 ZW）和雄性同型配子（染色体 ZZ）的动物，雌性的性别取决于染色体 W。在繁殖形式上，大部分禽类为一雄多雌的繁殖类型。雌禽为适应卵生需要，在蛋白形成过程中发生一系列显著不同于哺乳类的活动。卵中含有大量卵黄和蛋白质，可满足胚胎发育的全部需要。卵外形成壳膜、卵壳等保护性结构。在生殖道的结构和功能上，雌禽一般只有左侧卵巢和输卵管发育，并按一定的产蛋周期连续产蛋。雄禽没有精囊腺、前列腺和尿道球腺等副性腺。

一、雌禽的生殖

（一）雌禽的生殖道

成年雌禽的生殖器官中主要是左侧卵巢和左侧输卵管发达。尽管右侧输卵管在胚胎时期就已形成，但通常是不能保持到成年时期，连同右侧卵巢一起均退化，孵出时只留下残迹。但也有报道，有些禽类双侧卵巢和输卵管均有功能。

禽类左侧卵巢位于身体左侧、肾的头端，以卵巢系膜韧带附着于体壁。在未成熟的卵巢内集聚着大小不等的卵细胞。在鸡的未成熟卵巢中，用肉眼可见的卵细胞约有 2000 个左右，在显微镜下观察则更多，可达 10000 个以上。这些卵细胞达到成熟卵细胞阶段则只有 200～3000 个左右。

在卵泡上有丰富的血管和神经分布。其神经纤维主要是肾上腺素能纤维和胆碱能纤维。

禽类的输卵管是由五个部分组成，分别为漏斗部、膨大部（蛋白分泌部）、峡部、蛋壳腺（子宫）和阴道（图 14-4）。

（二）卵的发生和蛋的形成

1. 卵的生长和卵黄沉积

禽类的卵细胞是大型的端黄卵。细胞核和原生质位于细胞的动物极，形成一个很小的胚盘，细胞的绝大部分被卵黄填充。卵黄有黄卵黄和白卵黄两种，卵黄中央是由白卵黄组成的卵黄心。它与胚盘之间由卵黄连接，黄卵黄和白卵黄绕卵黄心呈同心圆相间排列，卵黄和胚盘表面有一层卵黄膜覆盖。

雌雏胚胎在孵化中期，卵巢生殖上皮开始增殖，生成卵原细胞，直到出壳后2～3d停止。卵原细胞外面由一层上皮包囊形成卵泡。

禽类卵泡的结构与哺乳类动物的很相似，卵细胞外面的卵泡膜由最内层、放射带、颗粒层、内膜和外膜组成。整个卵泡膜的结构也随着卵细胞的发育而逐渐发育。

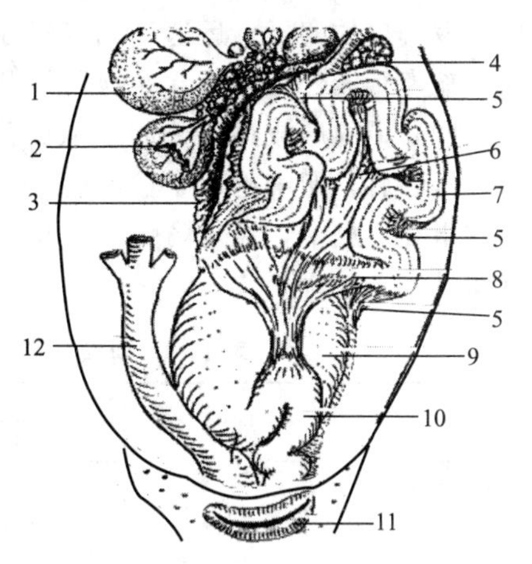

图 14-4　产蛋母鸡的生殖道

1—卵巢中的成熟卵泡；2—排卵后的卵泡膜；3—漏斗部的输卵管伞；4—左肾前叶；5—输卵管背侧韧带；6—输卵管腹侧韧带；7—卵白分泌部；8—峡；9—子宫及其中的卵；10—阴道；11—肛门；12—直肠

雌禽接近性成熟时，少数卵原细胞开始生长，并形成卵黄物质在卵细胞内积存，使细胞体积迅速增大，成为初级卵母细胞。卵黄形成后，大约在排卵前2.0～2.5h时，初级卵母细胞开始第一次成熟分裂，放出第一极体，形成次级卵母细胞；排卵时，卵细胞处在次级卵母细胞时期。这时第一次成熟分裂只是形成纺锤体，并没有完全成熟：当卵细胞在输卵管伞部与精子结合而受精时，才完成第二次成熟分裂。放出第二极体，使卵细胞完全成熟。如果没有受精，卵细胞就停留在次级卵母细胞阶段而产出。

雏鸡生长到2月龄时，初级卵母细胞开始沉积卵黄，经60d左右时间，初级卵母细胞的直径可增大到6mm左右。性成熟时，其中有些卵泡迅速沉积卵黄，在9～11d内，体积增加到成熟时的大小，卵黄含量达18～20g，卵黄呈同心圆状沉积。每昼夜形成一层深色的黄卵黄和一层浅色的白卵黄。

卵黄是水、脂类、蛋白质和许多其他微量维生素和矿物质组成的混合物。脂类多以脂蛋白形式存在。这些化合物常与钙或铁构成复合物。磷脂，如卵磷脂在卵黄中也大量存在。卵黄中大部分成分来自血浆，在产蛋鸡，主要的前体物质是血浆中卵黄蛋白原和富含甘油三酯的脂蛋白。在雌激素作用下，肝脏合成卵黄蛋白和脂蛋白，经血液运送到卵巢并沉积于正在发育的卵泡上。卵黄的黄色来自食物中的叶黄素，若食物中这种成分少，卵黄则变成浅黄色或白色。

卵泡膜上有特别发达的血管系统，这是保证卵泡生长和成熟的基础。

2. 排卵

卵泡迅速生长时，在将会破裂的部位出现一条肉眼可见的带状结构，叫卵带。它位于卵泡带对侧，是在卵泡膜周围延伸约一半的带状少血管区。临近排卵时，卵带附近的毛细血管循环受到卵泡内部的压力而阻断，使卵带变亮。排卵时，卵泡膜破裂，这首先在卵带一端发生，接着延伸到卵带的另一端，使卵细胞迅速排出。

排卵后，卵泡萎缩，逐渐退化，1周后，只留下勉强可见的痕迹。禽类破裂的卵泡不形成黄体。破裂的卵泡在短期内有调节产蛋的作用。

3. 蛋的形成

(1) 输卵管的功能　由于禽类只有左侧输卵管发育，它是长而盘曲的管道，重约60g。所以占据左侧腹腔的大部分，它前接卵巢，开口于腹腔，后端开口于泄殖腔。输卵管的功能是摄取排出的卵子，运送和储存精子，是精卵结合的部位并为胚胎的早期发育提供适宜条件。输卵管能分泌多种营养物质并形成壳膜和蛋壳保护层。

(2) 蛋的形成过程　卵子从卵泡释放出来后，经过接近25～26h的时间，蛋从体内排出。排卵后，卵细胞依靠输卵管平滑肌的蠕动，逐渐向后方移动，卵子在移动过程中形成蛋。蛋在形成中，通过输卵管的5个部分：漏斗部、蛋白分泌部、峡部、壳腺部和阴道部的时间见表14-8所示。

表14-8　母鸡输卵管各部的长度、功能和卵母细胞通过的时间

部位	平均长度/cm	功能			卵细胞通过的时间/h
		功能种类	分泌量/g	固形成分/%	
漏斗部	11.0	形成卵系带			1/4
膨大部	33.6	分泌卵清蛋白	32.9	12.2	3
峡部	10.6	分泌壳膜	0.3	80.0	11/4
壳腺部	10.1	形成石灰质卵壳	6.1	98.4	18～22
阴道部	6.9	分泌黏蛋白	0.1		1/60

漏斗部是运送卵细胞和提供受精的部位，是输卵管的伞状部，能将卵卷入输卵管，一般认为不参与蛋的形成。

膨大部的功能是分泌和储存蛋白，当卵细胞通过这一部位时它释放出蛋白而将卵细胞包裹起来。它所分泌的是浓稠和不分层的胶状蛋白质，其中卵蛋白约占4%、卵铁传递蛋白13%、卵类黏蛋白11%、卵球蛋白3%、溶菌酶3.5%、卵黏蛋白2%，还有其他物质。溶菌酶的主要作用是对细菌细胞壁有溶解作用。卵类黏蛋白可抑制胰蛋白酶。蛋白容积占蛋产出时的一半左右。

借助于膨大部的蠕动，卵由膨大部进入峡部，此部位的腺体分泌角蛋白，包围在蛋白质外层，形成壳膜。首先形成内壳膜，然后在外面形成外壳膜。在蛋的钝端，内外壳膜有部分分开，形成气室。并有少量空气存在，供胚胎早期发育的需要。峡部还能分泌少量水分，通过壳膜进入蛋白质。壳膜形成后，蛋的外形基本定型。

蛋进入壳腺头5h，壳腺分泌水分，透过壳膜进入蛋白质，结果使蛋白层体积增加1倍。由于在峡部和壳腺水分进入蛋白，与浓蛋白混合形成稀蛋白，并出现分层排列结构。随后蛋在壳腺内的5h中，壳腺主要分泌碳酸钙（98%）和糖蛋白基质（2%）而形成蛋壳。蛋壳外面覆盖蛋白性的角质层，它可防止细菌的侵入。如果蛋壳有色素沉着，这些色素是在蛋壳形成中由壳腺分泌的色素。

蛋壳形成过程中需要大量的钙。钙来自饲料，雌禽能在较短的时间内动用大量的钙以提供蛋壳形成的需要。在蛋壳形成的15h内有2g钙沉积，这个数量相当于每15min分泌出血钙的总量。在接近性成熟时，在雌激素的作用下，钙的代谢发生明显变化，血钙水平由2.5mmol/L升高到6.2mmol/L。管状骨的髓腔中储存钙量达4～5g，随着生殖活动的开始，小肠吸收钙的能力增强，在蛋壳形成的过程中，壳腺分泌的钙来自血浆。血钙来自饲料和骨骼。在产蛋鸡骨髓处于动态状态，即不断沉积又不断溶解。钙离子通过上皮细胞分泌到壳腺腔，碳酸根通过壳腺上皮下管状腺分泌出来，Ca^{2+}与CO_3^{2-}反应生成碳酸钙。

4. 蛋的产出

蛋在停留于壳腺部的绝大部分时间内，始终是尖端指向尾部的位置，蛋将产出过程中，它通常旋转180°，以钝端朝向尾部的方向通过阴道产出。驱使蛋产出的主要动力是壳腺部平滑肌的强烈收缩。

尽管在产蛋方面作了大量的研究，但关于产蛋机理及调节还了解得很少，现有较多的研究证明，一些激素如8-精催产素和加压素、前列腺素等影响产蛋过程。另外，乙酰胆碱、麻黄碱和肾上腺素也能影响壳腺的收缩或舒张。

尽管交感神经和副交感神经也支配输卵管和壳腺，但关于它们对产蛋过程的调节作用还有待于深入地了解。

(三) 雌禽的生殖周期

雌禽生殖周期分段明显，包括产蛋期、赖抱期和恢复期三期，采食、代谢及神经内分泌均发生相应的变化。

鸡的排卵周期大约是25～26h，这种周期能持续几天，然后停一天或几天，再重新开始排卵。产蛋率高的母鸡，排卵周期可缩短到24h或少于24h。母鸡的产蛋常有一定的节律性：一般是连续几天产蛋后，停止一天或几天再恢复连续产蛋。

产蛋的这种节律性叫连产周期。排卵和产蛋有较高的相关性，但并非绝对相关。有高达11%～20%的卵排入腹腔而不能进入输卵管。这种卵不能生成蛋，最后在腹腔内被吸收。

在自然光照情况下，排卵常在早晨进行，15时以后很少排卵，卵在输卵管内形成蛋需要25～26h。在连产周期中，前一个蛋产后，经30～60min下一个卵泡发生排卵。这样，因为排卵并非是每24h有规律的发生，所以每天产蛋时间将越来越推迟，最终，产蛋推迟到14时或15时，蛋产出后就不再排卵。于是连产就中断一天或几天。再从早晨开始下一个连产周期。

母鸡的繁殖活动一般来说是由连产周期的长短来确定的。连产周期的长短又取决于产蛋和随后排卵之间的时间间隔，这个间隔时间越长，一个连产周期产蛋越少。为了提高一个连产周期的产蛋量，一个方法是缩短产蛋与排卵之间的时间间隔，另一个方法是缩短卵在壳腺内的时间。

(四) 排卵周期的调节

许多研究已表明哺乳动物的LH可诱导母鸡排卵，所以，LH被认为是诱导排卵的主要激素。在用FSH和LH处理产蛋鸡时发现，FSH与少量的LH协同作用可引起排卵。由于禽类排卵后的卵泡不形成真正的黄体，因而有人将促使卵泡排卵的激素称为排卵诱导素(OTH)。OTH在排卵前6～8h出现高峰，由垂体在机体处于黑暗环境时释放。

血液中LH、孕酮和雌二醇在排卵前4～7h出现峰值。血中睾酮也升高并发生在其他激素升高之前。在不排卵时，这些激素并不升高。在每个排卵周期中，FSH出现两次降值，发生在排卵前25h和11h。

在卵泡周期中，血液中的上述4种激素对卵泡的调节以及它们之间的相互作用仍不清楚。注射LH或FSH能明显地引起火鸡在几分钟内血清中雌二醇和孕酮水平升高。注射孕酮或睾酮也能诱导排卵。

禽类的雌二醇、孕酮和睾酮对LH释放的影响，有许多不同于哺乳动物的特点：①在哺乳动物中，排卵前的雌激素峰是激发LH释放的必要因素。但在禽类雌激素没有这种正反馈作用。②鸡在排卵前4～7h出现的孕酮峰对诱导LH释放是必不可少的。同样，LH也能诱导鸡卵泡的颗粒细胞合成和分泌孕酮，但在大多数哺乳类中，孕酮常抑制LH释放。③睾酮对下丘脑-垂体系统有正反馈作用，促进LH释放。④高浓度的孕酮和睾酮都抑制LH释放，并引起卵泡萎缩、抑制鸡和鹌鹑排卵。

光照变化是影响禽类排卵的重要因素，在自然条件下，禽类有明显的生殖季节。在春天光照逐渐延长的时期进行生殖活动，在秋天光照逐渐缩短时期，生殖活动减退。家禽由于长期驯化和选育的结果，繁殖季节已不明显。但适当延长人工光照，可提高产蛋率。

光照变化引起禽类生殖活动的改变，主要是通过影响下丘脑和腺垂体的内分泌活动从而影响卵巢活动变化的结果。

（五）抱窝（就巢性）

抱窝亦称赖抱性，是大多数家禽的孵卵行为，表示愿意孵卵和育雏。这种行为在现代养禽业中是不希望出现的。随着人工选育的结果，一些产蛋鸡这种行为实际上已消失。研究表明，抱窝时下丘脑-垂体-性腺轴活性下降，高浓度的 PRL 具有抑制生长抑素分泌以及抑制性腺功能的作用。在抱窝行为未开始前几天，血浆中 PRL 含量升高，而 LH、孕酮和睾酮含量下降，这表明在抱窝开始前，垂体和卵巢功能下降，鸡抱窝开始，卵巢萎缩，产蛋停止。

鸡和火鸡的孵卵行为是由腺垂体分泌的 PRL 量增加引起的。PRL 具有抗促性腺作用，可能是阻断腺垂体分泌促性腺激素或阻断这些激素对性腺的作用。

家禽在赖抱期食欲下降，采食量和摄水量比产蛋期显著降低，体重也减轻；赖抱后期食欲有所增加，雏禽孵出后摄食量和摄水量又迅速上升；恢复期采食量增加，体重逐渐恢复，以准备产蛋。

有关促进禽类 PRL 的调节机理还不十分了解，在禽类，外源性多巴胺并不影响血液中的 PRL 浓度，但应用多巴胺受体阻断剂却能阻断禽类抱窝。5-羟色胺和 TRH 能刺激 PRL 释放。

二、雄禽的生殖

雄性生殖系统包括一对睾丸、附睾、输精管和发育不全的阴茎。鸡的睾丸位于腹腔内，没有隔膜和小叶，而由精细管、精管网和输出管组成。其重量在性成熟时约占总体重的1%，单个睾丸重约 9～13g。鸡的阴茎勃起时充满淋巴液，这些淋巴液还参与精液形成；鸭和鹅有较发达的阴茎，呈螺旋状扭曲。

刚孵出的雄性雏鸡，精细管中就已经有精原细胞。到 5 周龄时，精细管中出现精母细胞。到 10 周龄时，初级精母细胞经减数分裂。出现次级精母细胞。在 12 周龄时，次级精母细胞发生第二次成熟分裂，形成精子细胞。一般在 20 周龄左右时，精细管内可看到精子。

精子在精细管形成后，即进入附睾管和输精管，获得受精能力。直接从睾丸取出的精子不能使卵子受精，从附睾取得的精子只有很低的受精能力。只有从输精管后段取得的精子才有接近正常的受精能力。上述结果提示，精子成熟的主要部位是输精管，而不是附睾。禽类精子成熟所需时间比哺乳动物短，正常精子只需 24h 就能从睾丸通过附睾和输精管，到达泄殖腔。输精管不仅是精子成熟的部位，而且也是精子储存的部位。

公鸡的一次射精量平均为 0.5mL，每毫升约含 40 亿个精子。

精液的理化性质与哺乳动物不同，因禽类无副性腺，其精液的氯化物含量低，而钾和谷氨酸含量高，公鸡的精液一般呈白色而混浊，pH 值在 7.0～7.6。鸡与火鸡的精子形状相似，但他们与哺乳动物精子不同。在禽类，精子头部窄而长（0.5～12.5μm），中段和尾部直径大约 0.5μm 或更细，整体看呈线型结构。

睾丸的生长发育和活动受垂体的控制。FSH 主要作用于精细管的支持细胞，促进精细管生长发育和精子生成。LH 主要作用于睾丸的间质细胞，促进睾酮的生成和分泌。当雄禽受到光照刺激而开始准备繁殖时，血中 FSH 和 LH 含量明显升高，以后，当血液中睾酮含量升高到一定程度时，则抑制垂体分泌 LH，使血中 LH 含量下降。在睾丸充分发育后，FSH 分泌量下降。

光照是影响雄禽生殖活动的主要因素，也是雄禽生殖出现季节性变化的主要原因。

因为光照能通过下丘脑刺激垂体分泌 LH 和 FSH，野禽的生殖受光照影响特别明显。环境温度也是影响精子生成的另一个因素，在 0～30℃范围内，睾丸生长和精子生成随温度升高而加快，当温度在 30℃以上时，精子生成往往受到抑制。家禽精子的生成有昼夜性的变动，凌晨和午夜是精子发生最旺盛的时间。

年龄、营养、遗传和交配次数等因素对雄禽生殖也有一定影响。如维生素 A 和维生素 E 缺乏则会明显影响睾丸的精子生成。

鸡交尾时，公鸡泄殖腔紧贴母鸡泄殖腔，将精子射入母鸡的泄殖腔内。精子进入雌禽泄殖腔后，很快沿输卵管向漏斗部移动，精子在漏斗部存活可达 3 周以上，因此，母鸡每次交配后 10～19d 内，其卵细胞都有可能受精。

本 章 小 结

• 禽类与哺乳动物，在结构和功能上都存在许多不同的特点。禽类的血细胞分为红细胞、白细胞和凝血细胞。红细胞为有核、椭圆形的细胞。禽类的凝血细胞相当于哺乳动物的血小板，参与凝血过程。

• 禽类血液循环系统进化水平较高，主要表现在：动静脉完全分开，完全的双循环，心脏容量大，心跳频率快，动脉血压高和血液循环速度快。

• 禽类呼吸过程和哺乳动物一样，包括肺的通气，气体在肺和组织中的交换以及气体在血液中的运输。禽类呼吸系统由呼吸道和肺两部分构成。呼吸道包括鼻、咽、喉头、气管、鸣管、支气管及其分支、气囊及某些骨骼中的气腔。

• 禽类的消化器官包括喙、口腔、唾液腺、食管、嗉囊、腺胃、肌胃、小肠、大肠（盲肠、直肠）和泄殖腔，以及肝脏和胰腺。可见家禽的消化器官在某些方面与家畜明显不同。禽类消化器官的特点是没有牙齿而有嗉囊和肌胃，没有结肠而有两条发达的盲肠。

• 禽类的能量代谢基本同于哺乳动物，能量来源于饲料中的化学潜能。家禽是恒温动物，其深部体温比哺乳动物高。

• 禽类的泌尿器官由一对肾脏和两条输尿管组成，没有肾盂和膀胱。因此尿在肾脏内生成后经输尿管直接排入到泄殖腔，在泄殖腔与粪便一起排出体外。

• 禽类的外周神经系统与哺乳动物基本相似。分为脑神经、脊神经和自主神经。禽类粗大的神经相对的较少，因此，神经传导速度较慢。

• 禽类内分泌腺包括垂体、甲状腺、甲状旁腺、肾上腺、胰岛、性腺、鳃后腺、胸腺和松果腺，这些内分泌腺有的功能尚不完全清楚。

• 家禽的生殖生理在许多方面不同于家畜。禽类生殖的最大特点是卵生。禽类属于雌性异型配子（染色体 ZW）和雄性同型配子（染色体 ZZ）的动物，雌性的性别取决于染色体 W。

复习思考题

1. 名词解释：抱窝、产蛋周期、嗉囊乳。
2. 鸡的消化生理有哪些特点？
3. 鸡蛋是怎样形成的？

实　验

实验一　血红蛋白含量的测定

一、目的原理

测定血红蛋白含量的方法有很多种，其中比较简便常用的是比色法。测定时所用仪器为血红蛋白计。加少量稀盐酸溶液于定量的血液中，使血红蛋白的亚铁血红素部分变为高铁血红素，溶液呈现较稳定的棕黄色，用水稀释后与标准色比较，求出每 100mL 血液中所含的血红蛋白数（g）。

二、材料及用具

实验动物（家兔或鸡）、血红蛋白计（图 1）、注射器、细玻璃棒、棉球若干、采血针、剪毛剪、普通镊子、75%酒精棉球、95%酒精、乙醚、0.1mol/L HCl。

三、方法及步骤

1. 实验前要用蒸馏水将刻度比色管洗净，吸血管则依次用蒸馏水、95%酒精和乙醚洗净晾干备用。

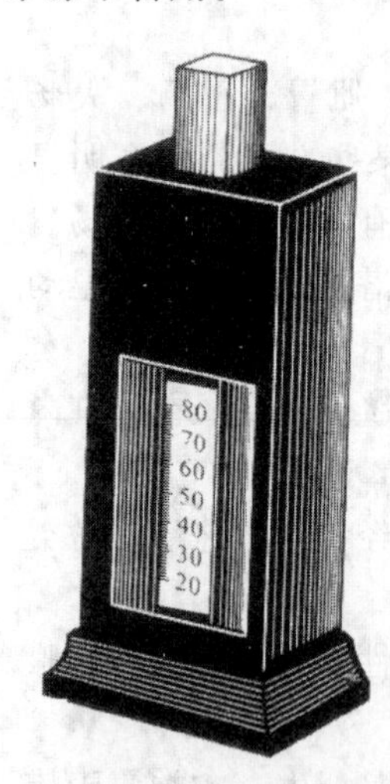

图 1　血红蛋白计

2. 用吸管吸取 0.1mol/L HCl，加入刻度比色管内，约加到管下端刻度“2g”或“10%”处为止。

3. 用酒精棉球消毒动物的采血部位后，以采血针刺破血管。用干棉球拭去第一滴血，当再流出一大滴血时，用吸血管插入流出的血液深处，吸血至刻度 20μL 处，用干棉球拭净 吸血管周围血液。

4. 将吸血管中的血轻轻地挤到刻度比色管中 0.1mol/L HCl 溶液的底部，并把上层清澈的盐酸溶液吸入挤出，使吸管壁上的血液全部进入比色管中。

5. 取出吸血管后，轻轻摇动比色管，使血液与盐酸充分混合。静置 10min，使管内的盐酸和血红蛋白作用完全，形成棕黄色的高铁血红蛋白。

6. 用吸管将蒸馏水一滴一滴地加入比色管内，每加一滴蒸馏水后，都用玻璃棒搅动，使其均匀，并观察比色管内的颜色，直到比色管内的颜色和血红蛋白计上标准玻璃的颜色一样为止。

7. 取出比色管，读出液面（凹面）的刻度。该管一般两边均有刻度，一边的刻度表示含量（g），如液体表面在刻度 15 处，即表示 100mL 血液中含有 15g 血红蛋白。另一边的刻度表示百分率，它与含量（g）之间的关系一般以 14.5g 等于 100%。两者的换算常可由测定管两侧的刻度直接读出。

四、注意事项

1. 比色应在明亮的自然光线下进行，但应避免直射的阳光，并将比色管的刻度转向两侧，以免影响比色结果。

2. 血红蛋白计的吸血管和比色管容易损坏，使用时应小心，实验完毕将其洗干净，放回盒内。

3. 血液和盐酸作用的时间不能少于 10min，否则血红蛋白不能充分转变成高铁血红蛋白，使结果偏低。

4. 滴加蒸馏水时，宜少量多次逐渐加入，混匀比色，以免稀释过度得不到准确结果。

实验二　红细胞渗透脆性实验

一、目的原理

红细胞在低渗透溶液中发生溶解，这种性质叫红细胞渗透脆性。将血液滴入不同浓度的低渗盐溶液中，可以检查红细胞膜对于低渗溶液的抵抗力有多大。红细胞渗透脆性大的，则对低渗 NaCl 溶液的抵抗力小，只要 NaCl 溶液的渗透压稍有降低，此类红细胞便发生破裂而溶血。反之，脆性小的则对低渗 NaCl 溶液的抵抗力大，NaCl 溶液的渗透压降到很低时，才能使这些红细胞破裂溶血。开始出现溶血时的 NaCl 溶液的浓度为红细胞的最小渗透抵抗力（最大脆性）。完全溶血时的 NaCl 溶液的浓度为红细胞的最大渗透抵抗力（最小脆性）。正常红细胞的最小渗透抵抗力为 0.40%～0.45% NaCl 溶液，最大渗透抵抗力为 0.30%～0.35% NaCl 溶液。一般说，刚成熟的红细胞膜的渗透脆性较小，而衰老的红细胞的渗透脆性较大。本实验的目的是测定正常动物的红细胞渗透脆性，学习测定红细胞渗透脆性的方法。

二、材料及用具

实验动物（兔或鸡）、试管架 1 个、小试管 10 支、2mL 注射器 1 支、2mL 刻度吸管 2 支、1% NaCl 溶液、75%酒精棉球、5%碘酊棉球、3.8%枸橼酸钠溶液。

三、方法及步骤

1. 制备不同浓度的 NaCl 溶液

取小试管 10 支，排列在试管架上编好号。按表 1 向各试管内加入 1% NaCl 溶液和蒸馏水，充分混匀。使各使馆溶液均为 2.0mL。

表 1　NaCl 溶液配制表

试液	1	2	3	4	5	6	7	8	9	10
1% NaCl/mL	1.40	1.30	1.20	1.10	1.00	0.90	0.80	0.70	0.60	0.50
蒸馏水/mL	0.60	0.70	0.80	0.90	1.00	1.10	1.20	1.30	1.40	1.50
NaCl 浓度/%	0.70	0.65	0.60	0.55	0.50	0.45	0.40	0.35	0.30	0.25

2. 采血

用干燥注射器从家兔耳缘静脉或鸡翅静脉采血 1mL，立即向每个试管内注入一滴血液，然后用拇指堵住试管口，将试管倒置一次，使血液与管内 NaCl 溶液混匀。在室温下放置 1～2h 后观察结果。多余血液注入盛有 0.1mL 3.8%枸橼酸钠溶液的试管内，加以混合，以备重复实验时用。

3. 实验观察

按下列标志判断有无溶血或完全溶血，记录红细胞的最大脆性（或最小抵抗力）、最小脆性（或最大抵抗力）。

小试管内液体下层为混浊红色，上层为无色的液体，说明红细胞没有溶解。

小试管内液体下层为混浊红色，说明有未溶解的红细胞，而上层出现透明红色，说明有部分红细胞被破坏和溶液，称为不完全溶血。开始出现部分溶血的盐溶液浓度，即为红细胞的最小抵抗力（表示红细胞的最大脆性）。

小试管内液体完全变成透明红色，管底无红细胞沉积，说明红细胞完全溶解，称为完全溶血。引起红细胞完全溶解的盐溶液的浓度，即为红细胞的最大抵抗力（表示红细胞的最小脆性）。记录被检红细胞脆性范围，即开始溶解时的盐溶液与全部溶解时的盐溶液浓度。

四、注意事项

1. 采血时要避免溶血和凝血。

2. 试管一定要编号，避免混淆。

3. 本实验为定量指标实验，所以 NaCl 溶液的浓度要配制准确。

实验三　红细胞沉降率（血沉）的测定

一、目的原理

了解红细胞沉降率及其测定方法。将加有抗凝剂的血液置于一特制的具有刻度的玻璃管内，置于血沉架上，红细胞因重力作用而逐渐下沉，上层留下一层黄色透明的血浆。经一定时间，沉降的红细胞上面的血浆柱的高度即表示红细胞的沉降率。家畜有的疾病可以引起红细胞沉降率的显著加速，故测定红细胞沉降率具有临床诊断价值。

二、材料及用具

实验动物（牛、马、羊、兔、鸡）、血沉管、血沉管架、3.8%枸橼酸钠溶液、采血针、注射器等。

三、方法及步骤

1. 将实验动物进行保定。如用牛、马、羊采血，则剪去颈静脉附近的毛，用碘酊消毒，然后用消毒的采血针刺破颈静脉。当血液循采血针流出时，于其下承接一有刻度的试管，试管中预先加 3.8%的枸橼酸钠溶液作为抗凝剂，抗凝剂与血液之间的容积比例为 1∶4。如用兔、鸡采血，直接采其心血。兔采心血的方法是先在胸部左侧剪毛、消毒，然后用消毒过的注射器在左胸心跳最明显的部位垂直刺入，即可吸取心血。注意，注射器亦须事先盛有抗凝剂，抗凝剂的量视采血量而定，比例仍为 1∶4。

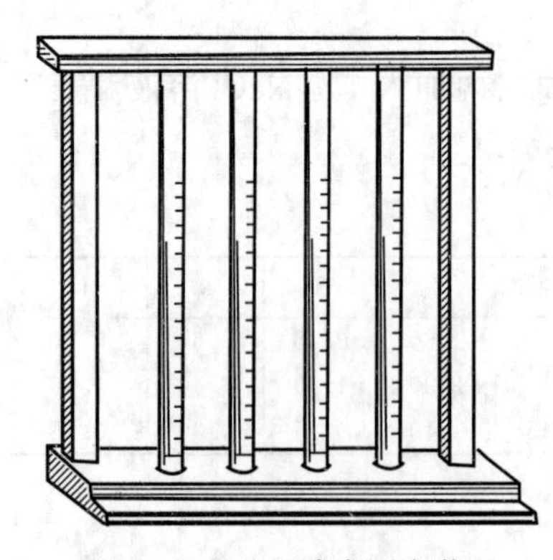

图 2　红细胞沉降率测定装置

2. 用清洁、干燥的血沉管，小心地吸血至最高刻度“零”处。在吸血之前，须将血液充分摇匀（但不可过分振荡以免红细胞破坏）。吸血时，要绝对避免产生气泡，否则须重做。

3. 将吸有血液的血沉管置于血沉架上（图 2），分别在 15min、30min、45min、1h 检查血沉管上部血浆的高度，以 mm 表示之，并将所得结果记录于表 2。

表 2　血沉值记录表

时 间	血沉值/mm	时 间	血沉值/mm	时 间	血沉值/mm	时 间	血沉值/mm
15min		30min		45min		60min	

4. 亦可用预先加抗凝剂的注射器采血，并用注射器直接将血液注入血沉管内，这种方法的优点是节约用血，既准确又不易起泡。

四、注意事项

1. 采血后实验应在 3h 内完毕，否则血液放置过久，会影响实验结果的准确性。

2. 沉降管应垂直竖立，不能稍有倾斜。

3. 沉降率随温度的升高而加快，故应在室温 22～27℃时测定为宜。

4. 血沉管必须清洁，如内壁不清洁可使血沉显著变慢。

实验四　红细胞的凝集现象（血型鉴定实验）

一、目的原理

了解红细胞凝集现象，并掌握测定血型的方法。红细胞膜上含有凝集原，血浆内含有凝集素。当相应的凝集原和凝集素相互作用时，就产生红细胞的凝集。不同种动物的血液互相混合有时也可产生红细胞凝集，称异族血细胞凝集作用；同种不同个体的红细胞凝集，称同族血细胞凝集作用。

二、材料及用具

实验受试者、血清、载玻片、显微镜、小试管。

三、方法及步骤

1. 异族血细胞凝集现象

将某一动物的血清分两处滴于载玻片上，然后将其他动物的血液各一滴分别加入上述的血清内，轻轻摇动载玻片（或用牙签），使血液与血清充分混合；静置5～10min，在显微镜下（或肉眼）观察是否产生凝集。见图 3。

2. 同族血细胞凝集现象

将某一动物的血清滴于载玻片上，然后用同种不同个体的血液加入，并使其混合均匀。按上述方法观察是否有凝集现象产生。

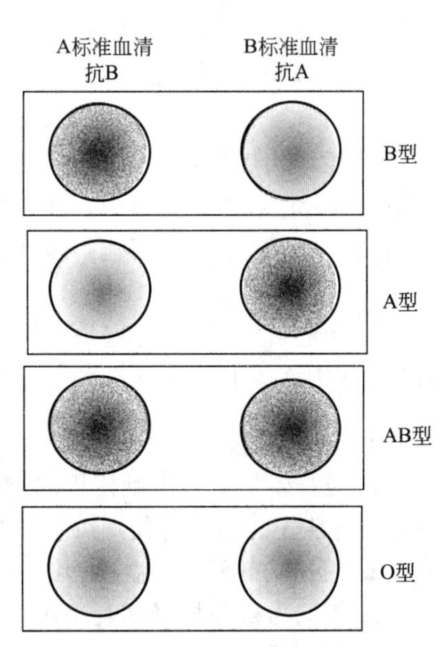

图 3　血型鉴定实验示意图

3. ABO 血型鉴定血型

以人血试验较为方便。

（1）红细胞悬液的制备　取受检人血液一滴，加入装有生理盐水约 1mL 的小试管内，摇匀后，即为约 2%的红细胞悬液。也可以不制备红细胞悬液，直接滴加受试者血液。

（2）玻片法鉴定血型

① 取一载玻片，用蜡笔在左上角和右上角分别写上“A”字和“B”字作为标记。

② 各用小滴管分别吸取抗 A 标准血清及抗 B 标准血清滴入已经标记过 A 和 B 字样的相

应部位一滴，切勿混用滴管。

③ 每个部位内各加入一滴受检者的红细胞悬液（或血液）。

④ 用细玻棒的一端混合抗 A 血清与红细胞悬液，用另一端混合抗 B 血清与红细胞悬液。然后置室温下 10～30min 后，在低倍镜下观察有无凝集现象，即可判断鉴定结果。

实验五　红细胞比容的测定

一、目的原理

掌握测定红细胞比容（压积）的方法。

将一定量的抗凝血灌注于温氏管（Wintrobe 管，也称温氏分血计）中离心沉淀，将血细胞和血浆分离，上层淡黄色的液体是血浆，下层暗红色的为红细胞，中间很薄一层为灰白色的白细胞和血小板。根据红细胞占全血的容积百分比，可计算出红细胞比容（压积）（图 4）。

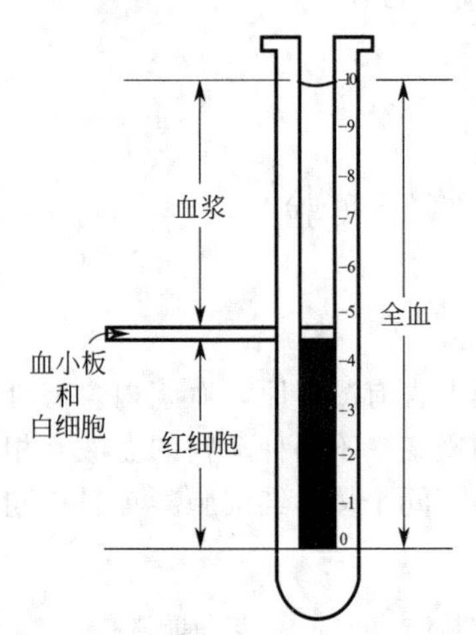

图 4　红细胞比容测定

二、材料及用具

家兔，抗凝剂：1%肝素钠溶液或双草酸盐溶液（草酸钾 0.8g＋草酸铵 1.2g＋40%甲醛 1mL＋蒸馏水至 100mL），温氏管、台式离心机（4000r/mim）、注射器、试管、75%酒精棉球。

三、方法及步骤

1. 取试管和温氏管各一支，用抗凝剂均匀润壁后烘干备用。

2. 采血：用静脉采血法或心脏采血法。用消毒过的或一次性注射器抽取家兔血液，将血液沿试管壁缓慢注入管内，然后用拇指堵住试管口，缓慢颠倒试管 2～3 次，使血液与抗凝剂充分混匀，制成抗凝血。再用注射器抽取抗凝血 2mL，缓慢注入温氏管，并使血液精确到 10cm 刻度处。

3. 离心：将盛有抗凝血的温氏管以 3000r/min 离心 30min 后，取出温氏管，按刻度读取红细胞柱的高度，该读数的 1/10 即为红细胞比容。

四、注意事项

1. 选择不影响红细胞体积的抗凝剂双草酸盐溶液：草酸钾使红细胞皱缩，而草酸铵使红细胞膨胀，二者配合使用可互相缓解。

2. 用抗凝剂处理的温氏管必须清洁干燥。

3. 混匀血液与抗凝剂及注血时应避免红细胞破裂溶血，若有溶血，血浆成红色。

4. 将抗凝血注入温氏管时要注意防止产生气泡。

实验六　血细胞计数

一、目的原理

掌握应用稀释法计数血细胞（红细胞和白细胞）的原理和方法。

由于血液中血细胞数量很多，直接计数较困难，因此采用稀释原理进行测定。准确吸取一定量的血液用适当的溶液稀释后，置于血细胞计数板上，在显微镜下计数一定容积的稀释血液中的红细胞数和白细胞数，再将所得的结果，换算成每 $1mm^3$ 或每升血液中的红细胞数和白细胞数。

二、材料及用具

1. 家兔、抗凝剂（1%肝素钠溶液或5%柠檬酸钠溶液或10%草酸钾溶液）、75%酒精、95%酒精、乙醚、1%氨水。

2. 血细胞稀释液

① 红细胞稀释液：NaCl 0.5g，Na_2SO_4 2.5g，HgCl 0.25g，加蒸馏水至100mL。其中NaCl维持渗透压；Na_2SO_4 增加溶液相对密度，使红细胞分布均匀，不易下沉；HgCl固定红细胞并起防腐作用。也可直接用生理盐水（0.9%NaCl溶液）作稀释液。

② 白细胞稀释液：冰醋酸1.5mL，1%龙胆紫或1%美蓝1mL，加蒸馏水至100mL。其中冰醋酸破坏红细胞；龙胆紫或美蓝可以染白细胞核成淡蓝色，便于观察计数。

显微镜、血细胞计数板、吸血管、试管、试管架、移液管（1mL 和 2mL）、滴管、注射器、滤纸、擦镜纸。

三、方法及步骤

1. 熟悉血细胞计数板结构：常用的血细胞计数板为一特制的长方形厚玻璃板。计数板中央由“H”形凹槽分为上、下两个完全相同的计数池（图5），计数池内各有一个计数室。计数池的两侧各有一个支持柱，比计数池高出约0.1mm。在显微镜低倍镜下观察，计数室由边长为1mm的9个大方格组成。每个大方格容积为 $0.1mm^3$。9个大方格中，位于四角的4个大方格用单线分为16个中方格，是计数白细胞的区域；位于中央的大方格用双线分成25个中方格，每个中方格又用单线分为16个小方格，其中位于四角和中央的5个中方格是计数红细胞的区域（图6）。

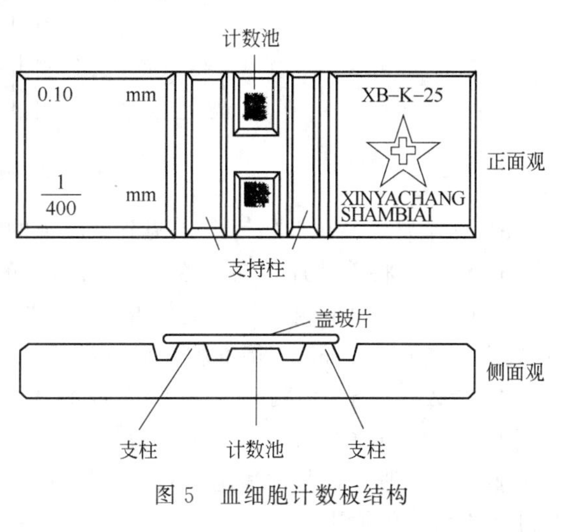

图5　血细胞计数板结构

2. 仪器洗涤：实验前，首先检查血细胞计数计中吸血管和计数室是否干燥、清洁，若有污垢，应先洗涤干净。清洗吸血管先用自来水洗去污垢，再用蒸馏水清洗三遍，并尽量吹干，然后用95%的酒精清洗两遍，以除去管内水分。最后吸入乙醚1～2次，以除去管内酒精。如管内有血凝块不易洗去，切不可用酒精清洗，须先用1%氨水或45%尿素浸泡一段时间，待血凝块溶解后再按上述方法洗涤干净。计数板则只能用自来水和蒸馏水相继冲洗干净后，用擦镜纸轻轻拭干，切不可用酒精和乙醚洗涤，以免损坏计数室。

3. 采血：从兔的耳缘静脉采血2mL，加入含1%肝素钠溶液的试管中，混匀，制成抗凝血。

4. 稀释：取两支试管，用2mL和1mL的移液管分别吸取红细胞稀释液2mL和白细胞稀释液0.38mL于试管内，备用。再用吸血管分别准确吸取10μL和20μL抗凝血于红、白细胞稀释液试管底部，轻轻挤出血液，并反复吸吹几次，使管内残留血液全部进入试管内。

若血液稍超过刻度时，可用滤纸轻触吸血管口，吸出一些血液，以达到要求的刻度。分别摇动试管，使血液与稀释液充分混匀。吸时不能有气泡，否则须重做。这样红细胞被稀释了 200 倍，白细胞被稀释了 20 倍。

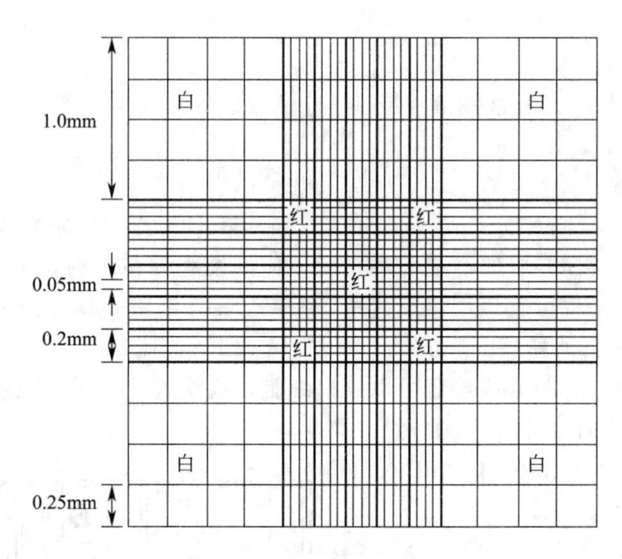

图 6 血细胞计数室

5. 找计数室：在低倍镜下，调节显微镜的虹彩和集光器，在暗视野下找到计数室。

6. 充液：将盖玻片盖在计数室上，用洁净的滴管吸取混匀的稀释血液，将滴管口靠近盖玻片的边缘，滴半滴于计数室与盖玻片交界处，稀释血液借助毛细现象可自动均匀地渗入计数室。静置 2～3min，待细胞充分下沉后计数。

7. 计数：调节微调旋钮，在暗视野下计数。计数红细胞时，数出中央大方格的四角及中间共 5 个中方格中所有的红细胞数。计数白细胞时，数出计数室四角 4 个大方格中所有的白细胞数。为避免重复和遗漏，对四边压线的细胞，遵循“数上不数下，数左不数右，内线数外线不数”的原则。

8. 计算

① 红细胞数：5 个中方格中所有的红细胞总数乘以 10000，即为每 $1mm^3$ 血液中的红细胞数。计算公式如下：

$$红细胞数/mm^3 = 5 个中方格的红细胞数 \times 稀释倍数 \div 5 个中方格容积$$

式中，稀释倍数为 200，10μL（0.01mL）血液加入 2mL 稀释液中。

$$5 个中方格容积 = 0.2 \times 0.2 \times 0.1 \times 5 = 0.02\ mm^3$$

② 白细胞数：4 个大方格中所有的白细胞总数乘以 50，即为每 $1mm^3$ 血液中的白细胞数。计算公式如下：

$$白细胞数/mm^3 = 4 个大方格的白细胞数 \times 稀释倍数 \div 4 个大方格容积$$

式中，稀释倍数为 20，20μL（0.02mL）血液加入 0.38mL 稀释液中。

$$4 个大方格容积 = 1 \times 1 \times 0.1 \times 4 = 0.4\ mm^3$$

9. 计数完毕后，依前述方法洗净所使用的仪器。

四、注意事项

1. 中方格之间的红细胞数若相差超过 15 个、大方格之间白细胞数若相差超过 10 个时，表示细胞分布很不均匀，应重做。

2. 吸血管、计数板及盖玻片等用过后，必须立即洗涤干净。

3. 吸取血液时，吸血管中不得有气泡，吸取的血液和稀释液的体积一定要准确。

4. 充液滴加稀释液时，以半滴为宜，若过多，易流出计数室外，盖玻片会浮起，体积不准，且显微镜中视野模糊，不好计数；若太少，易造成气泡，不均匀，影响计数结果。

5. 计数时，载物台应绝对平置，不能倾斜，以免细胞向一边集中。光线不必过强，暗视野下计数的效果较好。

实验七　出血时间和凝血时间的测定

一、目的原理

学习出血时间和凝血时间的测定方法。

出血时间指的是小血管破损后，血液从创口自行流出至自行停止的时间，也称止血时间。测定出血时间可检测毛细血管和血小板功能是否正常，是检测机体生理性止血功能是否正常的一种简便而有效的方法。生理性止血主要与小血管的收缩，血小板的黏附、聚集和释放活性物质等一系列生理反应过程有关。血小板数量减少或毛细血管功能缺陷时出血时间延长。

血管破损后，血液接触异面，一系列凝血因子相继被激活，使血液中的纤维蛋白原转化成纤维蛋白，变成血凝块。凝血时间指的是从血液流出体外至血液完全凝固的时间。测定凝血时间可反映机体凝血因子是否缺乏，血液的凝固过程是否正常。凝血因子缺乏时凝血时间延长。

二、材料及用具

小鼠、家兔、乙醚、75%酒精、烧杯、剪毛剪、注射器、采血针、玻片、棉球、滤纸片、大头针、秒表。

三、方法及步骤

1. 出血时间的测定

将小鼠放入一倒扣烧杯内，然后放进几粒乙醚棉球，1～3 min 后，小鼠麻醉。用剪毛剪剪去小鼠腿部被毛，75%酒精棉球消毒后，再用干棉球擦干。用采血针刺入皮下 2～3mm 深，让血液自然流出，勿施加压力。每隔 30s，用滤纸吸去流出的血滴，直到无血液流出为止。记下从开始出血至止血时间，即为出血时间。

2. 凝血时间的测定

用注射器从兔的耳缘静脉采血 2mL，滴一大滴血液（直径约 5～10mm）在事先准备好的清洁干燥的玻片上。每隔 30s 用针尖挑血一次，直至挑起纤维蛋白血丝为止。记下从血液离体至挑出细纤维蛋白血丝的时间，即为凝血时间。

四、注意事项

1. 采血针刺入皮下深度以 2～3mm 为宜，采血时应让血自然流出，不要挤压出血部位。

2. 滤纸吸血时，注意不要触及伤口，以免影响结果。

3. 测定凝血时间时，严格每 30s 挑血一次，且每次挑血时要按一定方向从血滴边缘往里轻挑，以免破坏纤维蛋白的网状结构，造成不凝假象。

实验八　蛙类微循环的显微观察

一、目的原理

学习用显微镜或图像分析系统观察蛙肠系膜微循环内各血管及血流状况，了解微循环各组成部分的结构和血流特点。观察某些药物对微循环的影响。

微循环是指微动脉和微静脉之间的血液循环，是血液和组织液进行物质交换的重要场所。经典的微循环包括微动脉、后微动脉、毛细血管前括约肌、真毛细血管网、通血毛细血管、动-静吻合支和微静脉等部分。由于蛙类的肠系膜组织很薄，易于透光，因此可以在显微镜下或利用图像分析系统直接观察其微循环血流状态、微血管的舒缩活动及不同因素对微循环的影响。

在显微镜下，小动脉、微动脉管壁厚，管腔内径小，血流速度快，血流方向是从主干流向分支，有轴流（血细胞在血管中央流动）现象；小静脉、微静脉管壁薄，管腔内径大，血流速度慢，无轴流现象，血流方向是从分支向主干汇合；而毛细血管管径最细，仅允许单个细胞依次通过。

二、材料及用具

蛙或蟾蜍、任氏液、20％氨基甲酸乙酯溶液、0.1％肾上腺素、0.01％组胺、显微镜、有孔蛙板、蛙类手术器械、蛙钉、吸管、注射器（1～2 mL）。

三、方法及步骤

1. 实验准备

取蛙或蟾蜍一只，称重。在尾骨两侧皮下淋巴囊注射20％氨基甲酸乙酯（3 mg/g），约10～15 min进入麻醉状态（也可直接进行双毁髓使动物瘫痪）。用大头针将蛙腹位（或背位）固定在蛙板上，在腹部侧方做一纵向切口，轻轻拉出一段小肠袢，将肠系膜展开，小心铺在有孔蛙板上，用数枚大头针将其固定（图7）。

2. 实验项目

（1）在低倍显微镜下，识别动脉、静脉、小动脉、小静脉和毛细血管，观察血管壁、血管口径、血细胞形态、血流方向和流速等的特征（图8）。

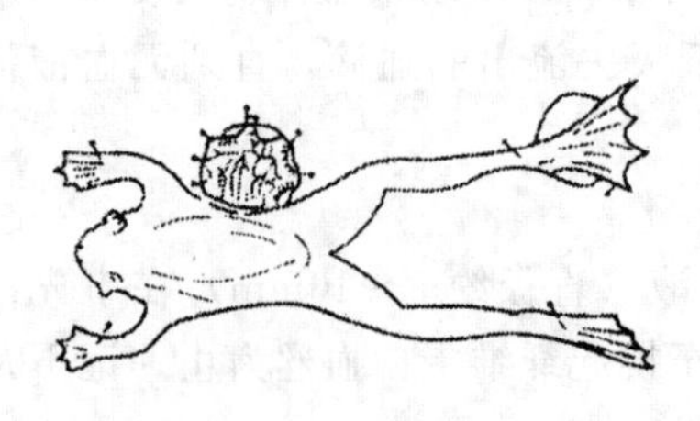

图7　蛙肠系膜标本的固定

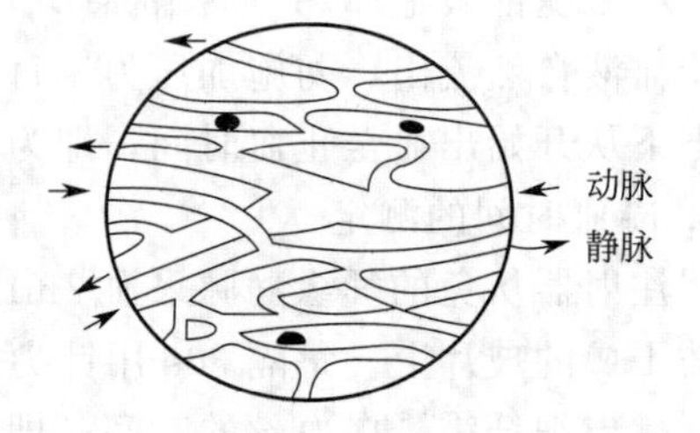

图8　蛙肠系膜微循环的观察

（2）用小镊子给予肠系膜轻微机械刺激，观察此时血管口径及血流有何变化。

（3）用一小片滤纸将肠系膜上的任氏液小心吸干，然后滴加几滴0.1％肾上腺素于肠系膜上，观察血管口径和血流有何变化。出现变化后立即用任氏液冲洗。

（4）血流恢复正常后，滴加几滴0.01％组胺于肠系膜上，观察血管口径及血流的变化。

四、注意事项

1. 手术操作要仔细，避免出血造成视野模糊。

2. 固定肠系膜不能拉得过紧，不能扭曲，以免影响血管内血液流动。

3. 实验中要经常滴加少许任氏液，防止标本干燥。

实验九　蛙心活动的观察

一、目的原理

观察肾上腺素和乙酰胆碱对心脏活动的影响。肾上腺素可加强心脏的活动，而乙酰胆碱则减弱心脏的活动。

二、材料及用具

蛙或蟾蜍、蛙心套管、探针、任氏液、0.1%肾上腺素溶液、0.01%乙酰胆碱溶液、滴管等。

三、方法及步骤

1. 实验准备操作

取青蛙（或蟾蜍）两只，用探针由蛙枕骨大孔处插入脑和脊髓，破坏脑和脊髓，剪开胸腔暴露心脏（图9）。

2. 实验项目

（1）观察正常心脏的搏动。

（2）肾上腺素的影响　用滴管向一只青蛙心脏静脉窦处滴加0.1%肾上腺素溶液1～2滴，勿碰到静脉窦，观察心脏活动有何变化。

（3）乙酰胆碱的影响　用滴管向另一只青蛙心脏静脉窦处滴加0.01%乙酰胆碱溶液1～2滴，勿碰到静脉窦，观察心脏活动有何变化。

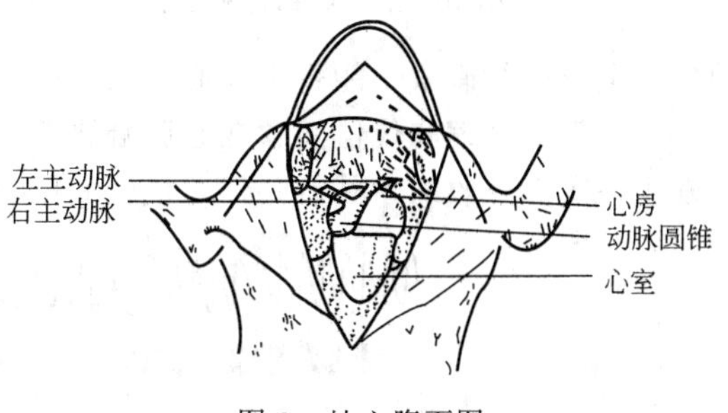

图9　蛙心腹面图

3. 结果讨论

（1）在上述实验中，药物对心脏活动有明显的影响，为什么？

（2）在实验中提到勿损伤静脉窦，为什么？

实验十　蛙心收缩的记录和心肌特性

一、目的原理

了解心肌的某些特性并掌握其纪录方法。心肌的特性之一是具有较长的不应期。绝对不应期占据了整个收缩期，因此给心脏以连续刺激并不能形成强直收缩。这种特性对于维持正常的血液循环具有重大意义。在相对不应期给予单个阈上刺激，可引起一次额外收缩，其后便产生一个较长的间歇——代偿间歇。心肌还具有“全或无”的特性。在其他条件都恒定的情况下，心肌对任何强度的阈上刺激均发生同样大小的反应。

二、材料及用具

刺激电极，生物功能实验系统，蛙或蟾蜍，蛙板，蛙针，蛙心夹，丝线，任氏液，手术器械，铁架台，双凹夹等。

三、方法及步骤

1. 实验准备操作

用蛙针破坏蛙（或蟾蜍）的脑与脊髓，将其仰卧钉在蛙板上；然后切开胸部皮肤与肌肉，并将其胸骨剪开，暴露心脏；将心包膜打开，用连有丝线的蛙心夹夹住心尖；再将丝线联结在换能器上，用生物功能实验系统即可描记出心搏曲线。

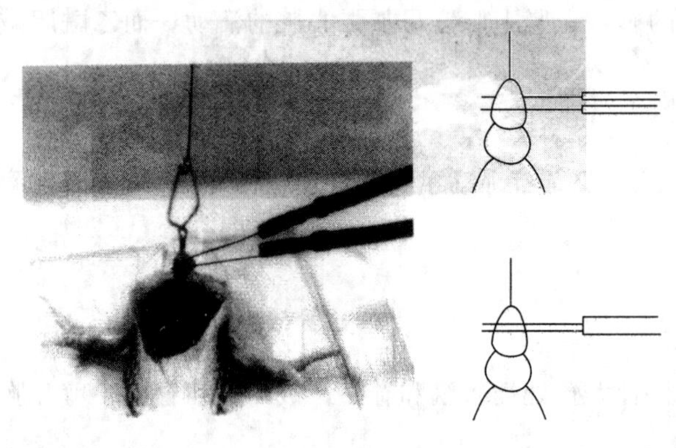

图 10　蛙心收缩记录装置

最后，再固定一个刺激电极，使其两极刚好靠在心室上。电极的导线接到电子刺激器的单刺激的接线柱上。在实验过程中，要经常用任氏液润湿心脏，不让其干燥。见图 10。

2. 实验项目

（1）心搏的正常活动曲线　打开生物功能实验系统，记录蛙心活动的基本曲线。注意观察曲线的哪一部分代表心室收缩？哪一部分代表心室舒张？

（2）在心脏收缩期间，以中等速度的单个电震进行刺激，能否引起心脏活动的改变？为什么？

（3）额外收缩和代偿间歇在心脏舒张期间，以中等强度的单个电震进行刺激，此时心脏即发生一次额外收缩，其后并伴有代偿间歇出现（图 11）。为什么？

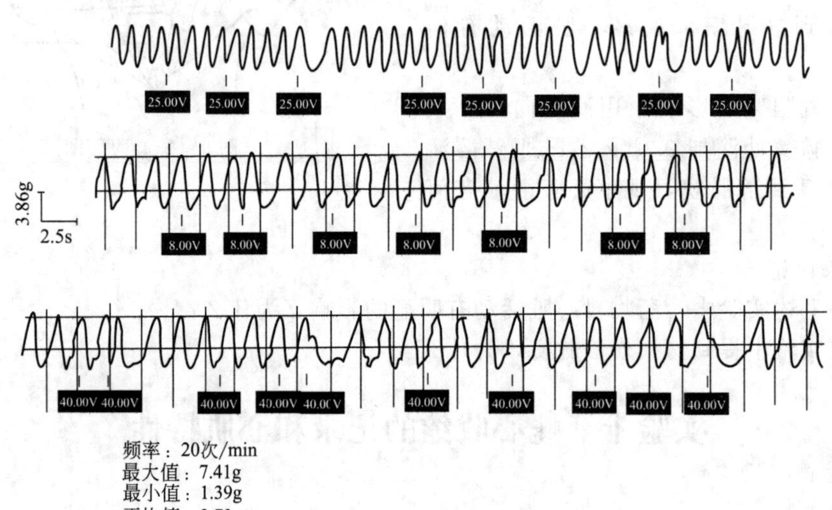

图 11　期前收缩与代偿间歇记录图

四、注意事项

1. 电极应刚好靠在心室上，要求不影响心室的收缩。

2. 刺激之间要有一定的时间间隔，给心脏以休息的时间。

实验十一　蛙心起搏点

一、目的原理

用结扎的方法观察蛙的心搏起点，以及心脏不同部位传导系统的自动节律性高低。

心脏的特殊传导系统具有自动节律性，但各部分的自动节律性高低不同。蛙的心搏起点是静脉窦（哺乳动物是窦房结），自动节律性也以静脉窦（窦房结）为最高。正常心脏的每次搏动都由静脉窦（窦房结）发出，沿心房传至房室结，再由房室结经房室束传至心室肌肉。若阻断心脏的正常传导，则出现不同的收缩障碍。

二、材料及用具

蛙或蟾蜍，蛙板，解剖用具，线，玻璃解剖针，秒表。

三、方法及步骤

1. 认识蛙心各部分的构造和名称。自心脏腹面认识心室、心房、动脉圆锥（动脉球）和主动脉。然后用玻璃解剖针向前翻转蛙心，从心脏背面区别静脉窦和心房。见图12。

2. 观察蛙心各部分收缩的顺序。自心脏背面观察静脉窦、心房、心室三部分。观察它们的跳动次序，并记数每分钟的收缩次数。

3. 用小镊子在静脉窦与心房之间穿一丝线，并进行结扎。此时心房与心室又开始收缩后，记数单位时间内静脉窦和心房、心室的收缩频率，两者是否一致？说明什么问题？

4. 另取一线，在心房与心室之间结扎，观察心脏跳动有何变化？

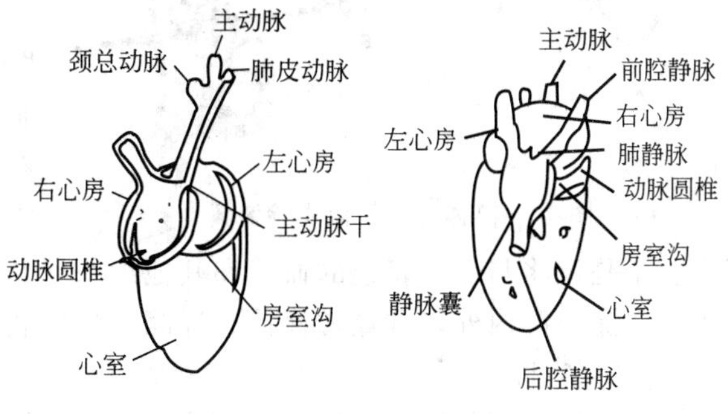

(a) 心脏腹面　　(b) 心脏背面

图12　蟾蜍心脏

四、注意事项

1. 记载前要认真识别心脏各部分的界线。

2. 结扎的部位要准确地落在相邻部位的交界处，结扎时用力逐渐增加，直至心房、心室搏动停止。

实验十二　离体蛙心灌流

一、目的原理

用离体蛙心灌流的方法，观察各种理化因素对心脏活动的影响。

维持心脏正常收缩的节律和强度，需要有一个适当的理化环境，这种环境条件稍有改变，便可影响心脏的正常活动。

二、材料及用具

蛙或蟾蜍，蛙心套管，蛙针，任氏液，0.1%肾上腺素溶液，冰块，0.01%乙酰胆碱溶液，滴管，生物功能实验系统，肌肉张力换能器，铁架台，双凹夹，试管夹，线等。

三、方法及步骤

1. 实验准备操作

破坏蛙（或蟾蜍）的脑与脊髓。暴露心脏，并在主动脉下面穿两条线。用蛙心夹夹住心尖，将心脏向前翻转，于心脏背面找到静脉窦；并在静脉窦之外以一条线结扎，这样就阻断了血液继续流回心脏。在结扎时切勿损伤静脉窦，否则心脏会停止跳动。

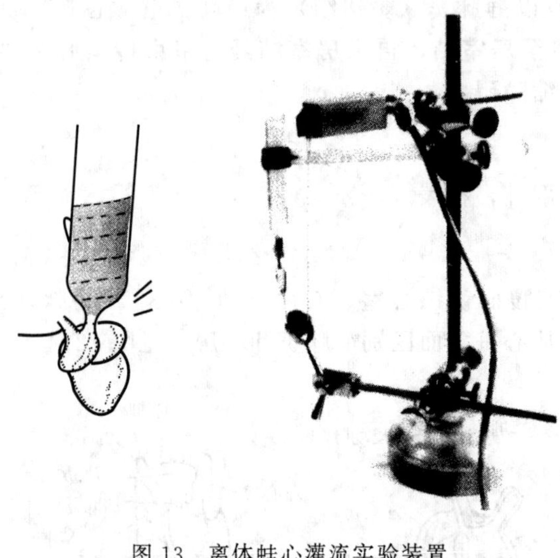

图 13　离体蛙心灌流实验装置

将心脏放回原位，用小剪刀在主动脉的根部朝心室的方向剪一小口，以灌有任氏液的蛙心套管的尖端，由此口插入动脉球。然后将插管稍向后退（因主动脉有螺旋瓣），见图 13，再转向心室中央的方向，插入心腔内。如确实插入心室，即以另一线将动脉球与套管的尖端一起结扎固定，然后将结扎剩下的线头结扎在套管侧壁的小玻璃钩上，并固定之，以免心脏滑脱。

注意：插套管时要特别小心，应逐渐试探插入，以免损伤心肌，然后滴入少量任氏液，套管插好后的斜口应向心室腔，以免心室收缩时堵塞斜口。如果其深度和位置合适，则套管中的液面随心脏的跳动而上升和下降。于是可将与心脏相连的血管和其他组织剪断，摘出心脏，但切勿损伤静脉窦。然后用任氏液洗涤心脏内外，并经常保持其湿润。按图装置后，开始下列实验。

2. 实验项目

(1) 正常心脏收缩的曲线　用滴管向蛙心套管中注入 1～3mL 任氏液（以后的溶液均应与第一次相同)。使记录仪开始工作，做出记录，注意观察心跳频率和收缩强度。见图 14。

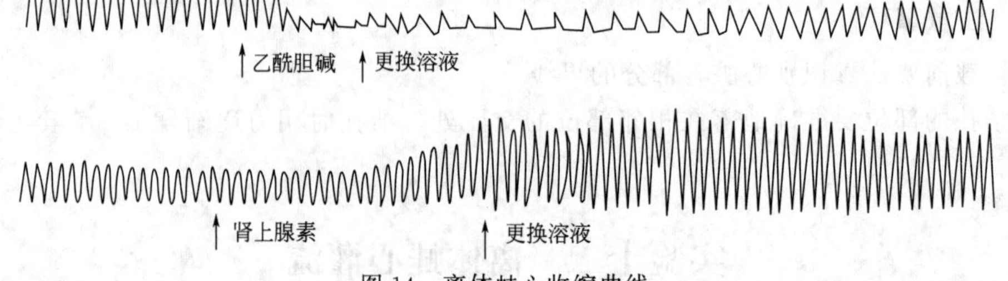

图 14　离体蛙心收缩曲线

(2) 肾上腺素的影响　向套管中加入 0.1%肾上腺素溶液 1～2 滴。观察心脏活动有何变化？

(3) 乙酰胆碱的影响　向套管中加入 0.01%乙酰胆碱溶液 1～2 滴。观察心脏活动有何变化？

四、注意事项

1. 加化学药品时，先宜少加，如作用不明显可再加。

2. 蛙心套管液面应保持一定高度。

3. 吸取各种药液的滴管要分开，不可混淆，以免影响实验结果。

4. 必须待心跳恢复正常后才可进行下一项实验。

实验十三　离体蛙心容积导体心电描记

一、目的原理

说明心电记录的容积导电原理。动物心脏活动所产生的电变化能从体表测定，是因为机体内具有可导电的体液。这些体液可作为容积导电体将心电传至体表。如将引导电极置于体表的不同部位时，即可记录心电。

二、材料及用具

心电图机（或生物功能实验系统），手术器械，培养皿，任氏液，鳄鱼夹，蛙板，蟾蜍。

三、方法及步骤

1. 用探针破坏脑和脊髓，将蛙背部向下置于蛙板上用大头针固定，并暴露心脏。

2. 将接有导线的鳄鱼夹，固定于右前肢和两后肢的大头针上。负输入端接右前肢，正输入端接左后肢，右后肢接地。

3. 将引导的心电输入心电图机（或生物功能实验系统），记录蛙的心电。

4. 将蛙心连同静脉窦一并快速剪下，将蛙心放入盛有任氏液的培养皿中，此时开动心电图机（或生物功能实验系统），记录纸上不出现心电波形。

5. 从固定蛙腿的大头针上取下鳄鱼夹，并按顺序夹住培养皿的边缘。注意使鳄鱼夹接触到皿中的任氏液。将蛙心放在培养皿的中部，开动记录仪，此时记录纸上有心电波形出现。改变蛙心位置，心电波形发生变化。证明心电可通过容积导体传导。见图 15。

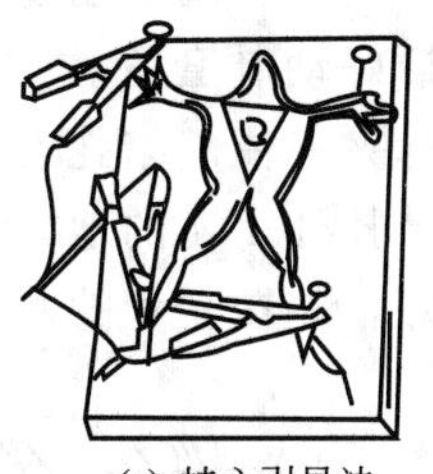

(a) 蛙心引导法

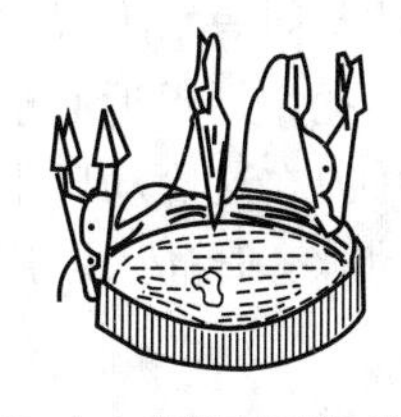

(b) 心电容积导体引导法

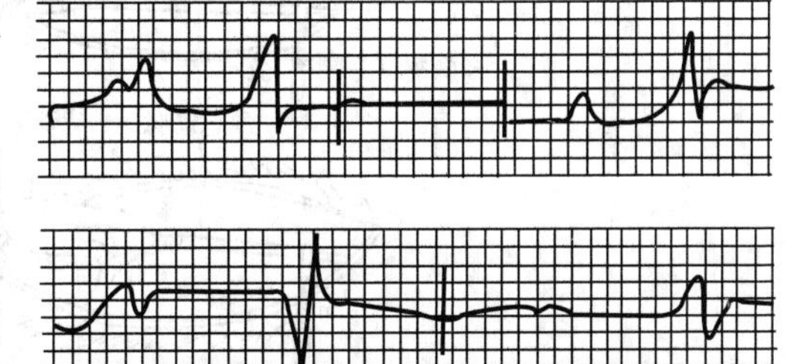

(c) 离体蛙心容积导体心电图

图 15　蛙心电及离体蛙心容积导体心电描记

四、注意事项

1. 如果按上述第二项连接，出现干扰，可将左前肢也与心电图机左前肢导线连接，可克服干扰。

2. 培养皿中的任氏液的温度最好保持在 30℃左右。

实验十四　动脉血压的直接测定及影响因素

一、目的原理

了解直接测定动脉血压的方法及某些因素对血压的影响。动物的血压经常维持在一定水平，这是由于神经和体液不断调节心脏的活动和血管平滑肌紧张度的结果。当内外环境的某些因素发生改变时，动脉血压会发生相应的变化。

二、材料及用具

实验兔，手术器械，2%戊巴比妥钠溶液，生理盐水，丝线，1%肝素生理盐水，动脉套管，0.1%肾上腺素溶液，0.01%乙酰胆碱溶液，生物功能实验系统，压力换能器，注射器。

三、方法及步骤

1. 仪器装置

将肝素生理盐水充入压力换能器与动脉插管，压力换能器与生物功能实验系统连接，然后连接好刺激装置，并检验其是否合用。调节好适宜的参数，准备记录血压曲线。

2. 手术操作

动物麻醉后仰卧固定在手术台上，头部由兔头夹固定，然后剪去颈部术野的被毛，切开皮肤，找出右侧颈动脉、减压神经及两侧的迷走神经。在神经下面各穿一条丝线，颈动脉下面则穿两条线。找到左侧颈动脉，穿一提线，并向前分离至分叉处，在分叉处稍显膨大，此即颈动脉窦。在分叉处穿一提线。调整动物和压力换能器的位置，使动物的心脏与压力换能器处于同一水平线，然后插好动脉套管。方法如下：将颈动脉剥离 2cm 左右，在远心端用线结扎，再于近心端用动脉夹夹住。结扎处与动脉夹之间最好不少于 1.5cm。然后用锋利的小剪刀在这段动脉上靠近结扎处 1/4 的地方，斜向近心方向剪一小口，将灌有肝素生理盐水的动脉套管插入，用线扎好，并在套管的侧管上结扎，以免滑脱。见图 16。

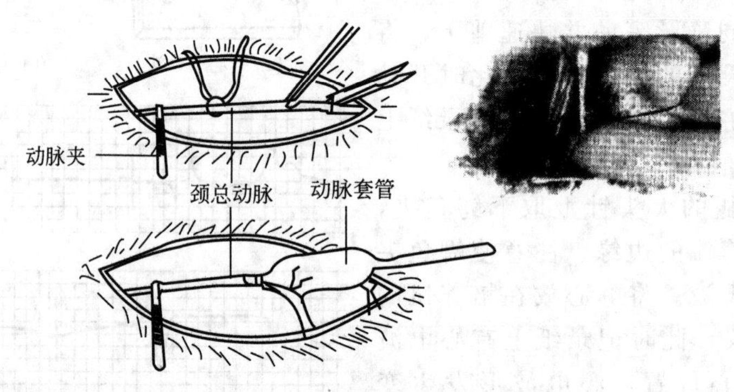

图 16 兔颈动脉插管示意图

最后用止血钳合拢伤口皮肤，并于其上覆以浸有温热的生理盐水纱布。在套管的侧管上预先套一小段橡皮管，并用橡皮管夹夹住。套管插入动脉时，要注意不使其尖端存有气泡。

一切准备妥当后，将动脉夹打开，这时可见有少量血液流入套管中，记录仪上描出血压曲线的波形。

3. 实验项目

(1) 观察正常血压曲线，描记血压的基本曲线，并观察心搏波、呼吸波。

(2) 以动脉夹夹住对侧颈动脉，血压变化如何？为什么？除去动脉夹待血压恢复后，扯动颈动脉窦处的提线，给以机械刺激，则血压变化怎样？

(3) 刺激迷走神经时，血压有何变化？为什么？

(4) 自耳缘静脉注入 0.1%肾上腺素溶液 0.2mL，观察血压有无变化？

(5) 注入 0.2mL 0.01%乙酰胆碱溶液，血压有何变化？

四、注意事项

1. 进行一项实验后，须待血压恢复正常，才能开始下一项实验。

2. 动脉套管与颈动脉须保持平行位置，防止刺破动脉或堵塞血流。

3. 实验过程中要注意保温，尤其在冬季如保温不良，常引起动物死亡。

4. 应随时注意动物麻醉深度，如因实验时间过久麻醉变浅时，可酌量补注少许麻醉药。

实验十五　人体动脉血压的测定及影响因素

一、目的原理

学习并掌握间接测量人体血压的原理和方法。观察某些因素对动脉血压的影响。

通常血液在血管内流动时并没有声音，但当外加压力使血管变窄形成血液涡流时，则可发出声音（血管音）。因此，可以根据血管音的变化来测量动脉血压。测定人体动脉血压最常用的方法是使用血压计间接测压。测压时，用压脉带在上臂加压，当外加压力超过动脉的收缩压时，动脉血流完全被阻断，此时在动脉处听不到任何声音。当外加压力等于或稍低于动脉内的收缩压而高于舒张压时，则在心脏收缩时，动脉内可有少量血流通过，而心室舒张时却无血流通过。血液断续地通过血管时，会发出声音。故恰好可以完全阻断血流的最小外加压力（即发出第一次声音时的压力）相当于收缩压。当外加压力等于或小于舒张压时，血管内的血流连续通过，所发出的音调会突然降低或声音消失。在心室舒张时有少许血流通过的最大管外压力（即音调突然降低时的压力）相当于舒张压。人或哺乳动物的血压是通过神经和体液调节保持其相对的稳定性。但是血压的稳定是动态的，不是静止不变的。人体的体位、运动、呼吸、温度以及大脑的思维活动等因素对血压均有一定影响。

二、材料及用具

血压计、听诊器。

三、方法及步骤

1. 受试者取坐位，心脏与血压计零点同一水平。静坐 5min，待肢体放松、呼吸平稳与情绪稳定。

2. 松开打气球上的螺丝，将压脉带内的空气排空后再将螺丝旋紧。

3. 受试者脱左臂衣袖，将压脉带裹于左上臂距肘窝 3cm 上方处，压脉带应与心脏同一水平，使其松紧适度，手掌向上放于实验台上（图 17）。

4. 在压脉带下方、肘窝上方找到动脉搏动处，将听诊器的胸具置于动脉上。注意：不可过于用力下压。

5. 听取血管音变化

向压脉带充气加压，同时注意倾听声音变化，在声音消失后再加压 30mmHg，然后稍稍扭松打气球上的螺丝，缓慢放气（切勿过快、过慢），仔细倾听听诊器内血管音的一系列变化：声音先是从无到有，次之由低而高，而后突然变低，最后完全消失。如此反复进行

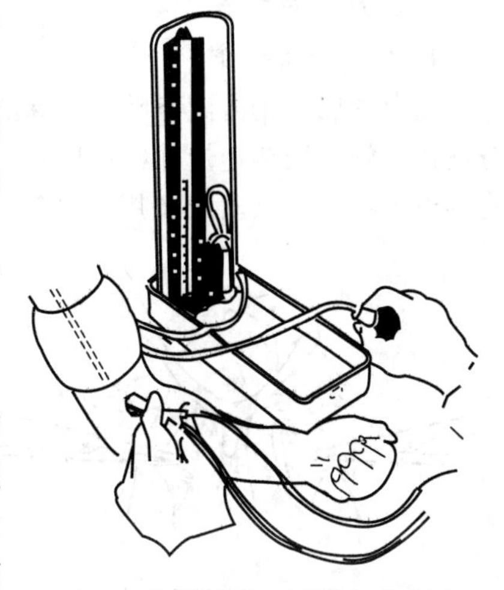

图 17　人体动脉血压测定示意图

2～3次。

6. 测量正常动脉血压

重复上一操作，同时注意检压计读数。当徐徐放气时，第一次听到的血管音即代表收缩压；最后声音消失之前的血管音代表舒张压。记下血压读数。放空压脉带，使压力降至零。重复测压2～3次，记录测压均值（收缩压/舒张压，mmHg）。

7. 实验观察

（1）受试者加深加快呼吸频率对血压的影响　记录正常血压后，令受试者加深加快呼吸（是正常频率的1倍）1min测压。

（2）情绪对血压的影响　待血压恢复正常后，令受试者回忆其最气愤的往事1min测压。

（3）肢体运动对血压的影响　让受试者做原地蹲起运动，1min内完成50～60次，共做1～2min。运动后立即坐下测压，并将变化最大的血压数值记录下来。

（4）冰水刺激对血压的影响　受试者取坐位，测量正常血压，然后让受试者的手浸入冰水中1min测压。

8. 实验结束后，将实验结果记录下来。

实验十六　呼吸运动的调节和胸内压测定

一、目的原理

观察各种因素对呼吸运动的影响，进而了解其作用的机理。证明胸内压的存在，了解胸内压产生的原理以及一些因素对它的影响。呼吸运动是呼吸中枢节律性活动的反应。在不同的生理状态下，呼吸运动受神经因素和体液因素的调节。体内、外的各种刺激可直接作用于中枢或外周感受器，反射性地影响呼吸运动。

二、材料及用具

兔、手术台、手术器械、胸导管或粗注射针头、气管套管、橡皮管、生物功能实验系统、保护电极、2%戊巴比妥钠溶液、水检压计等。

三、方法及步骤

1. 实验准备操作

兔以戊巴妥钠溶液静脉注射麻醉（20mg/kg）。仰卧固定于手术台上，剖开颈部皮肤，分离出气管与两侧迷走神经；切开气管，插入气管套管（图18），用棉线结扎，并在两侧迷走神经下各穿一条丝线备用。将气管插管与呼吸换能器相连，呼吸信号经换能器有信号记录、设备记录。也可以采用膈肌运动记录法记录（图19）。

图18　气管插管法

于右侧胸部第四肋间切开皮肤1.0～1.5cm，分离肌肉至暴露肋间肌为止（如果用粗注射针头就不必分离肌肉）。然后由第四肋间插入以橡皮管连接水检压计的胸套管或特制的粗注射针头，深度以水检压计浮标随呼吸明显波动为止；固定胸套管或针头后，即可开始实验观察和记录胸内压。

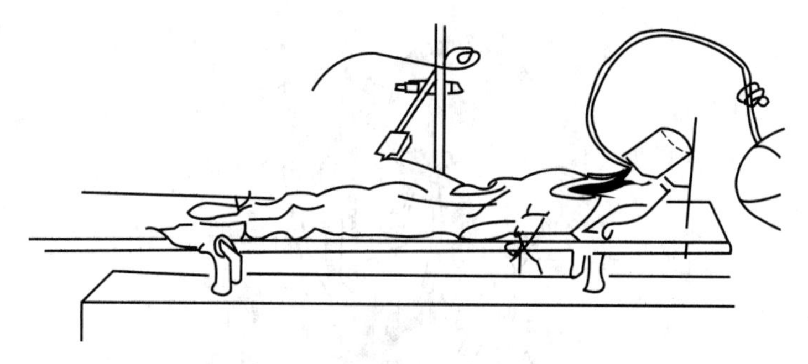

图 19　膈肌法记录呼吸运动装置

2. 实验项目

(1) 开动记录仪，描记一段正常呼吸曲线，并观察呼吸运动与曲线的关系。

(2) 用止血钳闭塞气管套管上的橡皮管约 20s，呼吸运动有何变化？

(3) 将事先装有空气（约 20mL）的注射器（或洗耳球），经橡皮管与气管套管的一侧相连，在吸气相之末堵塞另一侧管，同时立即向肺内打气，可见呼吸运动暂时停止在呼气状态。当呼吸运动出现后，开放堵塞口，待呼吸运动平稳后再于呼气相之末，堵塞另一侧管，同时立即抽取肺内气体，可见呼吸暂时停止于吸气状态，分析变化产生的原因。

(4) 切断两侧迷走神经，重复第 3 步实验，比较呼吸变化有什么区别。

(5) 胸内负压的观察　当胸套管或注射针头插入胸膜腔时即可见水检压计与胸膜腔相通的一侧液面上升，而与空气相通的一侧液面下降，表明胸膜腔的压力低于大气压，为负压。

(6) 胸内负压随呼吸运动的变化　仔细观察吸气和呼气时胸内负压记录有什么变化？

实验十七　胃肠运动的直接观察

一、目的原理

观察动物在麻醉状态下的胃肠运动情况及其影响因素。

消化道肌群属平滑肌，具有平滑肌运动的特性。由于消化道各部位平滑肌结构不同，所表现的运动形式亦不尽相同。平滑肌运动主要受神经和体液因素的调节，理化刺激也能影响胃肠道运动。

二、材料及用具

兔、生理实验多用仪、刺激电极、兔解剖台、台秤、手术器械、注射器、丝线、烧杯、纱布等。酒精生理盐水合剂或戊巴比妥钠、生理盐水、0.1%肾上腺素、0.01%乙酰胆碱等。

三、方法及步骤

1. 实验操作：兔子称重后，用酒精生理盐水合剂或戊巴比妥钠溶液静脉注射麻醉，仰位固定于手术台上，剪去颈部和腹部被毛。自颈部中间将皮肤纵行切开，分离肌肉组织，在气管一侧找到颈动脉，与颈动脉平行有 3 条神经，其中最粗的是迷走神经，最细的是减压神经，中粗的是交感神经，细心分离，在迷走神经下穿线备用。另沿腹中线切开皮肤、肌肉，暴露内脏，在左侧肾上腺附近分离内脏大神经（图 20），穿线备用。

手术后，将兔腹部创口两侧皮肤用止血钳拉起，形成皮兜，注入 37 ℃生理盐水。

2. 观察项目

(1) 胃肠运动情况观察：观察胃、肠的运动形式，并记录其频率。

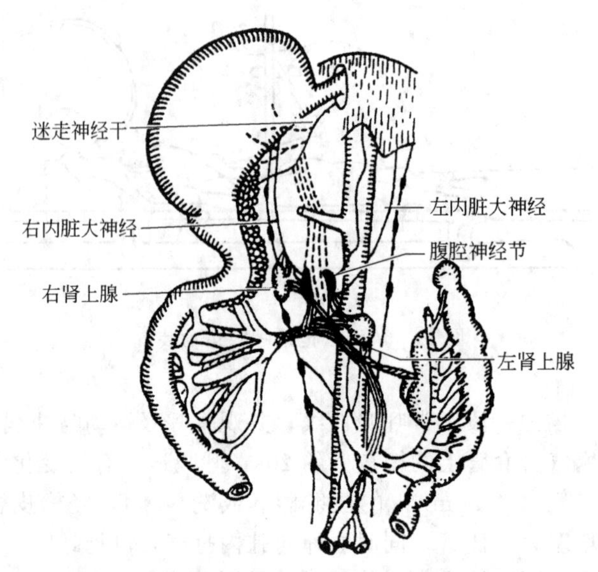

图 20 兔迷走神经干、内脏大神经解剖位置

(2) 神经因素对胃肠运动的影响

① 结扎并剪断迷走神经向中端，刺激离中端，观察胃肠运动有何变化。

② 刺激内脏大神经，观察胃肠运动有何变化。

③ 剪断内脏大神经，观察胃肠运动有何变化。

(3) 体液因素对胃肠运动的影响

① 选一段运动较强的肠管，在其表面滴几滴 0.1％肾上腺素，观察运动有何变化。

② 另选一段运动较弱的肠管，在其表面滴几滴 0.01％乙酰胆碱，观察运动有何变化。

(4) 机械因素对胃肠运动的影响：用镊子或手轻捏肠管的任何部位，观察有何现象发生？

四、注意事项

1. 动物麻醉不宜过深，实验过程中注意动物内脏保温。

2. 动物禁食 12～24h，实验前 2～3h 喂饱。

3. 分离神经时要小心，勿伤及血管以免影响视野。

4. 电刺激时应用连续刺激方式，时间稍长一点。

实验十八 小肠的吸收

一、目的原理

通过观察小肠对不同物质吸收的快慢，进一步理解小肠吸收与肠内容物渗透压间的关系。

小肠是物质吸收的主要部位，各类小分子物质在小肠内的吸收快慢有着显著的差异。同种溶液在一定浓度范围内，浓度越高吸收越慢；浓度过高时，会出现反渗透现象，它使肠内容物的渗透压降低至一定浓度时再被吸收；对不易吸收的高浓度盐，可当泻药用。

二、材料及用具

兔、兔解剖台、台秤、手术器械、注射器、丝线、烧杯、纱布等。

40%酒精生理盐水合剂或戊巴比妥钠、10%硫酸镁、生理盐水、蒸馏水、20%葡萄糖等。

三、方法及步骤

兔用40%酒精生理盐水合剂或戊巴比妥钠静脉注射麻醉后，仰位固定于手术台上。腹部剪毛，从剑突下沿腹部正中线切开腹壁，暴露胃肠，选取近十二指肠处的小肠四段，每段长约8cm，用丝线结扎两端，每段肠管以间隔2cm为宜，然后从近十二指肠处开始，依次向每段肠管中分别注入等量的10%硫酸镁、生理盐水、蒸馏水和20%葡萄糖，达到充盈为止。将小肠送回腹腔，用止血钳封闭创口，每隔15min观察一次结果。

注入各种药品30min后，打开腹腔，观察并记录各段肠管的体积、充盈度各发生了哪些变化。

四、注意事项

1. 结扎肠管时，切勿伤及肠系膜血管。
2. 注药后，各段肠管的充盈度尽量一致。
3. 注意实验动物的保温。

实验十九　离体肠段运动的描记

一、目的要求

观察在离体情况下肠的运动情况以及某些因素对肠运动的影响。

二、材料及用具

兔，麦氏浴皿或恒温平滑肌槽，烧杯，酒精灯，温度计，球胆，生物功能实验系统，三脚铁架，铁支柱，打气筒，丝线，0.1%肾上腺素溶液，0.01%乙酰胆碱溶液，台氏生理盐溶液，缝针。

三、方法及步骤

1. 实验准备

取一兔子，以手抓住后腿使头下垂，用木棒猛击后脑部致死。然后沿着腹白线迅速剖开腹腔，取出一部分小肠放入37～38℃台氏液中，充分洗去肠内容物，切取3～4cm的肠段（十二指肠或空肠）。然后用缝针在肠壁两端各穿上一条丝线，一端固定于麦氏浴皿的通气管上，另一端与记录仪相连（图21）。

麦氏浴皿或平滑肌槽内的温度为38～39℃，并不断地通气至台氏溶液中去。离体肠段的运动有时不立即开始，可能要经过10～30min才开始运动。

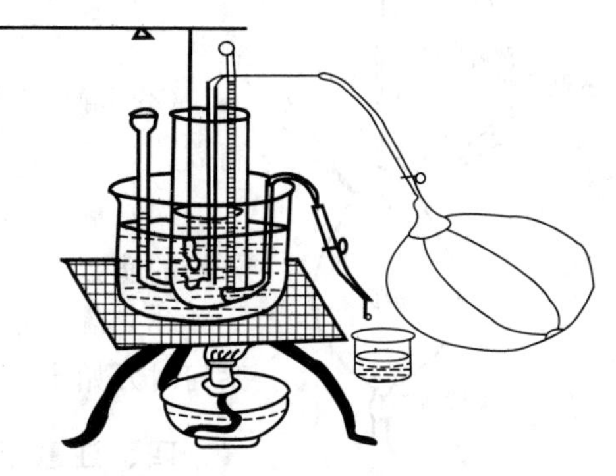

图21　离体小肠测定装置

2. 实验项目

（1）记录离体肠段的自动性收缩曲线5min。

（2）温度恢复正常水平后，加入0.1%肾上腺素溶液数滴于麦氏浴皿中，观察其对肠运动的影响，然后用台氏溶液（38～39℃）冲洗。

（3）待肠段恢复至原来情况时，加0.01%

乙酰胆碱溶液数滴，这时肠平滑肌有何反应？

四、注意事项

1. 兔子先禁食24h，在实验前1h喂给食物，而后击毙则肠运动效果较好。

2. 台氏液要新配制的。

3. 注意控制温度。

实验二十　影响尿生成的因素

一、目的原理

了解一些生理因素对尿分泌的影响及其调节。尿是血液流过肾单位时经过肾小球滤过、肾小管重吸收和分泌而形成的。影响肾小球滤过作用的主要因素是有效滤过压，有效滤过压的大小取决于肾小球毛细血管内的血压以及血浆胶体渗透压和囊内压。影响肾小管重吸收功能的主要是管内渗透压的高低和肾小管上皮细胞的重吸收能力，后者又为多种激素所调节。

二、材料及用具

兔，注射器，手术台，手术器械，膀胱套管，生物功能实验系统，2%戊巴比妥钠溶液，20%葡萄糖溶液，0.1%肾上腺素溶液，垂体后叶素，生理盐水，烧杯。

三、方法及步骤

1. 实验准备操作

动物在实验前应给予足够的饮水（或多给予青绿饲料）。以2%戊巴比妥钠溶液静脉注射（20mg/kg）麻醉后，再固定于手术台上，腹部剪毛，切开皮肤，沿腹白线剪开腹壁肌肉，暴露膀胱。尿液的收集可选用膀胱套管法或输尿管插管法。

膀胱套管法：在耻骨联合前方找到膀胱，在其腹面正中做一荷包缝合，再在中心剪一小口，插入膀胱套管，收紧缝线，固定膀胱套管，并在膀胱套管及所连接的橡皮管和直套管内充满生理盐水，将直套管下端连于计滴装置（对雌性动物为防止尿液经尿道流出，影响实验结果，可在膀胱颈部结扎）。见图22。

2. 实验项目

（1）记录对照情况下每分钟尿分泌的滴数。可连续计数5～10min，求其平均数并观察动态变化。

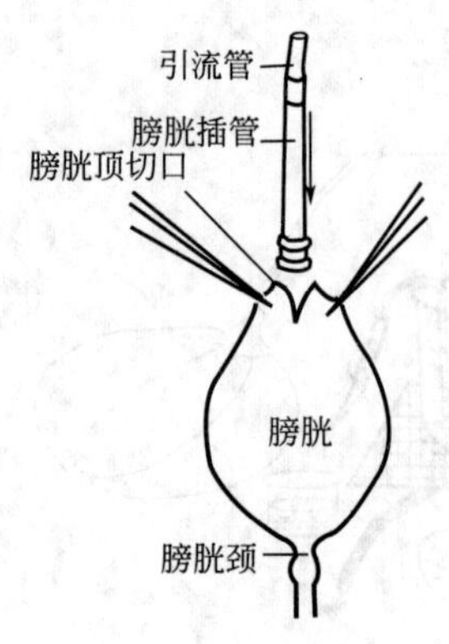

图22　兔膀胱插管法

（2）静脉注射38℃的生理盐水20mL，记录每分钟尿分泌的滴数。

（3）静注38℃的20%葡萄糖溶液10mL，计数每分钟尿分泌的滴数。

（4）静注0.1%肾上腺素溶液0.3～0.5mL后，计数每分钟尿分泌的滴数。

（5）静注垂体后叶素1～2U，计数每分钟尿分泌的滴数，并观察何时开始出现抗利尿作用。

四、注意事项

1. 在进行每一实验步骤时必须待尿量基本恢复或者相对稳定以

后才开始，而且在每项实验前后要有对照记录。

2. 讨论实验结果，分析其原因。

3. 注意保护兔子耳朵，否则药液无法注入。

实验二十一　反射与反射弧的分析

一、目的原理

用实验证明有机体的任何一个反射活动必须通过完整的反射弧才能出现。反射弧的任何一部分受到破坏，反射活动便不能出现。将动物的高位中枢切除，仅保留脊髓的动物称为脊动物。脊动物产生的各种反射活动为单纯的脊髓反射。由于脊动物失去了高级中枢的正常调控，反射活动比较简单，便于分析和观察反射过程的某些特征。

二、材料及用具

蛙（或蟾蜍）、手术器械、铁支柱、大、小烧杯、棉线、任氏液、0.5%硫酸溶液、1%普鲁卡因溶液。

三、方法及步骤

自蛙的眼后剪去全部脑髓，成为无脑蛙（也叫做脊蛙）。由下颌穿一棉线，将蛙悬挂在铁支柱上，然后进行以下实验（图 23）。

1. 正常反射活动的观察：用小烧杯放入 0.5%硫酸溶液，用大烧杯放入清水。将蛙的一侧后足趾浸入 0.5%硫酸溶液中，可观察到蛙出现屈腿反射。反射一出现，立即停止刺激，并用清水将该后足趾皮肤上的硫酸洗净。

2. 用剪刀在该侧后肢膝关节处的皮肤做一环形切口，由此向下将小腿的皮肤全部剥除。用步骤 1 的方法刺激后足趾，观察有无屈腿反射出现。

3. 在另一侧后肢股部的背侧，沿坐骨神经的方向将皮肤做一切口，分出坐骨神经（此神经包含有传出神经纤维和传入神经纤维的混合神经干），并在下面穿一根棉线。将神经提起，将沾有 1%普鲁卡因溶液的小棉球放在坐骨神经干下，约半分钟后，再重复步骤 1，观察有无屈肌反射。如果仍有屈腿，则以后每隔 1min 刺激一次，直到不引起反应为止。当反应消失后，去掉普鲁卡因小棉球，用任氏液反复冲洗神经干，直到重复步骤 1 出现屈腿反射为止。

4. 屈腿反射恢复后，用刺针将脊髓破坏，此后再刺激蛙体的任何部位，观察有无反应出现。

5. 结果

（1）用 0.5%硫酸溶液刺激无脑蛙的足趾，引起屈腿反射的反射弧是哪五个部分？

（2）剥去一侧后肢皮肤后，再刺激足趾的结果是什么？为什么？

（3）将坐骨神经用 1%普鲁卡因溶液处理后，再刺激足趾的结果是什么？为什么？

（4）破坏脊髓后，再刺激蛙体的结果是什么？为什么？

（5）通过以上实验可以得出结论，要引起反射，必须如何？

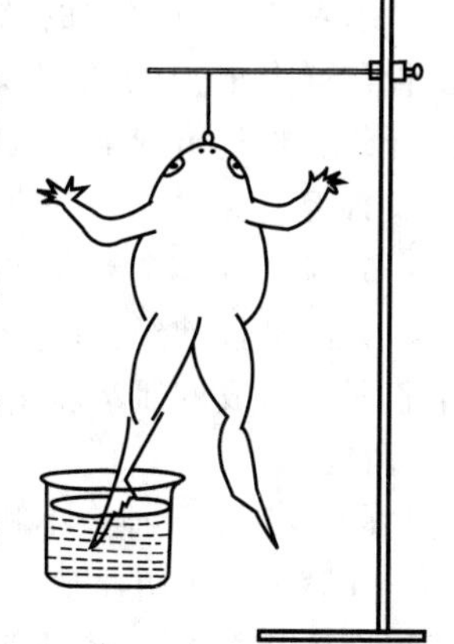

图 23　反射弧测定装置

实验二十二　坐骨神经腓肠肌标本制备

一、目的原理

蛙类的一些基本生命活动和生理功能与温血动物相近似，它的离体组织所需要的生活条件又比较简单，易于控制和掌握。因此，在实验中常用蛙（或蟾蜍）的离体神经肌肉作为标本，体现活组织的某些共同功能特性较为理想。因此，坐骨神经腓肠肌标本的制备方法是生理实验过程中的一项最基本操作技术。

二、材料及用具

实验动物（青蛙或蟾蜍）、手术器械、锌铜弓、木蛙板、玻璃分针、培养皿、吸管、蛙尸缸、纱布、棉线、任氏液。

三、方法及步骤

1. 破坏脑脊髓

取一只青蛙用自来水冲洗干净，一手中指、无名指和小指握住蛙体，拇指按住背部，食指压其头部，使头前俯。另一手持探针由头前端沿中线向后刺触，当触及凹陷处即枕骨大孔。将探针由凹陷处刺入，刺破皮肤即枕骨大孔，这时将探针端转向头端，向前刺入颅腔，然后探针向各方搅动，以捣毁脑髓。如探针确在颅腔内，术者可觉出四面皆壁的颅腔。脑髓捣毁后，将探针退出到皮下，再由枕骨大孔刺入，并转向尾方，刺入椎管，将探针上下抽动几次，以彻底破坏脊髓。脑和脊髓是否完全破坏，可检查动物的四肢肌肉的紧张性是否完全消失。

2. 剪除躯干上部及内脏

提起蛙的背部，在躯干前1/3处剪断脊柱。一手用镊子夹住脊柱断端皮肤、肌肉和内脏(注意勿伤及坐骨神经)，仅留骶尾联合以下的后肢，骶骨、脊柱及由它发出的坐骨神经。

3. 剥皮

剪去泄殖腔外口的皮肤后，用一镊子夹住断端，另一镊子夹住覆于其上的皮肤边缘，用力剥掉躯干及后肢的全部皮肤。然后将已剥掉皮肤的后肢背位放在预先用任氏液湿过的清洁的蛙板上。

4. 分离两腿

术者的手及用过的器械等擦洗干净。用玻璃分针挑起坐骨神经丛，剪断剩下的骶骨及骨盆联合前沿的软组织，留下一段发出坐骨神经的椎骨。沿脊髓正中线剪开脊椎，将剪开的脊椎连同神经分别放在左、右大腿肌肉下。然后在骨盆联合部剪开两腿，注意勿伤及神经。

5. 制备坐骨神经腓肠肌标本

分离坐骨神经：取一条已剥皮的蛙腿，背面向上放在蛙板上，用玻璃分针沿股二头肌及半膜肌所形成的肌沟剥离肌膜，露出位于肌沟深处的坐骨神经，然后沿神经走向仔细分离出坐骨神经。

6. 制备坐骨神经小腿标本

在膝关节上方将股骨周围所有的大腿肌肉完全分离，从膝关节附近减掉肌肉，露出股骨后，在关节以上1cm处剪断股骨，即成为坐骨神经小腿标本。

7. 制备坐骨神经腓肠肌标本

在腓肠肌跟腱与肌肉交界处穿线结扎，贴骨面剪下跟腱，使腓肠肌与周围组织脱离，直到膝关节为止，最后在膝关节下将小腿剪去，留下的即为坐骨神经腓肠肌标本。

8. 检查标本

标本制作好后，随即用锌铜弓蘸任氏液轻轻接触坐骨神经，给以刺激，腓肠肌即能发生明显而又灵活的收缩，表示标本的兴奋性良好，将标本放在盛有任氏液的培养皿里备用。如果刺激后，肌肉收缩反应不灵敏或根本不起反应，必须重新制作，并找出失败的原因。见图 24。

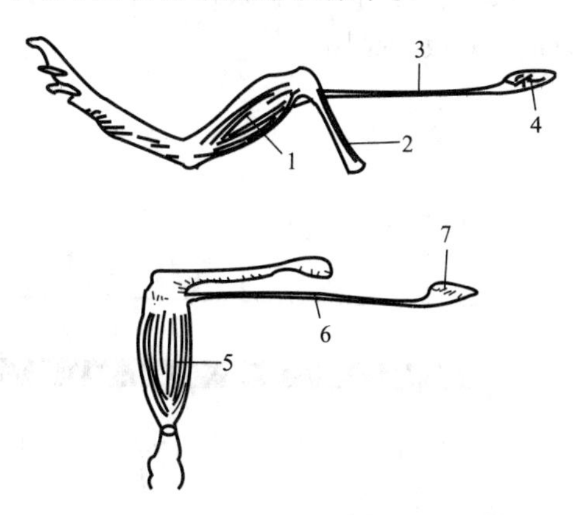

图 24　坐骨神经腓肠肌标本示意图

1—腓肠肌；2—股骨；3—坐骨神经；4—脊柱；5—腓肠肌；6—坐骨神经；7—脊柱

四、注意事项

1. 掌握坐骨神经腓肠肌标本的制作方法，要求制备好的标本兴奋性好。

2. 在剥离标本时，不能用金属器械触碰神经干。神经周围的结缔组织一定要剥离干净，同时要特别小心，以防损伤和剪断神经。

3. 不能使蛙皮肤分泌物和血液沾污神经和肌肉，也不能用自来水冲洗，以免影响组织的兴奋性。要随时用任氏液湿润神经和肌肉，以防干燥。

4. 结扎跟腱时，线应扎紧，以免滑脱。

5. 蟾酥对人体皮肤无害，但对眼睛有一定的刺激作用。如果不慎溅入眼内，可立即用生理盐水冲洗数次。若发现眼睛红肿疼痛，须及时去医院眼科处理。

实验二十三　刺激强度与骨骼肌收缩的关系

一、目的原理

肌肉和其他任何活组织一样，都具有兴奋性，能接受刺激而发生兴奋反应。但刺激要引起组织兴奋，必须达到一定的强度。刚能引起兴奋的最小刺激强度（例如引起肌肉收缩的最小刺激强度），称为阈强度或阈值。而刚达到阈强度的刺激称阈刺激。本实验的目的是观察不同强度刺激时肌肉收缩的强弱，从而理解刺激与反应之间的关系。

二、材料及用具

青蛙或蟾蜍、生物功能实验系统、神经肌肉标本肌槽、手术器械，探针、锌铜弓、蛙板、玻璃分针、培养皿、吸管、蛙尸缸、纱布、棉线、任氏液。

三、方法及步骤

1. 制作好蛙坐骨神经腓肠肌标本（制作方法见实验二十二），在任氏液中浸泡 10～15min，固定于肌槽上。

2. 连接实验装置线路并调整仪器

将刺激输出线连接到肌槽，以便随时调整刺激输出强度。将神经肌肉标本的腓肠肌肌腱上的线与记录仪的肌肉张力换能器相连，调整好记录仪的灵敏度。

3. 实验观察

（1）调节刺激器输出强度，测出肌肉出现第一收缩反应时的最小刺激强度（阈刺激）。

（2）逐渐增强刺激强度（阈上刺激），可以看出记录仪上描记的肌肉收缩曲线也在逐渐增高。

（3）当达到一定刺激强度时，肌肉收缩反应不再因刺激强度的增加而增强，此时的刺激为最大刺激。见图 25。

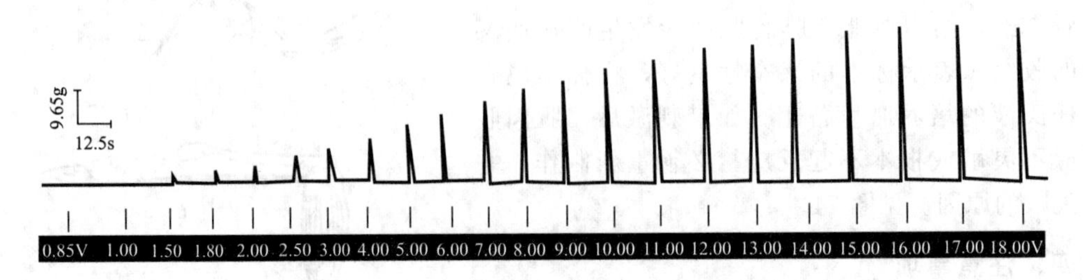

图 25　刺激强度与骨骼肌收缩反应的关系

四、注意事项

1. 熟悉实验装置，了解实验方法。

2. 刺激后如有肌肉收缩，则待肌肉完全恢复正常后再进行下一次刺激。

3. 注意每次肌肉收缩所描记的曲线下部应注明刺激强度。

实验二十四　刺激频率与骨骼肌收缩的关系

一、目的原理

观察刺激间隔时间与肌肉收缩综合形成的关系。观察刺激频率与收缩波形的关系，从而了解强直收缩的原因。

如果使两个相继的刺激作用于骨骼肌，而第二个刺激正好落在第一个刺激所引起的收缩期或舒张期内，结果肌肉的第一个收缩还未结束，便又对第二个刺激发生反应，从而引起收缩的综合。骨骼肌的不应期是很短的，如果两个刺激时间间隔过短，后一个刺激落在前一刺激所引起的不应期内，便不引起第二次收缩。如果第二个刺激落在前一刺激的不应期后，则产生两次收缩。

蛙的神经肌肉标本进行一次单收缩所需的时间约为 0.11s，其中收缩期占 0.05s，舒张期占 0.06s。若以每秒 10 次左右的频率刺激神经时，则后一刺激正落在前刺激所引起的肌肉收缩的舒张期中，此时即形成不完全的强直收缩。若刺激频率高于 20 次/s 时，则后一刺激正落在前一刺激所引起的收缩期中，这样即得到完全的强直收缩。

二、材料及用具

蛙（或蟾蜍），手术器械，生物功能实验系统，肌槽，任氏液。

三、方法及步骤

1. 将制备好的神经肌肉标本固定在肌槽内，用生物功能实验系统记录。

2. 接通电源，调节刺激器的输出强度和频率，记录出肌肉单收缩、收缩综合、强直收缩曲线。见图 26。

四、注意事项

每次刺激后，肌肉应休息 1min，并经常以任氏液润湿神经肌肉标本。

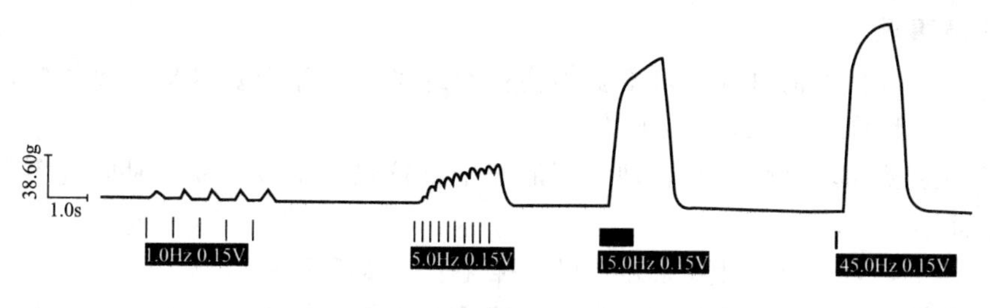

图 26 刺激频率与骨骼肌收缩的关系

实验二十五 神经干动作电位的引导

一、目的原理

神经的动作电位是神经兴奋的客观标志，即正处于兴奋的部位对静止的部位来说呈负电性质，当神经冲动通过后，该处的电位又恢复到静止的水平。兴奋时发生的上述电变化过程称为动作电位。将两个记录电极置于神经干的正常部位时，所记录的波形叫双相动作电位；如果将一个记录电极置于正常部位，另一个记录电极置于损伤部位，则记录的波形叫单相动作电位。由于每条神经内包含许多神经纤维，当逐渐增大刺激强度时，就有越来越多的神经纤维受到刺激而兴奋，虽然每条神经纤维按"全或无"定律参加反应，但记录到的动作电位却是许多不同兴奋阈值、传导速度和振幅的波峰的总和波形，它的振幅可随刺激强度的增大而增高。本实验的目的是观察蛙坐骨神经的双相和单相动作电位，以及改变实验条件对神经动作电位的影响。

二、材料及用具

青蛙或蟾蜍、生物功能实验系统、神经肌肉标本盒、手术器械、探针、玻璃分针、蛙板、培养皿、吸管、蛙尸缸、锌铜弓、棉线、纱布、任氏液。

三、方法及步骤

1. 制备蛙坐骨神经标本

先制备成蛙的神经腓肠肌标本（方法见实验二十二），用锌铜弓检查神经的功能状态。如果正常则剪去腓肠肌，将神经放在任氏液里备用。

2. 连续实验装置仪器

用镊子夹住制备好的神经标本两端的结扎线，将神经标本放在电极上。方向是神经的近中端接触刺激电极，外周端接触记录电极，用小棉球吸去标本上过多的任氏液。

3. 实验观察

（1）双相动作电位　把两个引导电极都接触到可传导兴奋的神经上，记录到的是双向动作电位（图 27）。双向动作电位的两个相的大小不一定是相等的，它取决于两个引导电极之间距离，以及神经兴奋波的波长等因素。

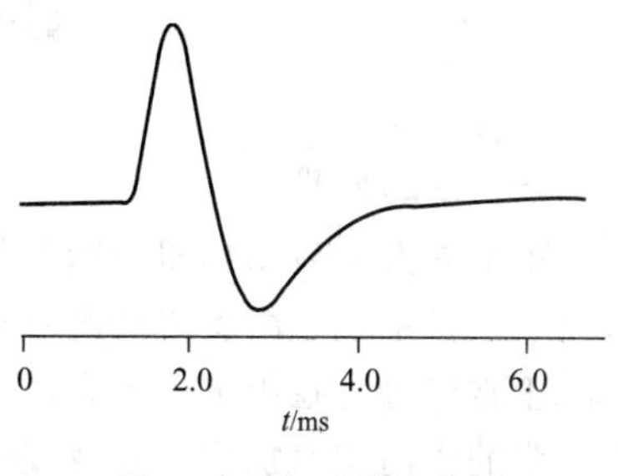

图 27　双相动作电位图

（2）单向动作电位　如果两个引导电极中有一个是放在神经的损伤端（神经损伤可以用钳夹、麻醉急迫或冷冻的方法造成），也就是说所放之点其电位不随神经兴奋而发生变化，因此就得到一单相动作电位，动作电位的第二相消失。

四、注意事项

1. 在分离神经标本的过程中，不要损伤神经纤维。神经干要尽量剥离长些，并仔细剥净附着在神经干上的结缔组织膜及血管。

2. 刺激强度要由弱到强逐渐增加，不能开始就较强。刺激持续的时间也不宜过久，以免伤害神经标本。

3. 在操作中，为了防止神经干燥，可在神经上滴加任氏液。

4. 神经两端不可与神经槽接触，也不要把神经折叠后放在电极上，以免影响动作电位的波形。

实验二十六　大脑皮质的运动区定位

一、目的原理

了解大脑皮质对机体运动的作用。皮质运动区的锥体细胞直接控制着骨骼肌的运动，因此，若刺激这个区域则引起身体不同部位的肌肉收缩。愈是高等动物，运动区的定位愈严格。见图 28。

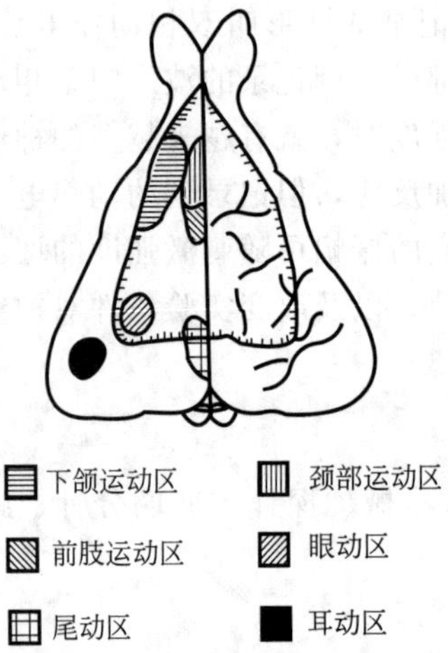

下颌运动区　颈部运动区
前肢运动区　眼动区
尾动区　耳动区

图 28　兔大脑皮质运动区定位图

二、材料及用具

兔（或狗、猪），手术器械，兔手术台，电子刺激器，脑刺激电极，骨蜡，颅骨钻，咬骨钳。

三、方法及步骤

1. 先用苯巴比妥钠进行腹腔麻醉，半小时后腹位固定于手术台上。剪去头顶部被毛，纵行切开头皮，用颅骨钻或用咬骨钳剖开颅骨，如有出血，可用骨蜡止血。然后除去硬脑膜（注意不要损伤血管）。

2. 用电极刺激大脑皮质各点，观察动物的肌肉有何反应。

四、注意事项

电刺激不能太强。每次刺激需持续 5～10s，才能确定有无反应。

实验二十七　去大脑僵直

一、目的原理

了解去大脑后动物肌肉紧张的改变。中枢神经系统的网状结构中，存在着抑制肌紧张和易化肌紧张系统。两者之间既互相拮抗又互相协调，使骨骼肌维持适度的肌紧张，保持动物体的正常姿势。在中脑上下叠体之间横断脑干，由于切断抑制肌紧张系统的联系较多，易化肌紧张的作用相对加强，导致反射性伸肌紧张性亢进。动物表现出四肢伸直、头部后仰、尾巴竖立等现象，这种症状称去大脑僵直。

二、材料及用具

猫（兔），手术器械，头位固定器，阿托品，乙醚，棉花，骨蜡，线。

三、方法及步骤

1. 实验准备

（1）将动物预先注射阿托品后用乙醚吸入麻醉，俯卧固定于手术台上。

（2）在头顶正中自眉弓至枕部切开皮肤，露出头骨，分离颞肌和骨膜，用颅骨钻在颅骨钻孔扩大，使后半部大脑半球暴露，再剪除硬脑膜，露出脑面。见图 29。

（3）松开动物四肢，去除头夹。左手托起动物头部，右手用刀柄将大脑半球的枕叶翻托起来，看清中脑上下叠体，用竹刀在叠体之间横断脑干。

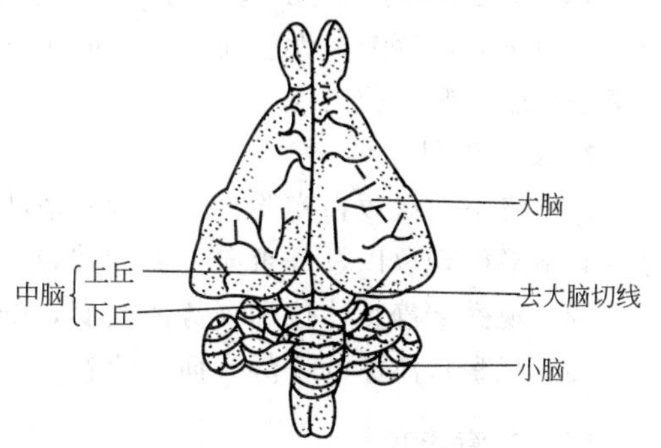

图 29　去大脑切除的位置

2. 实验观察

手术后数分钟，动物四肢逐渐伸直，头向后仰，尾向上翘，呈角弓反张状态。

四、注意事项

1. 手术过程中如有出血，则以骨蜡止血，留意切勿伤及横窦，以免大量出血。

2. 切断脑干时须认准，一刀切断。

实验二十八　去小脑动物的观察

一、目的原理

观察动物小脑损伤后对其肌紧张和身体平衡等躯体运动的影响。

小脑是调节机体姿势和躯体运动的重要中枢，它接受来自运动器官、平衡器官和大脑皮层运动区的信息，其与大脑皮层运动区、脑干网状结构、脊髓和前庭器官等有广泛联系，对大脑皮层发动的随意运动起协调作用，还可调节肌紧张和维持躯体平衡。小脑损伤后会发生躯体运动障碍，主要表现为躯体平衡失调、肌张力增强或减退及共济失调。

二、材料及用具

小白鼠、蛙或蟾蜍、鲤鱼、哺乳类动物手术器械、蛙类手术器械、鼠手术台、鱼缸、注射针头、棉球、烧杯、乙醚。

三、方法及步骤

1. 实验准备

（1）麻醉　麻醉之前首先要注意观察小白鼠的姿势、肌张力以及运动的表现。然后将小白鼠罩于烧杯内，放入浸有乙醚的棉球使其麻醉，待动物呼吸变为深慢且不再有随意活动时，将其取出，俯卧位保定于鼠手术台上。

（2）手术

① 破坏小白鼠的一侧小脑　剪除头顶部的毛，用左手将头部固定，沿正中线切开皮肤直达耳后部。用刀背向两侧剥离颈部肌肉及骨膜，暴露颅骨，透过颅骨可见到小脑，在正中线旁开 1～2mm，用大头针垂直刺入一侧小脑，进针深度约 3mm，然后左右前后搅动，以破坏该侧小脑。取出大头针，用棉球压迫止血。

② 破坏蛙的一侧小脑　用湿纱布包裹蛙的身体，露出头部。以左手抓住蛙的身体，从

鼻孔上部至枕骨大孔前缘（即鼓膜的后缘）沿眼球内缘用剪刀将额顶皮肤划出两条平行裂口，用镊子掀起该条皮肤，剪去，暴露颅骨，细心剪去额顶骨，使脑组织暴露出来，直至延髓为止。辨认蛙脑各部分。蛙的小脑不发达，位于延髓脑前，呈一条横的皱褶，紧贴在视叶的后方。用玻璃分针将一侧的小脑捣毁，用小棉球轻轻堵塞止血，待5～10min后即可开始实验。

③ 破坏鲤鱼的一侧小脑　用湿抹布包裹鱼身，露出头。于顶骨后1/3处，用骨钻钻开顶骨，用止血钳逐渐扩大创面，鲤鱼的小脑十分发达，小脑体近似椭圆形，不分左右叶。用小镊子夹取一侧小脑。

2. 实验项目

(1) 将小白鼠放在实验台上，待其清醒后观察其姿势、肢体肌肉紧张度的变化、行走时是否有不平衡现象以及是否向一侧旋转或翻滚？

(2) 观察蛙静止体位和姿势的改变，蛙在跳跃或游泳时有何异常？

(3) 观察鱼游泳的姿势有何变化？

四、注意事项

1. 麻醉时间不宜过长，并要密切注意动物的呼吸变化，避免麻醉过深导致动物死亡。

2. 手术过程中如动物苏醒或挣扎，可随时用乙醚棉球追加麻醉。

3. 捣毁小脑时不可刺入过深，以免伤及中脑、延髓或对侧小脑。

实验二十九　交互抑制

一、目的原理

观察颉颃肌活动时的交互抑制现象。

腓肠肌和胫前肌是一对颉颃肌。前者收缩时，后者舒张，前者舒张时，后者收缩。在整体中，当神经冲动传入中枢引起支配一侧后肢的屈肌（腓肠肌）的运动神经元兴奋时腓肠肌收缩。同时，另有轴突侧支把冲动传到抑制性中间神经元，使支配同侧的伸肌（胫前肌）运动神经元抑制，胫前肌舒张，引起后肢屈曲。相反，腓肠肌舒张，胫前肌收缩，后肢伸直，是一种颉颃反射活动。

二、材料及用具

蛙或蟾蜍，计算机生物信号采集处理系统，常规手术器械一套，蛙板，刺激电极，张力感受器，万能支架，任氏液，双凹夹，小烧杯，丝线，大头针，棉花。

三、方法及步骤

1. 制备脊髓蟾蜍，放在蛙板上。

2. 在一侧后肢的膝关节处作环形切口，剥去小腿皮肤。

3. 将腓肠肌的肌腱结扎后剪断，再将整块肌肉分离出来。

4. 胫前肌在足背上有三附着点，将三附着点的肌腱结扎后剪断（外侧附着点的肌腱与血管和神经伴行，应将血管和神经一起结扎剪断）。提起肌腱，将胫前肌仔细地游离出来，然后剪断胫骨。

5. 找出另一侧后肢的坐骨神经，以线系之后剪断。

6. 固定蟾蜍的躯干及前肢于蛙板上，并用大头针固定其膝关节于蛙板的下缘，使小腿自由下垂，然后将蛙板垂直固定于万能支架上。

7. 将腓肠肌和胫前肌的肌腱分别连接在两个张力感受器上。

8. 用适当强度的单个刺激来刺激坐骨神经中枢端时，可见到腓肠肌收缩，胫前肌舒张。

9. 按实验顺序逐项描述各项实验结果，并加以分析。

四、注意事项

1. 随时用任氏液湿润神经与肌肉，以免干燥失去机能。

2. 在胫前肌的腹面，接近肌肉的中部有神经和血管分支，分离肌肉时，不要拉断神经，并且尽可能不要损伤血管分支。

附　录

一、动物生理实验常用仪器

（一）记录仪及配件

生理实验结果只有用各种仪器进行客观的记录后，才能进行分析，从而正确地认识其规律。生理实验常用的记录仪器有记纹鼓、二道生理记录仪、离体器官测定仪、多导生理记录仪、生物功能实验系统、示波器等。

1. 记纹鼓

记纹鼓是最早的记录生理变化过程的装置（血压波动、呼吸运动、肌肉收缩等）。这些变化一般借助水银检压计、气鼓、杠杆等装置描记于转动的记纹鼓上。

2. 二道生理记录仪

二道生理记录仪是前些年常用的记录仪器，它可以通过换能器直接描记变化比较缓慢的曲线。

（1）使用方法

① 插上电源插头，将电源开关置于“通”，指示灯即亮，机器进入工作状态，放下抬落笔架，使记录笔尖接触纸面。

② 选择合适的走纸速度，将该按键压下，记录纸即按选择的速度运行。

③ 墨水的使用：取下墨水壶盖子，注入墨水，盖上盖子，用指尖堵住盖子中间的小孔向下一压，即可使用。

④ 根据测试项目，选择使用张力换能器和血压换能器。

（2）注意事项

① 必须使用专用墨水。

② 使用后，一定将墨水吸干，并清洗墨水瓶和笔，以免堵塞描笔。

③ 停机时将各种开关均至于“断”。

3. 离体器官测定仪

离体器官测定仪可测定动物离体器官，如小肠平滑肌、子宫的收缩与舒张，还可以测定在体动物血压的变化，并直接由仪表显示及记录。

（1）使用操作方法

① 通过主机后面板的进、排水旋塞对恒温水槽供水。

② 将已配好的生养液放置在比仪器高的地方，并用乳胶管接至进液嘴。

③ 接通电源。

④ 按“器官”键开关，仪器左上方的指示灯及槽内的日光灯应明亮，并能看到搅拌器在转动，仪器处于离体测定状态。

⑤ 将进液开关倒向右边的导通位置，此时生养液即流入测试瓶内，其高度可任意选择。

⑥ 在测试瓶中有生养液的情况下，可调节面板上的“气量调节”，使排出的气泡量适中。

⑦ 将被测试的离体器官一端用线缚在玻璃钩上，另一头挂在吊钩上。钩固定后，松开

变压器的固定螺钉，使器官处于自由活动状态，随即拧紧螺钉，使变压器固定。此时打开仪表的电源开关，调节仪表指示位置，开始测量。

（2）注意事项

① 必须先通水，再打开电源，以免烧坏水槽。

② 每注射一次药物后，应清洗两次，每次进药间隔不得少于 1min。

③ 实验结束后应将生养液从仪器中全部排出，然后用蒸馏水清洗。

4. 示波器

示波器是生理实验中应用比较广泛的仪器之一，可以观察电压、电流的变化，可用来观察心电、肌电和神经冲动的变化。

5. 生理信号处理系统

生物功能实验系统是目前常用的实验记录系统，它包括刺激系统、实验记录系统，利用计算机来进行生理信号的采集、处理与输出，通过肌肉张力换能器、压力换能器等实现生理信号的转换，将压力、张力等信号转换成电信号，由计算机采集、处理，并通过打印机输出实验结果。

（二）电刺激器

电刺激器的种类很多，其特点是不易损伤组织、能定量等，并可重复使用。各种刺激器的基本原理和操作方法大同小异，它可产生连续的矩性脉冲，也可产生单脉冲，刺激活的组织标本，使其兴奋，观察分析机体神经和肌肉的功能状态。

使用方法如下。

① 打开电源开关，将输出线插入输出插口。

② 将脉冲选择开关置于“连续”，选择所需频率，可得不同周期的连续脉冲输出，并按所需幅度调节电压。

③ 将脉冲选择开关置于“单”，并在手控插孔插入手控开关，每按动一次，即输出一个脉冲。

④ 为配合记录仪器，还能带动电磁标进行记录。

（三）前置放大器

生物电信号的电位很小，一般为毫伏或微伏级。前置放大器可以将微弱的生物电信号进行先行保真放大，以达到记录装置或显示装置最大灵敏度所要求的输入信号强度。

二、动物实验的基本操作

（一）实验动物的麻醉

麻醉是使实验动物在实验操作或手术过程中安静，从而达到顺利完成实验或手术的目的。麻醉深浅的判断标志是呼吸的深度和速度、有无角膜反射、四肢和腹壁肌肉的紧张程度、皮肤对夹捏的反应等。

1. 麻醉药的选择

由于不同种类动物对麻醉药的敏感程度不同，各种麻醉药对动物生理功能的影响以及麻醉时间也不一样。因此，选择适当的麻醉药，对于保证实验的顺利进行和获得正确的结果是很重要的。用于实验动物的理想麻醉药应该具有以下三个条件：①麻醉完全，麻醉时间大体上满足实验要求；②对动物的毒性及所研究的功能影响最小；③应用方便。

2. 实验动物常用麻醉药

麻醉药有局部和全身两种。局部麻醉药适用于浅表和局部手术，生理实验不常用。常用的是全身麻醉药，它有挥发性和非挥发性两类。

(1) 挥发性麻醉药

① 乙醚。乙醚是一种吸入性麻醉药，适用各种动物短时间的实验性手术。动物持续吸入乙醚 15～20min 后，即开始发挥作用。乙醚的麻醉量和致死量相差较大，安全度也较大。但是麻醉初期常出现强烈的兴奋现象，对呼吸道有刺激作用，可使黏液分泌增多，严重时会堵塞呼吸道。

② 三氯甲烷（氯仿）、乙醚合并麻醉。氯仿的麻醉作用比乙醚大，诱导期及兴奋期都较短。它的麻醉量和致死量较接近，使用时安全度小，同时氯仿有毒性，对心、肝、肾表现明显。所以，一般不单独使用氯仿麻醉，常和乙醚混合成 1∶1 或 1∶2 的比例使用。

(2) 非挥发性麻醉药　最常用的如附表 1 所示。

① 戊巴比妥钠。作用时间较短，一次给药的有效时间为 2～4h，比较适合一般的实验要求。用药后，对动物的血液循环和呼吸系统无明显影响。

② 苯巴比妥钠。作用时间较长，一次给药的有效时间为 4～6h，在正常用药情况下，对动物的血压、呼吸及其他功能无多大影响。缺点是麻醉诱导期长，如狗通常需要 0.5～1 h 才能进入麻醉期。

③ 硫喷妥钠。为浅黄色粉末，其水溶液不稳定，常在临用前配制。做静脉注射时，诱导期短，动物很快进入麻醉期。但一次给药的麻醉时间只有 0.5～1h。此药对呼吸有一定的抑制作用。

④ 氨基甲酸乙酯（乌拉坦）。此药是比较温和的麻醉药，毒性小，安全度大。麻醉诱导期不明显，常在药物注射后，动物即进入麻醉期。对呼吸及血液循环影响不大。有实验报道，此药对家兔有诱发肿瘤作用，慢性实验时慎用。

附表 1　常用非挥发性麻醉药剂量表

<table>
<tr><th>麻醉药品</th><th>动物</th><th>给药途径</th><th>给药剂量/(mg/kg)</th><th>维持时间/h</th></tr>
<tr><td rowspan="4">戊巴比妥钠</td><td rowspan="2">狗、猫、兔</td><td>静脉</td><td>30</td><td rowspan="4">2～4</td></tr>
<tr><td>腹腔、皮下</td><td>40～50</td></tr>
<tr><td>大白鼠、小白鼠</td><td>腹腔</td><td>45</td></tr>
<tr><td>鸟类</td><td>肌肉</td><td>50～100</td></tr>
<tr><td rowspan="2">苯巴比妥钠</td><td>猫、狗</td><td>腹腔、静脉</td><td>80～100</td><td rowspan="2">4～6</td></tr>
<tr><td>兔</td><td>腹腔</td><td>150～200</td></tr>
<tr><td rowspan="3">氨基甲酸乙酯(乌拉坦)</td><td>狗、兔、猫</td><td>静脉、腹腔</td><td>750～1000</td><td rowspan="3">2～</td></tr>
<tr><td>大白鼠、小白鼠</td><td>肌肉</td><td>1350</td></tr>
<tr><td>鸟类</td><td>肌肉</td><td>1250</td></tr>
</table>

（二）实验动物的固定

在实验过程中，为了便于手术操作和记录结果，必须设法限制动物的活动，使动物保持安静，所以在麻醉后要将动物加以固定。两栖类动物可用手或蛙板固定；慢性实验动物观察时，可将动物固定在特制的实验架上；而进行慢性实验的预备手术或急性实验时，则需将动物固定在手术台或实验台上。固定的方法依实验内容和动物种类而定。

1. 狗的固定方法

(1) 狗嘴的捆绑　在麻醉前应事先将狗嘴绑好，避免其咬人。操作时一人用手紧紧抓住狗的两耳（抓两耳前，手先在耳后边试一下，如狗无反应，两手紧抓两耳即可；有反应的，可趁狗不备突然将两耳抓住，并骑在狗身上，两腿夹住狗并提起狗前身，使之不能乱动）或借助夹狗钳夹颈部的方法，另一人用寸布带迅速绑扎狗嘴。

方法有两种。

① 寸布带绕下颌一周，先在上颌打一结（这一结也可不打，打结时勿过紧，以免激怒动物），然后将寸布带两端绕向下颌再打一结，最后将寸布带两端引向耳根后部，在颈项背部打第三结，在该结上再打一活结（附图1）。

② 用寸布带打好双套结，先稍大一些，直接套在狗嘴上，寸布带两端在狗的下颌拉紧，然后引向耳根后部，在颈项背部打第二结，在这结上再打一活结。捆绑狗嘴的目的只是为了安全，在动物进入麻醉状态后，应当立即解绑。因为狗嘴被捆绑以后，只能用鼻呼吸，如果此时鼻腔有多量黏液堆积，就可能造成窒息甚至死亡。有些麻醉药可引起呕吐，尤应注意。

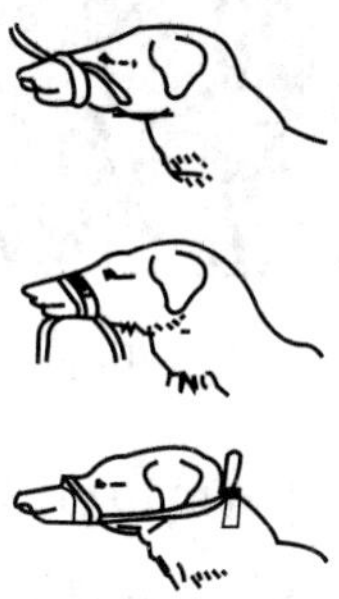

附图1　绑狗嘴的方法

（2）头部的固定　麻醉完善后，将动物固定在手术台或实验台上。固定的姿势依手术后实验的需要而定。一般多采取仰卧或俯卧固定，前者便于进行颈、胸、腹、股等部位的实验，后者便于进行脑和脊髓的实验。

（3）四肢的固定　头部固定好后，再固定四肢。先用寸布带绑扎腕关节以上部位。如果采用仰卧固定，可将两后肢左右分开，使寸布带的两端分别扎于手术台两侧的木钩或铁环上，两前肢平直放在顺躯干两侧，并将左、右前肢的两条寸布带从狗背后交叉穿过，又分别压住对侧前肢，再紧扎于手术台两侧的木钩或铁环上。俯卧固定时，把四肢分开分别固定于手术台两侧的木钩或铁环上即可。

2. 家兔的固定方法

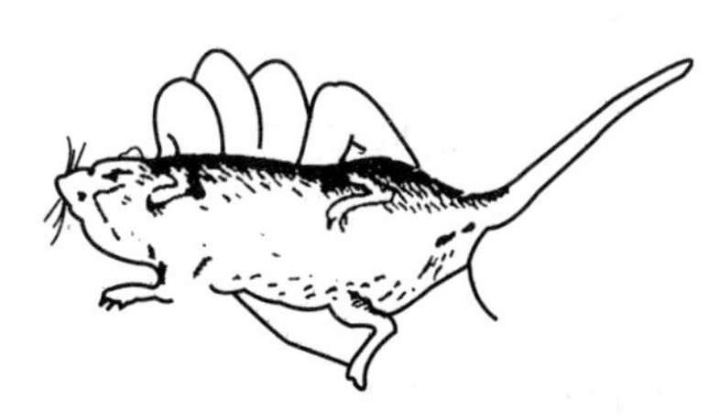

附图2　鼠类的抓取方法

家兔麻醉后即可开始固定，方法可根据实验需要而定。例如，做兔耳血管注射、采血或观察兔耳血管变化时，可将家兔固定于压田式固定器内。又如作测量血压、呼吸等实验和腹部手术时，须将动物仰卧固定在兔手术台上。头部可用特制兔头固定器。兔头固定器为一附有铁柄的半圆形铁圈。俯卧固定时，先将麻醉完善的兔颈部放在半圆形铁圈上，再把可调铁圈套在兔嘴上，拧紧螺丝，最后将兔头固定器的铁柄固定在实验台上。头部固定也可用一根粗线绳，一端拉住兔的两只上门牙，另一端拴在实验台的铁柱上即可。四肢的固定，可先绑好绳后，再扎于实验台两侧的木钩上。

3. 鼠类（豚鼠除外）的固定方法

在用鼠类做腹腔注释或灌胃等操作时，右手轻轻抓住鼠尾后拉，左手紧抓两鼠耳及颈部皮肤，将动物固定在左手中（附图2），右手进行注射或其他实验操作。如果需要长时间固定做手术，可将动物装入鼠类固定盒或固定在鼠类固定板上。

（三）常用的手术器械

在急慢性动物实验的预备手术中，所使用的手术器械很多，正确选择和使用每一种器械，了解和掌握它的性能，对于保证手术的成功非常重要。

1. 蛙类手术器械

（1）剪刀　眼科剪用剪神经、血管和软组织等；中式小剪用于剪骨头、肌肉和皮肤等粗硬组织。见附图3。

（2）镊子　普通镊子用于夹捏组织和牵拉切口处的皮肤；眼科镊子用于夹捏细软组

织等。

(3) 金属探针　用于破坏蛙脑和脊髓。

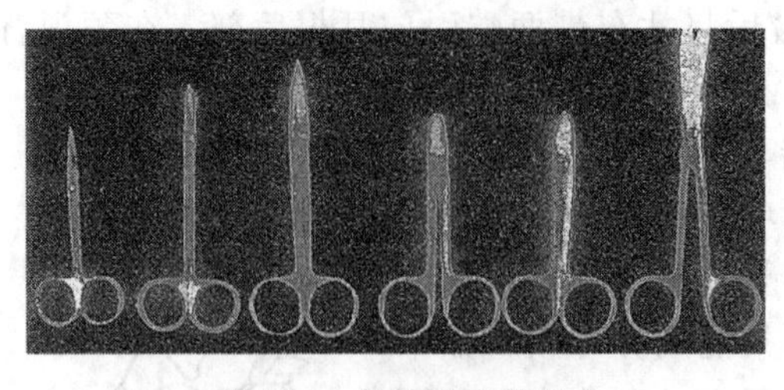

附图 3　各种手术剪刀

(4) 玻璃分针　用于分离神经和血管等组织。

(5) 锌铜弓　用于检查神经肌肉标本的兴奋性。

(6) 蛙心夹　使用时将一端夹住心尖，另一端借缚线连于杠杆或换能器上，以描记心脏舒缩活动。

(7) 蛙板　为 20cm×15cm 的玻璃板或木板。木蛙板用较松软的木板做成，有许多小孔，可用蛙腿夹夹住蛙腿，嵌入孔内固定。也可用大头针将蛙腿钉在木板上，制备神经肌肉标本最好在清洁的玻璃蛙板上操作。

常用手术器械见附图 4。

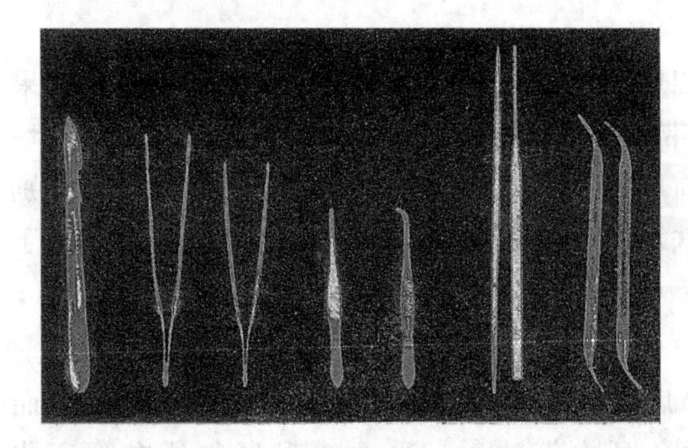

手术刀　手术镊　眼科镊　毁髓针　玻璃分针

附图 4　常用手术器械

(a) 执弓式　(b) 执笔式

(c) 握持式　(d) 反挑式

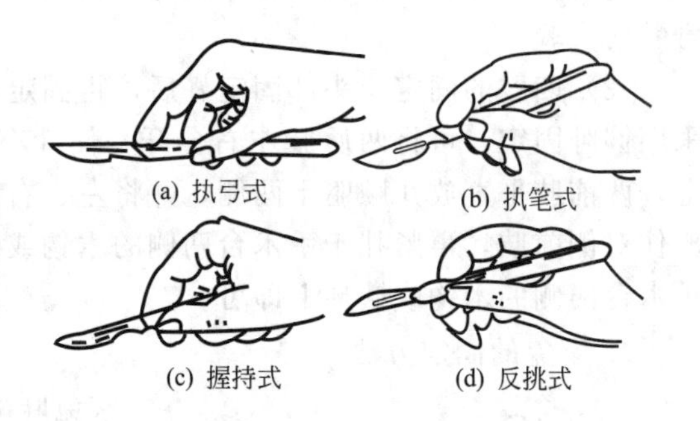

附图 5　手术刀的执刀方式

2. 哺乳类动物手术器械

(1) 手术刀　用于切开皮肤和脏器。执手术刀的方法有四种（附图 5）。

① 执弓式。这是一种常用的执刀方式，动作范围广而灵活，用于各种腹部的皮肤切开等。

② 执笔式。切割较短小的切口，用力轻而操作精细，如解剖血管、神经，做腹膜小切口等。

③ 握持式。切割范围较广，需要用力较大时，如切开大动物皮肤和较坚硬的组织等。

④ 反挑式。用于向上挑开，以免损伤深部组织，如挑开脓肿等。

(2) 手术剪　手术剪用于剪开皮肤、皮下组织和肌肉；眼科剪用于剪破血管等细软组织；剪毛剪用于剪去被毛。使用时，拇指套在一侧的手指环里，无名指套在另一侧的手指环里，中指放在手指环前，小指放在手指环后（附图 6）。

(3) 镊子　普通镊子用于夹捏较大或较厚的组织、牵拉皮肤切口。眼科镊子用于夹捏细软组织等（附图 7）。

(4) 止血钳　除用于止血外，有齿的用于提起皮肤，无齿的用于分离皮下组织，蚊式止血钳较细小，用于分离小血管及神经周围的结缔组织。执止血钳的姿势与执剪刀姿势相同。见附图 8。

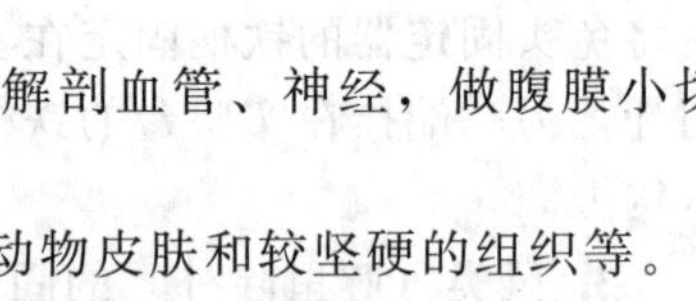

附图 6　执剪方法

（5）骨钳、骨剪　用于打开颅腔和骨髓时咬切骨质。

（6）颅骨钻　开颅钻孔用。

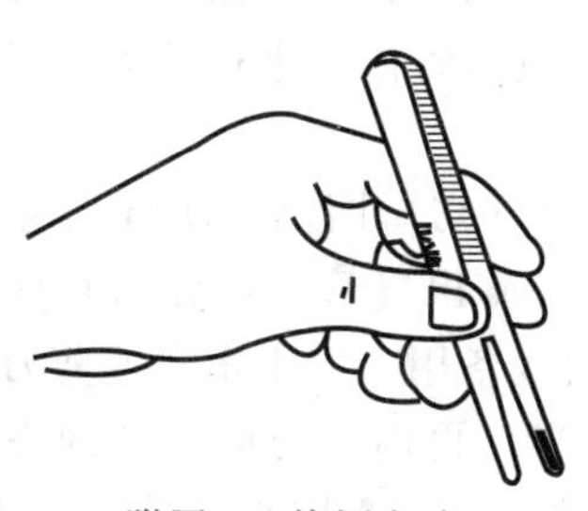

附图 7　执镊方式

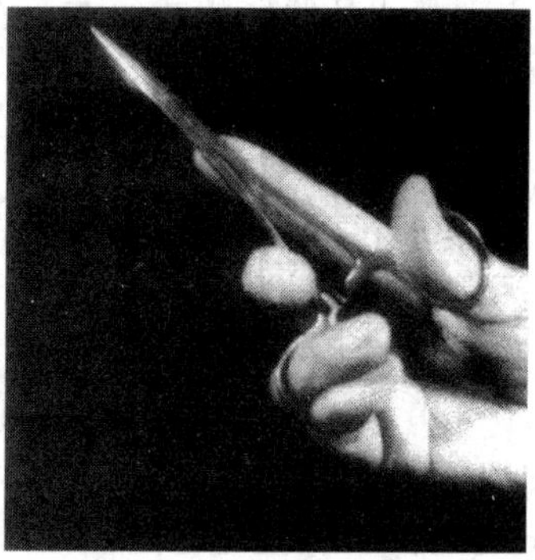

附图 8　执止血钳的方式

（7）动脉夹　用于阻断动脉血流而又不损伤血管内膜。

（8）气管插管　急性动物实验插入气管，以保证呼吸畅通。

（四）急性动物实验的基本操作技术

1. 切口和止血

在做皮肤切口之前，应选好确切的切口部位和范围，必要时做出标志。切口的大小和部位，既要考虑便于实验操作，又要考虑动物的解剖生理特点，不可过大或过小。术者先用一手拇指和另外四指将预定切口上端的皮肤固定，尽量不要改变皮肤原来的位置，另一手持手术刀，刀刃与皮肤表面垂直，以适当的力量一次切开皮肤全层，要求边缘整齐而不偏斜。切开皮肤及皮下组织时，一般应按解剖层次逐层切开 。若肌纤维行走方向与切口方向一致，可剪开肌膜，用分离钳进行钝性分离至所需长度，否则将肌层横行切断或剪断。切口由外向内，应外大内小，以便于观察和止血。注意不要损伤深层的重要器官和组织。

在手术过程中，必须注意及时止血，否则会造成手术术野血肉模糊，组织变色，目标不清，以至妨碍手术操作，延误手术时间。所以止血是手术操作中的重要一环，要求准确、迅速、可靠。常用的止血方法有压迫、钳夹、结扎、缝合、电凝及应用止血剂等，手术时要根据具体情况灵活运用。

（1）压迫止血　手术过程中出血可先用于纱布或温热生理盐水纱布（拧干）按压片刻，微小血管的出血多可止住。干纱布只能用于擦拭组织，以减少组织损伤和血凝块脱落。较大的出血点可迅速用纱布或手指暂时压迫止血。

（2）钳夹结扎止血　用于经按压无效或较大血管的出血。出血点用纱布压迫蘸吸后，用止血钳尖端逐个钳夹止血。要求看清、夹准、扎牢，尽量少夹周围组织。

2. 神经和血管的分离

神经和血管都是比较娇嫩的组织，因此在剥离过程中要耐心、仔细，动作轻柔。切不可用带齿的镊子和止血钳进行分离，也不可用手术刀和剪刀直接切除周围组织，更不许用止血钳和镊子夹持较小的神经和血管，以免使其结构或功能受损。在剥离较粗大的神经和血管时，应先用止血钳将神经或血管周围的组织稍加分离。再在神经或血管附近组织中插入大小合适的玻璃分针（或分离钳），顺着神经或血管的行走方向扩张分离，使神经或血管从周围组织中逐渐游离出来。游离段的长短，视需要而定。在剥离细小的神经和血管时，先用蚊式止血钳或玻璃分针将神经或血管周围的组织层层分开，剥离组织的用力方向应与神经或血管的行走方向一致，然后再用玻璃分针将神经或血管完好地分离出来。最后用玻璃分针在分离出的神经或血管下面穿以浸透生理盐水的绑线，以备结扎或刺激时提起用。手术完毕后，用一块浸有生理盐水的脱脂棉或纱布盖在切口组织上，使组织始终保持湿润。

3. 气管分离和切开

在哺乳动物急性实验中，为保证动物肺通气畅通，使动物在头部被固定的情况下不影响呼吸，一般均需做气管切开术，插入气管插管，使动物通过气管插管进行呼吸，或通过呼吸机进行人工呼吸。

手术是在喉头下缘沿颈部正中线做一适当长度的切口（切口因动物不同而异，家兔约5cm长，狗可稍长些）。用分离钳分离皮下组织及肌肉，暴露出气管，再分离开气管两侧及其食管之间的组织，使气管游离开来，并在气管下穿一粗线备用。用手术刀或剪刀于喉头下1.5～2cm处的两个软骨环之间，横向切开气管直径的一半，再用剪刀向气管的头端做一纵向切口，使整个切口成“⊥”形。如果气管内有分泌物或血液，要用小干棉球擦净。然后，一手提起气管下端的绑线，另一手将已准备好的气管插管由切口向胸端插入气管内，用绑线加以固定。

4. 静脉注射和采血方法

用狗做实验时，常用的注射部位为前肢小腿内侧皮下的头静脉和后肢小腿外侧皮下的小隐静脉。操作前先剪去注射部位的被毛（慢性实验的预备手术，需要剃毛并消毒）。一人压迫静脉的近心端，使静脉充血膨胀，术者一手握住动物肢体，另一手持注射器，先将针头顺着血管行走的方向刺入皮下，再进一步刺入血管。如针头确系插进静脉，便有血液逆流入注射器内。此时便可解除静脉近心段的压迫，再将针头顺着插血管腔推入少许，握持动物肢体的手将注射器的针头固定在肢体上，另一手缓缓将药液推入静脉。在注射过程中，如动物肢体发生移动，术者一方面要加大握持动物肢体和注射器手的固定力量，尽量减少动物肢体移动，同时两手也要随着动物肢体做相应的移动，以防滑针头脱。待动物安静后，再继续注射。

静脉采血方法与注射方法相同，只是在针头刺入血管后不解除静脉近心端的压迫，静脉继续保持充盈状态，供给足够血液，以便于将血液迅速抽出。

用兔做实验时，常选用耳缘皮下静脉进行注射。剪去或拔去耳背面外缘部分的毛，用手指轻弹血管，使血管扩张。术者用一手的食指和中指夹住静脉近心端耳郭，使静脉充盈，同时用拇指和无名指固定兔耳的远端。另一手持注射器在血管的远心端与血管约呈20°角将针头刺入静脉。然后固定兔耳的手改用拇指和食指、中指将针头夹持固定在兔耳上，缓缓将药液推入静脉。

家兔耳缘静脉紧靠皮肤，注射针头刺入皮下不可过深。注射时如果感觉阻力较大或局部肿胀，说明针头没有刺入静脉，应立即拔出针头在原注射点的近心端重新刺入。静脉注射前，应将注射器内空气驱尽，以免将空气注入静脉形成气栓。另外，注射速度应尽量慢而均匀，以免血液内药物浓度突然升高而造成意外。见附图9。

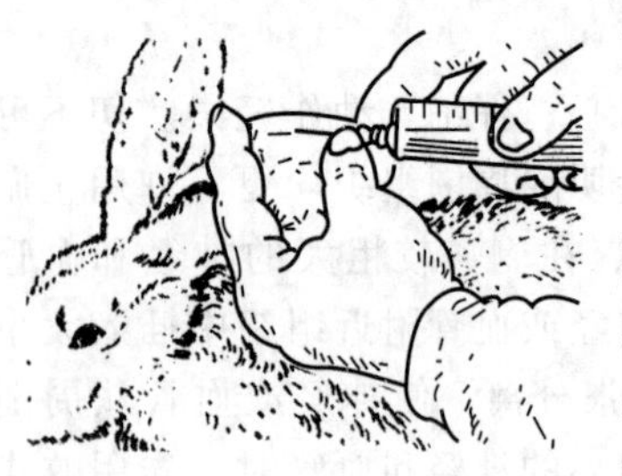

附图9　兔耳缘静脉注射法

（五）急性动物实验后处死的方法

急性实验结束后，须将动物及时处死，使动物免受不必要的痛苦，或造成其他意外。处理动物最常用的办法是用注射器向动物静脉或心脏内注入空气，使动物心脏、血管内发生气栓而迅速死亡。此外也可根据不同的实验情况，采用大动脉放血、停止人工呼吸（开胸动物）或切断脑干（已暴露脑的动物）等方法。小白鼠的处死方法比较简单，两手分别抓住其头部与肩部（或尾巴），向前后两端轻轻拉一下，即可使其颈椎脱节，延髓与脊髓断离而死亡。

三、生理实验常用试剂

（一）各种生理盐溶液的配制

生理盐水溶液为代体液，用于维持离体组织、器官及细胞的正常活动。它必须具备下列条件：渗透压与组织液相等；应含有组织、器官维持正常功能所必需的比例适宜的各种盐类离子；酸碱度应与血浆相同，并具有充分的缓冲能力；应含有氧气和营养物质。动物的种类不同，体液的组成各异，渗透压也不一样。因此，作为代体液的生理盐溶液，在组成成分上要有相应的区别。如两栖类动物体液的渗透压相当于0.65% NaCl溶液；哺乳类动物体液的渗透压则相当于0.9% NaCl溶液；海生动物体液的渗透压约相当于3.0% NaCl溶液。见附表2。

附表2　常用生理盐溶液及其成分

生理盐溶液名称	任氏液	乐氏液	台氏液	生理盐水	
	用于两栖类	用于哺乳类	用于哺乳类（小肠）	两栖类	哺乳类
氯化钠（NaCl）	6.5g	9.0g	8.0g	6.5g	9.0g
氯化钾（KCl）	0.14g	0.42g	0.2g		
氯化钙（$CaCl_2$）	0.12g	0.24g	0.2g		
碳酸氢钠（$NaHCO_3$）	0.2g	0.1～0.3g	1.0g		
磷酸二氢钠（NaH_2PO_4）	0.01g		0.05g		
氯化镁（$MgCl_2$）			0.1g		
葡萄糖	2.0g（可不加）	1.0g	1.0g		
蒸馏水	加至1000mL	加至1000mL	加至1000mL	加至1000mL	加至1000mL

对氧和营养物质的需要，不同的动物及组织也有差异，如两栖类动物的组织器官对氧和营养物质的需要程度明显低于哺乳动物。由于研究的目的不同，生理盐溶液的组成成分也可作变动。自从1886年Ringer研制出能维持离体蛙心长时间搏动的任氏溶液以来，许多生理学家以此为基础，根据需要加以调整，配制出各种动物用的生理盐溶液，它们都符合代体液的基本条件，生理实验中最常用的大体有三种：蛙心灌注多用任氏液；哺乳动物的实验多用乐氏液；而哺乳动物的离体小肠实验多用台氏液。这些代体液不宜久置，一般临用时配制。为了方便可事先配好代体液所需的各种成分较浓的基础液，使用时按所需量取基础液于量杯中，加蒸馏水到定量刻度即可。配制生理盐溶液时，要注意各种离子的相互作用而产生沉淀。容易起反应而沉淀的主要是钙离子，所以氯化钙应该最后加，同时要边加边搅拌。

（二）常用血液抗凝剂的配制及用法

1. 肝素

肝素的抗凝作用很强，常用来作为全身抗凝剂，尤其是进行动物循环方面的实验，肝素的应用更有其重要意义，纯的肝素每10mg能抗凝100mL血液（按1mg＝100IU，那么10IU能抗凝1mL血液）。如果肝素的纯度不高，或已经过期，所用的剂量应增加2～3倍。用于试管内抗凝血时，一般可配成1%肝素生理盐水溶液。方法是取已配制好的1%肝素生理盐水溶液1mL加入试管内，加热100℃烘干，每管能抗凝5～10mL血液。用于动物全身抗凝时，一般剂量为：大白鼠2.5～3.0mg/(200～300g)；兔10mg/kg；狗5～10mg/kg。

2. 枸橼酸钠

常配成3%～5%水溶液，也可直接使用粉剂，3～5mg可抗凝1mL血液。枸橼酸钠可使血液中的钙形成难以离解的可溶性复合物，从而使血液不凝固。但抗凝作用较差，且碱性较强，不宜做化学检验用，可用于红细胞沉降速度测定等。生理学实验常用5%～10%的水溶液，这一浓度只能做体外抗凝。如果倒流入体内，会使动物发生枸橼酸钠休克。

3. 草酸钾

1～2mg草酸钾可抗凝1mL血液。如配成10%水溶液，每管加0.1mL，可使5～10mL血液不凝固。

（三）生理实验中常用药品介绍

1. 乙酰胆碱

乙酰胆碱的作用与刺激胆碱能神经的效应相似，在体内易被胆碱酯酶所分解，所以作用时间短暂，如果同时应用毒扁豆碱，可以延长作用时间。乙酰胆碱在空气中极易潮解，应密闭保存，使用时临时配成溶液，生理实验常用乙酰胆碱浓度为0.01%。

2. 肾上腺素

肾上腺素的作用与刺激肾上腺能神经的效应相似，见光易分解，应避光保存。如由无色变成红色，即失效。在生理实验中，常以盐酸肾上腺素注射液临时稀释成0.1%的水溶液。

3. 阿托品

为乙酰胆碱的受体阻断剂，可对抗乙酰胆碱，能解除迷走神经对组织器官的作用。用乙醚麻醉时可阻抑气管黏液分泌，防止气管堵塞。一般使用浓度为1%的硫酸阿托品溶液。

参考文献

[1] 欧阳五庆．动物生理学．北京：科学出版社，2006.
[2] 杨秀平．动物生理学．北京：高等教育出版社，2002.
[3] 陈杰．家畜生理学．第 4 版．北京：中国农业出版社，2003.
[4] 朱大年．生理学．第 7 版．北京：人民卫生出版社，2008.
[5] 范作良．家畜生理．北京：中国农业出版社，2001.
[6] 张德兴．人体结构生理学．北京：中国医药科技出版社，2005.
[7] 曲强．动物生理．北京：中国农业大学出版社，2007.
[8] 王锋，王元兴．牛羊繁殖学．北京：中国农业出版社，2003.
[9] 韩正康．家畜生理学．第 3 版．北京：中国农业出版社，2001.
[10] 肖向红．动物生理学．哈尔滨：东北林业大学出版社，2000.
[11] 周森林．生理学．北京：高等教育出版社，2003.
[12] 陈守良．动物生理学．第 3 版．北京：北京大学出版社，2005.
[13] 周其虎．畜禽解剖生理．北京：中国农业出版社，2006.
[14] 金天明主编．动物生理学．北京：清华大学出版社，2012.
[15] 金天明主编．动物生理学实验教程．北京：清华大学出版社，2012.
[16] Matthew N. Levy，Bruce A. Stanton，Bruce M. Koeppen 主编．生理学原理．梅岩艾，王建军主译．第 4 版中文版．北京：高等教育出版社，2008.
[17] 梅岩艾，王建军，王世强主编．生理学原理．北京：高等教育出版社，2011.
[18] 姚泰主编．生理学．第 2 版．北京：人民卫生出版社，2010.